HOLZER · UNTERSUCHUNGEN ZUM VERSCHLEISS
IM ZYLINDER VON VERBRENNUNGS-MOTOREN

UNTERSUCHUNGEN ZUM VERSCHLEISS

IM ZYLINDER VON VERBRENNUNGS-MOTOREN

Eine Sammlung und Besprechung von Versuchen aus allen Gebieten,

die mit dem Zylinderverschleiß zusammenhängen

VON

KARL A. HOLZER

MIT 106 ABBILDUNGEN

VERLAG VON R. OLDENBOURG

MÜNCHEN 1952

INHALT

VORWORT

Vorliegende Sammlung von Versuchen zum Zylinderverschleiß und deren Besprechung sind aus dem Bedürfnis des praktisch tätigen Ingenieurs entstanden, alle denkbaren Einflüsse auf den Zylinderverschleiß in Verbrennungsmotoren gegenwärtig zu haben.

Entsprechend der gestellten Aufgabe wurde aus allen Wissensgebieten nur das in kürzester Form herausgehoben, das den Motoringenieur unmittelbar interessiert. Über gewisse Themen konnten nach dem heutigen Stand der Forschung nur Anhaltspunkte gegeben werden, die naturgemäß der weiteren Ergänzung bedürfen.

Wenn man die einschlägige Literatur studiert, stößt man auf so viele Widersprüche, daß man den Eindruck gewinnt, man könne überhaupt für die praktischen Tagesfragen des Motoreningenieurs keine zuverlässigen Angaben finden.

Aber nicht nur in der Literatur wird der Ingenieur solche Widersprüche finden, sondern auch in seiner eigenen Praxis. Aus anscheinend völlig unerklärlichen Gründen leidet der eine Motor an starkem Zylinderverschleiß, der andere nicht, oder eine lang erprobte Ölsorte versagt plötzlich, und ein Wechsel der Ölsorte führt zum Erfolg.

Gerade die in der Praxis sich ergebenden Widersprüche haben den Verfasser veranlaßt, sein Möglichstes zur Klärung beizutragen und den vorliegenden Erfahrungsschatz zu ordnen.

Es ist noch nicht gesagt, daß einzelne Versuchsresultate, welche Widersprüche ergeben, falsch sind; meist betreffen sie nur einen nicht vergleichbaren Zustand des Motors; der Fehler, der gemacht wird, ist der, daß die sich aus einzelnen Versuchen oder praktischen Erfahrungen ergebenden Resultate verallgemeinert werden.

Die Fehlurteile in den mit dem Verschleiß zusammenhängenden Fragen entstehen vielfach daraus, daß der betreffende Motorzustand nicht genügend erforscht wurde.

Wenn dieses Buch zur Erkenntnis des tatsächlichen Betriebszustandes eines Motors beitragen kann, oder die Möglichkeit bietet, bei Motorversuchen alle möglichen Einflüsse auf das Versuchsresultat leichter zu überschauen, so ist der Zweck dieser Arbeit vollkommen erfüllt.

Der Verschleiß in den Motorlagern bedarf einer gesonderten Behandlung in einer weiteren Ergänzung.

Karl A. Holzer

EINLEITUNG

Motorschäden

Die Sammlung und Auswertung von Motorschäden, etwa geordnet nach den einzelnen Motorteilen, wie Zylinderkopf, Triebwerksteile, oder nach den Schadensursachen, wie Konstruktions- und Materialfehler usw., wäre sicherlich eine reizvolle Aufgabe. Es gibt Motorschäden, die von großem allgemeinem Interesse sind, und andere, die durch ihre besondere Eigenart hervorstechen; so zum Beispiel, brannten bei einem Fahrzeugdiesel serienweise die Vorkammern durch; es zeigte sich nach langem Suchen, daß die Abdichtung der Vorkammer gegenüber dem Wasserraum des Zylinderkopfes ungenügend war und dadurch Wasser in kleinen Tropfen in die Vorkammer eintrat. Dieses Wasser wurde dort infolge der hohen Temperatur in Wasserstoff und Sauerstoff aufgespalten, und der Sauerstoff im status nascendi greift die Metallwände an. Eine Änderung der Abdichtung behob den Schaden. Ein anderer Fall, der monatelanges Kopfzerbrechen machte, ist der, daß sich bei einem Otto-Motor serienmäßig plötzlich starke, aber ganz unregelmäßige Schläge zeigten. Die Ursache wurde schließlich in einem hohlgebohrten Kompressionshahn entdeckt, in dem sich zündfähige Gase sammelten, die dann zu unregelmäßigen Fehlzündungen Anlaß gaben. Ein dritter Fall aus dem Großmotorenbau betrifft die Korrosionserscheinung an wassergekühlten Kolbenstangen von Schiffsmotoren. Derartige Schäden, die immer wieder in völliger Neuartigkeit auftreten, sind jedem Ingenieur bekannt und werden bei einem Erfahrungsaustausch oft besprochen.

In dem vorliegenden Buch besteht aber eine andere Absicht. Neben den interessanten Fällen, die den Motorbauer außerordentlich fesseln mögen, gibt es an sich weniger interessante, dafür aber in ihrer wirtschaftlichen Bedeutung sehr viel wichtigere Schäden. Das sind jene, die durch den normalen oder abnormalen Verschleiß von Motorteilen entstehen. Diese Art der Schäden, die in Form von Leistungsverlust oder übermäßigem Kraftstoff- und Schmierölverbrauch ihre erste wirtschaftliche Auswirkung finden und mit völlig verschlissenen Kolben, Kolbenringen, Laufbüchsen und Motorlagern enden, haben an sich gegenüber den obengenannten Schäden die positive Seite, daß sie vermieden werden können, während die ersteren Schäden schwer vorauszusehen sind.

Die Aufgabe des Buches ist es, die wirtschaftlich so bedeutenden Verschleißschäden zu behandeln.

Welche Wichtigkeit dieser Aufgabestellung zukommt, geht daraus hervor, daß mindestens 90% aller Motorschäden in diesen Bereich gehören.

Der Verschleiß im Motor tritt besonders an drei Stellen auf: im Zylinder, an den Lagern und in den Steuerungsorganen. Der Zylinderverschleiß ist der wichtigste. Hier ist das Gold zu gewinnen, denn der geringste Verschleiß im Zylinder ist eine Ursache auch für den Verschleiß in den Lagern und Steuerungsorganen. Sobald der Verbrennungsraum nicht mehr für sich abgeschlossen bleibt und seine heißen und chemisch agressiven Verbrennungsprodukte in das Innere des Motors senden kann, ist dort ein Zustand der Unordnung geschaffen. Das Schmieröl, das bestimmt ist, in den edelsten Teilen des Motors als Verschleißschutz zu wirken, wird verschmutzt und zum Träger verschleißfördernder Produkte.

Zur wirksamen Bekämpfung des Verschleißes bedarf es einer möglichst genauen Kenntnis der wechselseitigen Einwirkungen der beteiligten Materialien, der Zylinderwand, des Kolbens und der Kolbenringe mit dem Brennstoff und dem Schmieröl.

In den ersten drei Kapiteln — Zylinder, Kolbenringe, Kolben — ist das dem Motoringenieur Bekannte kurz zusammengefaßt, damit es für die späteren Schlußfolgerungen gegenwärtig ist. Es kann kein Verschleißproblem gelöst werden, ohne daß man nicht eingehend die Gestaltung der Materialflächen berücksichtigt, welche die Grundlage für die Vorgänge auf der Oberfläche bilden; denn Materialstruktur, Gasdruck und Temperatur beeinflussen nicht nur die mechanischen Reibvorgänge, sondern es spielen sich auf der Metalloberfläche auch die topochemischen Umwandlungen ab, die für die Verschleißfrage von mindestens gleicher Bedeutung sind.

Diese chemischen Umwandlungen lassen sich praktisch nur in der Art der Rückstände erkennen, die sich aus Metallabrieb, Verbrennungsrückständen und Schmierölalterungsprodukten zusammensetzen.

Aus der Veränderung dieser Rückstände kann man manches entnehmen: mehr Ruß — schlechtere Verbrennung, viel Staub — beschädigte Luftfilterung, starker Gehalt an Asphalt und Harzen — mangelhafte Kraftstoffsorte usw.

Von besonderer Bedeutung sind gerade diese klebrigen Rückstände für das Kleben der Kolbenringe, das im Kapitel VIII behandelt wird.

Die Rückstände sammeln sich im Ölsumpf und sind nur durch die Untersuchung des gebrauchten Öles zu erfassen. Hier wird das Schmieröl weniger wegen seiner selbst untersucht, sondern nur, um die für den Motorbetrieb charakteristischen Beimengungen zu erforschen.

Im Kapitel X werden als Beispiele derartige Auswertungen der Schmieröluntersuchungen gebracht, wie sie erstmalig auf der Reichsfahrt für heimische Kraftstoffe einheitlich für viele Wagen durchgeführt wurden.

Schon mit der Untersuchung der gebrauchten Schmieröle betritt man einen Bereich, in dem sich die Erfahrungen des Motoringenieurs mit denen des Chemikers treffen müssen. Beide müssen die Probleme des anderen soweit kennen, daß es ihnen möglich ist, ihr eigenes Gebiet auf das des anderen einzustellen und in die schöpferische Sphäre ihres Denkens einzuschließen. Der Chemiker

kann nichts Nützliches leisten, wenn er die Oberflächenstruktur von Zylinder
und Kolben nicht kennt, wenn er in seiner Überlegung nicht die chemischen
Möglichkeiten überschauen kann, die sich aus der Zusammensetzung der Metall-
legierungen, der Temperaturen und Drücke ergeben. Umgekehrt kann der Ingenieur viele Erscheinungen des praktischen Betriebes nicht richtig beurteilen,
wenn er sich über den chemischen Charakter des Schmieröles und seiner Oxydationsprodukte sowie der chemischen Umwandlungen der Verbrennung nicht
im klaren ist. Der Ingenieur wird erstaunt sein, welch breiten Raum das
Schmieröl in diesem Buche einnimmt, der ihm nicht zustünde, wenn es sich
ausschließlich um die Schmierung handeln würde. Die große Rolle kommt ihm
darum zu, weil das Schmieröl nicht nur als Mittel zur Verringerung der Reibung, sondern auch als Beförderer und Ablader von Rückständen dient. Auch
das Schmieröl hat eine Art „Gefügestruktur". Kyriopolus hat nicht mit Un-
recht gesagt, daß der konstitutionelle Aufbau des Schmieröles einem Kristallhaufen schon wesentlich ähnlicher ist als dem Gefüge einer Flüssigkeit.
Auch diese Molekularstruktur der Schmieröle ist von wesentlicher Bedeutung
für die chemischen und physikalischen Vorgänge an der Zylinderwand, weil mit
ihr die mehr oder weniger feste Bindung einzelner Moleküle zusammenhängt,
deren Losreißung die Bildung neuer, unter Umständen gefährlicher Produkte
beeinflußt.
Die Wechselwirkung zwischen Schmieröl und Metall bringt Klarheit in das Gebiet der Grenzschmierung und gewährt einen Einblick in das so wichtige Gebiet der Schmierfähigkeit und Haftfestigkeit, zwei Begriffe, die in letzter Zeit
umstritten waren.
Zu den motortechnischen Aufgaben, die das Schmieröl betreffen, gehört noch
der Anlaßvorgang, besonders bei Fahrzeugmotoren. Sobald die Temperaturen
des Motors etwa minus 7° unterschreiten, beginnen Anlaßschwierigkeiten, die
nur durch eine besonders sorgfältige Auswahl der Ölsorte behoben werden
können. Bei der Auswahl der Öle müssen überhaupt sehr viele alte Anschauungen durch neue ersetzt werden, die im Kapitel XII zusammengefaßt sind.
Es ist unmöglich, einen günstigen Ölverbrauch ohne Gefährdung des Motors
zu erzielen, wenn man nicht die Zähigkeit des Öles den Erfordernissen des Motors in seinem gegebenen Betriebszustand anpaßt. Die Zusatzmittel, die dem
Schmieröl beigegeben werden können, bedeuten eine Neuerung, deren spätere
Ausnützung heute noch nicht überblickt werden kann. Die Ursache des man-
gelnden Erfolges bei der Verwertung von chemischen Zusätzen zur Oxydations-
verhinderung, die auf anderen Gebieten mit großem Erfolg angewendet werden, liegt wohl zum großen Teil darin, daß der Motorenbauer noch nicht zu
Untersuchungsmethoden gekommen ist, die mit Sicherheit gestatten, einzelne
Vorgänge so herauszulösen, daß einerseits die motortechnischen Belange ge-
wahrt sind, andererseits aber eine exakte Erforschung des einzelnen Vorganges
möglich ist.

I. DIE VERSCHLEISSFRAGE

Noch im Jahre 1935 wies Karl Sipp darauf hin, daß die Verschleißfrage gleitender Flächen noch voll Widersprüche ist, und daß es auch an systematischer Untersuchung mangelt.

Inzwischen ist eine gewisse Klärung wenigstens von der metallurgischen und mechanischen Seite her eingetreten, in der sich verschiedene Forschungsarbeiten niedergeschlagen haben. Die Gießereifachleute sind in der Herstellung verschleißfester Metalle zu Erkenntnissen gelangt, die heute schon eine feste Grundlage bilden, und man hat den Eindruck, daß der Motorenbau dabei einen recht großen Anteil hat. Mit dem Aufkommen des Fahrzeugdiesels mit seinen starken Schlägen auf die engbegrenzten Kurbel- und Pleuellager trat die Notwendigkeit ein, nach neuen Lagerstoffen zu suchen, weil das altbewährte Weißmetallager dieser Beanspruchungsart zu wenig Widerstand entgegensetzen konnte. Man mußte nach härteren und weniger plastischen Legierungen suchen, was schließlich mit der allgemeinen Verwendung von Bleibronzen für diese Zwecke seinen Abschluß fand. Auch der Zinnmangel und die Suche nach gleichwertigen Ersatzstoffen hat wesentlich zur Klärung beigetragen. Gerade diese Forschungsarbeiten, die in den ersten Weltkrieg zurückreichen und damals die zinnarmen Lagerausgüsse für Fahrzeugmotoren zum Ergebnis hatten, führten zur richtigen Begriffsbildung, wie eine Metallstruktur für reibende Teile gestaltet werden muß, um sie verschleißfest zu machen. Es waren die Braunschweiger Metallwerke, die mit der Bezeichnung „Gittermetalle" für ihren Lagerschalenausguß den richtigen Ausdruck prägten.

Ein gitterförmiges Netzwerk harter Metallkristalle ist kombiniert mit weichen Bestandteilen. Erstere sollen den Lagerdruck aufnehmen und gegen die Reibkräfte in der Bewegungsrichtung widerstandsfähig sein, letztere sollen dieses Gitterwerk harter Metalle elastisch betten und auch eine gewisse Plastizität wahren. Eine solche Kombination technologisch verschiedener Kristallarten ergibt die guten Laufeigenschaften.

Dieses Prinzip der strukturellen Gestaltung hat sich für Materialien, die einem Reibungsverschleiß unterworfen sind, allgemein bewährt. Beim Perlitguß der Zylinderlaufbüchsen sind es vor allem das Phosphidnetzwerk und die Zementitlamellen, die in der perlitischen Grundmasse das harte Netzwerk bilden. Bei den Kolbenmaterialien, z. B. KS 280, sind es die harten Siliziumkristalle in der weicheren eutektischen Grundmasse, bei der Bleibronze — die Einlagerung der weichen plastischen Bleikristalle in den härteren Kupferkristallen. Auch bei Bremsbelägen für Fahrzeuge und andere Zwecke hat sich dieses Prinzip bewährt, man denke an die allgemein verwendeten Beläge, bei denen in einem Drahtnetz aus Messing weiche plastische Massen eingebettet sind.

Außer dem Prinzip der Gitterstruktur des Materials hat noch ein zweites Prinzip allgemeine Anerkennung gefunden. Es kann in dem Satz ausgedrückt werden: „Weicheres Material schleift härteres." Es wird also das härtere Material zweier reibender Flächen zuerst verschleißen. Demnach verschleißen am wenigsten zwei Reibflächen gleicher Härte. Außerdem gestattet dieses Prinzip, von zwei Reibflächen diejenige auszuwählen, die zuerst verschleißen soll, z. B. Kolbenringe gegenüber dem Zylinder.

Dieses Prinzip wurde wie das erste rein empirisch gefunden und ist in der Technik der Schleifmittel schon lange bekannt. Seine Begründung in bezug auf den Reibvorgang zweier Flächen ist aber recht schwierig, und der Versuch der Erklärung führt eigentlich dazu, daß dieses Prinzip, für sich betrachtet, nicht allgemein gelten kann. Die einfachste Vorstellung ist die, daß die Rauhigkeitsspitzen des weicheren Materials an den härteren vorbeistreichen, ähnlich wie die Haare einer Bürste, und damit der Reibvorgang bei weichem Material sich auf die „lange Mantelfläche des Haares" verteilt, während bei dem harten Material die einzelne Spitze durch den ganzen Reibvorgang belastet ist und so schneller abgetragen wird. — Eine zweite Vorstellung ist die, daß das weichere Material die harte Spitze durch den Reibdruck „umströmt" und, ähnlich wie bei der Kavitation, die harten Spitzen aus dem Grundmaterial durch den Strömungsdruck oder molekulare Kräfte herausreißt bzw. abbaut. — Als Drittes kann man sich vorstellen, daß der Abbau der harten Spitze thermisch bedingt ist, indem infolge der auf sie stärker konzentrierten Reibwärme ihr Verband mit dem Grundmaterial gelockert wird und sie dadurch ausbricht. Man muß aber bei dem Reibvorgang auch an die sogenannte Reiboxydation denken. Durch die Sauerstoffaufnahme wird die Materialspitze in das sprödere Metalloxyd umgewandelt und bricht dann aus diesem Grunde ab. Der Grad der Reiboxydation ist aber nicht härtebedingt, sondern chemisch, und es besteht darum die Möglichkeit, daß das weichere Material der Reiboxydation soviel mehr unterworfen ist, daß dies den Ausschlag gibt und dann das weichere Material mehr verschleißt. Damit wäre das Prinzip: „Der weichere Teil schleift den härteren" in seiner Allgemeinheit eingeschränkt und chemischer Bedingtheit unterworfen.

Ein drittes Prinzip, das durch die Oberflächenforschung technischer Flächen in den letzten Jahren besonders zur Anerkennung kam, ist die Tatsache, daß „je härter die Reibflächen sind, sie einer um so feineren Oberflächenbearbeitung bedürfen".

Dies hängt ohne Zweifel mit der geringeren Elastizität der Rauhigkeitsspitzen zusammen, ebenso mit der geringeren Ausweichmöglichkeit infolge der größeren Härte nach dem Materialinneren.

Ein viertes Prinzip, das besonders im Motorenbau in jüngster Zeit stark zur Anwendung kommt, ist das Prinzip der „Ölhaltigkeit" der Reibflächen. Es ist bekannt, daß die sogenannte flüssige Reibung, bei der die Metallflächen durch

eine Ölschicht voneinander getrennt bleiben und damit vor Verschleiß nahezu
gesichert sind, im Motorenbau nur in sehr geringem Umfang zur Anwendung
kommt, da sie einheitliche Dreh- und Druckrichtung erfordert. Im Gebiete der
Grenzschmierung spielt aber der „Ölersatz aus der Fläche selbst" eine große
Rolle. Man ist darum dazu übergegangen, feinstbearbeitete Flächen mit Poren
zu versehen, um in der Reibfläche die notwendigen Ölreservoire zu schaffen.
Diese Poren können entweder in der Oberfläche des Materials natürlich vorhanden sein — wie bei Gußeisen — oder die Flächen werden nach der Bearbeitung besonders präpariert, um diese Porosität zu erzeugen.
Mit der vereinten Anwendung dieser vier Prinzipien

1. Gitterstruktur der Reibflächen,
2. abgestimmte Härte der reibenden Teile,
3. Anpassung der Bearbeitungsfeinheit an die Materialhärte,
4. Ölhaltigkeit der Reibflächen,

ist die Verschleißfestigkeit reibender Motorteile wesentlich erhöht worden und
in der Verschleißfrage von der metallurgischen und mechanischen Seite eine
gewisse Ruhe eingetreten.
Die Lösung des Problems der Korrosion reibender Flächen steckt jedoch noch
in den Anfängen. Die reine Reibkorrosion, wozu auch die oben bereits er-
wähnte Reiboxydation gehört, muß für trockene Reibflächen und für geschmierte Reibflächen getrennt behandelt werden. Für den Motoringenieur sind
beide Korrosionsarten uninteressant, soweit es die Zylinder- und Lagerreibung
betrifft. Es sei nur erwähnt, daß Versuche festgestellt haben, daß in reiner
Stickstoffatmosphäre bei Scheiben fast kein Verschleiß auftrat und daß andererseits die Reibkorrosion durch den Schmierfilm wirkt.
Der Motorenbauer hat bei seinem Verschleißproblem immer auch mit Säuren
zu tun, deren Vorhandensein nicht aus dem Reibvorgang geschmierter oder un-
geschmierter Flächen herrührt, sondern die durch den Verbrennungsvorgang
im Motorzylinder entstehen und von dort in die Reibflächen durch Schmieröl-
oder Gastransport gelangen — dies gilt sowohl für Schmierung der Zylinder,
als auch für die der Kurbellager.
Da der Korrosionsangriff durch Verbrennungsprodukte die eigentliche Reibkorrosion stark überlagert, hat es keinen Sinn mehr, den Korrosionsverschleiß
im Motor mit den Reibvorgängen zu verquicken, sondern es führt viel eher zum
Ziel, den Reibverschleiß mit den metallurgischen und mechanischen Belangen
abzuschließen und den Korrosionsverschleiß als Problem gänzlich abzutrennen.
Die Frage: Welche Verbrennungsprodukte führen zum Verschleiß? ist noch
gar nicht zu beantworten, und es ist eine Hauptaufgabe dieses Buches, die
Erörterung dieser Frage anzuschneiden und zu entsprechenden systematischen
Versuchen anzuregen.
Will man diesem Problem nähertreten, so muß vorerst das Arbeitsgebiet fest-
gelegt werden, das man in den Kreis der Erwägung ziehen muß.
Die chemischen Umsetzungen der Verbrennung und die anschließenden Um-
wandlungen in den Rückständen sind Kettenreaktionen, deren Ausgangspro-

dukte, genau genommen, nur in Form der beteiligten Elemente bekannt sind
und deren Endprodukte durch Auspuffanalyse und Analyse der Rückstände
festgestellt werden können.

Sicher ist aber, daß für die Korrosion im Motor auch die Zwischenprodukte der
Kettenreaktionen von großer Bedeutung sind, da diesen sehr große Aktivität
zukommt und ihre Reaktionsfähigkeit mit dem Metall vielfach größer ist als
die zu den Elementen der Verbrennung. Die Anzahl der möglichen Zwischenprodukte innerhalb des Motors ist so groß, daß ihrer Erforschung sehr enge
Grenzen gesetzt sind. Auch der große Temperaturbereich, der von 20° im
kalten Kurbelgehäuse bis zu 2000° im Verbrennungsraum reicht, läßt jede
Hoffnung schwinden, die chemischen Vorgänge jemals restlos klären zu
können.

Der Motoreningenieur ist aber daran gewöhnt, empirische Lösungen zu finden,
die schließlich den hohen Stand des heutigen Motorenbaues erreichen ließen.
Für das Problem der Korrosionsforschung an der Zylinderwand kommt ihm
der Umstand entgegen, daß es sich hier in erster Linie um topochemische Vorgänge handelt, also ausschließlich um Vorgänge im Bereich der Metallfläche
und bei ihm bekannten Zylinderwandtemperaturen. Bei entsprechender systematischer Arbeit scheint es darum möglich, Licht in das Dunkel zu bringen.
Es geht ja nicht darum, chemische Umsätze genau zu definieren, sondern die
Einwirkung der Verbrennungsgase auf die Zylinderwand der Reihe nach unter
bestimmten Betriebsbedingungen rein empirisch festzustellen. In Anbetracht
der außerordentlichen Wichtigkeit des Korrosionsverschleißes im Motorzylinder glaubt der Verfasser mit seinen Vorschlägen am Schluß des Buches
einen nützlichen Beitrag geleistet zu haben.

II. ZYLINDERLAUFBÜCHSEN

Reibkräfte an der Zylinderwand. Die Form des Zylinderverschleißes. Konstruktive Einflüsse auf die Verschleißform. Zylinderbüchsenmaterial. Versuche über Zylinderverschleiß mit verschiedenem Material. Die Herstellung der Zylinderlaufbüchsen. Oberflächenbehandlung von Laufbüchsen.

Reibkräfte an der Zylinderwand

Als Reibkräfte an der Zylinderwand wirkt in erster Linie der Druck der Kolbenringe, die durch ihre Vorspannung und den Gasdruck angepreßt werden, in zweiter Linie der Seitendruck des Kolbenschaftes. Dem Bild 1 ist das Verhältnis dieser Reibkräfte und die axiale Lage an der Zylinderlaufbahn zu entnehmen. Man sieht daraus den überragenden Anteil der Ringreibkräfte während des Expansionshubes. Die Verhältnisse sind gezeigt unter einem 90 proz. Gasdruck, also unter der Annahme, daß der vollerrechnete Gasdruck (verringert um den Druckverlust durch Undichtheiten) zur Wirkung kommt.

Da jeder Ring mit axialem Spiel in seiner Nute liegt, hat man im ganzen Umfang einen großen Verbindungsquerschnitt frei, der, wie Messungen zeigen, zu einem vollkommen

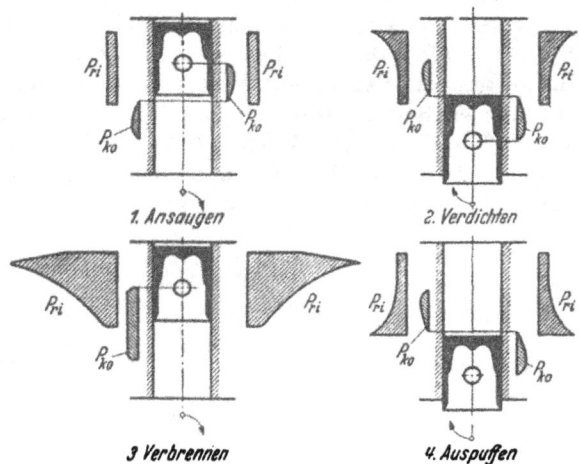

Bild 1. Schematische Darstellung der Ringpressung P_{ri} und der Kolbenpressung P_{ko} Unter Annahme eines 90 proz. zusätzlichen Gasdruckes in den Ringen. Versuch von Prof. Wallichs und Dipl.-Ing. Gregor, „Gießerei-Ztg.", S. 517 (1933).

Druckausgleich vor dem Ring und an der Rückseite des Ringes in der Nute führt. Die Abdichtung der Kolbenringe wirkt durch die Hintereinanderschaltung mehrerer Kolbenringe wie eine Labyrinthdichtung. Die Druckverhältnisse vor dem ersten, zweiten und dritten Ring usw. zeigt Bild 2 nach den Messungen von Eweis.

Bild 3 zeigt das Absinken der Undichtigkeitsverluste mit Ringzahl und

Kolbengeschwindigkeit, wie sie sich bei Messungen an einem Verdichter ergeben haben.

Aus den Reibungszahlen von vollbelastet laufenden Motoren ergibt sich, daß nicht der volle Gasdruck als Reibkraft zur Auswirkung kommen kann, sondern nur ein Teil.

Nach Dr. Tischbein steht der Schmierfilm zwischen Zylinderwand und Kolbenring unter der Druckdifferenz, die sich durch den Gasdruck über dem Ring und

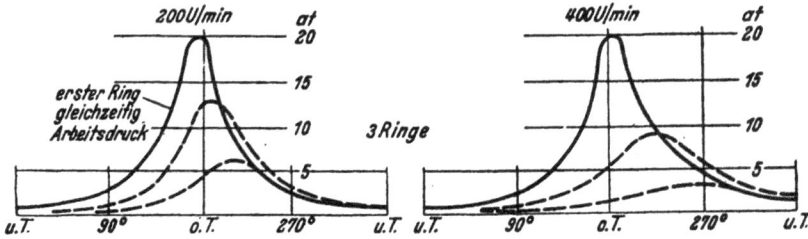

Bild 2. Gemessene Druckverteilung hinter den Ringen.
Druckmessung bei 20 atü

Die Schaubilder zeigen ein rasches Abklingen der für die einzelnen Ringe ermittelten Druckkurven unter gleichzeitiger Phasenverschiebung in Richtung der Gasströmung.

Die größten Drucksprünge, die für die Belastung und damit für die Abnützung maßgebend sind, finden sich bei dem ersten Ring. Dies trifft besonders bei hoher Drehzahl zu, wo andererseits hinter den letzten Ringen schon fast gleichbleibender Druck herrscht.

Dr.-Ing. M. Eweis, Forschungsheft VDI Nr. 371 (1935)

unter dem Ring ergibt. Dadurch entsteht eines Entlastung des Ringes, so daß sich der als Reibungskraft ergebende Druck mit einem Viertel des Gasdruckes errechnet. Zu demselben Resultat kommt auch Ricardo, der für die gesamten Reibverluste im Zylinder (H. R. Ricardo: Schnelllaufende Verbrennungsmotore, Berlin 1922) die Reibkraft mit einem Viertel Gasdruck plus zwei Drittel mittlerem Massendruck plus Konstante angibt.

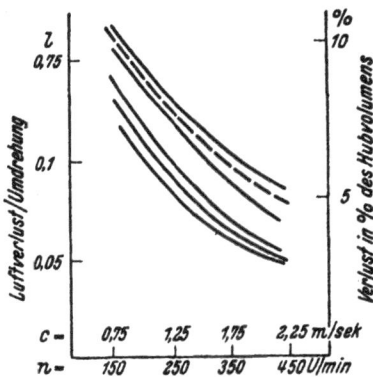

Bild 3. Absinken der Undichtigkeitsverluste mit Ringzahl und Kolbengeschwindigkeit gemessen an einem Hilfsverdichter. Bohrung 116, Hub 150. Verdichtungsdruck 28 at. Ringbreite 5 mm, 0,5 Spiel. Schloßspiel 0,7.

Bei rasch laufenden Motoren wird man kaum mehr als 2 bis 3 Ringe brauchen. Bei 450 n/min sind die Verluste bei 3 bis 4 oder 5 Ringen fast die gleichen.

Dr.-Ing. Eweis, Forschungsheft VDI Nr. 371 (1935)

Inwieweit sich diese Reibkraft auf den Verschleiß auswirkt, ist eine Frage der Schmierung.

In Bild 4 sind Versuche von Prof. Gabriel Becker wiedergegeben, die zeigen, wie die Verlustleistung bei einem Motor steigt, wenn die Umdrehungszahl erhöht wird. Diese Steigerung zeigt sich abhängig von der Zylinderwandtemperatur, die bei höheren Umdrehungen den Schmierfilm ungünstig beeinflußt. Ver-

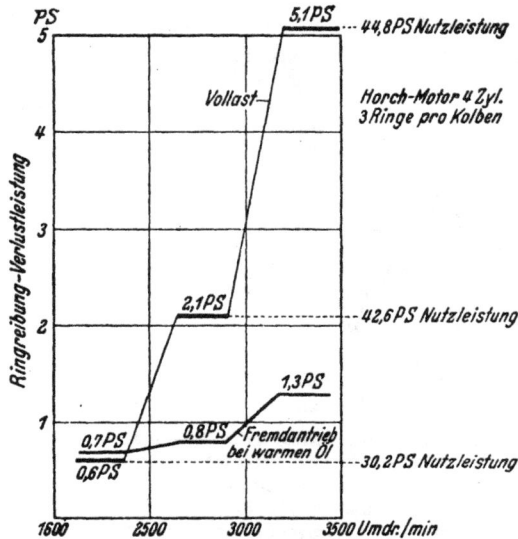

Bild 4. Vergleich der Ringreibung a) bei Fremdantrieb, b) bei Vollast

Im unteren Drehzahlbereich ($n = 1600$): Kein Einfluß der Verbrennungsgase. Die Wärmeabfuhr ist so wirksam, daß der Ölfilm an der Zylinderwand wie bei Fremdantrieb erhalten bleibt.

Bei $n = 2500$ steigt der Reibungswiderstand der Kolbenringe schon auf das $1^{1}/_{2}$ fache desjenigen bei gutem Schmierzustand. Die größere Zahl der Verbrennungshübe pro Zeiteinheit überhitzt bereits den Ölfilm. Bei $n = 3000$ steigt der Reibungswiderstand der Kolbenringe auf den dreifachen Betrag der Reibung bei gutem Schmierzustand. Die Schmierung der Ringe im oberen Totpunkt ist unzulänglich. — Daher starker Verschleiß!

Prof. Gabriel Becker, „Leichtmetallkolben", 1929.

gleicht man Motore gleicher Art, aber ungleicher Größe unter gleichen Betriebsbedingungen, so ergibt sich (am Verbrauch von Zylinderbüchsen gemessen) der Verschleiß praktisch ungefähr in einer linearen Beziehung zur Umdrehungszahl. Bild 5a zeigt zur allgemeinen Orientierung die Verlustleistungen und Bild 5b den aufzuwendenden mittleren Reibungsdruck bei einem Vierzylinder-Lastwagenmotor.

Keinesfalls ist der Verschleiß verhältig dem mittleren Druck mal der mittleren Kolbengeschwindigkeit.

Die Seitenkräfte der Kolben spielen im Vergleich zu den Ringreibungskräften nur eine untergeordnete Rolle.

In Bild 1 ist das Verhältnis der Ringreibkräfte zu den Kolbenseitenkräften dargestellt.

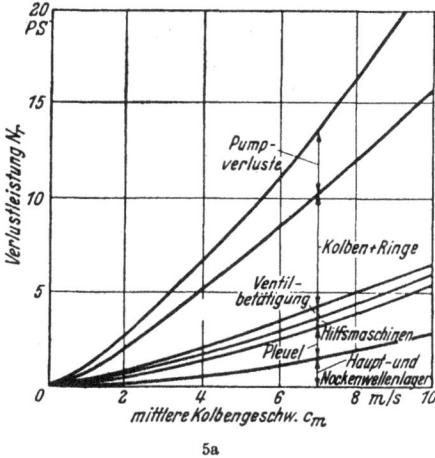

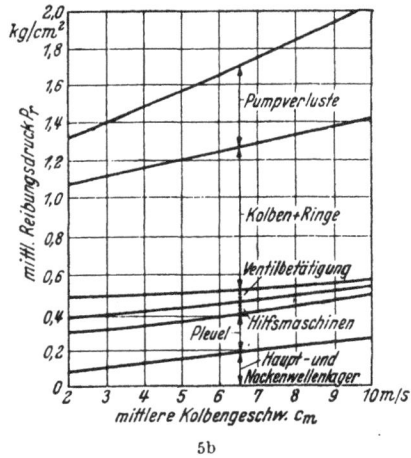

Bild 5a und b. Leistungsverluste eines Vierzylinder-Lastwagenmotors
(5,36 l Hubraum) nach Lichty und Carsons.

Die Form des Verschleißes am Zylinder

Übereinstimmend ergibt sich aus allen Verschleißmessungen folgendes:

Der Verschleiß ist im Ringansatz des obersten Kolbenringes am stärksten, nimmt dann rasch ab und zieht sich in geringem Maße bis zum unteren Totpunkt hin. Der Einfluß der Kolbenringreibung ist deutlich ersichtlich.

Am genauesten erscheinen die Messungen von Prof. A. Wallichs und Dipl.-Ing. Joh. Gregor, Aachen (Bild 6).

Als nächste zuverlässige Arbeit kann die von Dr.-Ing. Friedr. Hanft, Königsberg, gelten (Bild 7).

Die Versuche von Sheepbridge Stokes Centrifugal Castings Co. Ltd. zeigen deutlich eine Übereinstimmung der Verschleißform mit obigen Arbeiten (Bild 8).

Von einiger Wichtigkeit ist ein Nebenversuch mit unlegierten Schleudergußbüchsen, der ein völlig ungleiches Resultat in den Zylindern ergab.

Bohrung:	1	2	3	4
Abnützung in mm:	0,0775	0,05	0,05	0,04

Bohrung 1 ist der vorderste Zylinder am Kühler. Die Laufzeit des Versuches betrug 40 Mill. Umdrehungen = 14 000 km.

Diese Ungleichheit kann entweder auf die Brennstoffzusammensetzung in den einzelnen Zylindern zurückgeführt werden bzw. auf die verschiedenen Temperaturverhältnisse an der Zylinderwand infolge der ungleichen Verbrennung, oder es können an den einzelnen Büchsen verschiedene thermische Verformungen eingetreten sein.

C. Englisch weist auf der Verschleißtagung VDI 1938 darauf hin, daß öfters, besonders bei Zweitaktmotoren mit Schlitzsteuerung, auch ein tonnenförmiger Verschleiß vorkommt (Bild 9).

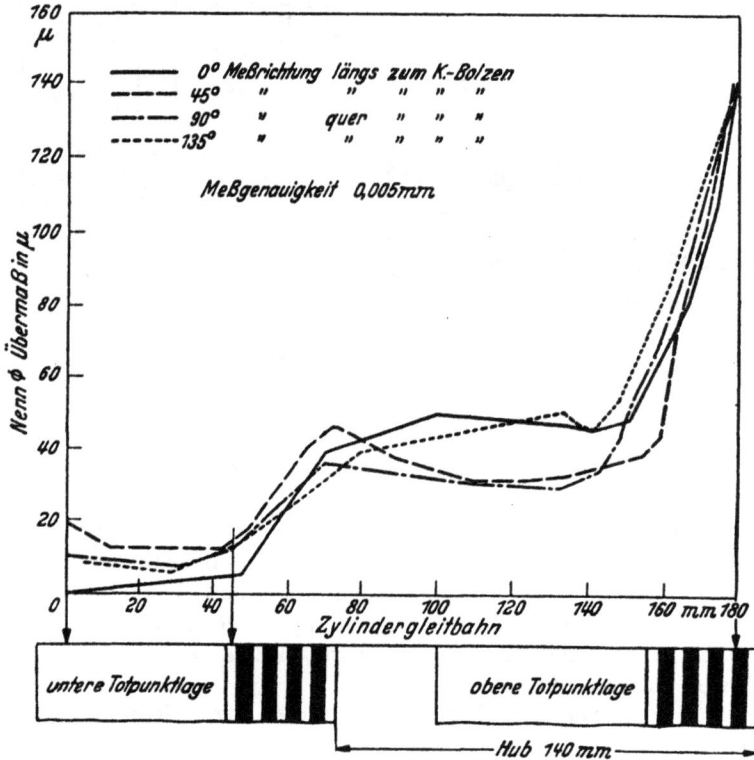

Bild 6. Obere Ringzone steile Verschleißkurve bis zum Höchstwert am oberen Ringansatz. Verschleißkurve für die 4 Meßrichtungen ähnlich — und bestätigt damit die Abhängigkeit des Verschleißes vom Gleitvorgang der durch Gasdruck an die Wand gepreßten Kolbenringe.
Versuche von Prof. Wallichs und Dipl.-Ing. Gregor, Gießerei-Ztg., 5517 (1933).

A. Moser, Stuttgart MTZ. IX, 1942, führt diese Verschleißform auch auf unreines Schmieröl zurück; Honstaub oder durch den Entlüfter eingedrungener Staub machen ständig die Hubbewegung des Kolbens mit, sie schwingen sozusagen um die Mitte des halben Hubweges und können dort in erstaunlich kurzer Zeit die Zylinderlaufbahn restlos unbrauchbar machen.

Diese gänzlich andere Verschleißform kann nach Ansicht des Verfassers auch in Korrosionsbedingungen ihre Ursache haben oder infolge von Verformungen der Büchsen auftreten. Aus diesem Grunde muß dem Vorkommen dieser Verschleißform mehr Beachtung geschenkt werden, denn es ist zu erwarten, daß sie unter Umständen bei Generatorgasmotoren infolge der Korrosionserscheinungen öfter auftritt (Bild 10). Wenn Verformungen der Büchsen vorliegen, handelt es sich nicht um echten Verschleiß, was besonders zu beachten ist.

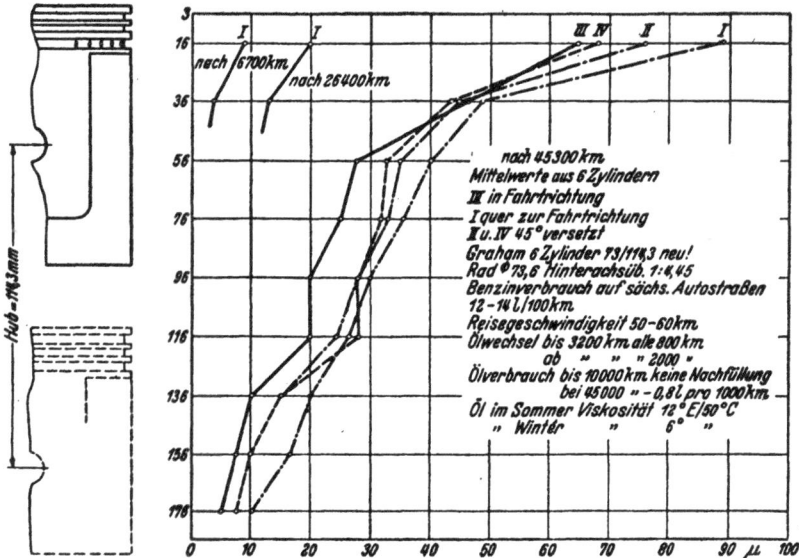

Bild 7. Verschleißmessungen an einem Fahrzeugmotor.
Von Dr. Friedrich Hanft. ATZ (1/1936).

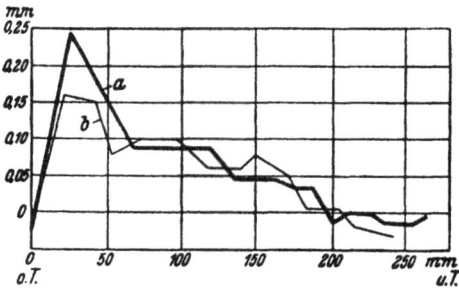

Bild 8.
Verteilung der Abnützung über die Zylinderlänge. Im Schleudergußverfahren hergestellte Zylinderlaufbüchsen, trocken eingepreßt. — Unter tatsächlichen Betriebsbedingungen laufend. Verschleißkurve *a* im rechten Winkel zur Kurbelwelle
Verschleißkurve *b* parallel zur Kurbelwelle.
Versuche von Sheepbridge Stokes Centrifugal Castings Co LTD. I. E. Hurst. Autom. Engen. Bd. 23, 1933; ATZ. Heft 24, 1934.

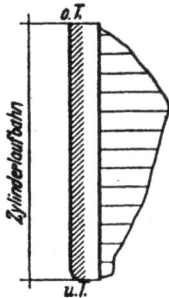

Bild 9. Tonnenförmiger Verschleiß, im allgemeinen seltener festzustellen. Bericht: C. Englisch — Verschleißtagung VDI 1938.

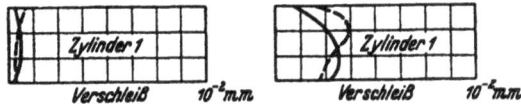

Bild 10. Beispiele für tonnenförmigen Verschleiß aus der Versuchsfahrt 1935.

— Abnutzung in Längsrichtung

--- Abnutzung in Querrichtung

Fahrzeug 66	Fahrzeug 77
Treibstoff: Holz	Treibstoff: Holzkohle
Generatorbetrieb	Generatorbetrieb
gef. Kilometer 14000	gef. Kilometer 11500

Konstruktive Einflüsse auf die Verschleißform

Muldenförmige Ausbildung des Zylinderverschleißes

Dr. Koch weist auf eine Muldenförmigkeit der Verschleißform hin, die er beobachtet hatte.

Der größte Verschleiß liegt bei den von ihm untersuchten Zylindern von Fahrzeugmotoren auf der dem Ventil gegenüberliegenden Seite (Bild 11, Richtung d). Die untersuchten Motore zeigten auf den Kolbenböden auf der Ventilseite einen leichten Belag von Ruß und Glühkohle, während auf der Seite des größten

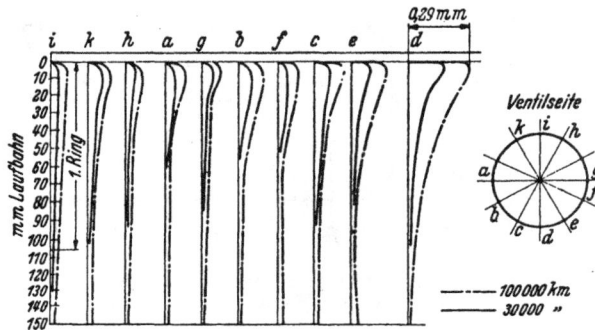

Bild 11. Verschleiß von Fahrzeugmotoren: Hub 100, Bohrung 68 mm, mit Ricardo-Zylinderkopf. Lage der Zündkerzen über den stehenden Ventilen an der Peripherie der Bohrung.

Kolbenmaterial: Nelson Bonalit mit Invarstahleinlagen gedreht und poliert. Brinellhärte 150 kg/qmm.

Zylindermaterial: Grauguß, Brinellhärte 220 kg/qmm Kolbenringe, Brinellhärte 250 kg/qmm.

Versuchsresultate: Verschleiß der wassergekühlten Zylinderbahn auf $1/100$ mm genau gemessen.

Resultate: Die muldenförmige Ausbildung des Verschleißes ist in allen Fällen gleich. Die Abnützung der Kolbenschäfte ist gegenüber der Zylinderlaufbahn gering. Die Kolbenringe haben im Vergleich zur Zylinderlaufbahn fast keine Abnutzung. Der Gewichtsverlust der Kolbenringe liegt in den Nutenflächen. Der Gleitbahndruck spielt keine Rolle. Der Anteil von Staub und Schmutz sowie Ölkohle sehr gering, da Bootsmotore dieselbe Abnutzung zeigen. Die Kolbenböden sind nach den Ventilen zu mit Ruß- und Glühkohle leicht bedeckt, entgegen den Ventilen halbmondförmig blank. Der muldenförmige Verschleiß fehlt bei Schiebermotoren und Kompressoren, daher — vermutliche Hauptursache — zersetzende Wirkung der Verbrennungsgase auf ungeschützte Zylinderwand.

Versuche von Dr. Rich. Koch, ATZ 1936.

Verschleißes die Kolbenböden halbmondförmig blank waren. Die Zündkerze liegt bei diesen Motoren zwischen den Ventilen über der Peripherie der Zylinderbohrung.

Die Form des Verschleißes, eine Mulde in der Zylinderwand, die im oberen Totpunkt des ersten Kolbenringes beginnt und der Ventilöffnung gegenüber liegt, war in allen Fällen gleich. Koch vermutet, daß die muldenförmige Ausbildung der Verschleißform, die in der größten Entfernung von der Zündkerze liegt, auf nicht vollkommen verbranntes Brennstoffgemisch zurückzuführen ist, das die Laufflächen anfrißt.

Sind zwei Zündkerzen auf beiden Seiten der Zylinderbohrung vorhanden und hängen die Ventile in der Mitte der Längsrichtung, so ist der Verschleiß zentraler als bei stehenden Ventilen.

Bei Kompressoren für Luft und andere Gase ist der muldenförmige Verschleiß im oberen Totpunkt trotz der entstehenden sehr hohen Drücke und Temperaturen nicht vorhanden.

Ricardo berichtet darüber, daß der Verschleiß der Laufbahn an Schiebermotoren bedeutend geringer ist als an normalen Zylindern mit und ohne festen Laufbüchsen. Die Ursache hierfür mag darin liegen, daß bei Ventilmotoren der Kolben im oberen Totpunkt zum Stehen kommt und der Ölfilm an der Lauffläche abgerissen wird, während beim Schiebermotor eine dauernde Bewegung des Schiebers bzw. Kolbens auf der Laufbahn vorhanden ist, der Ölfilm also nicht abreißen kann und somit keine trockene Reibung entsteht.

Einflüsse der Zylinderblockform

Bei der Untersuchung von Georg Becker ergibt sich der Einfluß des Wassermantelansatzes bei einem älteren Buickzylinder (Bild 12). Die Verschleißmessung an einem Wanderer-Motorradzylinder den Einfluß des Befestigungsflansches des Zylinders auf den Verschleiß im unteren Totpunkt (Bild 13). Über mögliche Formänderungen von Zylindern bzw. Zylinderbüchsen verdient auch eine Arbeit von Sulzer A.G. Beachtung, die an einem langsam laufenden Motor die mögliche Verformung eines Zylindereinsatzes infolge der Wärmespannungen rechnerisch ermittelt (Bild 14). Auf die Möglichkeit derartiger Verformungen der Zylinderwand soll an dieser Stelle besonders hingewiesen werden. Sie müssen bei Verschleißmessungen beachtet werden, da sie die Ausmessung wesentlich beeinflussen können. Es kann durch sie ein falsches Verschleißbild entstehen.

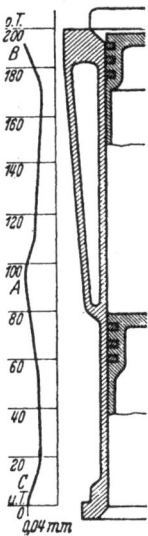

Bild 12. Einfluß der Flanscheinschnürungen auf die Abnutzung eines Buik-Zylinders nach 1600 km Laufstrecke. Die Kolben suchen die Einschnürung der Wärmeausdehnung bei *A*, *B*, *C* in der ersten Laufzeit rasch abzuschleifen. Der Buik-Zylinder zeigt an den Flanschstellen eine erhöhte Abnützung von 0,02 mm; diese kann sich bei thermisch hoch beanspruchten Kolben auf 0,06 mm erhöhen. Infolge dieser Einschnürung hat der Graugußkolben nach 1600 km noch zu geringes Spiel. Erst nach 8800 km wird der Motor klemmfrei. Der Brennstoffverbrauch sinkt von 15,6 auf 14 Liter bei 50 km/Std. Geschwindigkeit. Versuche von Prof. Gabriel Becker. „Leichtmetallkolben".

Bild 12.

Zylinderbüchsenmaterial

Von den Verschleißversuchen der Gießereifachleute sind die meisten nur mit Verschleißmaschinen erfolgt und sehr oft ohne Anwendung einer Schmierung. Es erscheint darum nicht zweckmäßig, diese Resultate im einzelnen aufzu-

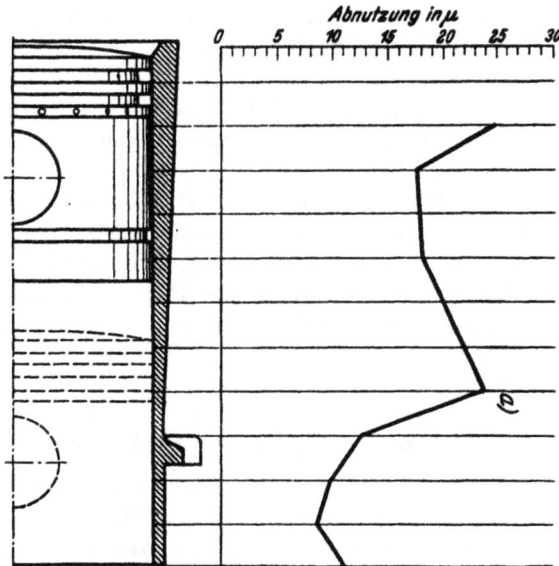

Bild 13. Verschleiß in einem Wanderer-Motorrad, 62 mm Zylinderbohrung, während der ersten 18 000 km. Die stärkste Abnützung macht sich in der Totpunktlage geltend. Der Grund des Verschleißes an der Stelle *a* ist der Befestigungsflansch, der die Wärmeausdehnung verhindert.
Versuche von Dr.-Ing. Friedr. Hanft, Königsberg, ATZ. Heft 1, 1946.

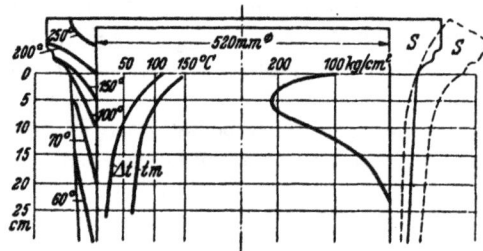

Bild 14. Verformung (100fach) und Wärmespannungen einer Zylinderbüchse bei gegebener Temperaturverteilung.
Versuche von Sulzer A. G., VDI Zeitschrift Nr. 13, März 1926.

führen, da sie die Verhältnisse im Motor zu wenig berücksichtigen und teilweise sehr widersprechende Ergebnisse geliefert haben.

Bei Verschleißversuchen auf Verschleißmaschinen hat sich unter anderem ergeben, daß eine Verbesserung der Schmierung die Laufeigenschaften verschiedenen Zylindermaterials überdeckt.

Im praktischen Motorenbau darf aber als erwiesen gelten, daß der Einfluß des Büchsenmaterials und auch des Kolbenringmaterials von größter Bedeutung ist. Beim laufenden Motor hat man eben die Regelung des Schmierfilms nicht so sehr in der Hand wie bei einer Verschleißmaschine.

Grundsätzlich muß das Kolbenringmaterial mit dem Zylindermaterial auch im Gefüge aufeinander abgestimmt sein.

Auf Grund der Ergebnisse der VDI-Verschleißtagung 1938 gelten die unter Kolbenringmaterial gemachten Ausführungen (S. 50) auch für Zylindermaterial.

Zylinderbüchsen im Groß-Dieselmotorenbau

A. Jünger führt aus, daß man im Groß-Dieselmotorenbau im allgemeinen die völlig gleichen Erfahrungen in Art und Bedeutung der Gefügestruktur gemacht hat. Er hat jedoch etwas abweichend gefunden, daß die Art der Perlitausbildung hinter dem Einfluß der Graphitausbildung und des Phosphideutektikum stark zurücktritt.

a) Eine gewisse Graphitmenge und eine verhältnismäßig größere Ausbildung der Graphitadern und Blättchen ist wünschenswert.

b) Eutektischer Graphit ist im Dieselmotorenbau für Zylinder und Ringe äußerst schädlich.

c) Ein zusammenhängendes Netzwerk des Phosphideutektikums gibt die beste Verschleißfestigkeit.

Ein Phosphorgehalt von 0,6 bis 0,8% ist am günstigsten. Der im Betrieb entstandene Spiegel von Zylinderbüchsen, die über 20 Jahre gelaufen waren, wird durch das etwas erhabene Phosphidnetzwerk gebildet.

Alte, gut gelaufene Büchsen, die Anfang des Jahrhunderts gegossen wurden, sind ebenfalls rein perlitisch und zeigen auch eine kräftige Graphitausscheidung und viele Phosphide.

Legierungszusätze

Die chemische Zusammensetzung des Gußeisens hat nach allen bisherigen Forschungsarbeiten nur insofern Einfluß auf die Verschleißfestigkeit, als sie sich in einer bestimmten Art auf das Gefüge auswirkt. Dies gilt auch für solche Zusätze, die gemeinhin in Gußeisen seltener vorkommen als Nickel, Chrom, Molybdän usw.

Es sei darum der Einfluß verschiedener Legierungszusätze nach einem Überblick von Karl Sipp, Mannheim, ATZ. Heft 11, 1935, im Auszug wiedergegeben.

Perlitisches Grundgefüge

Am eindeutigsten ist der Einfluß des perlitischen Grundgefüges geklärt. Übereinstimmend wird festgestellt, daß es verschleißhemmend wirkt. Ferrit hat demgegenüber nur eine Verschleißfestigkeit von einem Zehntel.

Graphiteinschlüsse

Der Graphitgehalt ist vom Kohlenstoffgehalt des Gußeisens abhängig. Der Ferrit enthält 0,05% Kohlenstoff in Lösung. Der Perlit hat 0,9%, aller übriger Kohlenstoff tritt im allgemeinen in Form von Graphit auf.

Die Ausbildung des Graphites steht in ursächlichem Zusammenhang mit der Perlitbildung:

Trifft mit hohem C-Gehalt langsame Erstarrung zusammen, so ist mit grober und reicher Graphitbildung die Neigung zur Ferritbildung gegeben.

Hoher C-Gehalt und rasche Erstarrung bringen weniger Graphit, jedoch in feinerer Form, und neigen zur Bildung von Perlit.

Niedriger C-Gehalt und langsame Erstarrung dagegen haben wenig Graphit, aber in gröberer Form und gut ausgereiftes Perlitgefüge. Wenn nun aus den Forschungsergebnissen gefolgert wird, daß wenig Graphit in gröberer Ausbildungsform mit dünnen Plättchen die Verschleißfestigkeit erhöht, so ist dies verständlich, weil es sich dann um ein gut ausgereiftes Perlitgefüge handelt, dessen Erstarrungsvorgang durch den Graphitzustand belegt wird.

Für das gute Verhalten eines derartigen Gefüges gegen Verschleiß ist deshalb in Wirklichkeit nicht der Graphitzustand allein, sondern das damit einhergehende höherwertige Perlitgefüge die Ursache.

Der Graphit hat aber noch andere Bedeutung. Die Tatsache, daß Stahl weniger gute Verschleißeigenschaften aufweist als Gußeisen, kann nur auf den Graphit zurückgeführt werden. Im Grundgefüge zwischen Stahl und Gußeisen herrscht so weitgehende Übereinstimmung, daß darin eine Ursache für das unterschiedliche Verhalten nicht gesehen werden kann.

Die Graphitadern an der Oberfläche haben eine besonders günstige Adhäsionswirkung für das Schmieröl und werden also den Ölfilm mehr festhalten als das Metall und infolgedessen wesentlich zur Schmierung beitragen. (Siehe auch Seite 81 die Arbeit von Prof. Wallichs.)

Einfluß des Siliziums

Silizium begünstigt im allgemeinen die Graphitbildung. Der Umstand aber, daß Silizium als Stoff im Grundgefüge als Silikoferrit enthalten ist, läßt die Möglichkeit offen, daß die Abnützung mit steigendem Siliziumgehalt steigt.

Mangan

Mangan wirkt im Gegensatz zu Si der Graphitbildung entgegen und trägt zur Verfeinerung des Grundgefüges bei. Dadurch wird die Verschleißfestigkeit in mäßigen Grenzen verbessert. Die Gefügebildung MnS (Manganschwefel) scheint wenig Einfluß auf den Verschleiß zu haben.

Phosphor

Der Phosphor bildet den besonderen Gefügebestandteil Phosphideutektikum, bestehend aus P, C und Fe. Die vorliegenden Versuchsergebnisse lassen ziemlich übereinstimmend erkennen, daß bis zu 0,7 % Phosphorgehalt der Verschleiß verbessert wird, von da ab der Einfluß nur noch wenig wächst. Mit steigendem Phosphidgehalt wächst die Sprödigkeit des Gußeisens stark (geringe Stoßfestigkeit). Die Tatsache, daß Klingenstein wohl beim ferritischen Gefüge durch die Anwesenheit von Phosphid eine Steigerung des Verschleißwiderstandes gefunden hat, aber nicht in gleicher Weise beim perlitischen Gefüge, wird ohne weiteres verständlich, wenn man in Betracht zieht, daß Perlit verschleißfester als Ferrit ist und folglich Phosphid sich in einer Ferritgrundmasse stärker geltend machen muß.

Schwefel

Schwefel hat eine mäßig verschleißhemmende Wirkung. Die Wirkung nimmt von 0,13 % aufwärts zu. Die Einwirkung des Schwefels wird in derselben Richtung liegen wie die des Mangan.

Nickel und Chrom

Die ausländische Forschung kommt zu dem Ergebnis, daß sowohl Nickel als auch Chrom verschleißhemmend wirken. Die deutschen Ergebnisse schreiben diese Eigenschaften dem Chrom zu. Dem Nickel wird nur sein günstiger Einfluß auf die Verfeinerung und Härtesteigerung des Grundgefüges und der Verringerung der Wandstärkeempfindlichkeit zugeschrieben. Nickel wirkt graphitbildend, Chrom gegensätzlich.

Zementit

Abgesehen davon, daß das zementitische Gefüge der Bearbeitung schwer zugänglich ist, ist auch sein Einfluß auf den Verschleiß als nicht günstig erkannt worden.

Bemerkung

Perlit ist ein Gemenge von kohlenstofffreiem α-Eisen und Fe_3 C =Eisenkarbid (Zementit). Zementit wird so genannt, weil dieses sehr harte Eisenkarbid besonders stark in zementierten Stählen auftritt.
Perlit wird so genannt, weil tiefgeätzte Schliffe dieses Gefügezustandes ein perlmutterähnliches Farbenspiel erzeugen. Perlit besteht aus einer Schichtung feiner Blättchen obiger Kristallarten. Die häufigste Kristallform ist streifiger Perlit.
Ferrit sind die α-Eisenkristalle.
Weißes Roheisen ist nach dem Zementitsystem kristallisiert; daher das metallisch helle Aussehen des Bruches.

Versuche über Zylinderverschleiß mit verschiedenem Material

C. Englisch (ATZ. 1942, Heft 12) hat versucht, die Gefügeausbildung in verschiedenen Kombinationen zwischen Zylinder und Ring in ihrer Auswirkung auf den Verschleiß in Fahrversuchen festzustellen. Die Versuche sind nicht abgeschlossen, und Englisch weist selbst darauf hin, ,,daß es sich um Einzelversuche handelt, die als solche zu werten sind; sie können daher nicht die Grundlage zur Aufstellung von irgendwelchen Regeln bilden''. Dieser Hinweis, der hier eine sehr umfangreiche Versuchsarbeit betrifft, sollte manchem Ingenieur ins Stammbuch geschrieben werden, der dazu neigt, aus oft sehr mangelhaft vorgenommenen Eigenversuchen ein Dogma abzuleiten.
Englisch weist weiter darauf hin, daß bei Verschleißversuchen es unbedingt notwendig ist, alle möglichen Einflüsse möglichst genau zu messen, so Kraftstoff, Schmieröl, Einstellung des Motors, Verdichtungsverhältnis, Zündung,

Kühlung, Höchstdruck, Art des Betriebes usw.; dazu kommt noch die Überprüfung der Bearbeitungsweise von Zylinderbüchsen und Kolbenringen, Anpreßdruck der Ringe, Härte, Legierungsanalyse und Gefügebild.

Aus den Versuchen von Englisch geht hervor, daß der Ringverschleiß in kleinen raschlaufenden Motoren, also bei geringen absoluten Abmessungen, weniger vom Gefüge beeinflußt wird, als dies bei großen Abmessungen der Fall ist. Bei luftgekühlten Maschinen und solchen, bei denen infolge einer geringen Steifheit des Gesamtaufbaues mit stärkeren Verformungen der Zylinder gerechnet werden muß, zeigt sich aber erfahrungsgemäß eine erhöhte Empfindlichkeit in der Gefügeausbildung im Kolbenring.

In diesem Zusammenhang ist auch die Tatsache erwähnenswert, daß bei größeren Zylinderbohrungen mit einem geringeren Anpreßdruck der Ringe gearbeitet werden muß, denn der große Ring erweist sich in bezug auf Anpreßdruck und Werkstoffabstimmung empfindlicher.

Der Verschleiß in den Zylindern scheint nach diesen Versuchsergebnissen bei der Verwendung feinkörniger Kolbenringe vom Gefüge der letzteren innerhalb der untersuchten Grenzen kaum beeinflußt zu werden. Dagegen hängt der Verschleiß von der Gefügeausbildung des Zylinders selbst offenbar in stärkerem Maße ab.

Anschließende Trockenverschleißversuche auf einer Siebel-Verschleißvorrichtung zur Prüfung von Kolbenringwerkstoffen ergab, daß zwischen den Motorversuchen und dem Trockenverschleißversuch kein direkter Widerspruch besteht, sondern daß die Resultate des Trockenverschleißversuches bei der Prüfung im Motor wesentlich gemildert erscheinen, was wohl auf den Einfluß des Schmieröles zurückzuführen ist.

Die Firma Ford in Köln hat Fahrversuche mit Ford-V-8-Motoren durchgeführt, die von Oktober 1940 bis September 1941 dauerten, also alle Witterungsverhältnisse einschlossen. Es wurden drei Zylinderarten bei Verwendung derselben Kolben und Kolbenringe überprüft, und zwar:

1. Bohrung mit Block aus einem Stück gegossen. Materialzusammensetzung: 1,8—2,1% Silizium, max. 0,10% Schwefel, 0,25—0,32% Phosphor, 0,60 bis 0,80% Mangan. 3,15—3,40% Kohle. Brinellhärte der Lauffläche: 180—200 (Ausführung nur 170—175 erreicht).

2. Zylinderblock wie Bohrungen bei 1., jedoch mit trockenen Zylinderlaufbüchsen versehen. Material: Schleuderguß. Zusammensetzung wie 1., jedoch 0,6% Phosphor und etwa 0,2% Cr, da dies erfahrungsgemäß für das Schleudern besser ist. Brinellhärte der Lauffläche 200 bis 220.

3. Zylinderblock wie 2.; Zylinderlaufbüchsen und Zusammensetzung ebenfalls wie unter 2. aufgeführt. Durch besondere Wärmebehandlung wurde hier die Brinellhärte auf 400 bis 420 erhöht.

Die Fahrzeuge liefen unter normalen Bedingungen, d. h. in Ortschaften, auf Landstraßen, auf Autobahnen und auch mit Anhängerbetrieb. Als Kraftstoff wurde vorwiegend Gas benützt, teilweise allerdings auch Benzin.

Durch die Erhöhung der Oberflächenhärte entsprechend Ausführung 3 wurde keine wesentliche Verschleißminderung erzielt.

Die Ausführung 2 scheint etwas günstiger als die Ausführung 1. Phosphatierte Ringe haben sich für die Einlaufzeit vorteilhaft erwiesen; nachher aber ist kein Vorteil gegenüber unbehandelten Ringen festzustellen. Mit Stützfedern versehene Kolbenringe zeigen gegenüber solchen ohne Stützfedern keine Vorteile im Ölverbrauch.

Die Verschleißzahlen, die sich durchschnittlich aus den Versuchen ergaben, sind folgende:

Ausführung 1:	Ausführung 3:
10 000 km = 0,035 mm Verschleiß	10 000 km = 0,025 m mVerschleiß
20 000 km = 0,070 mm Verschleiß	20 000 km = 0,050 mm Verschleiß
30 000 km = 0,095 mm Verschleiß	25 000 km = 0,060 mm Verschleiß

(Die Versuchsergebnisse sind durchweg unbefriedigend.)

Die Annahme ist nicht unberechtigt, daß sich derartige Differenzen in den Verschleißzahlen auch ergeben hätten, wenn die verschiedenen Fahrzeuge ohne Änderung der Zylinderbüchsen gefahren wären.

Der Einfluß des verschiedenen Zylindermaterials kann durch andere Einflüsse ohne weiteres vollkommen überdeckt werden, und Verschleißversuche, die einen bestimmten Zweck verfolgen, müssen so angelegt sein, daß alle anderen Einflüsse ausgeschaltet sind. Anders kann einer besonderen Frage nicht gedient werden. An dem Versuch waren insgesamt wenigstens 40 Wagen beteiligt. Man kontrollierte davon nur 2 Wagen genau, während man die übrigen Wagen sich selbst überließ. Es war wohl beabsichtigt, damit der Praxis möglichst nahezukommen. Dies ist aber ein Irrtum. Es besteht wohl die Möglichkeit, durch Großversuche die Einflüsse der verschiedenen Fahrbedingungen auszuschalten; dazu müßte aber eine viel größere Anzahl von Fahrzeugen eingesetzt werden und müßten sich die Nachmessungen auf Hunderte von Motoren erstrekken. Solange derartige statistische Untersuchungen nicht möglich sind, bleibt man immer darauf angewiesen, Verschleißmessungen unter scharf bestimmten Versuchsbedingungen durchzuführen.

Die Herstellung der Zylinderlaufbüchsen

Nach der Herstellungsart unterscheidet man:

S a n d g u ß, heute hauptsächlich nur für große Zylinder verwendet. Der Nachteil ist der, daß infolge der Abkühlungsverhältnisse in der Sandform eine plötzliche Kühlung von innen und außen eintritt, so daß sich das dichteste Gefüge in der Außen- und Innenschicht ergibt und sich Seigerungen und schwammige Stellen in der Mitte der Wand ansammeln. Durch das nachträgliche Abdrehen werden die besten Schichten abgenommen, und die porösen bzw. schwammigen Stellen veranlassen leicht großen Fabrikationsausschuß.

S c h l e u d e r g u ß b ü c h s e n. Beim Schleuderguß erfolgt die Abkühlung nur von außen. Die Fliehkraft des flüssigen Eisens drückt während des Schleuderns auf die bereits erstarrte Gußschicht, und die freiwerdenden Gase können ungehindert nach innen durch das noch flüssige Eisen entweichen. Damit werden auch

Schlackenteile nach innen abgedrängt, wo sie mit der Bearbeitung entfernt werden. Die Verbesserungen, die gegenüber dem Sandguß erzielt werden, liegen in der durch das Schleudern erreichten Verdichtung und außerdem in einer Kornverfeinerung und Härtesteigerung. Die Härte wird von etwa 200 Brinell im Sandguß und auf etwa 260 und darüber im Schleuderguß gesteigert. Das Gefüge ist fein perlitisch bis sorbitisch und der mittelgrobe bis feine Graphit gleichmäßig verteilt. Neuerdings erreicht man eine Härtesteigerung durch erhöhten P-Zusatz und erzielt weiterhin erhöhte Verschleißfestigkeit durch das nur im Schleudergußverfahren erreichbare feinadrige Phosphidnetz.

Schleudergußbüchsen werden legiert und unlegiert hergestellt. Das Zulegieren von Chrom in einigen Zehntel Prozent hat sich sehr gut bewährt und fast überall durchgesetzt. Schleudergußbüchsen mit 1% Mo und etwa 0,5% Cr haben in Deutschland im Dieselmotorenbau ausgezeichnete Ergebnisse gebracht. Die verhältnismäßig geringen Zusätze haben keinen wesentlichen Einfluß auf das Gefüge; durch ihre teils Karbid, teils Sorbid bildende Wirkung steigert sich jedoch die Brinellhärte um einige Einheiten. Zusätze von Nickel werden im allgemeinen überschätzt.

Martensitische Büchsen. Durch die Vergütung von unlegierten Schleudergußbüchsen kann man ein martensitisches Gefüge erzielen und eine Härte je nach der Anlaßtemperatur von 400 bis 500 Brinell.

Der Graphit erleidet keine wesentliche Änderung. Schleudergußbüchsen sind infolge ihres feinen Korns und ihrer geringen Wandstärke härtbar. Durch die Härtung soll etwa eine dreifach verlängerte Laufzeit bei Lastwagenmotoren erzielt worden sein.

Für Sonderfälle sollen sich Büchsen aus geschleudertem austenitischem Gußeisen recht gut bewährt haben. Die Vorteile dieser Büchsen werden in der außerordentlichen Korrosionsbeständigkeit dieses Werkstoffes gesucht (siehe T. R. Twigger, Foundry Trade J. [1931], S. 376). Außerdem hat dieses Material einen höheren Ausdehnungskoeffizienten, der Aluminium sehr nahekommt, so daß sich austenitische Büchsen sehr gut für den Einbau in Leichtmetallblöcke eignen.

Die Oberflächenbehandlung der Zylinderlaufbüchsen

Nitrierte Zylinderlaufbüchsen

Zylinderbüchsen wurden weiter verbessert durch die immer mehr entwickelte Nitrierhärtung der Laufflächen. Um genügende Härtung zu erhalten, müssen dem Schleuderguß etwa 1% Cr und 1% Al zulegiert werden. Man erhält dann nach der Nitrierung an der Oberfläche Vickershärten von 700 bis 900 Einheiten.

Gegenüber anderen Härteverfahren hat das Nitrieren den Vorzug, daß es bei Temperaturen von unter 560° erfolgt und dadurch das Grundgefüge des Gusses nicht verändert wird. Es entstehen keine Härtespannungen, und die Formbeständigkeit bleibt erhalten. Die Warmhärte der nietrierten Laufflächen ist bis 500° erhalten. Vollkommen verzugsfrei sind aber nitrierte Teile nicht, auch dann nicht, wenn die Teile vor dem Nitrieren 1 bis 2 Stunden entspannt werden.

Besonders muß auf die große Empfindlichkeit der Nitrierschicht gegenüber
Schlag- und Stoßbeanspruchung aufmerksam gemacht werden. Die empfindlichen Kanten an den Laufbüchsenenden müssen bei nitrierten Zylindern gegen
Beschädigung beim Transport geschützt werden. Bezüglich der Legierung von
Nitrierstählen sei bemerkt, daß Al-freie Nitrierstähle und Al-haltige Nitrierstähle zur Verwendung kommen; erstere ergeben eine Vickershärte von 800,
letztere von 900 kg/mm². Die Al-haltigen Nitrierstähle sind für Zylinderlaufbüchsen besser. Wesentlich für die erreichbare Oberflächenhärte ist das Verhältnis von Cr zu C in dem Sinne, daß für relativ hohe Chromgehalte und tiefe
C-Gehalte hohe Härten erzielt werden.
Wegen der Korrosionserscheinungen an nitrierten Stählen ist bis heute noch
keine absolute Klarheit geschaffen, da es sehr auf die Art des Korrosionsangrif-
fes ankommt. Die Nitrierhärtung ist jedenfalls ein geeignetes Mittel, um die
Reibkorrosion herabzumindern, wie H. Wiegand feststellt; allerdings kommt
diese Eigenschaft auch der Einsatzhärtung zu, jedoch soll die Nitrierschicht infolge ihrer hohen Passivität auch einen Schutz gegen gewöhnliche Korrosion
darstellen. Von anderer Seite wird festgestellt, daß die Korrosionsunbeständig-
keit gegen anorganische Säuren recht bedeutend ist und darum ein einheitliches
Urteil über nitrierte Laufbüchsen nicht vorliegen kann, weil es ganz davon abhängt, ob der Motor unter Korrosionsbedingungen läuft oder nicht. Nach
Wiegand ist die hohe Korrosionsanfälligkeit von nitriertem austenitischem
Stahl durch Verbrennungsprodukte von Kraftstoffen, die Bleitetraäthyl enthalten, bekannt. Es muß deshalb größte Sorge darauf verwendet werden, daß
bei Auspuffventilen, deren Schaft zur Erhöhung der Verschleißfestigkeit einer
Nitrierung unterzogen wird, die mit den Verbrennungsgasen in Berührung
kommenden Teile sicher abgedeckt bzw. die Nitrierreste beseitigt werden. Wenn
diese Empfindlichkeit für nitrierte austenitische Stähle besteht, müßte eine
ähnliche Empfindlichkeit auch bei nitrierten Gußeisenlaufbüchsen vorliegen.
Dem steht wieder entgegen, daß nach Berichten nitrierte Laufbüchsen in
amerikanischen Flugmotoren verwendet wurden und von Krupp austenitische
Büchsen als besonders verschleißfest bezeichnet werden.

Hartverchromte Zylinderlaufbüchsen

Das Verchromen von Zylinderlaufbüchsen ist auch in Deutschland sehr häufig
angewendet worden, solange die Verchromung durch die später einsetzenden
Sparmaßnahmen nicht behindert wurde. Man rechnet damit, daß durch die
Verchromung der Verschleiß etwa auf ¹/₇ bis ¹/₄ vermindert wird, so daß dadurch die Lebensdauer der Lauffläche des Zylinders nahezu die Lebensdauer
des ganzen Motors erreicht. Die Härte der Chromschicht beträgt bis zu
1200 Vickershärteeinheiten, ist also noch wesentlich härter als die nitrierten
Laufflächen.
Zur Hartverchromung ist nicht jede Gußeisenlegierung geeignet. Legierungen
mit hohem Gehalt an freiem Kohlenstoff und Silizium decken nur sehr ungleichmäßig oder überhaupt nicht. Dagegen ist der sogenannte Schleuderguß
vorzüglich geeignet. Die Vorbehandlung des Werkstückes muß für jede ge-

gebene Gußlegierung erprobt werden. Stark siliziumhaltige Gußeisenlegierungen werden zweckmäßig in einer 2 bis 5% kalten Flußsäurelösung, stark kohlenstoffhaltige Legierungen in verdünnter Salpetersäure vorgebeizt und nach gründlichem Spülen in Wasser ohne anodische Vorbehandlung verchromt. Verchromt wird mit einer Stromdichte von 40 bis 50 A/dm² bei 55 bis 60° C im Gebiete der mattglänzenden Chromniederschläge, die bei der Zylinderverchromung dem glänzenden Chromniederschlag vorzuziehen sind, da der Ölfilm auf einer überhonten matten Oberfläche leichter haftet.

Als Vorbedingung zur Abscheidung eines glatten, knospenfreien Chromniederschlages muß eine vollständig glatte bis glänzende Zylinderlaufbahn verlangt werden. In der Vorbereitung für die Verchromung müssen die Zylinder glatt gehont werden. Ein Ausdrehen, wie dies besonders für große Schiffsmotorenzylinder üblich ist, ergibt keine genügend glatte Oberfläche nach der Verchromung, da die Chromkristalle genau in der Form der Drehringe und Unebenheiten in rauher Form weiterwachsen und durch einfaches Nachhonen nicht mehr geglättet werden können. Bei Fahrzeugmotoren werden unter Zugrundelegung von etwa einer Abnutzung von 0,001 mm für 1000 km bei verchromten Laufflächen Schichtstärken von 0,03 bis 0,06 aufgetragen, während für große und größte Zylinder von Diesel- und Schiffsmotoren Chromschichten von 0,3 bis 0,4 mm erforderlich sind.

Die verchromten Zylinderbüchsen haben sich besonders bei Dieselmotoren bewährt, bei denen chemische Einflüsse auf den Verschleiß eine bedeutende Rolle spielen. Als besonders aggressiv haben sich schwefelhaltige und kieselsäurehaltige Öle gezeigt.

Wenn auch bei Rohölen mit hohem Schwefelgehalt die chemisch widerstandsfähige Chromschicht teilweise zerstört wurde, so können in Dieselmotoren mit verchromten Einsätzen eine ganze Reihe minderwertiger Öle verwendet werden, die bei normalen Zylindern erhöhte Korrosion und einen zu raschen Verschleiß bedingen.

Der Erfolg des Chroms dürfte wohl in der Hauptsache mehr eine Folge seiner Korrosionsfestigkeit als seiner Härte sein. Man hat festgestellt, daß der Verschleiß der Zylinder bei gewöhnlichen und bei mit Chrom überzogenen Laufflächen sich wie 7 : 1 verhält, während das Verhältnis am oberen Kolbenring 4 : 1 beträgt.

Um die Eigenschaft des Chroms, keine Feuchtigkeit anzunehmen, auszugleichen, wird der Belag durch eine Lösung porös gemacht, so daß die Vertiefungen das Öl festhalten können. Ist die Oberfläche sehr fein bearbeitet, so besteht eine Neigung zum Abschuppen des Chroms, während andererseits eine rauh gelassene Fläche zur Abnutzung der Kolbenringe führt.

Bei den Versuchen der Royal Dutch Shell in Delft hat sich gezeigt, daß die Zylinderbüchsenabnützung auf rund $1/10$ in 1000 Stunden, die Ringnutenabnützung auf rund $1/40$ in 200 Stunden zurückging. Von E. van der Horst wird ein Motor auf einem Fischerboot erwähnt, der auf der Höhe von Island meist im Leerlauf lief und Temperaturen von 8 bis 10° C im Kühlwasser aufwies. Die Abnützung nach 13000 und 28000 Betriebsstunden war 0,76 mm und 0,132 mm, wobei die Dicke der Chromschicht 0,14 mm betrug. E. van der Horst erklärt, daß die Hartverchromung nur erfolgreich sein könne, wenn

1. die Schichtstärke überall gleich ist,
2. die elektrolytisch aufgetragene Chromschicht sehr gut auf der Unterlage haftet,
3. keine kleinen Unebenheiten hervorstehen,
4. die Chromschicht porös ist, damit das Öl gehalten wird.

Die Kanten der Stege bei den Spülschlitzen z. B. müssen abgerundet sein, damit die Chromschicht nicht abblättert; das Kolbenspiel kann gleich groß bleiben usw. Er hält es für notwendig, daß die Zylinderbohrungen vor dem Hartverchromen bereits gehont werden, damit keine noch so kleinen Erhebungen vorhanden sind, die bei der Härte der Chromschicht von 1400 Brinell sich sehr ungünstig auf Kolben und Kolbenringe auswirken müssen und leicht zu Kolbenfressen führen. Verchromte oder nitrierte Kolbenringe dürfen wegen ihrer Härte in Verbindung mit verchromten Zylinderbohrungen nicht verwendet werden. Sonstige Änderungen oder Rücksichten müssen nicht beachtet werden (H. van der Horst, Engineering, Juli 1941, S. 536 bis 539).

Verchromte Leichtmetallzylinder für Flugmotoren

Der Gedanke, Leichtmetall als Zylinderwerkstoff zu verwenden, ist schon bekannt; er scheiterte an den ungünstigen Laufeigenschaften, die sich zwischen Leichtmetallzylinder und Leichtmetallkolben ergeben. Dies führte zur Konstruktion von Cross, bei der die Kolbenringe so angeordnet sind, daß sie allein die Zylinderwand berühren, während der Kolbenschaft frei läuft. Aber auch bei dieser Konstruktion zeigt sich bei Hochleistungsmotoren starker Verschleiß, da die Leichtmetallflächen der Reibwirkung der Kolbenringe zu wenig Widerstand bieten, wie M. Rossenbeck (Bericht der Technischen Hochschule Stuttgart, 1940) festgestellt hat. M. Rossenbeck versuchte nun, die Gleiteigenschaft der Graugußringe dadurch zu verbessern, daß er den Leichtmetallzylinder aus der Legierung EC 124 mit einer Hartchromschicht versah. Nach den Versuchen zeigte sich dies brauchbar. Der Chromüberzug haftet gut, und das Aussehen der Oberfläche änderte sich wenig. An den Umkehrpunkten zeigte sich eine stark ausgeprägte Glättung. Im oberen Totpunkt wurden nach 50 Std. Versuchslauf netzartige Risse festgestellt, die jedoch zu keiner Abblätterung führten, sondern anscheinend die Ölhaftung unterstützten.

Wärmetechnisch ergaben die Versuche in einem luftgekühlten Einzylinder-Hirth-Flugmotor, daß durch den Leichtmetallzylinder eine Entlastung des Kolbenbodens und der Kolbenringpartie eintritt, während der Kolbenschaft durch die Heranziehung zur Wärmeabfuhr etwas höher belastet ist. Die günstigere Wärmeabfuhr wirkte sich praktisch darin aus, daß mit Perlitgußzylinder bei einer Kolbenbodentemperatur von 400° nur eine Überladung von 0,5 atü gefahren werden konnte, während es beim Leichtmetallzylinder möglich war, mit 0,8 atü aufzuladen.

In der Konstruktion muß die leichte Deformierbarkeit der Leichtmetallzylinder berücksichtigt werden.

III. KOLBENRINGE

*Verschleiß der Kolbenringe: Form des Ringverschleißes und Temperaturabhängigkeit.
Einfluß der Ringhöhe auf die Abdichtung und den Verschleiß. Einfluß der Kantenabrundung.
Nachteil scharfer Ringkanten. Flatternde Kolbenringe.*

Ringeigenschaften: Der Radialdruck am Ringumfang. Der Anpressungsdruck der Kolbenringe. Die Dichtigkeit am Ringstoß.

Herstellung der Kolbenringe: Kolbenringmaterial. Herstellungsverfahren. Oberflächenbehandlung.

Es wäre leicht, mit der Geschichte der Entwicklung und Gestaltung dieses wichtigen Triebwerkteiles der Explosionsmotoren ein starkes Buch zu füllen.

Die Kolbenringe dienen der Abdichtung des Expansionsraumes, und ihr einwandfreies Arbeiten ist mitentscheidend für die Güte des Energieumsatzes. Sobald die durch sie bezweckte Abdichtung der Gase nicht mehr erfolgt, ist der Kreisprozeß gestört, und der Wirkungsgrad des Motors nimmt sehr schnell ab.

Als Ursache vieler Motorschäden muß den Kolbenringen größte Aufmerksamkeit geschenkt werden, da Undichtheiten in den meisten Fällen vom Versagen der Ringe her ihren Ausgang nehmen.

Die normalen Gasverluste, die sich bei guten Ringen und einwandfreier Zylinderwand ergeben dürfen, liegen etwa bei 0,2 bis 1% des Ansaugvolumens. Nach M. Schwarz, ATZ., 1940, ergibt sich für Fahrzeugmotoren im praktischen Drehzahlbereich der zulässige Gasverlust „V" je Zylinder:

$$V = 0,03 \, D \text{ l/min Zyl.}$$

($D = \oslash$ des Zylinders in mm.)

Der geringste Fehler am Kolbenring erzeugt erhöhtes Durchblasen, und jedes Durchblasen bewirkt in erster Linie eine Störung der Funktion der Kolbenringe; es kommt zum Festsitzen oder zur Entspannung durch Überhitzung, Zerstörung der Ringoberflächen, Verkanten der Ringe, Gefügeänderungen und schließlich zum Kolbenringbruch.

Bei Montage und Demontage werden die Kolbenringe erfahrungsgemäß immer noch zu oberflächlich behandelt.

Vor dem Einziehen neuer Kolbenringe sollen die Ringe etwa in folgender Weise überprüft werden: Der Ring ist auf eine Platte zu legen und die gleichmäßige Auflage beider Planflächen zu überprüfen. Die genau winkelrechte Lage der Ringbrust ist am ganzen Umfang nachzuprüfen, vorausgesetzt, daß nicht besondere Konstruktionsvorschriften bestehen. Der Ringstoß ist auf sein richtiges Maß zu kontrollieren, Kolbenringkanten sind auf ihre Abrundung nachzusehen und die Güte der Ringüberfläche zu überprüfen, der Lichtdurchlässigkeit des Ringes im Kaliberring ist besondere Beachtung zu schenken. Schließlich soll die Ringspannung einer Gewichtskontrolle unterzogen und die Passung in den Ringnuten geprüft werden. Die Größen des Stoßspieles, die Art der Kantenabrundung, das Spiel in den Ringnuten und die Ringvorspannung sind Erfahrungswerte, die durch den Durchmesser bedingt sind und für die es allgemeine Richtwerte gibt. Bei Hochleistungsmotoren werden von den Herstellern für die Kolbenringe genaue Angaben gemacht.

Der gezogene Kolben gebrauchter Motore soll nicht gereinigt werden, bevor die Ringe auf freie Beweglichkeit, Druckstellen und Durchblasestellen geprüft sind, dann erst wird man die Ringe abnehmen, reinigen und auf Gratbildung nachsehen, sowie die Art der Abnützung des Ringes an Planstellen und Ringbrust feststellen. Gleichzeitig mit den Ringen müssen die Ringnuten erst im ungereinigten Zustand überprüft werden, um die Menge der Rückstände festzustellen. Die Art dieser Rückstände näher zu bestimmen ist sehr schwierig und bietet wenig Möglichkeit, Rückschlüsse auf Brennstoff- oder Schmierölqualität zu ziehen, wie es wiederholt versucht worden ist.

Die Kolbenringnuten sind nach der Reinigung in erster Linie auf die Planheit der Nutenflanken zu untersuchen; auch ist die Erweiterung nachzumessen. Leider wird es vielfach unterlassen, die Nuten nachzuarbeiten, bevor neue Ringe eingelegt werden (da diese Maßnahme abnormale Ringe erfordert), obwohl die gute Flächenauflage des Ringes und das richtige Ringspiel außerordentlich zur Erhöhung der Lebensdauer des ganzen Motors beitragen.

Die nachstehenden Ausführungen zum Verschleiß der Kolbenringe bringen nicht nur die Ergebnisse der Verschleißbeobachtung, sondern auch alles, was der Ingenieur gegenwärtig haben muß, wenn er die Güte und Eigenart eines Kolbenringes beurteilen will, gleichgültig welche Motorenart er vor sich hat.

Verschleiß der Kolbenringe

Umfangverschleiß und Planverschleiß

Der Ringverschleiß der Kolbenringe erfolgt in zwei Dimensionen: in Richtung der Zylinderachsen zwischen den Planflächen des Ringes und an der äußeren Reibfläche.

Dr.-Ing. Hanft stellt am Graham-Paige-Wagen mit Leichtmetallkolben fest, daß der Ringverschleiß an den Planflächen gering ist, nur 8 bis 12 μ bei 45 300 km, während der Ringverschleiß am Umgang 150 μ bzw. 100 μ beträgt. Dipl.-Ing. Koch stellt umgekehrt fest, daß die Kolbenringe an der Berührungsfläche mit der Zylinderwand fast keinen Verschleiß haben, daß dagegen der durch Gewichtsverlust gemessene Verschleiß sich stark an den Planflächen auswirkt. Starker Verschleiß in den Planflächen wurde auch sonst bei Motoren wiederholt beobachtet.

Es ist ohne weiteres erklärlich, daß sich der Verschleiß bei Kolbenringen verschieden auswirkt. Beim Planverschleiß ist nicht nur das Gewicht der Kolbenringe und ihre Massenbeschleunigung, sondern auch das Kolbenmaterial und seine Schleifkraft in den Ringnuten von wesentlichem Einfluß. Dazu kommt, daß sich die Rückstände in den Kolbenringnuten auf die Schleifwirkung sehr verschieden auswirken können.

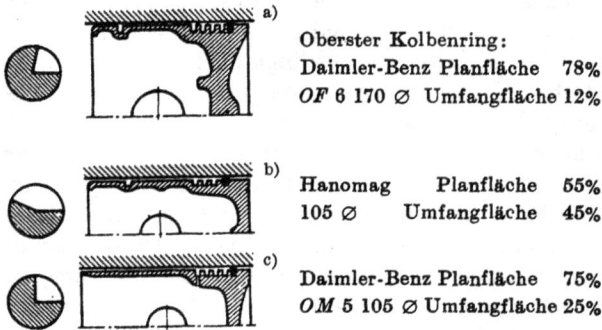

Oberster Kolbenring:
Daimler-Benz Planfläche 78%
OF 6 170 ∅ Umfangfläche 12%

Hanomag   Planfläche 55%
105 ∅   Umfangfläche 45%

Daimler-Benz Planfläche 75%
OM 5 105 ∅ Umfangfläche 25%

Bild 15. Prozentuale Aufteilung der Gleitflächen der Kolbenringe auf Kolbennut und Zylinderwand bei Dieselmotoren aus dem Jahre 1935.
Elektron G.m.b.H. Cannstadt.

Bild 15 zeigt die sehr unterschiedliche Ausbildung der Form der Kolbenringe und das entsprechende Verhältnis der Gleitflächen in der Ringnute und an der Zylinderwand. Es geht daraus ohne weiteres hervor, daß ein Ring wie Ausführung *b* in den Planflächen stärker verschlissen wird als bei Ausführung *a*.

Vielfach findet man bei Verschleißmessungen an Kolbenringen nur die Angabe des Gewichtsverlustes, z. B. bei der Arbeit von Prof. Georg Beck, Deutsche Kraftfahrforschung, Heft 29, 1939.

Um einen klaren Einblick in die Verschleißverhältnisse zu bekommen, müssen aber der Planverschleiß und der Umfangverschleiß für sich beobachtet werden, da der Planverschleiß infolge der damit auftretenden Undichtheit an den Planflächen sich auf das weitere Fortschreiten des Zylinderverschleißes ungünstiger auswirkt als der Umfangverschleiß des Ringes.

Form des Ringverschleißes und Temperaturabhängigkeit

Bild 16 zeigt den Verschleiß der Kolbenringe nach den Messungen von Dr.-Ing. Hanft, aus denen hervorgeht, daß der Kolbenringverschleiß in der Umfangfläche an den Ringenden wesentlich größer ist als in der Ringmitte.

Bild 17 zeigt den Verschleiß der Kolbenringe in Abhängigkeit vom Kolbenweg und unter Abriebbedingungen und Korrosionsbedingungen. Der Verschleiß der Ringe 1 bis 3 ist in Abhängigkeit vom Kolbenweg als zweckmäßiger Bezugsgröße dargestellt. Nach der Einlaufzeit mit naturgemäß erhöhtem Verschleiß lief der Motor zunächst 3500 km Kolbenweg mit normaler Kühlmittelaustrittstemperatur von 80° (*A* bis *B* in Bild 17). Der Verschleiß nimmt hier bei geringer Steigung fast linear mit dem Kolbenweg zu. Um den Einfluß des Kaltbetriebes und besonders des Kaltstartes zu erfassen, wurde die Maschine nun bei einer Kühlwassertemperatur von 12° betrieben, wobei des weiteren noch stündlich gestartet wurde (*B* bis *C*). Wie zu erwarten, steigt der Verschleiß außerordentlich stark. Daß besonders der häufige Kaltstart verschleißbegünstigend ist, zeigt das Absinken des Verschleißes in dem

Augenblick, in dem zwar die Kühlmittelaustrittstemperatur praktisch die gleiche (13°) bleibt, indessen bei Wegfall des stündlichen Starts der Motor von morgens bis abends ununter-brochen durchlief (C bis D). Um auch die Wirkung übernormaler Temperatur zu erfassen, wurde schließlich ein Lauf bei einer Kühl-wassertemperatur von 140° ange-schlossen (D bis E). Gegenüber dem Kaltbetrieb wird natürlich der Ver-schleiß wieder geringer, bleibt in-dessen noch wesentlich über den Werten, die sich während der ersten 3500 km bei normaler Temperatur er-gaben. Offenbar macht sich bei die-sem Heißbetrieb (die obere Zylinder-wandtemperatur dürfte auf Grund späterer Messungen hier etwa 165° betragen haben) der stärkere ther-mische Angriff auf den Schmierfilm bereits bemerkbar.

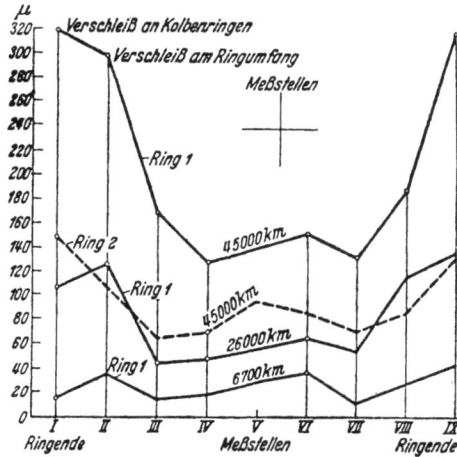

Bild 16: Verschleiß am Ringumfang.
Motor: Graham 6 Zylinder 73/113 mm, neu.
Dr. Ing. Hanft, ATZ. 1936, Heft 1.

Bild 17. Verschleißversuch unter Abriebbedingungen und Korro-sionsbedingungen an einem Ein-zylinder, wassergekühlt, 350 cm³ Hub-volumen. n = 2500, ³/₄ Last.

Kolbenweg A bis B – lineare Zunahme des Verschleißes bei normalem Betriebs-zustand mit dem Kolbenweg.

Kolbenweg B–C – außerordentliche Ver-schleißsteigerung bei stündlich wieder-holtem Kaltstart. Kolbenweg C–D – Kaltlauf ohne Kaltstart. Kolben-weg D–E – Heißlauf ohne Start.

Versuch von Prof. Georg Beck, Deutsche Kraftfahrforschung, Heft 29, 1939.

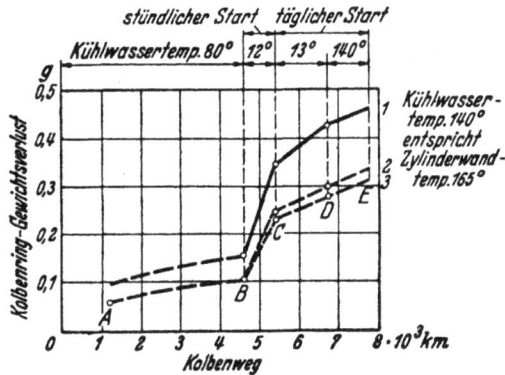

Einfluß der Ringhöhe auf die Abdichtung und den Verschleiß

Axial schmale Ringe sind vorteilhafter in der Abdichtung als hohe Ringe, weil sie höheren spec. Anpreßdruck haben. Man darf aber die Ringe nicht zu nieder wählen, weil sie sonst nicht mehr genügend Wärme an die Zylinder-wand abführen und weil die schmalen Ringe nicht mehr genügend Formfestig-keit besitzen und leicht wellig werden.

Der Einfluß der Ringhöhe auf den Verschleiß ergibt sich nach Versuchen, die von dem IAE. Research Committee mit einem luftgekühlten OHV-Motor und

einem wassergekühlten Einzylinder JAP.-Motor durchgeführt wurden, wie folgt:
Bei kontinuierlicher Beanspruchung des Motors ergab sich bei einer Ring-
erhöhung von 1,08 mm auf 4,6 mm eine Reduktion des Verschleißes des obersten Ringes von 5 : 1, der Motor lief dabei unter geringer Beanspruchung und
einer Zylinderwandtemperatur von 170°. Bild 18.

Bei Versuchen mit dem wassergekühlten JAP.-Motor unter Korrosionsbedingungen ergab sich bei einer Erhöhung des obersten Ringes von 1,59 mm
auf 4,77 mm eine Reduktion des Zylinderverschleißes von 3,3 : 7 und des Ringverschleißes von 6,8 : 1.

Das Ergebnis der Versuche ist in Bild 19 dargestellt und betrifft den Lauf unter

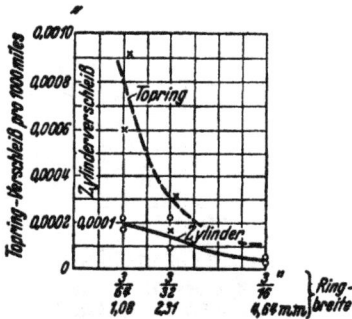

Bild 18. Einfluß der Ringhöhe auf
den Verschleiß.

OHV luftgekühlter Motor, $n = 1600$,
$p_m = 4,2$ kg/cm², Wandtemperatur
170° C,
– Kontinuierlicher Lauf.

Fourth Interim Report of the IAE.
Research Committee. By C. G. Williams MSe.

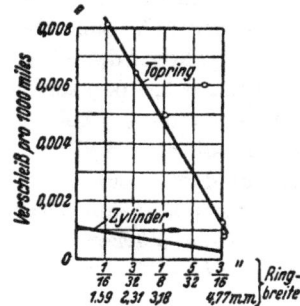

Bild 19. Einfluß der Ringhöhe auf den Verschleiß unter Korrosionsbedingungen.

IAP, wassergekühlter Motor. - Interimistischer Lauf:
a) 5 Min. von Start auf $n = 700$, $p_m = 1,05$ kg/cm².
   Wandtemperatur 12 bis 33° C.
b) 10 Min., $n = 1200$, $p_m = 4,2$ kg/cm², Wandtemperatur 82° C.
c) Gestoppt und gekühlt – Korrosionsbedingungen.

Fourth Interim Report of the IAE Research Committee. By C. G. Williams MSe.

Korrosionsbedingungen. Das Resultat unter Abriebbedingungen ist in folgender Tabelle wiedergegeben:

Kontinuierlicher Lauf des JAP.-Motor, $n = 3200$, $p_m = 4,2$ kg/cm²

pro 1000 km

Ringbreite	Zylinderverschleiß	Oberster Ringverschleiß
2,31 mm	0,0022 mm	0,0159 mm
3,18 mm	0,00105 mm	0,0060 mm
4,77 mm	0,00126 mm	0,00507 mm

In der Tabelle sind die Maße auf Millimeter und 1000 km umgerechnet.

Diese Zahlen zeigen einwandfrei, daß durch eine Erhöhung der Ringe eine Verbesserung des Verschleißes eintritt. Man muß jedoch die übrigen Umstände berücksichtigen, die für niedere Ringe sprechen.

1. Erhöhte Ringe haben ein erhöhtes Gewicht zur Folge, wodurch ein größerer Verschleiß in den Ringnuten eintreten kann.

2. Der Kolbenkopf über dem Kolbenbolzen muß entsprechend erhöht werden, wodurch der Kolben schwerer wird.

3. Das Einlaufen der Ringe dauert länger, was jedoch durch entsprechende Oberflächenbehandlung gemindert werden kann.

4. Es ergibt sich erhöhte Ringreibung und damit erhöhter Leistungsverlust, wie schon Gabriel Becker (Leichtmetallkolben) nachgewiesen hat.

5. Es ergibt sich erhöhte Kolbentemperatur, wie Versuche von Wright Baker nachgewiesen haben. Er stellt fest, daß in der Kolbenmitte entsprechend der Ringhöhe folgende Temperaturen herrschen:

Ringhöhe	Kolbentemperatur
1,08 mm	215° C
2,31 mm	250° C
4,62 mm	260° C

6. Der Ölverbrauch steigt mit der Ringhöhe.

Einfluß der Kantenabrundung am Kolbenring

Wie die nachstehende Tabelle zeigt, ergibt nach Versuchen von IAE. Research Committee eine Abrundung der obersten Ringkante bei einer Ringhöhe von 2,5 mm eine Verbesserung des Zylinderverschleißes von 46% beim Zylinder und 34,5% beim obersten Kolbenring. Bei einer Ringhöhe von 4,6 mm zeigte sich beim Zylinder keine Verschleißverbesserung, während beim obersten Kolbenring die Verbesserung noch 42,5% betrug.

Eine Abrundung der obersten Ringkante erscheint demnach empfehlenswert, es ist jedoch dabei zu bedenken, daß die Abrundung mit fortschreitendem Verschleiß des Kolbenringes verlorengeht und außerdem sich an dieser Abrundung Verbrennungsrückstände festsetzen können, so daß die Abrundung illusorisch wird. Immerhin mag in besonderen Fällen die Abrundung der obersten Ringkante der Überlegung wert sein.

Ringhöhe	Zylinderverschleiß	Oberster Ringverschleiß (radial)
2,31 mm	0,00445 mm	0,0126 mm
2,31 mm abger.	0,00236 mm	0,0090 mm
4,62 mm	0,00175 mm	0,0116 mm
4,62 mm abger.	0,00158 mm	0,00665 mm

Die Versuche wurden unter Korrosionsbedingungen gefahren.

(Fourth Interim Report of the IAE. Research Committee)

Dr. Tischbein (Dissertation Karlsruhe) untersuchte den Einfluß der Kantenabrundung in einer Spezialvorrichtung, die der Untersuchung der Kolbenringreibung diente. Bild 20.

Ringe mit scharfen Kanten ergaben zu Anfang höhere Reibungszahlen als

Ringe mit gebrochenen Kanten, jedoch war nach einer Laufzeit von etwa 20 Stunden unter gleichen Versuchsbedingungen kein nennenswerter Einfluß der Ringkante festzustellen.

Die Einlaufzeit eines glatten Ringes betrug durchschnittlich etwa 40 Stunden. Bei sehr kleiner Lauffflächentemperatur von 60° C und einem Anpreßdruck von nur 0,1 kg/cm² ergaben die abgerundeten Ringe eine kleinere mittlere Reibungszahl als scharfkantige Ringe.

Bei einer Laufflächentemperatur von 215° C wurde je nach der Abrundung der Ringe ein unterschiedliches Verhalten festgestellt. Bei dieser Temperatur (Zylinderwandtemperatur von luftgekühlten Schnelläufern) verdampfte sehr viel Schmieröl von der Laufffläche, und es blieb eine zähe Schicht zurück, die von den Ringen mit abgerundeter Kante nicht abgeschabt werden konnte und eine Erhöhung der Reibungszahl von etwa 10 bis 15 % bewirkte. Der scharfkantige Ring dagegen ergab auch bei den höchsten Temperaturen stets blanke Laufffläche. (Siehe auch unter Schmierung.)

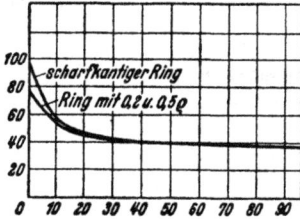

Bild 20. Einfluß der Ringabrundung auf die Kolbenreibung in Spezialversuchseinrichtung. Mittlere Reibungszahl in Abhängigkeit von der Einlaufzeit und Ringabrundung. Anpreßdruck 30 kg/cm². Laufflächentemperatur 120° C. Art der Ringabnutzung. Dr.-Ing. Hans Tischbein, Diss. Karlsruhe 1939.

Ein direkter Vergleich der Motorenversuche des IAE. Research Committee mit den Versuchen von Tischbein (in einer Spezialvorrichtung) ist nicht möglich, da die Spezialvorrichtung ausschließlich für die Bedürfnisse der Ringreibung gebaut war. Die Ringe hier laufen unter stets gleichmäßigem Auflagedruck, der durch künstliche Ringspannung erzeugt wird. Das Schmieröl ist hier nur einer einheitlichen Temperatur ausgesetzt; Korrosionseinflüsse und die Einflüsse der Verbrennungsgase sind ausgeschaltet.

Andererseits scheinen auch die Versuche des Research Committee über die Einflüsse der Kantenabrundung nicht erschöpfend zu sein.

Trotzdem läßt sich aber zwischen beiden Arbeiten, wenn man erhöhte Zylindertemperatur in Betracht zieht, eine Beziehung herstellen.

Tischbein findet, daß der abgerundete Ring bei einer Wandtemperatur von 215° die sich bildende zähe braune Schicht nicht mehr abstreift.

Das Research Committee stellt bei den niederen Ringen — 2,31 mm Ringhöhe — eine wesentliche Verbesserung des Zylinderverschleißes durch die Abrundung fest, während diese Verbesserung bei den höheren Ringen — 4,62 mm Ringhöhe — nicht mehr auftritt (bzw. nur mehr bei den Kolbenringen). Unzweifelhaft besitzt der niedere Ring eine größere Schabkraft als der höhere. Bei dem niederen Ring könnte also durch die Abrundung diese größere Schabkraft aufgehoben werden, wodurch die sich aller Voraussicht nach auch im Motor bildende „zähe braune Schicht" dann nicht mehr abgeschabt wird und eine Schutzschicht gegen die Korrosionserscheinungen ergibt, unter denen der Motorversuch des Research Committee gefahren wurde.

Nach den Versuchen von Dr. Eweis, VDI., Forschungsheft Nr. 371, ergaben normal abgerundete Ringkanten, verglichen mit ganz scharf geschnittenen Ringen, eindeutig eine geringere Reibung, obwohl noch keine flüssige Reibung vorlag. Diese Versuche wurden unter ähnlichen Bedingungen durchgeführt wie die von Tischbein.

Art der Ringabnützung

Auf der VDI.-Verschleißtagung 1938 führt C. Englisch aus, daß durch den Verschleiß der ursprünglich kreiszylindrische Kolbenring die Form eines sehr schlanken Doppelkegels annimmt, wobei die auf den oberen und unteren Kegel entfallenden Höhenanteile nicht gleich sind (siehe Bild 21). Die Größe des Kegelwinkels scheint vom Kolbenspiel abzuhängen. Der Verschleiß ist stets am obersten, dem Verbrennungsraum zunächst gelegenen Ring am stärksten und nimmt weiter nach abwärts von Ring zu Ring ab. Bei unterteilten Kolbenringen (Stahlblechringe) ist der Verschleiß am obersten und untersten Ring in jedem Ringbündel am größten.

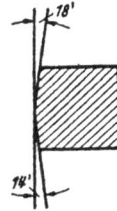

Bild 21. Art der Ringabnützung ohne Gratbildung

Die Gratbildung der Kolbenringe

Grundsätzlich kann man hier zwei verschiedene Verschleißverhalten beobachten:

In einem Fall tritt der Verschleiß als Abrieb ohne nennenswerte Verformung insbesondere an den arbeitenden Kanten des Kolbenringes auf; die Ringkanten werden zwar scharf, doch bildet sich kein Grat. Dieses Verschleißverhalten der Ringe ist das günstigere. Ringe mit Neigung zur Gratbildung sind schlecht und können die Ursache zu Verreibungen geben. Ringe, die zur Gratbildung neigen, zeigen beim Verschleißversuch unter sonst gleichen Bedingungen einen stärkeren Temperaturanstieg und höhere Reibungszahlen. Sie zeigen vor allem schlechteres Einlaufvermögen.

Die Bedingungen, unter denen Grauguß mehr oder weniger zum einen oder zum anderen Verhalten neigt, sind aber heute geklärt.

Mit gesteigerter Versuchstemperatur beim Verschleißversuch nimmt die Neigung aller Graugußsorten zur Gratbildung zu. Außer Analyse und Gefügeausbildung haben auf diese Laufeigenschaften sicherlich auch die Bearbeitungszugabe, also die Lage der Lauffläche in bezug auf die Gußhaut, die Dichte des Gusses und in entscheidender Weise auch das Schmelzverfahren und das Gießverfahren, daneben auch die für das Verschmelzen des Gusses verwendeten Ausgangswerkstoffe merkbaren Einfluß.

Man sieht aus diesen Ausführungen den Nachteil scharfer Ringkanten, wenn diese auch zur guten Abdichtung notwendig sein mögen. Es ist klar, daß dort, wo leichter Öl durchtritt, also bei gerundeten Kanten, natürlich auch leichter Gas durchbläst. Auch ist es schwer, im Laufe des Betriebes die abgerundeten Kanten zu erhalten.

Sicher aber ist die scharfe Ringkante in bezug auf den Verschleiß schädlich wegen ihrer Schabwirkung.

Außerdem kommt aber noch ein weiterer Nachteil hinzu. In der Praxis wird eine geringe Gratbildung kaum zu vermeiden sein. Dieser Grat bewirkt dann sehr leicht ein Steckenbleiben des Ringes in den Ringnuten und fördert so das gefürchtete Durchblasen der Ringe.

Da auch dieses Ringstecken besonders beim obersten Kolbenring zu fürchten ist, so scheint aus diesem Grunde eine Abrundung der obersten Ringkante empfehlenswert zu sein. Es sei dazu bemerkt, daß die verchromten Kolbenringe aus technologischen Gründen abgerundete Kanten haben, die zu ihren günstigen Verschleißverhalten beitragen dürften.

Flatternde Kolbenringe

Sehr rasch laufende Verbrennungskraftmaschinen, insbesondere Fahrzeug-Otto-Motoren mit Drehzahlen von über 3500 Umlauf/Min., weisen häufig eine eigentümliche Störung auf:

Von einer gewissen Drehzahl an zeigt sich sehr starkes Ansteigen des Schmierölverbrauches und gleichzeitig ein stark vermehrter Gasdurchtritt aus den Zylindern durch die Kolbenringe hindurch in den Kurbelraum. Offenbar handelt es sich bei dieser Erscheinung um ein Versagen der Kolbenringe. Sie ist unter der Bezeichnung: ,,Flattern der Kolbenringe" bekannt. Es wurde vermutet, daß dieses Ringflattern, da es für eine gegebene Ringanordnung streng drehzahlgebunden auftritt, durch ein Schwingen der Ringe zu erklären sei, und es wurde nach einem Zusammenhang mit der Eigenschwingungszahl der Ringe gesucht. Wie aber mit Sicherheit nachgewiesen wurde, hat das Flattern der Ringe nichts mit ihrer Eigenschwingungszahl zu tun. Den besten Beweis hierfür liefert Bild 22. An ein und demselben Motor wurde eine weitgehende Änderung der Flatterdrehzahl mit fortschreitendem Einlaufen der Ringe gefunden. Dies könnte nicht eintreten, wäre das Flattern an die Ringabmessungen und an die Ringmaße unabänderlich gebunden.

Es scheint vielmehr, daß dieses Flattern mit dem Anpreßdruck der Ringe zusammenhängt. Es ist anzunehmen, daß die Verteilung des Radialanpreßdrukkes über dem Ring die Größe der Flatterdrehzahl beeinflußt. Ringe, die am Stoß niedrigen Anpreßdruck aufweisen, geben niedrigere Flatterdrehzahlen, umgekehrt liegt bei Ringen, die am Stoß stark drücken, die Flatterdrehzahl hoch.

Es hat sich gezeigt, daß Unrundringe, die einen höheren Anpreßdruck am Stoß zeigen, gegen das Flattern der Ringe günstiger sind. Hohe Maschinendrehzahlen erfordern hohen durchschnittlichen und darüber hinaus noch an den Stoßenden erheblich erhöhten Anpreßdruck.

Der Anpreßdruck solcher radial verstärkter hochgespannter Kolbenringe beläuft sich auf 1,7 bis 2 kg je Quadratzentimeter. Die Zylinder müssen in diesem Fall vor allem gut mit Schmieröl versorgt werden, damit die Kolbenringe dauernd genügend Frischöl bekommen. Zum Einlaufen solcher Ringe ist eines der bekannten Oberflächenverfahren der Ringe mit Vorteil anzuwenden.

Das Kolbenringflattern führt nicht nur unter Umständen zu einem empfindlichen Leistungsabfall, sondern es hat durch das Trockenfegen der Zylinderlaufwand ungünstige Reibungsverhältnisse an den Ringen zur Folge und durch den erhöhten Gasdurchtritt rasche Verschlechterung des Schmieröles und erhöhten Verschleiß der Zylinderwand.

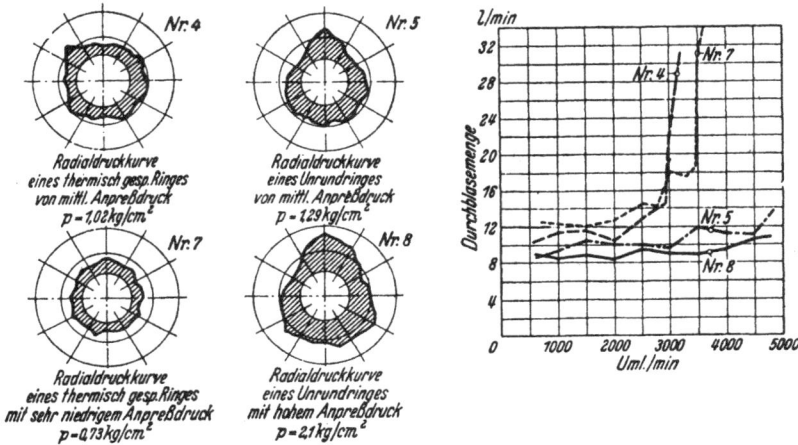

Bild 22. Einfluß des radialen Anpreßdruckes von Kolbenringen auf das Ringflattern. C. English ATZ Heft 10. 1939.

RINGEIGENSCHAFTEN

Die Voraussetzungen für einen guten Ring sind folgende:

1. Konstruktiv richtige Dimensionierung des Ringes,
2. die Rundheit des Kolbenringes,
3. richtige Wahl des Anpreßdruckes,
4. Gleichmäßigkeit der Druckverteilung,
5. Genauigkeit der Bearbeitung,
6. beste Materialauswahl nach:
    Zerreißfestigkeit,
    Biegefestigkeit,
    Elastizitätsmodul,
    Dichtheit und Homogenität des Gusses.

Die Rundheit der Kolbenringe ist sowohl eine Angelegenheit sorgfältiger Bearbeitung wie des Herstellungsverfahrens der Ringe.

Der Radialdruck am Ringumfang

Ungleicher Radialdruck behindert das Wandern des Ringes, wodurch die stärkeren Druckstellen immer an derselben Stelle der Zylinderwand bleiben und dort oft unerklärliche Abnützungserscheinungen ergeben.

Es ist erwiesen, daß das Einlaufen die Unterschiede ungleichmäßigen Radialdruckes nicht ausgleichen kann.

Durch die ungleichmäßige Abnützung und das daraus entstehende Durchblasen kommt es dann zu einer Überhitzung der Kolbenringe und als weitere
Folge außerdem zu einem starken Spannungsverlust der Ringe (Bild 23).

Da der Spannungsverlust in den Ringspitzen früher eintritt als im übrigen
Ringteil, zeigte es sich bei Hochspannungsringen als zweckmäßig, von der
gleichmäßigen Verteilung des Radialdruckes abzugehen und den Ringenden
höhere Radialspannung zu geben.

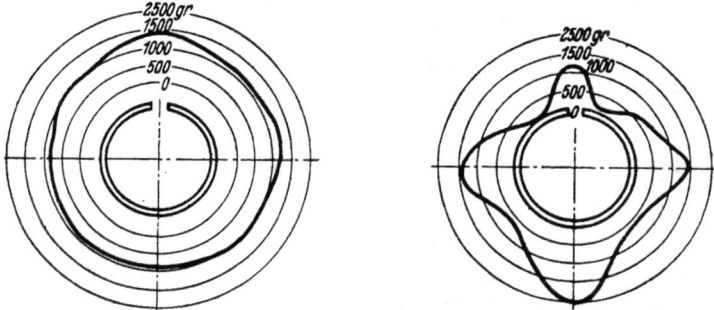

Bild 23. Verteilung des Radialdruckes auf den Ring-Umfang

1. Ring bester Qualität. Radialdruckfaktor = 1.4
2. Ring schlechter Qualität. Radialdruckfaktor = 1200

Radialdruckfaktor = Quotient des Größtwertes des Anpreßdruckes durch den Kleinstwert

$$\text{Nach Zeichnung: Ring 1} \quad \frac{1400\,g}{1000\,g} = 1{,}4$$

$$\text{Ring 2} \quad \frac{1200\,g}{0\,g} = 1200$$

Messung der Radial-Druckkurven auf piezoelektrischem Druckmeßgerät von Zeiß-Ikon und
A. Teves.

Der Anpressungsdruck der Kolbenringe

Die Kolbenringe werden in erster Linie durch die hinter den Ring tretenden
Gase an die Zylinderfläche angepreßt.

Die Voraussetzung, daß die Gase hinter den Ring treten und nicht nur an seiner Stirnfläche vorbeistreichen, ist ein sattes Aufliegen des Ringes an der Zylinderwand, welches durch die Eigenspannung des Ringes erreicht wird (Vorspannung).

Die Größe der notwendigen Eigenspannung ist ein Erfahrungswert, der vom
Zylinderdurchmesser, der Form des Ringquerschnittes und von der Umdrehungszahl des Motors abhängig ist.

Spricht man vom „Anpreßdruck" des Kolbenringes, so ist damit der spezifische
Druck des Rings in Kilogrammquadratzentimeter gemeint, der durch die ihm
gegebene Eigenspannung mindestens vorliegt.

Die Werte sind zum Beispiel bei normalen Fahrzeugmotoren 0,8 bis 1,2 kg/cm²,
bei hochgespannten Ringen, wie sie in Rennmotoren Verwendung finden,

1,2 bis 2,6 kg/cm², wobei die höchsten Werte kleinen Zylinderdurchmessern von etwa 50 mm zukommen.

Langsamläufer für ortsfeste Motoren haben Anpreßdrücke von 0,3 bis 0,9 kg/cm², wobei wieder die höheren Werte den kleineren Durchmessern entsprechen.

Dieser spezifische Anpreßdruck Pm je kg/cm² des Kolbenringes wird aus der meßbaren Toledospannung P ermittelt. Letztere erhält man in bekannter Weise, wenn man mittels eines umschließenden Stahlbandes auf einer Toledowaage die Schließkraft des Ringes mißt.

$$\text{Anpreßdruck } Pm = \frac{2 \cdot P_T}{h \cdot D},$$

wobei D der Durchmesser des Ringes in Zentimeter, h die Ringhöhe in Zentimeter und P der tangentiale Schließdruck in Kilogramm ist.

Der so ermittelte Anpreßdruck ist nur unter der Annahme gleichmäßiger Verteilung am Gesamtumfang des Ringes gültig und hat darum nur relative Bedeutung.

Messungen von Alfred Teves in einer besonderen Vorrichtung ergaben, daß der spezifische Anpreßdruck durch die Eigenspannung des Ringes längs des Umfangs ausgeführter Ringe sehr verschieden ist, und hat darum den Begriff des Radialdruckes eingeführt. Dieser meßbare Radialdruck soll bei Normalringen möglichst gleichmäßig verteilt sein.

Die Dichtheit am Ringstoß

Die Gasverluste an den Stoßenden sind früher stark überschätzt worden. Man vergegenwärtige sich einmal, welch kleine Öffnung den Gasen am Ringstoß zur Verfügung steht.

Bei einem Stoßspiel von 0,3 mm (Fahrzeugmotor ca. 100 ⌀) und 0,02 mm Luft des Kolbens an der Zylinderwand ergibt sich eine Öffnung von nur 0,006 mm², die durch Ölrückstände usw. noch weiter verkleinert wird. Das Stoßspiel kann also schon reichlich groß sein, bis es für den Gasdurchtritt störend in Erscheinung tritt.

Ist die Öffnung z. B. bei einer Zylinderbohrung von 75 mm 1 mm lang, also sehr groß, so beträgt sie doch nur 0,4% des ganzen Umfanges.

Bei Fahrzeugmotoren sollte man je nach Durchmesser auf ein Stoßspiel von mindestens 0,1 bis 0,3 mm im betriebswarmen Zustand achten.

HERSTELLUNG DER KOLBENRINGE

Kolbenringmaterial

Der Großteil aller heute verwendeten Kolbenringe besteht aus Grauguß im Gußzustand, d. h. die durch Erstarrungsbedingungen gegebene Gefügeausbildung erfährt keine Beeinflussung durch eine nachträgliche Wärmebehandlung. Für das Material dieser Ringe gilt nach C. Englisch folgendes:

Für das Verschleißverhalten:

a) Eine möglichst feine Ausbildung des Perlits ist günstig;

b) ein mäßiger Ferritanteil mit einzelnen verteilten, an den Graphitadern an-
gelagerten Ferritkörnern ist nicht schädlich;

c) die Härte des Ringes ist ein Anhalt für den Verschleißwiderstand;

d) die Ausbildungsform des Graphits ist ausschlaggebend. Ein mittelfeiner,
nicht zu dichter Fadengraphit sichert gute Notlaufeigenschaften. Bei größerer Ringabmessung soll der Graphit gröber sein. Unerwünscht sind auf
alle Fälle Nester von eutektischem Graphit;

e) wenn Ferrit in Nestern innerhalb der eutektischen Graphitrosetten auftritt,
ergibt dies starken Verschleiß;

f) stark ferritische Ringe haben ungünstige Laufeigenschaften;

g) die Ausbildung des Phosphids und dessen Menge, also auch der absolute
Phosphorgehalt, spielen eine große Rolle. Es wird vermutet, daß das an sich
sehr harte und verschleißfeste Phosphid während des Abnützungsvorganges
derart stehenbleibt, daß es über die Lauffläche erhaben vorsteht und daß in
den dadurch gebildeten Maschen Schmieröl festgehalten wird. Kolbenringe,
die das Phosphid in fein verteiltem Zustand enthalten, zeigen auch häufig
gutes Verschleißverhalten;

h) je feiner das Korn, desto mehr wächst der Verschleißwiderstand im Betrieb.

Vergütete Graugußkolbenringe und Laufbüchsen

Vergütete Graugußkolbenringe und Laufbüchsen zeigen ein anderes Verschleißverhalten als im Gußzustand verwendete Teile. Ist der Guß auf hohe Härte
vergütet, so steigt der Verschleißwiderstand.

Allerdings ist beim Graugußkolbenring durch die im Betrieb auftretende Temperatur der Vergütung bald eine Grenze gesetzt, da andernfalls Gefügever-
änderungen im Betrieb durch Anlaßwirkungen auftreten.

Im Kohlenstaubmotor werden hochlegierte, zementitisch, also weiß erstarrte und daher hoch harte Zylinderlaufbüchsen verwendet. Ebenso sind die
Kolbenringe besonders legiert und auf höchste Härte vergütet. Offenbar liegen
die Härten beider Teile höher als die Härte der zwischen die Laufflächen ge-
langenden Ascheteilchen. Auf diese Weise gelang es, eine Lebensdauer von
Ringen und Büchsen von mehr als 1000 Stunden zu erzielen.

Herstellungsverfahren

Das thermische Herstellungsverfahren wird hauptsächlich für Auto-
mobil- und Flugzeugkolbenringe angewandt. Die Spannung nach außen wird
den Ringen in einem Glüh- und Vergütungsprozeß dadurch gegeben, daß sie
nach dem Schlitzen durch Einlegen eines Keiles aufgespreizt und in diesem
Zustand spannungsfrei geglüht werden. Diese Ringe haben praktisch rundum
fast durchaus gleichmäßigen Anpreßdruck, besonders dann, wenn die gewählte

Stoßöffnung nicht zu groß vorgesehen war. Nach der thermischen Behandlung wird der Ring noch „feinst-formgedreht".

Das Hämmerungsverfahren wird bei größeren Kolbenringen, die schwer thermisch zu behandeln sind, angewandt. Durch Kerbschläge auf die Rückseite des Kolbenringes, die von Null auf Maximum und wieder abfallend auf Null geregelt werden, kann auch hier ein gleicher Anpreßdruck am Umfang erreicht werden.

Das Unrundverfahren wird neuerdings wieder mehr für Flugmotorenringe herangezogen. Bei diesem Verfahren wird der Kolbenring schon in der Kurvenform gegossen, die er in fertigem Zustand haben muß. Dieses Verfahren stellt außerordentlich hohe Ansprüche an die Arbeitsgenauigkeit der Gießerei und der mechanischen Werkstätten.

Beim Unrundverfahren oder beim Formdrehen der Ringe ist der Ringrohling nicht kreisrund, sondern nach einer Evolvente geformt; an der Stoßstelle des Ringes wird ein Stück herausgeschnitten und dann der Ring zusammengespannt und kreisrund fertig gedreht. Die Radialdruckkurve der Unrundringe kann durch die Modellform weitgehend beeinflußt werden.

Oberflächenbehandlung

Oberflächenbehandlung der Kolbenringlauffläche

Durch die Oberflächenbehandlung der Kolbenringe sollen gute Einlaufeigenschaften erzielt werden. Es sollen sich rasch und störungslos glatte, vollkommene Laufflächen ausbilden, und überdies soll in bedeutend kürzerer Zeit als beim unbehandelten Ring vollkommene Gasdichtheit erzielt werden. Durch die schnellere Gasdichtheit wird das Durchblasen während der Einlaufzeit verhindert und damit auch der Verschleiß sowohl der Kolbenringe wie der Zylinderwand vermindert.

Bearbeitung der Laufflächen

Kolbenringe für Fahrzeugmotore werden auf Spezialwerkzeugmaschinen feinst formgedreht. Schnittgeschwindigkeit 80 bis 100 m/min, Vorschub 0,02 bis 0,04 mm, Schnittiefe max. 0,01 mm. Durch die hohe Schnittgeschwindigkeit und den feinen Vorschub wird eine hohe Materialschonung der äußersten Schicht erreicht. Die Güte der Oberfläche liegt zwischen einer geschliffenen und einer feingedrehten. Unter dem Vergrößerungsglas sind noch Erhöhungen und Vertiefungen sichtbar, die einerseits die Bildung kleiner Öllager zulassen und andererseits dem Ring gute Einlaufeigenschaften geben.

Bearbeitung der Planflächen

Die Gasdichtheit an den Flanken hängt sehr von der Güte der Passung in den Ringnuten ab und von der Sauberkeit der Flächenbearbeitung an den Ringflanken und Nuten. Die Planflächen müssen aber nicht nur glatt sein, sondern auch unbedingt am ganzen Umfang planparallel und eben.

Diese Forderungen sind bei schwachen Querschnitten nicht einfach zu erfüllen, und es hat sich gezeigt, daß die Bearbeitung auf Magnetschleifmaschinen bei schwachen Querschnitten nicht zu planparallelen Ringen führt. Die Rohlinge liegen nur an wenigen Punkten auf, und die hohlen Stellen werden durch den Anzug des Magnetfutters durchgedrückt. Es entsteht dadurch eine „Welligkeit des Ringes". Alfred Teves verwendet daher zwei breite Schleifscheiben, zwischen denen die Ringe durchlaufen, ohne einer Einspannung zu bedürfen.

Die höchst erreichbare Stufe der Feinbearbeitung wird durch Hochglanzläppen erreicht.

Zur Verbesserung der Einlaufeigenschaften der Kolbenringe hat man verschiedene Oberflächenüberzüge entwickelt, die alle den Zweck verfolgen, ein möglichst rasches, gleichmäßiges Anliegen des Ringes im Zylinder zu erreichen.

a) Beizverfahren.

Durch den Einfluß der Beizflüssigkeit erfolgt ein Korrosionsangriff an der Ringoberfläche, wodurch die Porösität der Lauffläche gesteigert und die Ölaufnahmefähigkeit verbessert wird. Durch die verwendeten Beizmittel werden aus dem Material der Oberfläche zumeist die Karbide ausgelöst und die Graphitadern und das Phosphit stehengelassen.

Die Beizverfahren werden gegenwärtig wenig verwendet.

b) Oxydieren der Oberfläche.

Durch hohes Erhitzen der Oberfläche bei etwa 550 bis 600°. Es zerstört den Perlit und macht das Gefüge teilweise ferritisch. Durch den Luftzutritt wird die Oberfläche oxydiert, die sich bildende Zünderschicht wirkt bei allmählichem Loslösen als Poliermittel und verbessert das Einlaufverhalten, wobei die unmittelbar darunterliegende Schicht infolge ihrer nun stärkeren Verformbarkeit den Einlaufvorgang weiter unterstützt.

c) Ferroxieren.

Ferroxieren ist ein Oxydationsvorgang bei etwas niedrigeren Temperaturen im Ofen unter gleichzeitiger Einwirkung von Wasserdampf. Es hat weite Verbreitung gefunden und sich gut bewährt.

Die Verfahren b) und c) haben den Nachteil, daß verhältnismäßig hohe Temperaturen verwendet werden müssen, eine verhältnismäßig starke Tiefenwirkung eintritt und die hohe Temperatur leicht zu Verformungen des Ringes Veranlassung gibt.

d) Oberflächenoxydation im Bad.

Die gebildete Oxydschicht ist verhältnismäßig hart und abriebbeständig. Das Verfahren ist den Verfahren unter b) und c) unterlegen.

e) Silizieren.

Bei hohen Temperaturen wird das Silizium in die Ringoberfläche durch Diffusion eingebracht. Es bewirkt ein Weichwerden der äußersten Schicht und deren Graphitieren. Es hat keine besondere Überlegenheit gegenüber anderen Behandlungsverfahren. (Metallische Überzüge auf den Laufflächen.)

f) Verzinnen der Ringe.

Das ist sehr stark in Amerika verbreitet; es ergibt sehr guten Wärmefluß und sehr rasch Gasdichtheit.

g) Verkadmen und Verbleien.

Es wird heute wenig angewandt.

Nichtmetallische Überzüge

h) Phosphatieren.

Wird im Bad durch chemische Reaktion aufgetragen. Die Stärke der Schicht soll nicht unter 0,005 mm betragen. Phosphatschichten haben selbstschmierende Eigenschaften.

i) Sulfidieren.

Es bildet an der Ringlauffläche eine amorphe feinporöse Schicht von Eisensulfit, die in gewissem Grade plastisch verformbar ist. Besonders bei Kolbenringen für Dieselmotore angewendet.

k) Graphitieren.

Sofern durch Behandlung die Oberfläche porös und aufnahmefähig für Öl gemacht wurde, kann eine weitere Verbesserung des Laufverhaltens für die allererste Laufzeit durch Graphitieren der Ringe erzielt werden; dazu verwendet man feingemahlenen Flockengraphit in Fett oder kolloidalen Graphit in Schmieröl.

Bild 24 zeigt Gasdurchlaß und Verschleiß in Abhängigkeit von der Laufzeit bei Kolbenringen mit verschiedenartiger Oberfläche eines Vierzylinderfahrzeug-Otto-Motors im Versuchsfeld von A. Teves, Frankfurt.

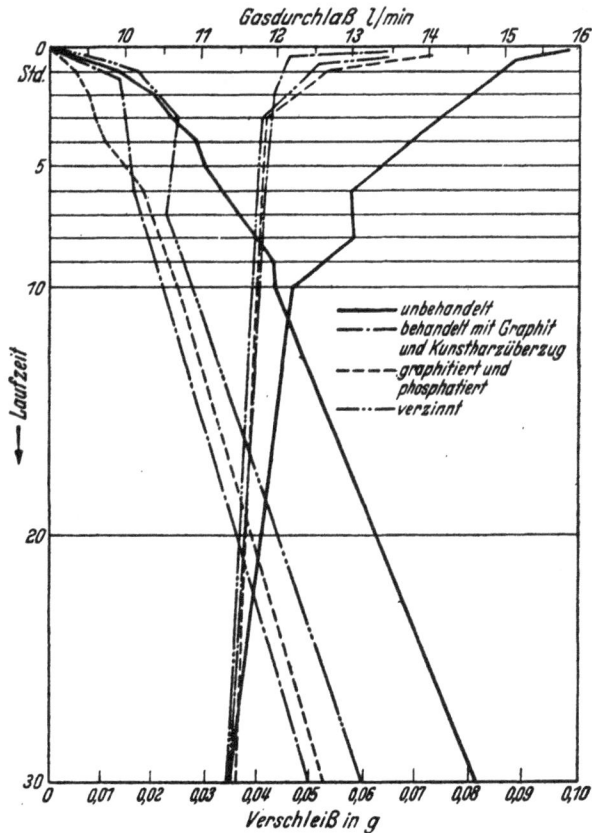

Bild 24. Gasdurchlaß und Verschleiß oberflächenbehandelter Kolbenringe an einem Vierzylinderfahrzeug-Otto-Motor Versuche von A. Teves, Frankfurt a. M.

Englisch beantwortet in einer Kritik der Kolbenringüberzüge die Frage nach dem besten Überzug wie folgt: „Offenbar sind jene Überzüge am günstigsten, die vor allem ein gut plastisches Formänderungsvermögen aufweisen, die also örtliche Überlastungen rasch abbauen und die daneben auch imstande sind, Öl aufzusaugen und festzuhalten.

Für den weiteren Fortschritt des Verschleißes sind die Anfangsverschleißbedingungen maßgebend. Es ist dies dadurch zu erklären, daß die Verschleißbeanspruchung je nach den an der Oberfläche des Körpers herrschenden Bedingungen verschieden weit in die Tiefe reichende Wirkungen ausüben, die zur fortschreitenden Zerstörung führt. Es ist daher eine. Tatsache, daß der oberflächenbehandelte Ring sich in seinem Verschleißverhalten nicht nur während der Einlaufzeit, sondern durch längere Zeit günstiger auswirkt als der unbehandelte Ring.

Bemerkung. Bei einem Zweitakt-Diesel der General Motors Co. suchte man die thermische Belastung der Kolbenringe dadurch zu vermindern, daß man durch eine Einschnürung den Wärmefluß vom Kolbenboden zur Ringzone unterbricht und den Kolbenboden intensiv durch Öl kühlt. Die Ölkühlung erreicht man durch Einlegen einer Bohrung in den Pleuelkopf, die bis zum Kolbenbolzen durchgeführt ist. Das unter Druck stehende Öl der Umlaufschmierung tritt durch die hohlgebohrte Pleuelstange zu dem den Kolbenbolzen umfassenden Pleuelkopf vor und spritzt in Form von Ölstrahlen gegen die Unterseite des Kolbenbodens.

Nach deutschen Erfahrungen hat sich diese Spritzkühlung des Kolbenbodens nicht bewährt, weil dadurch eine Zerstörung des Schmieröles eintritt, die außerordentliche Ölverschlammung und Ölverbrauch verursacht.

Verchromte Kolbenringe

Die Verchromung der Zylinderlaufbüchsen ist in der Serienfabrikation nicht ganz einfach. Im Chrombad muß darauf geachtet werden, daß die Chromschicht gleich stark in der Lauffläche ausfällt und sich an den Enden der Büchsen nicht eine tonnenförmige Verdickung bildet, die leicht auftritt bei Elektroden, die zur Mantelfläche parallel laufen, weil ihre Kanten eine größere Neigung haben, Strom aufzunehmen. Man korrigiert dies durch entsprechende Krümmung der Elektroden. Hinzu kommen noch verschiedene andere Schwierigkeiten, welche die Verchromung der Laufbüchsen kostspielig machen. Der Chrommangel während der Kriegszeit hat dann besonders dazu beigetragen, von der Verchromung der Laufbüchsen wieder abzugehen und es mit verchromten Kolbenringen zu versuchen. Nach anfänglichen Schwierigkeiten, nachdem sich die Spezial-Kolbenringfabriken der Sache angenommen hatten, gelang das Verchromen der Kolbenringe mit sehr gutem Erfolg.

Heute werden verchromte Kolbenringe allgemein verwendet, und man hat festgestellt, daß ungefähr $1/2$ bis $2/3$ der Verschleißgüte verchromter Laufbüchsen erreicht wird.

Besonders interessant ist es, daß es genügt, nur den obersten Kolbenring zu verchromen. Dies zeigt wieder, welche Rolle dem Durchblasen der Verbrennungsgase bei der ganzen Verschleißfrage zukommt, und damit rücken die chemischen Einflüsse wieder in den Vordergrund.

Durch die Chromschicht wird der obere Kolbenring vor dem Verschleiß besonders geschützt und hält das Durchblasen so weit zurück, daß die anderen Ringe vor den chemischen Einflüssen der Verbrennungsgase geschützt bleiben und wesentlich weniger verschleißen. Ebenso geht der Verschleiß der Zylinderlaufbüchsen zurück. Dies alles ist wohl dem chemischen Einfluß zuzuschreiben, denn alle Ringe unterliegen ja ungefähr denselben mechanischen Beanspruchungen durch die Reibkräfte.

Ein bekannter Nachteil hartverchromter Schichten ist ihre Unfähigkeit, Öl aufzunehmen. Man hat daher schon bei den Laufbüchsen eine nachträgliche Auf-

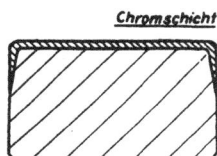

Schematische Darstellung eines verchromten Kolbenringes der Firma Götze A. G., Burscheid

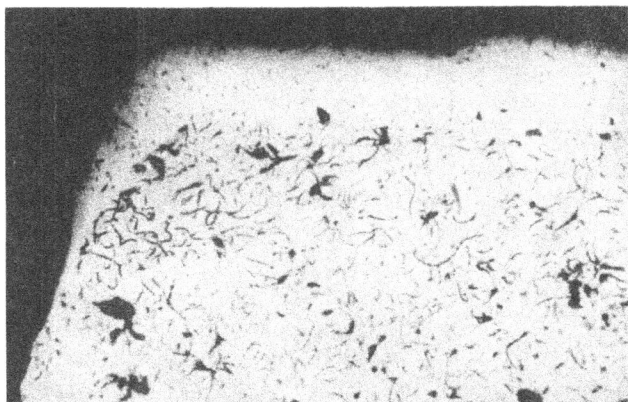

Bild 25 zeigt an einem porösverchromten Kolbenring der Fa. Götze, A.G., Burscheid, das U-förmige Umschließen der Ringkanten durch die Chromschicht.

rauhung der Oberfläche vorgenommen, und dies auch bei der Chromschicht der Kolbenringe versucht. Es zeigte sich aber nach den Erfahrungen der Fa. Götze A.G., Burscheid, die porösverchromte Ringe entwickelt und eingehend untersucht hat, daß die geringe Ölhaltigkeit der Kolbenringe keine schädliche Wirkung hat, da die nichtverchromte Zylinderlauffläche genügend Öl hält. Die Herstellung verchromter Kolbenringe ist durchaus nicht einfach, und es gehört große Spezialerfahrung dazu, um erstens eine Chromschicht mit richtiger Oberflächenstruktur aufzutragen und die Knospenbildung in der Hartchromschicht zu vermeiden; zweitens ist die Auswahl der Chromschichtstärke von Bedeutung.

Erfahrungen nach langen Versuchen haben dazu geführt, nur die Lauffläche der Kolbenringe zu verchromen, wobei besonders auf die richtige Durchführung an den Kolbenringkanten geachtet werden muß. Die Chromschicht soll an den Flanken des Ringes ganz fein auslaufen, also die Lauffläche etwas U-förmig umschließen, um das Abblättern der Schicht zu vermeiden. Trotzdem ist

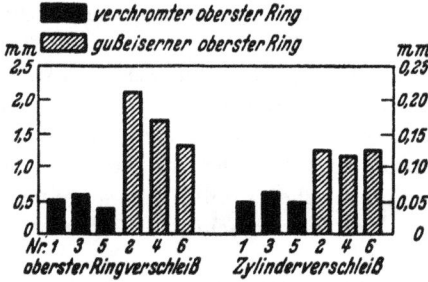

Bild 26. Vergleich von Kolbenring- und
Zylinderverschleiß mit verchromten und
nichtverchromten obersten Ringen unter
Staubbedingungen.

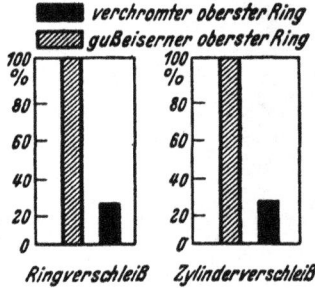

Bild 27. Der Erfolg der Verwendung eines
verchromten obersten Ringes bei niederer
Zylinderwandtemperatur und hauptsäch-
lichem Korrosionsverschleiß.
Verschleißversuche der Carterpillar Tractor Company USA., Pennigton. Mitgeteilt
von J. C. Hepworth Automobil-Engineer,
Dezember 1949.

der verchromte Kolbenring wirtschaftlich in der Herstellung natürlich bedeutend günstiger als die verchromten Zylinderlaufbüchsen.

Sehr eingehende Versuche über die
Auswirkung verchromter oberster
Kolbenringe wurden von der Carterpillar Tractor Company USA., Pennigton, durchgeführt. In Bild 26 wird
der Einfluß des verchromten oberen
Ringes in einem 6-Zylinderfahrzeug-
motor unter Staubbedingungen wiedergegeben. Links im Bilde ist der
Verschleiß der Kolbenringe wiedergegeben, rechts der Verschleiß der
Zylinderbüchse. Der Versuch wurde
so gefahren, daß Zylinder 1, 3 und 5
mit verchromtem Ring ausgerüstet
war, während Zylinder 2, 4 und 6 guß-
eiserne unverchromte Ringe hatten.
Der Unterschied zugunsten des verchromten Ringes ist überzeugend.
Bild 27, welches das Diagramm eines
Versuches der gleichen Firma zeigt,
bestätigt die obigen Ausführungen bezüglich der Bedeutung der Verchromung des obersten Ringes unter
chemischen Einflüssen. Man sieht
daraus, inwieweit die Erhaltung des
obersten Kolbenringes zur Verminderung des Zylinderverschleißes unter
Korrosionsbedingungen beiträgt. Der Verschleiß beider Teile beträgt nur mehr
ein Viertel des Verschleißes mit ungeschützten Ringen.

IV. KOLBEN

Kolbenschäden

Wenn in dieser Schrift der Kolben des Verbrennungsmotors erst nach dem Kolbenring besprochen wird und als letzter der drei Triebwerksteile Zylinder, Kolbenring, Kolben, so zeigt diese Reihenfolge die Bedeutung der Teile im Verschleiß.

Der Kolben hat ohne direkte Kühlung den Verbrennungsraum zu begrenzen und ist damit hohen Temperaturen ausgesetzt, er hat einen großen Teil der Verbrennungswärme an den Zylinder abzuführen, er hat Gasdruck und Massenkräfte an die Schubstange weiterzuleiten und überdies als Ringträger den Verbrennungsraum abzudichten.

Je höher die Literleistung des Motors, desto schwieriger sind die Aufgaben zu meistern, und es ist darum verständlich, daß der Flugmotorenbau der Lehr-meister moderner Kolbengestaltung geworden ist. Überblickt man die Schäden, die an einem Motorkolben auftreten können, so sind in erster Linie drei ty-pische Fälle zu unterscheiden:

a) Schäden am Kolbenboden, meist hervorgerufen durch örtliche Über-hitzungen, die durch schlecht geleitete Verbrennung eintreten, sei es durch falsche Dosierung der Brennstoffmenge, durch ungünstige Einstellung der Zündung oder schlechte Durchwirbelung der Gase, falsch gerichtetes Ab-spritzen von Einspritzdüsen oder daß die Wärmeabfuhr nicht bewältigt werden kann.

b) Schäden in der Ringpartie, dazu gehören Festsitzen oder Brechen der Ringe, Ausbrechen der Ringnuten und starker Reibungsverschleiß am oberen Teil des Kolbens. Diese Art Schäden, richtige Konstruktion vorausgesetzt, sind nicht mehr einheitlich auf schlechte Verbrennung zurückzuführen, sondern hier zeigen sich bereits drei Komponenten, deren vorwiegender Ein-fluß von Fall zu Fall geklärt werden muß, wenn man den richtigen Weg der Schadensvermeidung für die Zukunft einschlagen will.

Schlecht geleitete Verbrennung bildet wohl auch bei diesen Schäden in den meisten Fällen die Ursache, denn sie führt zu starker Rückstandsbildung und damit in den Ringnuten zu Ansammlungen, welche die Bewegungsfreiheit der Kolbenringe beeinträchtigen. Dieselben Schäden in der Kolbenringpartie können aber auch bei einwandfreier Verbrennung eintreten, wenn starkes Durchblasen der Gase örtliche Überhitzungen in der Ringpartie und am Kolbenschaft verursachen, die den vorliegenden Mangel rasch vergrößern und schließlich zu einem vollkommenen Versagen der Abdichtung führen.

c) Die dritte Komponente der Schadensursache ist die Schmierung, deren Einfluß allerdings erst bei den Kolbenschaftschäden klar in Erscheinung tritt. Die durch Schmierölmangel oder Überschmierung in der Ringpartie eingetretenen Schäden sind schwer als solche zu erkennen, da die Rückstände aus den Verbrennungsgasen denselben Charakter haben wie die Rückstände aus dem Schmieröl.

Sicher ist, daß ohne Schmieröl keine Abdichtung der Kolbenringe möglich ist, daß Mangel an Schmierung zu abnormalem Verschleiß der Kolbenringe führt und daß Überschmierung oder schlechtes Schmieröl ungünstige Rückstandsbildung in den Ringnuten verursacht.

d) Schaftschäden am Kolben — in weitestgehender Auswirkung als Kolbenfresser bekannt. Hier tritt der Einfluß der schlechten Verbrennung entsprechend der örtlich größeren Entfernung vom Verbrennungsraum gegenüber den Schäden des Durchblasens zurück. Durchblasen führt auch hier zu einer Überhitzung des Schaftes und damit zu weitgehender Ausdehnung und zum Klemmen des Kolbens im Zylinder oder zum Transport von Verbrennungsrückständen auf die Kolbenschaftfläche. Die Rückstände werden dann durch die Kolbenbewegung hin und her getrieben, zerstören die Oberfläche und tragen damit zur Riefenbildung und Loslösung von Metallteilchen bei, die die Schaftflächen weiter zerstören und endlich das gefürchtete Kolbenfressen verursachen. Als Ursache von Schaftschäden ist auch das Schieflaufen der Kolben zu betrachten, das durch schlechte Montage des Kolbens auf der Schubstange verursacht wird, ebenso das Kolbenkippen, das den Kolben am unteren Schaftende und gegenüberliegend an der Ringpartie beschädigt.

Die bis jetzt genannten Schäden treten bei bester Konstruktion und Materialauswahl auf, sobald im ganzen gesehen der Motor keine genügende Pflege hat, wobei auch die richtige Führung der Verbrennung in die Pflege eingeschlossen ist. Die Häufigkeit der Schäden nimmt zu mit zunehmender Lebensdauer des Motors und sie sind nicht mehr zu vermeiden, sobald starkes Durchblasen als natürliche Folge des Lebensalters eintritt. Ein besonderer Fall des Kolbenbruches kann durch Durchbiegen zu schwacher Kolbenbolzen entstehen. Es kommt dann entweder zu Spaltrissen im Kolbenbolzenschaft oder zum Verziehen des Kolbens mit nachfolgenden Materialrissen oder Ausweitungen des Kolbenbolzenauges.

Kolbenverschleiß

Leichtmetallkolben

Bei der Untersuchung der Kolben des Graham-Paige-Wagens (Invar-Bonalit-Kolben, Aluminium-Kupferlegierung), die sehr genau durchgeführt wurde, stellt Ing. Hanft fest, daß die Kraftwagenkolben ebenso wie die Kraftradkolben im Durchmesser senkrecht zum Kolbenbolzen am unteren Kolbenrand an der Stelle des größten Kippmomentes den größten Verschleiß zeigen. Bei dem

Motorradkolben ist er viermal größer als bei den Personenwagen. Die Messung dürfte nicht reinen Verschleiß betreffen, sondern auch eine Deformierung des Kolbens in sich schließen (Bild 28).

Im allgemeinen macht der Verschleiß am Kolbenschaft bei modernen Leichtmetallkolben wenig Sorge. Wichtig erscheint nur der Verschleiß in den Kolbenringnuten, da dieser für die Führung der Kolbenringe sehr nachteilig ist und erweiterte Ringnuten zu einer Pumpwirkung der Kolbenringe führen, durch die unerwünschte Ölmengen in den Verbrennungsraum gefördert werden.

Die Nutenflanken für die Kolbenringe müssen genau rechtwinklig zur Längsachse des Kolbens verlaufen, wenn die Ringe richtig geführt sein sollen, sonst würden sie nur einseitig anliegen, schlecht dichten und mit vorstehenden Kanten im Zylinder schaben.

Eine ausgezeichnete Oberflächenglätte der Flanken in den Ringnuten ist unerläßlich, da nur durch sie der Verschleiß, der durch die natürliche Bewegung der Ringe in den Nuten entsteht, verzögert werden kann, und durch die glatte Auflage auch die periphere Beweglichkeit der Ringe erhalten bleibt. Bei Schnellläufern werden die Flanken der Ringnuten diamant-gedreht und die Flanken der Ringe selbst geläppt.

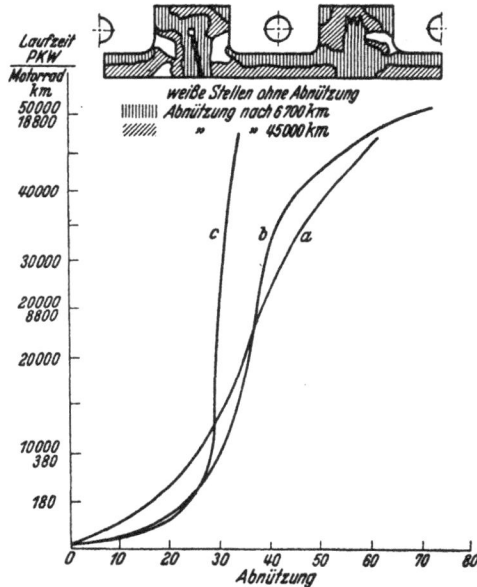

Bild 28. Abnützungsbild des Graham Kolben: nach 6700 km noch zahlreiche waagrechte Schleifspuren, nach 45000 km sind die Schleifspuren zum größten Teil verschwunden. Kolben zeigt noch guten Laufzustand.

a) Graham-Motor untere Kolbenkante
b) Wanderermotorrad untere Kolbenkante
c) Wanderer-Zylinder
Graham-Motor Literleistung 13,45 PS
Nelson-Bonalit-Kolben
Kolbenhärte 125–160 BE
Zylinderhärte 170–196 BE
Kolbenringe Härte 250 BE
Vergleichsmotor:
W-Wanderermotor Literleistung 22,95 PS

Dr.-Ing. Hanft, Königsberg 1936. ATZ. 1936/1.

Bei Graugußkolben, besonders im stationären Motorenbau, spielt die Einlaufperiode noch eine große Rolle.

Es zeigen sich an den Kolbenschäften während des Einlaufens vielfach Druckstellen, die entfernt werden müssen, wenn sie nicht zum Fressen führen sollen.

Von besonderer Bedeutung ist auch die Länge der Einlaufzeit der Graugußkolben. Darüber ist eine Untersuchung von Prof. Gabriel Becker interessant, die bei einem Fahrzeug-Buick-Motor mit Graugußkolben durchgeführt wurde.

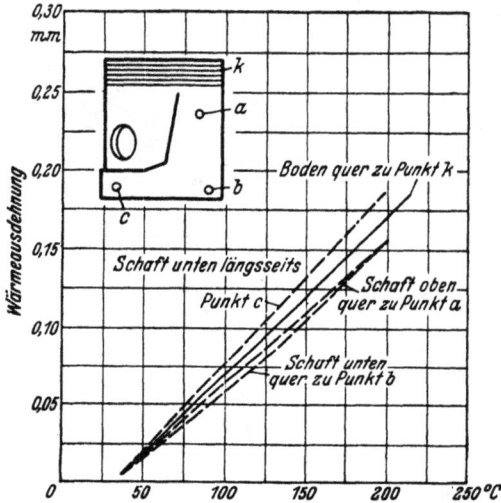

Becker stellt fest, daß die Wärmeausdehnung für verschiedene Teile des Kolbenschaftes an den Meßstellen a, b und c verschieden ist (siehe Bild 29). Infolgedessen stimmt die Ausdehnung des Kolbens auf der ganzen Länge des Schaftes nicht mit der des Zylinders überein.

Aus dieser Tatsache ergibt sich dann die verhältnismäßig sehr lange Einlaufstrecke von 8800 km, bis der Kolben einwandfrei klemmfrei läuft.

Um für stationäre Maschinen einen Maßstab für die Länge der Einlaufzeit zu haben, sei die durchschnittliche Fahrgeschwindigkeit des Buick-Wagens mit 50 km/h angenommen, so daß sich eine Einlaufzeit von 17 Stunden für diesen verhältnismäßig kleinen und schnellaufenden Motor ergibt. Es

Bild 29. Graugußkolben des Buickmotor Modell 1918 6 Zyl. 79/114 mm Huvol. 3390 cm³ Wärmeausdehnung der verschiedenen Schaftstellen. Prof. Gabriel Becker – Leichtmetall-Kolben. Verlag M. Krayn.

wäre die Nachkontrolle der Kolbenausdehnungen und der Betriebstemperatur sehr zu empfehlen, um die tatsächliche Wärmeausdehnung und etwaige Deformierungen festzustellen.

In der Praxis erfolgt die Nachkontrolle durch öfteres Herausziehen der Kolben während der Einlaufzeit und Nacharbeiten der Druckstellen bis sich ein einwandfreies Wegbild am Kolbenschaft ergibt.

Vergleich zwischen dem Verschleiß von Aluminiumkolben und Graugußkolben

Es wird vielfach angenommen, daß Aluminiumkolben einen größeren Verschleiß an der Zylinderwand ergeben als Graugußkolben. Als Grund wird angegeben, daß sich harte Teilchen in das weiche Aluminium einbetten und dann schleifend wirken. Man hat auch die Beobachtung gemacht, daß sich am Aluminiumkolben sehr schnell eine harte Oxydschicht bildet, die ebenfalls die Abnützung des Zylinders vergrößern soll. Diese Meinungen berücksichtigen nicht, daß der Zylinderverschleiß viel mehr von den Kolbenringen abhängt als von dem Kolbenmaterial, und übersieht auch, daß Aluminiumkolben hauptsächlich in schnellaufenden Maschinen verwendet werden, die infolge ihrer höheren Leistung an und für sich einen höheren Verschleiß bedingen.

Die nachstehenden Versuche der IAE. Research Committee vergleichen einen Leichtmetallkolben von einer Brinellhärte von 166 bis 187 mit einem Graußguß-kolben. Die Gewichte der Kolben betrugen ohne Kolbenbolzen und Ringe 425 g und 710 g, das Kolbenschaftspiel war beim Aluminiumkolben 0,178 mm, beim Graugußkolben 0,076 mm. Es wurde der gleiche Zylinder und die gleichen Ringe benützt. Die Untersuchung wurde bei 2200 Umdrehungen, einer Zylinderwandtemperatur von 180° und einem mittleren Druck von 5,6 kg/cm² ausgeführt. Es ergab sich:

	für 1000 km	
	Zylinderverschleiß	oberster Kolben-ringverschleiß
Graugußkolben	0,00236	0,00460
Aluminiumkolben	0,00159	0,00350

Derselbe Versuch wurde wiederholt unter sogenannten Korrosionsbedingungen mit 1600 Umdrehungen, einer Zylinderwandtemperatur von 55° und einem mittleren Druck von 4,2 kg/cm².
Es ergaben sich folgende Verschleißzahlen:

	für 1000 km	
	Zylinderverschleiß	oberster Kolben-ringverschleiß
Graugußkolben	0,00222	0,0222
Aluminiumkolben	0,00222	0,00775

Die Messung der Ringnuten des obersten Ringes ergab nach 200 Stunden Laufzeit bei dem Aluminiumkolben einen Verschleiß zwischen 0,025 und 0,050 mm, während bei dem Graugußkolben ein solcher von 0,25 mm festgestellt werden konnte.

Der Ölverbrauch war bei dem Lauf mit 2200 Umdrehungen bei dem Aluminiumkolben etwa doppelt so hoch, was wohl auf das größere Spiel des Kolbenschaftes zurückgeführt werden kann. Die Versuche ergaben im ganzen genommen eher ein günstigeres Verhalten des Aluminiumkolbens als des Graugußkolbens.

Es ist eine bekannte Erscheinung, daß bei Graugußkolben infolge der höheren Temperatur, die diese an der Unterseite des Kolbens erreichen, sich eher Ölrückstände und Ölschlamm bilden. Eine dementsprechende Untersuchung bei dem Lauf mit 2000 Umdrehungen bestätigt diese Tatsache.

Feingefüge und Laufeigenschaften

Ein genügender Verschleißwiderstand (Abriebfestigkeit) hängt im allgemeinen
davon ab, ob sich der Werkstoff selbst oder wesentliche Bestandteile in ihm
gegen das Abbrechen oder Abhobeln feinster Teilchen, Splitter oder Späne
beim Gleiten genügend wehren kann.

Dies trifft schon für die eutektischen, siliziumhaltigen Legierungen zu, in noch
stärkerem Maße für die übereutektischen Legierungen. In ihnen sind neben
einem eutektisch angeordneten Netz von Tragkristallen noch gröbere widerstandsfähige Si-Kristalle übereutektisch eingelagert, daneben auch noch
einige Schwermetallaluminide.

Es ist allerdings dabei wichtig, daß diese eingelagerten Si-Kristalle genügend
fein und gleichmäßig verteilt sind, damit sie den Wärmeleitquerschnitt nicht
versperren, damit ferner ein Ausbröckeln vermieden wird, das sonst bei Überlastung zu übermäßiger Reibung und zu schweren Freßstellen führen kann.

Ein derartig günstiger Gefügeaufbau allein genügt noch nicht für gute Laufeigenschaften. Die Gleitflächen müssen außerdem so gut und so glatt wie irgend
möglich bearbeitet sein (siehe S. 59, 60), damit keine Vorsprünge vorhanden
sind, die sich abhobeln können. Die Kolbenlaufflächen werden daher Widia
gedreht oder geschliffen. Ein Ausgleich gegen die immer noch unvermeidlichen
Spitzen, Buckel und Täler kann durch weiche Überzüge erreicht werden, z. B.
dem c-Stannal-Verfahren (siehe S. 72). Eine gewisse Ölhaltefähigkeit kann erreicht werden durch Eloxieren der Lauffläche (siehe S. 71); dies läßt sich
leider aber nur auf solchen Gefügen anbringen (Al-Si), die an sich schon un-
geschützt gute Laufeigenschaften haben.

„Notlauf"-Verhalten

Wichtig ist die Fähigkeit, auch noch in Grenzfällen — d. h. „in Not" — standzuhalten. Sie hängt davon ab, wie sich die verschiedenen Legierungen bei folgenden Umständen verhalten:

1. bei steigender Temperatur (z. B. als Folge schlechter Kühlung),
2. bei halbtrockener Reibung (z. B. dadurch, daß das Öl vom Brennstoff verdünnt wurde oder das Öl von durchschlagenden Gasen weggeblasen wird),
3. bei trockener Reibung, wenn Schmierung oder Kühlung ganz versagen.

Es gibt Legierungen, die in den angeführten Grenzfällen nur örtliche Markie-
rungen bekommen, die noch nicht schaden. Es gibt andere, die zwar anfressen,
wobei aber die Freßstellen auf örtliche kleine Streifen beschränkt bleiben. Wieder andere aber fressen an einem großen Teil der Oberfläche, schmieren in breiten Stellen die Ringe zu und ziehen so zwangsläufig weitere Zerstörungen
nach sich.

Letzten Endes führen alle abnormalen Beanspruchungen zu Zerstörungen; nur
kann es in der Praxis wichtig sein, daß sich die Baustoffe dagegen weitgehend
widerstandsfähig, gutmütig und duldsam verhalten.

CHARAKTERISTIK DER KOLBENWERKSTOFFE

Verschleißwiderstand

Unter normalen Betriebsbedingungen zeigten sich die Legierungen der Al-Cu-Gruppe als ausreichend; unter gesteigerten Bedingungen ist die Al-Si-Gruppe durch die außerordentlich harten Si-Kristalle widerstandsfähiger.

Mit Elektronlegierungen war es bisher leider nicht möglich, an die Robustheit dieser Al-Legierungen heranzukommen. Sie sind nur unter besonders guten Schmier- und Temperaturverhältnissen ausreichend.

Zum Vergleich diene, daß Bronze und Messing keine bessere Abreibfestigkeit aufweisen als Al-Cu-Legierungen, lediglich einen höheren Schmelzpunkt haben als diese.

Die Laufeigenschaften von Grauguß sind unerreicht, zunächst durch seine gute Warmhärte, wohl aber besonders durch eine gewisse Ölaufsauge- und -haltefähigkeit des Graphitnetzes.

Reibungswiderstand

An den mechanischen Energieverlusten von Motoren hat die Reibung der Kolben, besonders bei hoher Drehzahl, einigen Anteil. Es ist daher wichtig, den Reibungswiderstand der Kolben niedrig zu halten. Dies geschieht unter anderem durch richtige Spielbemessung und gute Schmierung. Sobald jedoch ein gewisser Anteil trockener Reibung, wie beim Starten oder an Druckstellen oder bei Überlastung, vorliegt, wird der Reibungsbeiwert von Kolbenlegierung und Zylinderwerkstoff wichtig. Dieser Wert hängt ebenso wie die Ölfilmhaftung wesentlich vom Feingefüge der Kolbenlegierung (siehe folgenden Abschnitt) ab, auf dessen günstige Ausbildung daher großer Wert gelegt werden muß.

Eine Reihe von Versuchen ergab, daß der Unterschied zwischen den verschiedenen Legierungen bei niedriger Belastung und tadellosen Schmierverhältnissen gering ist, daß andererseits aber unter dem Einfluß verschiedener Schmiermittel (z. B. bei zunehmender Ölfilmverschlechterung, durch Belastung oder Erwärmung — Absinken der Viskosität) die Unterschiede namhaft werden. Im allgemeinen fielen die Versuche zu ungunsten von Legierungen mit viel verschleißfesten, aber nicht fein genug verteilten Beimengungen aus, aber auch zuungunsten solcher, bei denen ein zu geringes Tragkristallnetz vorhanden ist.

Der erste Fall würde bei nicht richtig ausgehärteten, übereutektischen Al-Si-Legierungen eintreten können, der zweite Fall könnte bei den leichtschmierenden Al-Cu-Legierungen mit geringem Kupfergehalt eintreten oder bei Elektronkolben.

Grauguß- und Leichtmetall-Legierungen

Grauguß hat das höchste spezifische Gewicht und gleichzeitig die niedrigste Wärmeleitfähigkeit aller Kolbenbaustoffe. Er hat aber

1. eine hohe Warmfestigkeit, die bis zu etwa 400° C nur unmerklich sinkt. Sie liegt dadurch ungleich höher als die sämtlicher Leichtmetalle, bei denen sie meist schon bei 200 bis 250°, teils schon vorher stark abfällt;

2. einen niedrigen Ausdehnungskoeffizient, der nur halb so groß ist wie der Wert der meisten Leichtmetalle, aber von einem Idealwert für Kolben noch entfernt ist, da der Kolben immer heißer als der Zylinder wird und der Ausdehnungskoeffizient des Kolbenmaterials geringer sein sollte, als der des Zylinders;

Die Wärmedehnung zwischen 0 und 200° C ist für Eisen $12.10^{-6} \frac{mm}{mm}$ pro ° C, für Duralumin (Y-Legierung) $25.10^{-6} \frac{mm}{mm}$ pro ° C, für eutektische AL-Si-Legierungen (z. B.: KS 1275 der Fa. Karl Schmidt, Nekarsulm) $21.10^{-6} \frac{mm}{mm}$ pro ° C. für übereutektische AL-Legierung (z. B. KS 280 derselben Firma 17.10^{-6}) $\frac{mm}{mm}$ ° C.

3. den besten Verschleißwert aller Kolbenlegierungen, der aber von den Al-Si-Legierungen in vielen Fällen fast erreicht wird. Gerade für abnorme Belastungsfälle ist Grauguß deshalb außerordentlich robust.

Stahl wurde bisher für Kolben wenig gebraucht. Die Laufeigenschaften sind ungünstig, auch die Herstellung ist schwierig. Stahlkolben kamen darum nur in Flugmotoren im ersten Weltkrieg zum Einsatz. Sie wurden verwendet bei Umlaufmotoren (Gnome), außerdem bei dem Austro-Daimler-Flugmotor, bei letzterem mit verzinnten Laufflächen.

Al-Silizium-Legierungen

Vorteile:

1. Beste Verschleißwerte aller Al-Legierungen.
   Das Netz von primär ausgeschiedenen, wie auch gebundenen Siliziumkristallen fördert die Verschleißfestigkeit.

2. Die Korrosionsbeständigkeit gegenüber Wasser ist ähnlich gut wie von Reinaluminium und übertrifft das Verhalten der Al-Cu- und Al-Si-Mg-Legierungen.

3. Auch Legierungen mit wenig Si sind sehr robust gegenüber erschwerten Umständen des Verschleißes.

4. Al-Si-Legierungen finden unter anderem Verwendung aus dem Bestreben, den Ausdehnungskoeffizienten rein legierungstechnisch herabzusetzen, um mit einfachen Kolben auszukommen. Dies ist besonders wichtig für Dieselmotore, für die sich nur glattschaftige Kolben eignen.

5. Günstiges spez. Gewicht: Al-Cu-Legierungen 2,9,
   Al-Si-Legierungen 2,68—2,7.

Als Nachteil der Al-Si-Legierungen wurden früher die geringere Wärmeleitfähigkeit sowie die geringere Dehnung und Zugfestigkeit bezeichnet. Die heute üblichen eutektischen Legierungen erreichen aber dieselben Werte wie die Al-Cu-Legierungen; nur die übereutektischen Legierungen mit 18 bis 21 Si-Gehalt bleiben in diesen Werten hinter den Al-Cu-Legierungen zurück. Al-Si-Legierungen haben aber eine viel größere Warmfestigkeit.

Die Al-Cu-Legierungen wurden daher immer mehr von den Al-Si-Legierungen verdrängt und beherrschen den Kolbenbau für Verbrennungsmotoren immer mehr. Auch die Anzahl der verwendeten Legierungen ist wesentlich zurückgegangen, eine Entwicklung, die nicht nur in Deutschland, sondern auch in den Vereinigten Staaten zu beobachten ist.

In den Festigkeitseigenschaften tritt die Y-Legierung vom Typ Al-Cu-Ni besonders hervor, die für Spezialzwecke im Kolbenbau immer noch verwendet wird. Ihr Nachteil ist, daß sie zum Verspröden neigt und verhältnismäßig schlechte Laufeigenschaften hat; auch ist sie infolge des Nickelgehaltes teuer. Neuerdings entwickelt die Karl-Schmidt-GmbH., Neckarsulm, eine neue Al-Si-Legierung KS 280 Super, die darum schon Erwähnung finden soll, weil bei Beibehaltung der übrigen Eigenschaften der KS 280 = Al-Si 21, die der übereutektischen Gruppe mit 21% Si-Gehalt angehört, bei der Legierung KS 280 Super die Temperatur des Anschmelzpunktes um 60° C höher liegt. Damit sollen die Anschmorungen von Kolbenböden bei hochbeanspruchten Dieselmotoren unterbunden werden. Die Legierung wäre auch dort zu verwenden, wo sonstige Kolbenschäden durch Temperaturschwierigkeiten entstehen.

Interessant ist, daß auch von den SAE Standards, Ausgabe 1949, die Legierung SAE 334 vom Typ Nelson Bonalit mit 10% Kupfer, die früher sehr viel benutzt wurde, nicht mehr empfohlen wird, da sie als Kolbenwerkstoff zu spröde ist und sich die genormten Kolbenlegierungen auf

SAE 300	Cu — 6,5,	Si — 5,5,	Mg — 0,4%,	
SAE 321	Cu — 1,0,	Si — 12,0,	Mg — 1,0,	Ni — 2,5%
SAE 328	Cu — 1,5,	Si — 12,0,	Mg — 0,7,	Mn — 0,7%
SAE 39	Cu — 4,0,	—	Mg — 2,0,	Ni — 2,0%

beschränken. Übereutektische Al-Si-Kolbenlegierungen sind in den SAE-Normen noch nicht aufgenommen, sie zeichnen sich durch besonders hohe Warmfestigkeit aus.

Analysendaten derzeit gebräuchlicher Kolbenlegierungen

Eutektische Legierungen der Al-Si-Gruppe

		Cu	Mg	Mn	Si	Fe	Ni	Co
Legierung Al-Si 12	a)	1,0 — 1,5	1,0 — 1,2	—	12,0 — 13,0	—	1,0 — 1,2	—
	b)	0,7 — 1,2	0,7 — 1,5	0,3	12,2 — 13,5	0,8	0,8 — 2,2	—
	c)	1,0	1,0	—	12,0	—	1,0	—

Übereutektische Legierungen der Al-Si-Gruppe

		Cu	Mg	Mn	Si	Fe	Ni	Co
Al-Si 21	a)	1,5	0,5	0,7	20,0 — 22,0	—	1,5	1,2 Cr
	b)	0,8 — 1,2	0,7 — 1,2	0,4 — 0,6	16,5 — 17,5	0,8	3,2 — 3,6	0,4 — 0,6
Al-Si 18	c)	1,0	1,0	—	18,0	—	1,0	—

Mechanische und physikalische

Legierungs-gruppe	Zustand sonder-wärme-behandelt	Elasti-zitäts-grenze $\sigma/0,002$ kg/mm²	Zug-festigkeit σ_B kg/mm²	Bruch-dehnung δ_{10} %
eutektisch AL-Si 12	Kokillenguß	10	23	0,5
AL-Si 12 eutektisch	geschmiedet	20	36	3
übereutektisch AL-Si 18 c	Kokillenguß	—	21	0,4
AL-Si 18 c	geschmiedet	20	28	1,5
ASi 21 a	Kokillenguß	12	20	0,3
ASi 21 a	geschmiedet	20	28	0,6
AL-Cu [1]	gegossen	12,5	22	0,5
Y	geschmiedet	20	37	6

Legierungen der Al-Cu-Gruppe (wenig gebraucht)

G-Al-Cu	a) 9,0 — 10,0	0,3	—	—	—	—	—
Y-Legierung	b) 4,0	1,5	—	—	—	—	—

Al-Si 12 a) entspricht der amerikanischen Legierung Low Ex.

Al-Si 12 b) entspricht der amerikanischen Legierung SAE 321

Al-Cu   a) entspricht der amerikanischen Legierung Nelson Bonalit

Al-Cu   b) entspricht der amerikanischen Legierung SAE 39.

Aushärtung der Aluminium-Legierungen

Nachstehende Ausführungen können nur einen allgemeinen Überblick geben, da es in der Natur der Sache liegt, daß die Kolbenhersteller ihre besonderen Methoden entwickelt haben, über die sie keine Auskunft geben.

Bei den aushärtbaren Legierungen, z. B. Al-Cu-Mg und Al-Mg-Si, bewirkt das Lösungsglühen mit anschließendem Abschrecken und Auslagern eine weitgehende Verfestigung durch Aushärten. Diese Festigkeitssteigerung erfolgt im Gegensatz zur Kaltverfestigung ohne nennenswerte Einbuße der Dehnung. Das Urbild dieser Art von aushärtbaren Aluminiumlegierungen ist das von A. Wilms seinerzeit erfundene Duraluminium (Gattung Al-Cu-Mg).

Die Aushärtung erfolgt durch eine dreistufige Wärmebehandlung:

1. Lösungsglühen bei hoher Temperatur (500 und mehr Grad).

Eigenschaften dieser Kolbenlegierungen

Brinell-härte H_B kg/mm²	Spez. Gewicht	Warmhärte (Brinell) kg/mm²		Warm-festigkeit kg/mm²		Wärmeleit-fähigkeit cal $\overline{cm/sec°C}$	Mittlere Wärme-ausdehnung 20—200 °C $\times 10^{-6}$
		150°	250°	150°	250°		
95—125	2,68	85	55	21	18	0,32	20,5
100—125	2,7	90	50	31	20	0,34	20,5
110—130	2,68	100	65	20	17	0,28	19,5
110—130	2,68	100	65	25	20	0,30	18,5
110—135	2,7	110	70	19	17	0,26	17,5
100—130	2,7	105	75	26	23	0,26	17,5
105—125	2,9	95	60	20	16	0,34	23
100—130	2,82	100	55	33	22	0,36	24

2. Abschrecken durch schnelle Abkühlung in Wasser bei ca. 100° C, in Ausnahmefällen in Öl oder Luftstrom.

3. Auslagern durch längere Behandlung bei verhältnismäßig niedriger Temperatur (Zimmertemperatur bis 200° C).

Nach den Behandlungsstufen 1 und 2, die stets gemeinsam erfolgen, ist das Metall noch weich und gut verformbar. Im Verlauf der Behandlungsstufe 3 steigt die Festigkeit, Härte und Streckgrenze stark an, während die Dehnung praktisch unverändert bleibt oder etwas zurückgeht.

Kolbenlegierungen erfahren eine Sonderbehandlung.

Die amerikanischen ASE-Standards geben z. B. für die Kolbenlegierung SAE 321, die mit Si 12%, Cu 6,5% und Mg 0,4% etwa der oben angeführten Kolbenlegierung Al-Si eutektisch b) entspricht, folgende Aushärtungsbehandlung an:

Behandlung nach Norm T 551 = artificially aged only, d. h. nach unserer neuen Ausdrucksweise — „nur ausgelagert": 14 bis 18 Stunden bei 330—350° F = 166—177° C. Dagegen erfährt die obengenannten Y-Legierung = SAE 39 gegossen, eine Vorbehandlung nach T 571, um Verformungen in der Wärme zu vermeiden, d. h. ein Erwärmen auf 166 bis 177° C, während 40 bis 48 Stunden. Die sich ergebende Zugfestigkeit ist dann 24 kg/qmm; oder die Y-Legierung gegossen erfährt eine Lösungsbehandlung nach T 61 bis über 6 Stunden bei 510 bis 520° C mit Abkühlen im Luftstrom und eine Auslagerung von 3 bis 5 Stunden bei 148 bis 210° C. Bei geschmiedetem Material ist die Auslagerung

1 bis 3 Stunden bei 227 bis 240° C. Bei dem letzteren Verfahren wird die Festigkeit auf 28 kg/qmm gesteigert.

Die Vergütung ist nur bei Legierungen möglich, welche Bestandteile enthalten,
die sich bei höherer Temperatur vollständig ineinander lösen, sich aber beim
Abkühlen auf eine tiefere Temperatur langsam wieder entmischen.

Der Abschreckvorgang verhindert die Entmischung, so daß die bei der hohen
Temperatur eingegangenen Lösungen zwangsweise bestehen bleiben. Durch den
nachfolgenden Anlaßvorgang wird aus der übersättigten festen Lösung ein
durch seine feinste Verteilung härtend wirkender Bestandteil ausgeschieden.

Künstliche, durch Aushärtung erzielbare Härte und Festigkeitsspitzen oberhalb etwa 130 BE bis 135 BE sind wertlos, weil das Material dabei spröde wird
und weil sie über etwa 200° C sowieso zwangsläufig verlorengehen würden.

Mit der Aushärtung gepreßter und gegossener Leichtmetalle wird dreierlei
erreicht:

1. Eine erhebliche Steigerung von Festigkeit und Härte.

2. Die Beseitigung vorhandener Spannungen, die besonders in komplizierten
   Teilen durch verschieden rasches Erkalten der einzelnen Querschnitte auftreten.

3. Möglichst konstante Volumen auch bei hoher thermischer Beanspruchung,
   also Beseitigung der Neigung zu nachträglichem Wachsen.

Verhalten in der Wärme

Allgemein muß das Kolbenmaterial eine gute Wärmeleitfähigkeit besitzen, um
die Wärme möglichst rasch an den Zylinder abzuführen; außerdem ist geringe
Wärmedehnung erwünscht, um den Kolben mit möglichst wenig Spiel in den
Zylinder einpassen zu können.

Die Festigkeitseigenschaften müssen der Erwärmung bis auf 350° C standhal-
ten, so daß hohe Warmfestigkeit, besonders hohe Wechselfestigkeit und hohe
Warmhärte eine große Rolle spielen. Die Wahl der verwendeten Legierungen
bedeutet immer einen Kompromiß und muß je nach dem Verwendungszweck
getroffen werden.

Es ist wichtig zu wissen, welche Temperaturspitze am Kolben auftritt und wie
sich der Temperaturabfall über den Kolben verteilt. Es sind im Lauf der Jahre
eine ausreichende Zahl von Versuchen an Verbrennungsmotoren verschiedener
Arbeits- und Kühlverfahren durchgeführt worden, aus denen man ein Bild über
Forderungen und Beanspruchungen formen kann.

Abb. 47 (Seite 94) zeigt die Verhältnisse. Es fällt zunächst die scharfe Drei-
teilung in die Boden-, Ring- und Schaftzone auf. Unter diesem ist die Schaftzone in der Temperatur am niedrigsten. Sehr wichtig ist der außerordentlich
starke Temperaturabfall in der Bodenzone, der sich noch auf die gesamte
Ringzone erstreckt, ein Zeichen, welch großer Anteil der Wärmeabfuhr den
Kolbenringen und davon wieder den oberen zufällt.

Wärmeleitfähigkeit

1. Grauguß hat eine Wärmeleitfähigkeit von 0,11—0,13 cal/cm/sec ° C. Veränderungen nach oben durch Hinzulegieren anderer Bestandteile waren bisher nicht möglich.

2. Die gebräuchlichsten Leichtmetall-Legierungen liegen zwischen 0,28—0,34 cal/cm/sec ° C. Der Höchstwert ist also von 0,51 cal/cm/sec ° C für Reinaluminium zwar noch weit entfernt, aber doch ein Mehrfaches höher als der der Eisenwerkstoffe.

3. Unter den Leichtmetallegierungen liegt die Al-Cu-Gruppe über 0,30 cal/cm/sec ° C, die Al-Si-Gruppe meist unter 0,30 cal/cm/sec ° C, mit Ausnahme der Legierungen KS 1275, Mahle 124 und Nüral 132, deren Leitzahl 0,33 bis 0,34 cal/cm/sec ° C beträgt.

4. Leichtmetalle im unvergüteten Zustand leiten etwa um 0,02—0,03 cal/cm/sec Grad C besser als im vergüteten.

5. Leichtmetalle im gepreßten Zustand leiten in Faserrichtung um 5 bis 10% besser als im gegossenen.

Schmelzbereich

Alle Leichtmetalle schmelzen in dem Bereich von rund 600° C, ihr unterer Schmelzpunkt liegt tiefer, bis zu 537°. Da sie unterhalb dieses Gebietes bereits breiig und plastisch sind, ist die normal zulässige obere Grenze ihres Verwendungsbereiches 300 bis 400°C. Für Gebrauchsmotore kann man mit 320 bis 350° C maximale örtliche Kolbentemperatur rechnen, für Flugmotoren bei 500 stündiger Überholung mit 400° C.

Grauguß liegt mit einem Schmelzbereich von 1145 bis 1400° C wesentlich höher. Aber auch hier ist die Anwendung begrenzt, und zwar durch beginnende Rotglut mit etwa 500 bis 600°. Einen gewissen Schutz gegen thermische Überlastung der Oberfläche bietet eine durch elektrische Oxydation auf Aluminium aufgebrachte 0,01 mm dünne Oxydschicht, deren Schmelzpunkt mit etwa 2000° C wesentlich höher liegt als der von Aluminium und Eisen (näheres siehe Seite 71).

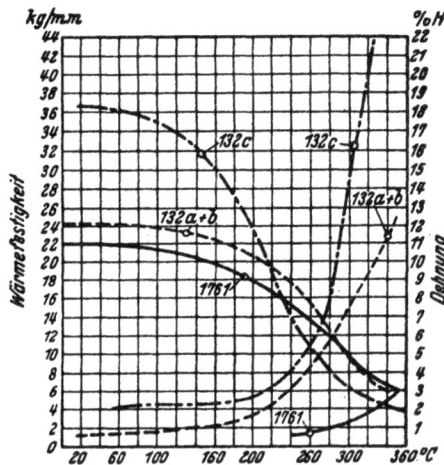

Bild 30. Warmfestigkeit und Dehnung 1939 gebräuchlicher Kolbenwerkstoffe. Nüral 132a u. b, Nüral 132c, Nüral 1761.

Warmfestigkeit

Die Warmfestigkeit von Kolbenlegierungen läßt sich nicht ohne weiteres mit anderen Aluminiumlegierungen vergleichen.

Bild 30 gibt ein Bild über das Verhalten der Al-Si 12 Nüral 132 a, b, c und der übereutektischen Legierung Nüral 1761 Al-Si 18. Man sieht daraus, daß die Warmfestigkeit bei erhöhter Temperatur, besonders über 250° C stark absinkt, während die Dehnung rasch ansteigt.

Bestimmungen der Dauerwechselfestigkeit erbrachten das Ergebnis, daß die Werte mit steigender Erwärmung verhältnismäßig weniger abfallen als die statische Zerreißfestigkeit.

Warmhärte

Zur Bewertung des unterhalb der Schmelzzone liegenden kritischen Zustandes dient neben der Warmfestigkeit die Warmhärte. Da Versuche über Warmhärte wesentlich einfacher durchzuführen sind als über Warmfestigkeit, findet man sie in der Praxis öfter. In der Literatur und in der Werbung der Herstellerwerke im In- und Ausland sind aber leider manche irreführenden Angaben enthalten,

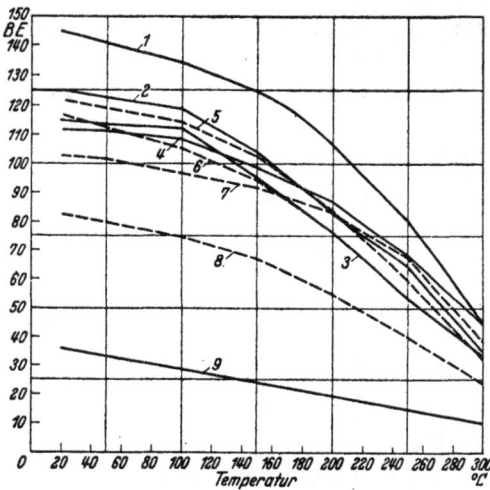

Bild 31. Die Warmhärte von Al-Cu und Al-Si-Legierungen.

Al-Cu-Legierungen:	Al-Si-Legierungen:
1 = Bonalite	5 = K 428
2 = KS rot	6 = Titanol
3 = Neonalium	7 = KS 280
4 = Lynite	8 = Alusil
9 = Reinaluminium	

Nach Diss. Dr. Koch, Aachen, 1931.

1. weil sie nicht im stationären Gebiet und bei zu kurzer Erwärmung gemessen sind,
2. weil der Vergütungszustand nicht beachtet oder absichtlich hochgetrieben wurde.
3. weil Nachhärten stattfindet.

Wenn man Leichtmetallprobekörper erwärmt und wieder erkalten läßt, erneut erwärmt usw., dann ergibt sich zwischendurch immer ein Härteverlust, also ein langsames Herunterschaukeln bis zum Totglühen. Es ist deshalb nötig, Zustände zu wählen, die den tatsächlichen Verhältnissen am Kolben im Betriebszustand nahekommen. Es ergibt sich dann keine Linie, sondern ein Bereich der praktisch vorhandenen Härtewerte, sodann ein weiterer Bereich der nach dem jeweiligen Erkalten zurückgewonnenen Werte, der sogenannten „recovery values". Die Warmhärte beträgt etwa:

bei 150° = 70—110 BE   bei 250° = 40—70 BE.

Gußeisen liegt wesentlich höher. Bei Leichtmetallen sinkt die Warmhärte von 20 bis 220° C unbedeutend, Gußeisen dagegen hält die gleiche Warmhärte bis 350 bzw. 400° C. Allerdings sinken die Werte dann schnell ab.

Oberflächenbehandlung hochbeanspruchter Kolben

Die Bemühungen, die Kolbenoberfläche zu verbessern, um sie am Kolbenboden gegen die Wärmeeinwirkung der Verbrennungsgase unempfindlicher zu machen oder die Gleiteigenschaften des Schaftes zu verbessern, interessieren hier besonders.

Das Eloxieren der Kolben war lange Zeit umstritten. Eingehende Versuche haben aber gezeigt, daß die Bildung dieser sehr harten Aluminiumoxydschicht am Kolbenschaft wenig Vorteil bringt, da sie zu erhöhtem Zylinderverschleiß führt. Auch sind einmal eingetretene Freßriefen weit gefährlicher als bei nichteloxierten Kolben. Das Eloxieren ist außerdem auch nur bei gegossenen Al-Legierungen anwendbar.

Von Bedeutung ist jedoch dieses Verfahren bei Kolbenböden von Flugmotoren. Die harte Eloxalschicht mit ihrem Schmelzpunkt von 2000° bietet hier einen Schutz gegenüber der geringen Warmhärte von Al-Legierungen. So wird zum Beispiel die Bildung punktförmig angebrannter Nester, die durch absprühende Kerzenelektroden entstehen können, vermieden. Jedenfalls hat sich der eloxierte Kolbenboden im Verein mit graphitiertem Kolbenschaft beim Flugmotor bereits bewährt.

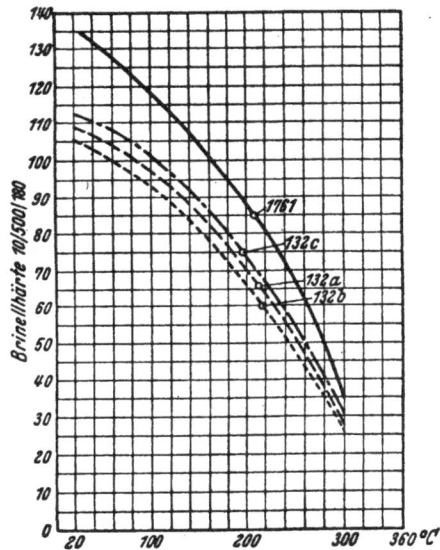

Bild 32. Warmhärte von Nüral 132a u. b, Nüral 132c, Nüral 1761. 1939.

Verzinnen der Schaftflächen

Technologisch am naheliegendsten ist ein Verzinnen der Gleitflächen, da man Zinn als vorzügliches Lagermetall mit besten Gleit- und Verschleißeigenschaften kennt. Wichtig für die Gleitfläche ist es ja, ihr sogenannte Notlaufeigenschaften zu geben, d. h. ihre Oberfläche so auszustatten, daß auch bei eintretendem Ölmangel oder bei Neigung zum Fressen die Oberschicht sich so verlagern kann, daß sie sich in sich selbst glättet, also eine entstehende Riefe wieder schließt, statt diese durch losgelöste Metallteilchen weiter aufzureißen. Derartige Notlaufeigenschaften können aber nur Metalle mit einiger Plastizität haben und nicht Oxydschichten, die in ihrer Härte nahe am Diamant liegen.

Das Verzinnen wurde daher mit Erfolg bei Graugußkolben in amerikanischen Wagen angewandt, neuerdings auch bei Leichtmetallkolben.

Verzinnt, auch Stannieren genannt, wird im allgemeinen galvanisch. Lästig ist, daß die Stannalbäder bei 80° C arbeiten.

Kolbenlaufflächen nach dem Stannalverfahren.

Bei Dauerhöchstlast besteht geringere Freßneigung. So zeigten Fahrversuche auf der Autobahn mit völlig neu eingebautem, nicht eingelaufenem Motor folgende Unterschiede: die Höchstgeschwindigkeit ertrugen unbehandelte Kolben nach kurzem Warmlaufen rund 7 km, eloxierte rund 18 km; verzinnte Kolben zeigten nach 25 km noch keine Anfressung, lediglich schwache Schraffierungen der Lauffläche.

Chemisch erzeugte Oxydschichten.

Statt die Oxydschicht elektrisch durch ein entsprechendes Bad zu erzeugen, kann sie auch chemisch hergestellt werden. Die chemische Methode ermöglicht eine weichere und auch dünnere Oxydhaut, die natürlich aufgerauht ist und daher eine gute Ölhalte-Fähigkeit besitzt. Jedoch auch diese Schicht bringt, sobald sie an einer Stelle überbeansprucht wird, scharfe Freßriefen, so daß sich auch chemisch erzeugte Oxydschichten nicht einführen konnten.

Kadmieren wirkt ähnlich wie Verzinnen, wurde aber bis jetzt nur bei einigen amerikanischen Motoren angewendet.

Im gleichen Sinne wirkt das Verbleien der Oberfläche.

Das Blei wird galvanisch oder nach dem Ansiedeverfahren aufgetragen. Als Elektrolyt werden in beiden Fällen Bleisilicofluoride verwendet; es ist etwa 1 g notwendig, um den Kolben eines mittleren Fahrzeugmotors mit einer wirksamen Schutzschicht zu überziehen. Es sei darauf hingewiesen, daß derartig dünne Schutzschichten aus einem weichen Metall im Betrieb allmählich abgetragen werden. Für die Zeit ihrer Wirkung gilt dasselbe wie für die Wirkung von Schutzschichten an Kolbenringen, d. h. über die Zeit ihres Vorhandenseins hinaus, da sie auch auf die Gegenfläche schonend wirken.

Das Graphitierungsverfahren

Feinster sogenannter kolloidaler Graphit (siehe über Graphitschmierung Seite 264) wird mit einem besonderem Bindemittel aus Kunstharz auf den Leichtmetallkolben aufgetragen. Leider muß die Graphitschicht bis zu 0,1 mm stark sein, sodaß das Verfahren bei Fahrzeugmotoren nicht angewendet werden kann, da man grundsätzlich die Dicke der Schutzschicht in das Kolbenspiel einbeziehen muß. Der Vorzug einer Graphitschicht ist ihre beachtliche Temperaturbeständigkeit, und ihre Affinität zum Schmieröl, sowie ihre eigene Schmierfähigkeit im Notlauffalle.

Anstriche der Kolbenoberfläche

Als Grundmasse der Anstriche werden Wasserglas oder Kunstharzlösungen verwendet, denen verschiedene Stoffe beigemischt werden, die den Zweck haben, den Überzug porös und ölaufnahmefähig zu machen oder ihm selbstschmierende Eigenschaften zu verleihen. In einzelnen Fällen werden dem Überzug auch verschleißfördernde Mittel, wie Tonmehl, feinster Schmiergelstaub und Bimsstein, beigemengt.

V. EINFLUSS DER OBERFLÄCHE AUF DEN VERSCHLEISS

Die Oberfläche metallischer Körper. Rauhigkeitsgrad bearbeiteter Oberflächen. Rauhigkeit der Motorflächen. Die Abnützung bearbeiteter Oberflächen. Der Gefügeaufbau metallischer Oberflächen. Werkstoffhärte. Die Bedeutung der Brinellhärte. Wechselwirkung zwischen Werkstoffhärte und Oberflächenbearbeitung. Einfluß der Vorbearbeitung. Tiefenwirkung der Verspanung. Zylinderbüchsenbearbeitung.

Die Oberfläche metallischer Körper

Die bisherigen Betrachtungen: Reibkräfte im Motor, Einfluß mehr oder weniger geeigneter Kolbenringe, Kolben und Zylinderbüchsen behandeln zusammenfassend motortechnische Gesichtspunkte in der Verschleißfrage.
In den nachstehenden Ausführungen ist behandelt der Einfluß der

1. Struktur, 2. Härte,

3. Oberflächenform, 4. Bearbeitung.

Die letzten Jahre brachten großes Interesse für die tatsächlich vorliegende Form einer Oberfläche. Durch die modernen Mittel der Optik, der Herstellung von Mikrobildern und -schliffen, sowie die speziellen Abtastgeräte, Schräglichtaufnahmen usw. war es möglich, die Oberfläche von metallischen Körpern weitgehendst aufzuschließen und ihre Feingestalt sichtbar zu machen. Der Ingenieur, insbesondere der Bearbeitungstechniker hat sich daran gewöhnt, die Oberfläche nicht mehr als eine geometrische Ebene zu betrachten, sondern als ein körperliches Gebilde, das mindestens die Tiefe seiner durch das Mikroskop sichtbar gemachten Rauhigkeiten hat. Dieser Betrachtungsweise der Oberfläche muß man aber noch eine zweite anschließen, und zwar die ihres kristallischen Aufbaus, dessen Tiefenwirkung noch weiter in das Material eindringt und vom Standpunkt der Verschleißfrage aus von besonderer Bedeutung ist, weil die Verschleißfestigkeit sehr davon abhängt, welche Arten von Kristallen einander benachbart sind. Es wurde bereits an anderer Stelle darauf hingewiesen, daß eine porige Oberfläche, in der harte Kristalle in weichere eingelagert sind, sich als am verschleißgünstigsten gegen Reibkräfte gezeigt hat.

Da der Verschleiß jedoch nicht nur durch Abriebkräfte entsteht, sondern auch durch Korrosionserscheinungen, und weil die Haftfähigkeit für Schmiermittel an der Oberfläche eine bedeutende Rolle spielt, ist noch eine dritte Betrachtungsweise der Oberfläche notwendig. Wir wissen, daß in den einzelnen Kristallen die Moleküle in Gittern angeordnet sind, daß die Moleküle Schwingungen unterworfen sind und von ihnen Kräfte ausgehen, die auf die Nebenmoleküle einwirken. An der äußersten Spitze einer Rauhigkeit befindet sich schließlich ein Molekül, dessen Kräfte durch seine benachbarten Moleküle im Material nicht mehr restlos abgebunden sind und das noch Kräfte in die benachbarte Sphäre der Oberfläche ausstrahlt. Diese Kräfte sind es, welche die Adhäsion bewirken, die bei weitgehend glatten Flächen (Endmaßgenauigkeit) zur Haftung zweier aneinander geführter Körper führen. Die auch die Schmierölmoleküle festhalten, und zwar mit so großer Kraft, daß es nicht gelingt, die letzte und dünnste Schicht durch Schleudern wieder zu entfernen. An der Oberfläche wird aber nicht nur Schmieröl festgehalten, sondern auch Luft und andere Gase, sowie Flüssigkeiten, die dann durch Diffusion weiter in die Oberfläche eindringen und dort chemische Veränderungen verursachen, die zur Oxydation der Oberfläche bzw. zu anderen Korrosionserscheinungen führen.

Eine reine metallische Oberfläche ist darum praktisch nicht möglich.

In der ersten Betrachtungsweise der Oberfläche kann man die Bearbeitungsrauhigkeit mit den optischen und mechanischen Mitteln, die uns für derartige Untersuchungen zur Verfügung stehen, bis zu einer Größenordnung von $0,5\,\mu$

Bild 33
Kolbenbolzen geschliffen
(Vergrößerung 360 mal)

noch eben feststellen. Die zweite Betrachtungsweise, die sich mit den Gefügekörnern und Einzelkristallen befaßt, hat es mit Größen zwischen 1 mm und 10^{-4} mm zu tun und verlangt zur Aufschließung der Feinstruktur die mikroskopische Betrachtung bei einer Vergrößerung von etwa 360 mal (siehe Bild 33). Bei der dritten Betrachtungsweise ist die Oberfläche bereits so weit aufgelöst, daß Größenordnungen unter 10^{-6} mm dem Auge sichtbar gedacht sind (das Metallgitter). Bei dieser Betrachtung läßt sich die Vorstellung einer festen Oberfläche nicht mehr aufrechthalten. Unter dieser Grenze können wir nicht mehr von Flächen im gewöhnlichen Sinne sprechen. Wir haben es dann unmittelbar mit Molekülen zu tun. Eine sehr übersichtliche Aufstellung über diese Größenverhältnisse ist dem Buche von Schmaltz „Oberflächentechnik" entnommen und in der Tabelle Seite 75 wiedergegeben.

Bleiben wir nun vorerst bei der Oberflächenform, wie sie sich durch die Bearbeitung dem unbewaffneten Auge darbietet.

Rauhigkeitsgrad von bearbeiteten Flächen

Geschrubbte Flächen, bei denen die Riefen deutlich sichtbar und fühlbar sind, haben eine Rauhigkeitstiefe von 0,2 bis 2 mm.

Geschlichtete Flächen haben mit bloßem Auge erkennbare Bearbeitungsriefen von 0,05 bis 0,2 mm.

Bei mit Schneidstahl fein geschlichteten Flächen sind die Riefen nicht mehr mit bloßem Auge erkennbar und haben eine Rauhigkeitstiefe von 10 bis $5\,\mu$. Feingeschliffene Flächen haben gleichfalls Riefen von etwa 10 bis $5\,\mu$.

	Bezeichnung der Größen	Größenordnung 1 10⁻¹ 10⁻² 10⁻³ 10⁻⁴ 10⁻⁵ 10⁻⁶ 10⁻⁷ 10⁻⁸ mm
Rauhigkeiten bearbeiteter Maschinenteile (Abstand der höchsten und tiefsten Punkte. Mittelwerte verschiedener Proben)	Geschruppte Flächen	
	Geschlichtete Flächen	
	Feingeschlichtete Flächen	
	Feinstgedrehte und feinstgebohrte Flächen	
	Geläppte und polierte Flächen	
	Allerbeste polierte Flächen	
Toleranzen im Isa-System	Toleranz einer Welle 0...50 mm ⌀ nach I.T. 1	
	Toleranz einer Welle 0...50 mm ⌀ nach I.T. 5 (Edelwelle)	
	Toleranz einer Welle 0...50 mm ⌀ nach I.T. 11 (Grobwelle)	
	Toleranz einer Welle 0...50 mm ⌀ nach I.T. 15	
Arbeitsgenauigkeit von Werkzeugmaschinen (makrogeometrisch)	Arbeitsgenauigkeit neuer Werkzeugmaschinen gewöhnlicher Güte	
	Arbeitsgenauigkeit neuer Werkzeugmaschinen höchster Güte	
Grenzschichten metallischer Oberflächen	Dicke der Schmierschicht in gewöhnlichen Lagern	
	Dicke der Schmierschicht an Arbeitsspindellagern gewöhnlicher Werkzeugmaschinen	
	Dicke der Schmierschicht an Arbeitsspindeln von Maschinen zur Feinstbearbeitung	
	Dicke einer Fettschicht auf polierten Stahlflächen nach gewöhnlicher Reinigung	
	Mittlere Dicke der Ansprengschicht von Endmaßen nach sorgfältiger Reinigung	
	Dicke der adsorbierten Gas-, Flüssigkeits- oder Fettschichten auf polierten Flächen, durch Reinigung nicht mehr entfernbar	
	Dicke einer farbigen (roten) Oxydschicht (Anlaßfarbe) auf Metall	
Aufbauelemente der Werkstoffe	Größe von Gefügekörnern und Einzelkristallen im technischen Eisen	
	Länge eines Fettsäuremoleküls	
	Abstände der Atome im Kristallgitter	
	Durchmesser der Kugelschale von Atomen	
	Schwingungsweite von Atomen im Kristallgitter bei gewöhnlicher Temperatur	
Sonstige Körper zum Vergleich	Dicke eines menschlichen Haares	
	Durchmesser eines roten Blutkörperchens	
	Dicke von Quarz- oder Karborundumkörnern, die im Wasser nicht mehr zu Boden sinken	
	Teilchengröße in einer kolloidalen Goldlösung	
Sonstige Längen zum Vergleich	Wärmeausdehnung eines Eisenkörpers von 10 mm bei 1° Temperaturänderung	
	Verlängerung eines Stabes aus St. 37,12 von 100 mm Länge bei einer Zugspannung von 500 kg/cm⁻²	
	Freie Weglänge von Gasmolekülen bei mittlerer Temperatur	
	Mittlere Wellenlänge des ultraroten Lichtes	
	Mittlere Wellenlänge des sichtbaren Lichtes	
	Mittlere Wellenlänge des ultravioletten Lichtes	
	Mittlere Wellenlänge des Röntgenlichtes	
		Grenze d. mikroskopisch darstellbaren Gestalten
		Grenze d. ultramikroskopisch (im Dunkelfeld) wahrnehmbar zu machenden Teilchen

(Vertikale Beschriftungen im Diagramm: *Grenze des mikroskopischen Gebietes*, *ungefähre Grenze des ultramikroskopischen Gebietes*)

1 10⁻¹ 10⁻² 10⁻³ 10⁻⁴ 10⁻⁵ 10⁻⁶ 10⁻⁷ 10⁻⁸ mm
Größenordnung

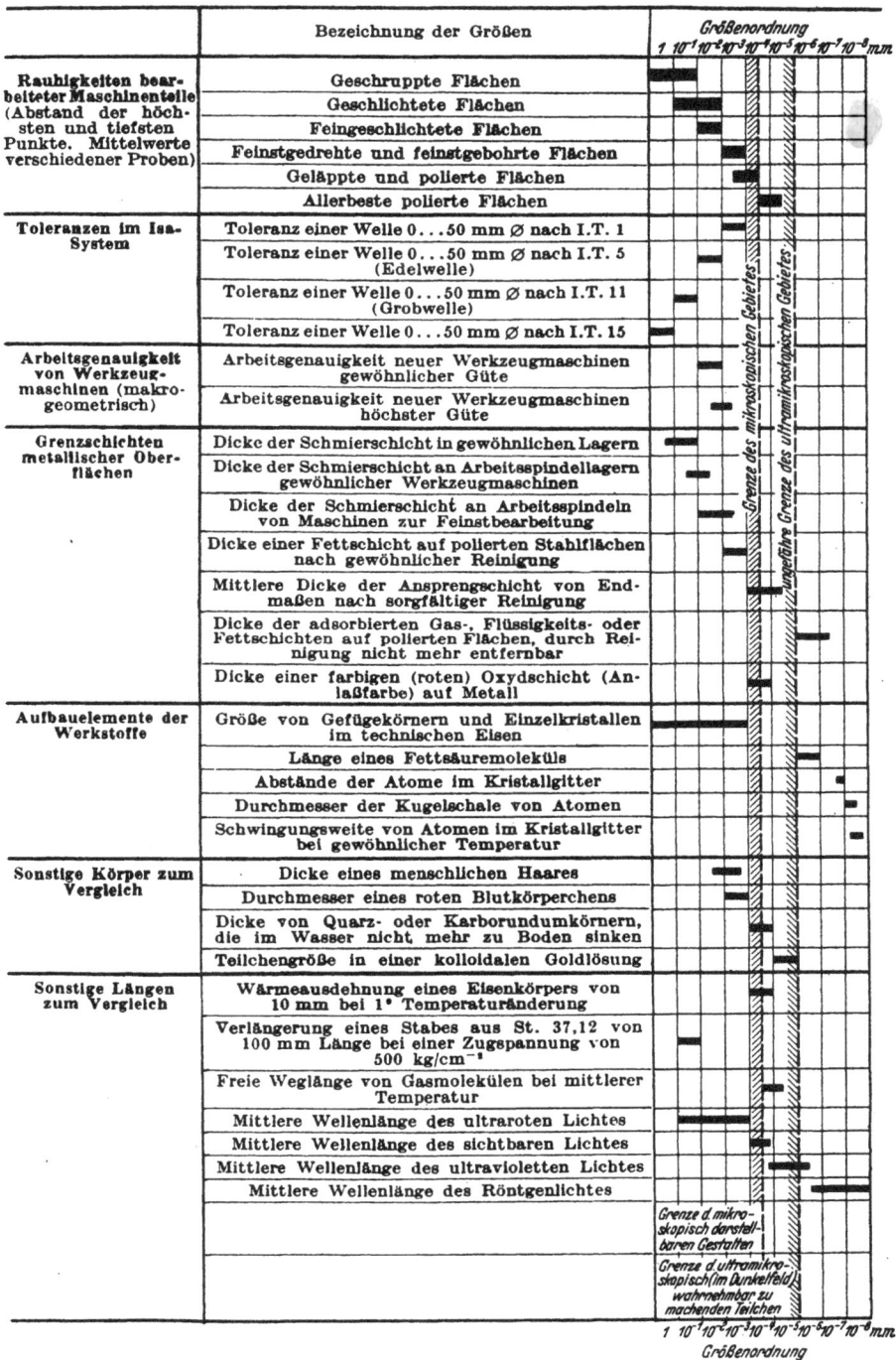

Mit freundlicher Genehmigung des Springer-Verlags entnommen dem Buch
Schmaltz, Oberflächentechnik

Feinstgeschliffene und feinstgedrehte Flächen zeigen schon ausgesprochenen Glanz (5 bis 0,5 μ).

Normal geläppte und polierte Flächen zeigen im Dunkelfeld noch wenige Schleifrisse (0,05 μ).

Höchstwertige polierte Flächen lassen auch im Dunkelfeld keine Bearbeitungsmerkmale mehr erkennen.

Rauhigkeit der Motorflächen

Bild 34 und 35 zeigen nach Messungen die Oberflächengüte von Kolben und Zylinderblöcken von Fahrzeugmotoren, die eine Rauhigkeit der Zylinderwand zwischen 1 μ und 2 μ haben. Bei größeren Motoren erhöht sich diese Rauhigkeit auf mindestens 5 μ.

Im Bilde ist besonders auffallend die große Rauhigkeit der Kolbenringnuten in

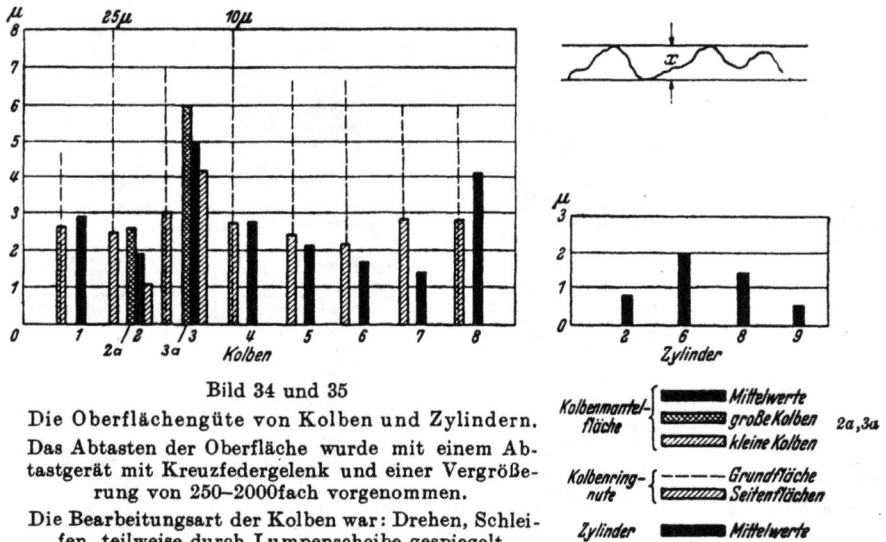

Bild 34 und 35

Die Oberflächengüte von Kolben und Zylindern.
Das Abtasten der Oberfläche wurde mit einem Abtastgerät mit Kreuzfedergelenk und einer Vergrößerung von 250–2000fach vorgenommen.
Die Bearbeitungsart der Kolben war: Drehen, Schleifen, teilweise durch Lumpenscheibe gespiegelt.
Die Bearbeitungsart der Zylinder war: Ausbohren, Honen und Läppen.
Alle Teile wurden im neuen Zustand mit dem Abtastgerät geprüft.
Nach Prof. Wallichs und C. Depireux, ATZ. Heft 1, 1936.

der Grundfläche, die auf den Verschleiß von indirekter Bedeutung ist, indem sie der Ablagerung von Schmieröl und Verbrennungsrückständen Vorschub leistet.

Im allgemeinen muß man aber sicherlich bei Fahrzeugmotoren mit einer Rauhigkeit von 2 μ rechnen, bei großen Motoren mit 5 μ. An geläppten Flächen mit einer Rauhigkeit von etwa 0,05 μ haben wir im modernen Motorenbau innerhalb der hier betrachteten Triebwerksteile die Kolbenringflanken, bei Flugmotoren auch die Kolbenbolzen und Ventilschäfte.

Die Abnützung bearbeiteter Oberflächen

Die Rauhigkeiten gleitender Flächen klinken durch den Reibungsdruck ineinander ein und werden durch die Schubkräfte gegenseitig abgetragen. Es sei
vorerst ganz außer acht gelassen, wie dies im einzelnen geschieht, welche Umstände auf diese Abtragung fördernd wirken und welche sie behindern. Ein
Blick auf Bild 33 zeigt sofort, daß auch unter den günstigsten Umständen allmählich eine Einebnung der Rauhigkeitsspitzen erfolgen muß.

Bei Zylinderbohrungen spricht man viel von der notwendigen Einlaufzeit und
legt auf diese Einebnung der Reibflächen großen Wert, da sie den mechanischen
Wirkungsgrad des Motors durch Senkung der Bewegungswiderstände verbes-

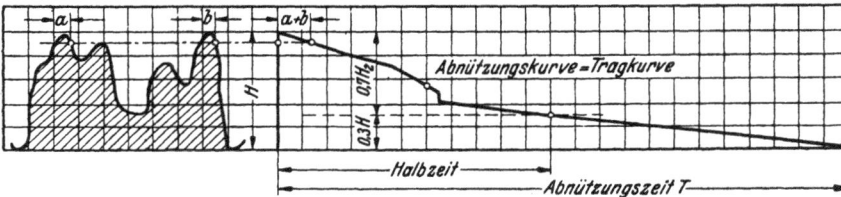

Bild 36. Theoretische Betrachtung des Einflusses der Rauhigkeit von Oberflächen
auf die Abnützung.
Die Tragkurve zeigt die fortschreitende Abnutzung mit der Zeit – bis zur völligen Einebnung
der Fläche.
Immer mehr Fläche kommt zum Tragen, die Abnützung in der Höhe H gemessen (nicht gewichtsmäßig) wird mit fortschreitender Zeit geringer.

Das Verhältnis der in der Halbzeit $\frac{T}{2}$ Profilhöhe $H_2 : H_1$ der gesamten Profilhöhe ist der Halb-
zeitfaktor K, etwa 0,7—0,75.

sert; außerdem ist es erwünscht, so schnell wie möglich eine gute Abdichtung
der Kolbenringe zu erzielen. Nachstehende theoretische Ausführungen sind daher zur Beurteilung des Einlaufvorganges von Interesse.
Wenn man eine Oberfläche quer zur Bearbeitungsrichtung schneidet, so ergibt
sich eine Profilkurve, wie sie, übertrieben gezeichnet, im Bild 36 dargestellt ist.
Durch die Abnützung wird diese Profilkurve abgetragen, und es ist klar, daß
die Abnützungsgeschwindigkeit umgekehrt proportional der jeweils tragenden
Fläche sein muß, d. h. je mehr Rauhigkeitsspitzen abgetragen sind, um so mehr
tragende Flächen kommen zur Berührung. Die Abnützung muß daher erst
rasch zunehmen und dann, wenn sie eine gewisse Grenze erreicht hat, nahezu
gleichmäßig fortschreiten.
Für die Beurteilung des Einflusses der Abnützung auf die Erhaltung einer bestimmten Passung reibender Teile ist der Verlauf der Abnützungszeitkurve von
Wichtigkeit. Die gesamte Abnützungszeit T, die notwendig ist, die Profilkurve
von ihrem äußersten Gipfelpunkt bis zu ihrem Grund abzutragen, sei in beliebigen Einheiten gemessen. In der halben Abnützungszeit wird dann nicht die
Hälfte abgetragen, sondern, wie in nachstehender Tabelle gezeigt ist, etwa
0,7 bis 0,75 der gesamten Profilhöhe. Das Verhältnis der in der gesamten Ab-

nützungszeit abgetragenen Profilhöhe zu der in der ersten Halbzeit wird in der Tabelle als „Faktor K" der Halbzeitabnützung bezeichnet. Die höchste Ab nützung ist in der Tabelle auf den Durchmesser bezogen und darum mit 2 H bezeichnet.

Theoretisch ergibt sich also die Beeinflussung einer Kolbenpassung durch das zeitliche Abtragen der Bearbeitungsrauhigkeiten bei den einzelnen Bearbeitungsverfahren nach folgender Tabelle — unter der Voraussetzung, daß die tatsächliche Abnützung nur von der Profilkurve der Bearbeitung abhängig wäre.

Abnützungsverhältnisse
bei verschiedener Bearbeitungsart und Oberflächengüte

Bearbeitungsart		Höchste Abnützung 2 H auf den Durchmesser bezogen			Geschätzter Faktor K der Halbzeit- abnutzung
Bohrung	Welle	Boh- rung	Welle	Insge- samt S	
Schlichtbohren	Schlichtdrehen	20	25	45	0,7
Bohren und 2mal Reiben	Schlichtdrehen	10	25	35	0,7
Schlichtbohren	Schleifen	20	16	36	0 6
Bohren und 2mal Reiben	Schleifen	10	16	26	0,65
Bohren und 2mal Reiben	Feinstdrehen	10	10	20	0,75
Feinstbohren mit Hartmetall	Feinstdrehen	6	10	16	0,65
Feinstbohren mit Diamant	hochwertiges Läppen	2	1	3	0,4

Der Gefügeaufbau metallischer Oberflächen

Alle Metalle werden ursprünglich durch Gießen hergestellt, wobei sie vom flüssigen in den festen Zustand übergeführt werden. Dieser Übergang vollzieht sich auf dem Wege der Kristallisation, d. h. es bilden sich im Augenblick des Erstarrens Kristallisationskerne, um die sich Kristall um Kristall nach eigenen Gesetzmäßigkeiten anordnet.

Der Eisenkristall hat an und für sich Würfelform. Da aber bei der Erstarrung eine ganze Reihe Kristallkeime entstehen, so werden die einzelnen Kristalle wohl oder übel in ihrer Entwicklung gestört, so daß die bekannten regelmäßigen Kristallformen nicht zur Ausbildung kommen. Es entstehen unregelmäßige Kristallhaufen, in denen die Kristalle in den verschiedensten Richtungen angeordnet sind; dadurch ergibt sich, daß ein und dieselbe Kristallart dem Abrieb an einer Oberfläche sowie den chemischen Einflüssen verschiedenen Widerstand entgegensetzt, denn ein Kristall ist dadurch gekennzeichnet, daß es in verschiedenen Richtungen andere Eigenschaften besitzt, zum Beispiel mehr oder weniger große Löslichkeit, Festigkeit und Spaltbarkeit (Bild 37).

Wie bereits beim Zylindermaterial besprochen, sind alle Stahl-, Guß- und Leichtmetallsorten nicht durch eine einheitliche Kristallart gebildet, sondern stellen Legierungen aus mehreren Kristallarten dar. So enthält der Zylinderguß folgende Kristallarten: Graphit, wie bekannt eine Kristallform des Kohlenstoffs, Ferrit = α-Eisen, Zementit = Fe_3C und Eisenphosphit = Fe_3P. Diese einzelnen Kristallarten können im Schliffbild durch entsprechende Ätzung hervorgehoben werden und sind dann genau zu erkennen. Am verschleißfestesten hat sich ein Grauguß gezeigt, bei dem Zementit schichtenweise mit Ferrit lamellarer Form vorkommt, ein Gefügebild, dem man den Namen Perlit gegeben hat. Einschüsse von Eisenphosphit-Eudektikum sind besonders günstig, da dieses ternäre Eudektikum Fe_3P, Fe_3C und α-Eisen in feinster Verteilung enthält und sich dadurch diese drei Kristallarten bestens ergänzen. Graphit soll nur in möglichst lamellarer Form vorkommen, da größere Graphitnester zu einem Ausbrechen der benachbarten Kristalle führen. Daher der ungünstige Einfluß auf die erreichbare Glätte der Oberfläche durch stärkere lineare Graphitdurchsetzung. Der Graphit im Gußeisen bricht aus und läßt entsprechende Vertiefungen zurück, in die das Werkzeug bei der Bearbeitung oder die Gegenspitze des gleitenden Teiles einhakt und die Rauhigkeit weiter vergrößert.

Bild 37. Festigkeitsrichtungen. Die Schraffur deutet die verschiedene Festigkeits-Richtung der in der Schliffebene liegenden Kristalle an.

Durch die Kenntnis des Gefügeaufbaues der Oberfläche kommen wir nun zu einem näheren Verständnis, was bei der Einebnung der reibenden Flächen vor sich geht.

Die durch die Bearbeitung und im selben Sinne auch durch den Reibvorgang rein gefügemäßigen Veränderungen an der Oberfläche werden wir uns auf dreierlei Art vorstellen können:

1. Einbettung harter Gefügebestandteile in weiche.
   Analoger Bearbeitungsvorgang: Walzen, Läppen.

2. Losreißen von Rauhigkeitsspitzen.
   Analoger Bearbeitungsvorgang: Verspanen.

3. Durchscheren einzelner Kristalle in den Gleitflächen des Kristallgitters.
   Analoger Bearbeitungsvorgang: Abscheren.

Von diesen drei Vorgängen wirken 1 und 3 im Sinne einer endgültigen Glättung der Fläche.

Der Vorgang unter 2 muß aber immer neue Rauhigkeit gestalten, da er immer neue Vertiefungen erzeugt und eine endgültige Glättung nicht entstehen läßt.

Während sich harte und weiche Gefügebestandteile im Sinne der Vorgänge 1 und 3 gewissermaßen ergänzen, solange die weichen Stellen nicht zu sehr überwiegen (Ferritnester), sind Gefügebestandteile, die im Sinne 2 auflockernd wirken, für die Ausbildung der Oberfläche jedenfalls schädlich

Damit wird auch klar, daß die sogenannten Laufeigenschaften eines Materials mit dem Gefügeaufbau innig zusammenhängen. Werden größere harte Kristalle oder Körner durch die übrigen Gefügebestandteile nicht genügend festgehalten, so brechen sie aus, kommen in die Reibfläche und reißen dort die bekannten Riefen ein. Bei zu „schmierigem" Material werden durch Verschiebungen im Gefüge Aufstauungen erzeugt, die sich dann durch den erhöhten örtlichen Reibdruck oft bis zum Schmelzen erhitzen, an verschobener Stelle sich anschweißen und so einen für die vorliegende Passung untragbaren Berg bilden, der sich in das Gegenstück eingräbt. Das gefürchtete „Fressen" gleitender Teile ist damit eingetreten.

Kehrt man von der Betrachtung des Gefügebaues zurück zu unserer ersten Betrachtung, in der sich die Gleitfläche als ganzes darstellt, wie sie dem unbewaffneten Auge vorliegt, so haben wir es mit einer Materialeigenschaft zu tun, die gleichfalls für die Laufeigenschaften und den Verschleiß von großer Bedeutung ist: die Werkstoffhärte. Ein Kugeleindruck oder die Diamantspitze wird uns an verschiedenen Stellen der Oberfläche den gleichen Eindruck zeigen, da die Größendimensionen der Gefügebestandteile im allgemeinen so klein sind, daß der Eindruck einen guten Durchschnittswert der ganzen Kristallschmelze gibt. Eine Kritik der Brinellhärte für Kolbenwerkstoffe folgt weiter unten.

Werkstoffhärte

Es ist üblich, die Brinellhärte der Zylinderlaufbüchsen mit den Kolbenringen in der Weise abzustimmen, daß man für die Laufbüchsen z. B. 230 BE wählt

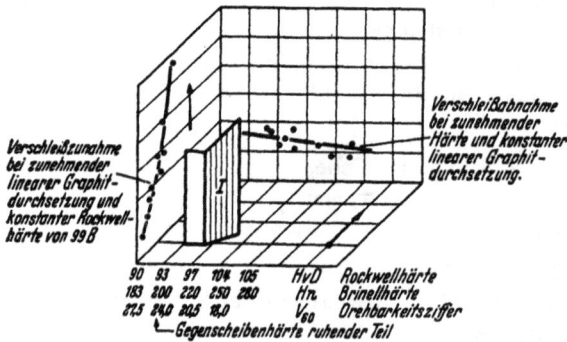

Bild 38. Beziehungen zwischen Härte, linearer Graphitdurchsetzung und Verschleiß. Senkrechter Pfeil ↑ bedeutet die Gleitstückabnutzung in mg auf der U_1 Maschine. Waagerechter Pfeil → bedeutet die lineare Graphitdurchsetzung Li/Gr/m/m.
Unter Li/Gr/m/m ist verstanden die Summe sämtlicher Graphit-Einschüsse pro m/m Länge eines Hilfsnetzes dividiert durch die angewandte Vergrößerung.
Unter Drehbarkeitsziffer V_{60} = die Schnittgeschwindigkeit in m/min, bei der der Drehmeißel unter angegebenen Bedingungen 60 Min. Standzeit besitzt.
I unlegierte Zylinderköpfe von 7–9 m/m Wandstärke.
Prof. A. Wallichs und Dipl.-Ing. Joh. Gregor, Aachen. Gießerei-Ztg. 1933.

und für die Kolbenringe 200 BE.

Dabei ist berücksichtigt, daß sich auf der Brinellpresse bei dem verhältnismäßig dichteren Kolbenringguß relativ höhere Brinellhärtezahlen ergeben als bei den Zylinderlaufbüchsen.

Die naheliegende Ansicht, daß ein sehr weicher Ring die Büchse am meisten schont, trifft nicht zu. Diese Ringe haben sich im Gegenteil als gefährlich auch für die besten Büchsen erwiesen. Man sieht daraus, daß die Gesetze des Abschleifens von hartem Stahl mit weicheren Scheiben auch für die Abnützung gelten.

Betrachtet man den Zylinderblock allein, so gilt allerdings, daß der härtere Block sich weniger abnützt.

Je hochwertiger und entwickelter ein Grauguß ist, um so empfindlicher reagiert er bei gleitender Beanspruchung auf den Härteunterschied zwischen ruhendem und festem Teil.

Nach Prof. Wallichs besteht bei legiertem und unlegiertem Zylindergußeisen zwischen Härte und Verschleißeigenschaften keine einfache Beziehung. Von wesentlichem Einfluß erscheint auch hier die Gefügebildung des Gusses. Zur Klärung der Frage wurde von Prof. Wallichs der Zusammenhang zwischen der linearen Graphitdurchsetzung, der Härte und dem Verschleiß untersucht und in einem Raumdiagramm (Bild 38) dargestellt.

Die Kurve an der linken Projektionsfläche im Bild 38 zeigt, daß die Abnützung mit der linearen Graphitdurchsetzung bei konstanter Rockwellhärte sehr rasch steigt.

Im Vergleich dazu zeigt die Kurve an der rückwärtigen Projektionsfläche ein verhältnismäßig viel geringeres Abnehmen der Abnützung

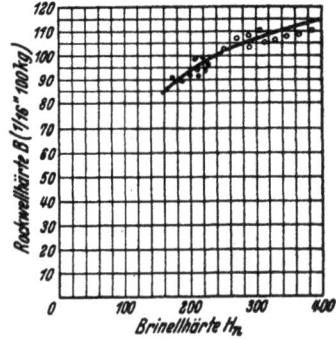

Bild 39. Umrechnungskurve von Brinellhärte Hn und Rockwellhärte B ($^1/_{16}$″ 100 kg) für Zylinderlaufbüchsenmaterial.

Die eingezeichneten Meßpunkte zeigen die Lage der Härtewerte angelieferter Zylindergußeisenproben.

• unlegiertes Gußeisen (unter 0,6% Ni und Cu)
○ legiertes Gußeisen (über 0,6% Ni und Cu)

H. Wallichs und H. Schallbroch, Maschinenbau H. 10 (1931)

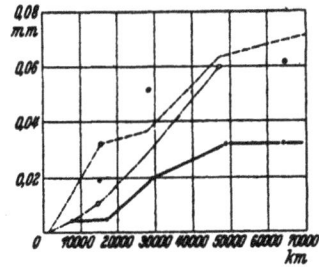

Abb. 40. Verschleißversuche mit verschiedenen Büchsen-Material. Die Versuche wurden unter Vollast mit ortsfestem Leylandmotor mit trockenen Laufbüchsen gefahren.

Versuchsdauer 40×10^6 Umdreh. = 16100 km.

Der Nitriergrauguß zeigt nach bestimmter Laufzeit nur noch wenig Abnutzung. Eine Beziehung zwischen Brinellhärte und Abnutzung besteht nicht.

Versuche von Sheepbridge Stockes Centrif. Casting Co. Engeneer Bd. 156/1933/S. 337.

Analysen-Daten des Büchsen-Material

	C	Si	Mn	P	S	C$_r$
Grauguß	3,32	2,11	0,88	0,69	0,07	—
Chromguß	3,40	2,31	0,72	0,65	0,06	0,45
Nitr. Grauguß	2,65	2,58	0,61	—	—	1,69

Festigkeits-Daten des Büchsen-Materials

	E kg m/m²	Z kg mm²	Hn kg m/m²
Grauguß	11900	32,5	238
Chromguß	12000	33,8	260
Nitr. Grauguß	16200	45,8	1050

Abnutzung in gefahrenen Kilometern je 0,01 m/m Abnützung

Grauguß 8000 km	Chromguß 8200 km	Nitr. Guß 15000 km

mit steigender Rockwellhärte bzw. bei größerem Härteunterschied zwischen
Scheibe und Probe. Als Scheibe diente bei den Versuchen ein Grauguß von
92 Rockwellhärte. (Wegen der Beziehungen zwischen Rockwellhärte und
Brinellhärte für Zylinderlaufbüchsen siehe Bild 39.)
Die zu erwartende Abnützung kann also nur beurteilt werden, wenn man zur
Härte auch die lineare Graphitdurchsetzung kennt.
Bei der Wahl der Härte des Zylindermaterials ist auch dessen Verspanbarkeit
für die Bearbeitung zu berücksichtigen. Sie sinkt naturgemäß mit steigender
Härte.
Als Maß der Verspanbarkeit dient die Schnittgeschwindigkeit, die angewendet
werden kann, wenn vom Drehmeißel unter bestimmten Bedingungen eine
Standzeit von 60 Minuten erreicht wird.
Diese Drehbarkeitskennziffer ist im Bild 38 unter der Härteskala eingetragen.
Im Bild 40 sind die Versuche von Sheepbridge-Stock Zentrifugal Casting wie-
dergegeben.
Die Versuche, die mit verschiedenem Büchsenmaterial im laufenden Motor
durchgeführt wurden, geben ebenfalls keine direkte Beziehung zur Brinellhärte
Hn der Laufbüchse.

Die Bedeutung der Brinellhärte
(Nach Koch, Dissertation 1931)

Die Brinellhärte war jahrelang nicht ohne Berechtigung der fast ausschließliche Beurteilungsfaktor der Kolbenwerkstoffe. Dabei war die Überlegung ausschlaggebend, daß für gleitende Reibung eine Fläche um so unempfindlicher ist,
je härter sie ist. Die Feststellung jedoch, daß auch Werkstoffe mit geringer
Brinellhärte sehr hohen Verschleißwiderstand haben können, daß es ferner
sogar Werkstoffe gibt, die sich trotz hoher Brinellhärte schnell abnutzen, zeigte,
daß ihre ausschließliche Anwendung trügerisch ist.
Dies wird dadurch verständlich, daß die Brinellhärte ebenso wie auch die Rockwellhärte schließlich nur die Ausdrucksform eines Werkstoffes gegenüber dem
Eindringen einer gehärteten Stahlkugel oder einer Diamantspitze ist, wobei die
Belastung der Kugel oder Spitze so gewählt ist, daß örtlich bleibende Formänderungen hinterlassen werden. Der Widerstand, den der Werkstoff hier zeigt,
ist nicht nur abhängig von der Härte der einzelnen Kristalle, die in ihrer Ge-
samtheit den Werkstoff darstellen, sondern auch vom Gefügebau. Mehrere
Beispiele mögen das praktisch erläutern:

a) **Die Grundkristalle können sehr hart sein, das Gefüge aber
locker,** z. B. Grauguß, der im Gefüge viel Graphit- und Gaseinschlüsse enthält. Die Kugel preßt die Kristalle zunächst in diese Hohlräume hinein, bevor sie auf den eigentlichen Widerstand der Grundmasse stößt. Die Brinellpresse zeigt also relativ niedrige Werte an.

b) **Ein dichteres Gefüge mit wenig Graphit und viel gebundenem
Kohlenstoff** setzt der Kugel von vornherein starken Widerstand ent-

gegen und ergibt hohe Brinellwerte, ohne daß damit gesagt ist, daß die eigentliche Grundmasse härter ist als oben, z. B. Elektroofenguß, wie er teilweise für Einzelgußkolbenringe verwendet wird.

c) Die Aluminium-Silizium-Leichtmetallkolbenlegierung Alusil, die stark übereutektisch mit sehr harten Si-Kristallen angehäuft ist, zeigt trotzdem relativ niedrige Brinellzahlen, weil sich unter dem Kugeleindruck die Si-Kristalle in die weiche Grundmasse hineindrücken, ohne selbst überhaupt zu einem merklichen Widerstand zu kommen. Die Legierung hat trotz der niedrigen Brinellhärte von etwa 80 einen ungewöhnlich hohen Verschleißwert, höher als vergütetes Aluminium-Kupfer mit 125 bis 160 Hn.

d) Ähnlich verhält es sich auch mit verschiedenen Magnesium- (Elektron-) Legierungen. Die allerweichste Legierung CMSi zeigt trotz ihrer geringen Brinellhärte von etwa 50 einen noch ganz bedeutenden Verschleißwiderstand, der erst dann schlecht wird, wenn mangelhafte Schmierung oder Überlastung die Temperatur der Gleitflächen so steigert, daß der Werkstoff seine Streckgrenze überschreitet und sich im Fließzustand befindet.

Warmhärte der Kolbenbaumaterialien. (Siehe auch Bild 22 und 23.) Der Verlauf der Brinellhärte, bei steigender Temperatur betrachtet, ist ein ziemlich genaues Abbild des Festigkeitsverlaufs. Sie zeigt zwar nicht die absolute Höhe der Festigkeit, wohl aber ihren ungefähren Verlauf, d. h. man kann die Festigkeit mit genügender Genauigkeit mit einem zweiten Maßstab neben die Brinellkurve eintragen. Man erkennt dann die Art des Abfalls und insbesondere Knickpunkte und kann daraus feststellen, bis zu welcher Temperatur ein Werkstoff noch brauchbar erscheint. Die Brinellmessungen sind bei steigender Temperatur praktisch wesentlich einfacher als Zerreißversuche. Soweit exakte Zahlen für die Festigkeiten bei höheren Temperaturen vorlagen, bestätigte sich der geschilderte Zusammenhang durch Vergleich mit der Neigung der jeweiligen Brinellkurve.

Innerhalb bestimmter Werkstoffgruppen, deren Gefügeaufbau sich ähnelt, ist sie ein guter Anhaltspunkt für den Verschleißwiderstand.

Wechselwirkung zwischen Werkstoffhärte und Oberflächenbearbeitung

Weiche Gußeisensorten von 180 BE haben den Vorteil, daß die Unebenheiten der Oberfläche durch den arbeitenden Teil glattgedrückt werden und auf diese Weise auf natürlichem Wege eine spiegelglatte Oberfläche erzeugt wird.

Anders sind die Verhältnisse bei härterem Werkstoff mit etwa 230 BE. Hier werden die Unebenheiten der Oberfläche nicht in dem Maße plastisch eingeebnet wie bei den Sorten Brinellhärte 180, sondern die Kristalle werden aus der Grundmasse herausgerissen. Deshalb muß die Oberflächenbeschaffenheit solcher Maschinenteile praktisch so vollkommen gemacht werden, daß sich keine Angriffsmöglichkeiten durch solche Unebenheiten ergeben.

Ein Versuch bestätigt diese Überlegung.

Proben geschlichtet:

Laufdauer bei Sorte 1 mit 180 BE bis zum Eintreten der Abnützung $T = 7$ min 45 sec,

Laufdauer der Sorte 2 mit 230 BE $T = 1$ min 1 sec.

Die Proben wurden nun auf der Schleifscheibe mit Körnung 000 geschliffen und der Versuch wiederholt.

Proben geschliffen:

Laufdauer der Sorte 1 mit 180 BE . . . $T = 7$ min 52 sec,
Laufdauer der Sorte 2 mit 230 BE . . . $T = 7$ min 18 sec.

Dies bedeutet, daß durch die gute Oberflächenbearbeitung die Neigung zum Verschleiß der Sorte 1 nicht mehr verbessert werden konnte, wohl aber die der Sorte 2, so daß beide Sorten jetzt gleich gut sind.

Einfluß der Bearbeitungsart der Oberfläche

Als Grundsatz gilt hier

a) daß die Bearbeitung um so sorgfältiger sein muß, je mehr Verschleißwiderstand verlangt wird.

b) Je härter die aufeinander gleitenden Materialien sind, um so feiner muß die Oberfläche sein.

Um den Grundsatz unter b) zu erklären, bedarf es nur der einfachen Vorstellung, daß einzelne harte Körperchen aus der Oberfläche herausgerissen werden und diese dann in der Masse als Schleifstaub wirken. Je feiner diese Körperchen sind, desto weniger Abrieb werden sie erzeugen.

Einfluß der Vorbearbeitung

Außer der Fertigbearbeitung ist die vorhergehende Bearbeitung von nicht geringem Einfluß. Es ist seit langem bekannt, daß durch spanabhebende Bearbeitung bis zu einer gewissen Tiefe unterhalb der Oberfläche des Werkstücks Spannungen erzeugt werden. Daß dies grundsätzlich so sein muß, ergibt sich einerseits aus der Tatsache, daß die Spanabhebung selbst eine plastische Verformung darstellt, welche naturgemäß nicht unmittelbar an der neu entstehenden Oberfläche haltmacht. Außerdem wird das Gefüge bei Körpern, die eine mechanische Bearbeitung, sei es eine spanabhebende oder eine spanlose, durchgemacht haben bis zu einer gewissen Tiefe gestört und von den tieferen Schichten deutlich verschieden.

Tiefenwirkung der Verspanung

Bei der zerspanenden Verformung reicht die innere Grenzschicht, bis zu welcher diese Veränderungen auftreten, etwa um den Betrag der früheren Spanstärke in die Tiefe des Werkstoffes hinab. Innerhalb dieser Grenzschichten finden wir deutlich Spuren von Zerstörung bzw. Zerkleinerungen, Umlagerungen der feinsten Gefügekörner in bestimmten Richtungen und schließlich Veränderungen des Kristallgitters (innere Spannungen und Gleitungen). Solche Veränderungen bleiben natürlich nicht ohne Einfluß auf die Verschleißfestigkeit und die physikalisch chemischen Eigenschaften der Körper.

Die Feinbearbeitung einer Oberfläche verlangt daher auch eine entsprechende schonende Vorbearbeitung, um ihr ein möglichst ungestörtes Materialgefüge als Unterlage zu geben.

Um eine Vorstellung der Gefügezerstörung innerhalb der Oberfläche zu geben, zeigt Bild 41 die Ausbildung der inneren Grenzschicht in reinem Eisen, welches der Brinelldruckprobe unterworfen war.

Es sei noch bemerkt, daß bei geringen Schnittgeschwindigkeiten die Verformung außerordentlich viel tiefer unter die Oberfläche geht, als bei großen.

In diesem Sinne wirkt das Feinstbohren mit Vidiastahl und das Diamantdrehen. Bei beiden Verfahren wird bei kleinstem Schnittdruck, kleinster Spanabnahme und Vorschub große Schnittgeschwindigkeit angewendet.

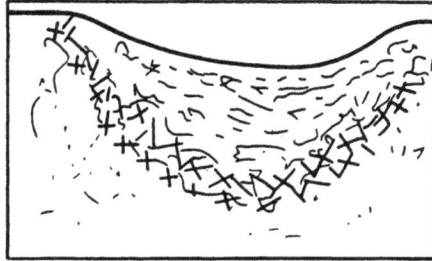

Bild 41. Ausbildung der inneren Grenzschicht im reinen Eisen, welches der Brinell-druckprobe unterworfen war.

Die Verformung durch Rekristallisation ist durch × kenntlich gemacht. Vergr. 10 mal. Technische Oberflächenkunde.

v. Schmalz

Zylinder-Büchsen-Bearbeitung

1. Walzen der Zylinderbohrungen

In Deutschland dürften die kleinsten Bohrungen, die bisher mechanisch gehont werden, 19 mm sein, die größten etwa 760 mm. Normal geht man wohl etwa bis 450 mm Bohrungsdurchmesser. Für größere Bohrungen als die letztgenannten wird das Walzen durch gehärtete Stahlrollen angewendet.

Das Walzen erzeugt wohl eine glatte Oberfläche, ist aber prinzipiell nicht hochwertig, da es keinen Werkstoff von den hohen Punkten abnimmt, sondern diese nur in die weicheren Grundmassen einbettet. Auch weicht das Werkzeug harten Gußstellen aus.

Nach leichtem Nachhonen eines glatten gewalzten Zylinders kann man leicht die Längsriefen oder das Netzwerk erkennen, das von dem Glattwalzen hinterlassen wird. Ein gewalzter Zylinder ist nie so gut wie ein gehonter.

Jedoch genügt dieses Verfahren durchaus für Zylinder so großer Durchmesser, weil das größere Kolbenspiel und die größere Breite der Kolbenringe an die Zylinderfläche geringere Anforderungen stellen.

Um die Ölhaltigkeit der Fläche zu erhöhen, wird nicht die ganze Fläche glattgewalzt, sondern man geht erst mit einem breiten Stahl durch, dessen Vorschub auf die halbe Stahlbreite eingestellt ist. Man erzeugt damit ein ganz flaches Gewinde und walzt dann dieses Gewinde in die Grundfläche ein. Es wechselt daher ringförmig ein etwa 5 bis 8 mm glatter Streifen in Achsrichtung mit einem etwas rauheren, in dem das Öl haften kann.

2. Schleifen

Schleifen wird für die Zylinderbearbeitung immer weniger angewendet.
Eine Untersuchung unter dem Mikroskop zeigt besonders bei Trockenschleifen infolge Erwärmung der Oberfläche eine dünne Schicht mit ungünstigem Aussehen. Erst durch den Arbeitsgang des Honens kann diese Schicht wieder beseitigt und die perlitische Oberfläche mit guten Laufeigenschaften freigelegt werden.
Beim Innenschliff ist außerdem erfahrungsgemäß keine absolute Zylindricität zu erzielen, wenn sich im Guß härtere und weichere Stellen befinden.

3. Feinbohrverfahren

Das Feinbohrverfahren arbeitet mit höchstzulässiger Schnittgeschwindigkeit von 100 bis 130 m/min mit einem einzigen absolut freischneidenden Werkzeug aus Hartstahl. Man will damit die Nachteile des Honens vermeiden. Es soll ohne jeglichen Anpreßdruck arbeiten, um das Gefüge der Oberfläche zu schonen. Der Anpreßdruck des Werkzeuges muß so gering sein, daß der Stahl bei nochmaligem Einführen in die Bohrung tatsächlich auch nicht mehr den geringsten Span nimmt und daß, wenn das Bohrwerkzeug beim zweiten Durchgang nur bis zur Hälfte der Zylinderbohrung arbeitet, ein meß- oder sichtbarer Unterschied zwischen der einmal oder zweimal gebohrten Zylinderhälfte nicht festzustellen ist. Die Voraussetzung für diese exakte Arbeit sind Bohrwerke höchster Präzision, um diese Art des freien und reinen Schneidens zu erreichen.
In Deutschland wird das Feinbohrverfahren mit Ausnahme von Ford als Voroperation zum Honen verwendet.

4. Mechanisches Honen

Das mechanische Honen der Zylinderbüchsen hat sich als ein billiger und schnell arbeitender Arbeitsprozeß für die Fertigbearbeitung so sehr durchgesetzt, daß es zu bekannt ist, um hier näher erörtert zu werden.
Als Nachteil in Beziehung auf die Verschleißfrage wird ihm wie allen Bearbeitungsmethoden mit Schleifsteinen nachgesagt, daß sich von den Honsteinen, welche zum weitaus größten Teil aus irgendeiner Art Korundsteinen bestehen, Schmirgelkörner bzw. Schmirgelschlamm absondert, der mit Gewalt in die durch die Vorbearbeitung aufgelockerte Struktur des Zylindergusses hineingepreßt wird und von dort nicht mehr entfernt werden kann.
Dieser Schleifschlamm trägt dann zusätzlich zum Verschleiß bei.
Bei Flug- und Fahrzeugmotoren ist man dazu übergegangen, die Flächen durch nachträgliches Polieren zu verfeinern. Zu diesem Zweck wird um die Honahle Schmirgelpapier „000" gelegt und unter reichlichem Ölzufluß die Fläche geglättet.

Hydraulisches Honen (Bild 42).

In neuester Zeit hat man die Wichtigkeit glattester Oberfläche immer mehr erkannt.

Das neueste Bearbeitungsverfahren für Zylinderbüchsen von Fahrzeugmotoren wurde in Amerika von Kirke und W. Conner entwickelt (Automobil Engineer 1938). Durch hydraulisches Honen werden Flächen erreicht, die nur mehr Rauhigkeiten einiger Zehntel μ zeigen. Die Bearbeitung ist beispielsweise folgende:

1. Bohren mit Stellit, 4 Schneidstähle

    Schnittiefe = 1,52 mm

    Rauhigkeit 38 bis 50,8 μ,

2. Halbfertigbohren mit Werkzeugstahl, 3 Schneidstähle

    Schnittiefe = 0,254 mm

    Rauhigkeit 38 μ,

3. Präzisionsbohren Einschneidstahl aus Werkzeugstahl

    Schnittiefe = 0,19 mm

    Rauhigkeit 15 μ,

4. Hydraulisches Honen

    Schnittiefe = 0,019 mm bis 0,025 mm

    Rauhigkeit 0,2 μ bis 2 μ.

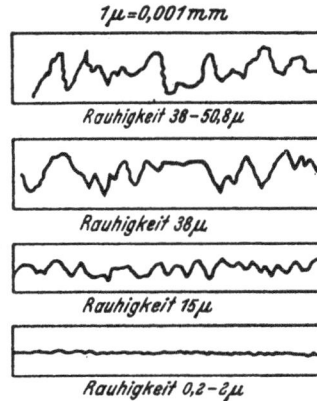

$1\mu = 0,001 mm$

Rauhigkeit 38–50,8 μ

Rauhigkeit 38 μ

Rauhigkeit 15 μ

Rauhigkeit 0,2–2 μ

Bild 42. Bearbeitung von Zylinderlaufbüchsen. Automobil-Engineer, 1938. Kirke W. Connor.

Der Vorteil des hydraulischen Honens ist der, daß bei ihm die Einstellung des Arbeitsdruckes der Honsteine hydraulisch geregelt wird und dadurch zweckmäßig reguliert werden kann. Es ist möglich, viel weichere und feinere Steine zu verwenden als beim mechanischen Honen, bei dem der Steindruck von Hand eingestellt wird.

Ein wesentlicher Vorteil des hydraulischen Honens liegt auf werkstatttechnischer Seite, da das Nachstellen der Reibahle keinen Zeitverlust bringt, so daß es sich für die Serienfabrikation allgemein einführt.

Aufrauhung der Oberfläche.

Neuerdings hat man bei den thermisch hoch beanspruchten Stahlzylindern luftgekühlter Flugmotore erkannt, daß weitgehend glatte und dichte Laufflächen schmiertechnisch nicht günstig sind. Auf diesen Laufflächen kann sich nur ein so geringes Quantum Schmieröl halten, daß es gewissermaßen plötzlich verbraucht wird und Trockenreibung eintritt. Man sucht daher durch Aufrauhen der gehonten Fläche in dieser selbst ein Ölreservoir zu schaffen, aus dem sich der tatsächlich tragende Ölfilm auf den Rauhigkeitsspitzen ergänzen kann; dadurch gelang es, die an und für sich schlechteren Laufeigenschaften der Stahlbüchse gegenüber der Gußbüchse zu verbessern.

Die Oberfläche einer Lauffläche erst weitestgehend zu glätten und dann wieder aufzurauhen, erscheint zwar sinnlos, ist es aber nicht, denn man erreicht durch die Glättung eine möglichst weitgehend geometrische Auflagefläche für die Kolbenringe. Diese einwandfreie Großfläche wird nun bewußt mit Vertiefungen versehen, die das Öl aufnehmen können. Ein gesteigerter Ölverbrauch über das absolut notwendige Maß ist dadurch nicht verursacht, da bestes Dichten der Kolbenringe gewährleistet ist. Das ölfressende Durchblasen der Gase ist also auf ein Minimum beschränkt, und das in den Vertiefungen lagernde „Reserveöl" wird in der gutgekühlten Zylinderwand festgehalten. Über künstliche Porosität von Gleitflächen siehe auch unter Kolben, Seite 72, und Kolbenringe, Seite 55.

VI. TEMPERATUREN UND ÖLFILM AN KOLBEN UND ZYLINDER

Kolbentemperaturen. Ölfilm am Kolben. Zylinderwandtemperaturen. Der Ölfilm an der Zylinderwand. Die Neubildung des Ölfilms.

Die Bedeutung, die der Temperatur im Zylinder von Explosionsmotoren zukommt, ist wohl erst in ihrer vollen Schärfe bei den modernen Hochleistungsmotoren in Erscheinung getreten.

Um einen Überblick zu geben, inwieweit die Verbrennung die Temperaturen von Kolben und Zylindern bei verschiedenen Motortypen beeinflußt, sind nachstehend Zylinderwand- und Kolbentemperaturen wiedergegeben, soweit sie veröffentlichten Messungen entnommen werden konnten.

Der Einfluß der Betriebsbedingungen auf die Kolbentemperatur ist in einer Zusammenfassung von Dr. Brecht nachstehend angeführt. In einer Tabelle ist außerdem das Verhältnis der Leistung in PS/cm² Kolbenfläche für 20 verschiedene Dieselmotorentypen aus der Nennleistung errechnet, weil das Verhältnis PS/cm² Kolbenfläche ein ungefähres Bild über die Wärmebeaufschlagung des Kolbenbodens gibt. Man sieht daraus, daß die Wärmebeaufschlagung bei diesen 20 Typen von Gebrauchsmotoren in den Grenzen von 0,080 bis 0,189 PS/cm² liegt 0,080 Ps/cm² als 100% angenommen, ergibt für den 6-Zyl.-Dieselmotor eine um 120% höhere Wärmebeaufschlagung als für den liegenden Lokomobilmotor 438. Stellt man dem nun einen modernen Flugmotor gegenüber, so ist dieser mit einer Wärmebeaufschlagung von 0,8 PS/cm² zehnmal so hoch belastet wie der Lokomobilmotor und immer noch 4,2mal so hoch wie der Fahrzeugdiesel.

Die Kolbenringtemperaturen bei diesen drei Motortypen sind etwa:

Lokomobilmotor	Fahrzeugdiesel	Flugmotor
135° C	220° C	350° C.

Stellt man dem Verhältnis der Wärmebeaufschlagung von 0,080; 0,189; 0,800 das Verhältnis der Kolbentemperaturen gegenüber, so ergibt sich daraus, daß der oberste Kolbenring des Flugmotors 60% bzw. 173% heißer ist, bei 4,2fach, bzw. 10fach höherer Wärmebeaufschlagung. Daraus ist zu erkennen, inwieweit man durch konstruktive Maßnahmen und Leichtmetallkolben imstande war, den Motor der höheren Wärmebeaufschlagung anzupassen. Wesentlich günstiger ließe sich dieses Temperaturverhältnis gestalten, wenn Flüssigkeitskühlung des Motorkolbens erreichbar wäre; dem stehen aber noch wesentliche

Schwierigkeiten infolge des Raummangels im Zylinder und der hohen Umdrehungszahlen, sowie Gewichtserhöhung gegenüber.

Für die in diesem Buche besonders ins Auge gefaßten Probleme des Verschleißes und der Schmierung ist die Kolbenringtemperatur einer der wichtigsten Faktoren, denn an den Kolbenringen wird in erster Linie das Schmieröl verändert, hier kann trockene Reibung eintreten, und hier sind die durch thermische Einflüsse entstehenden Zersetzungen des Schmieröles und der Verbrennungsprodukte am gefährlichsten.

Jedoch nicht nur hohe Temperaturen in diesem Bereich sind gefährlich; auch tiefe Temperaturen, die das Verbrennungswasser niederschlagen, führen zur Bildung von Säuren, die den Verschleiß des Zylinders außerordentlich fördern.

In Anbetracht der richtigen Schmierung und dieser Korrosionserscheinungen ist auch die Versuchsarbeit von Kurt Lohner (Bild 53) an einem luftgekühlten Zylinder von besonderem Interesse; bei ihr wurde erstmalig festgestellt, in welcher Zeit nach dem Anlassen der Motor seine normale Temperatur annimmt. Es ergab sich, daß bei diesen verhältnismäßig kleinen Zylinderabmessungen der Motor nach 8 bis 10 Minuten auf seine Normaltemperatur kommt. In diesen 8 Minuten hat man also mit Kaltlauf zu rechnen. Bei wassergekühlten Motoren wird man diese Anwärmzeit mindestens verdoppeln müssen, so daß sich eine volle Viertelstunde ergibt. Bei einem Fahrzeugmotor, der wiederholt erkaltet und wieder angelassen wird, entspricht das schon einer Strecke von 15 km, d. h. im Stadtverkehr wird der Motor nie richtig warm, und darin findet der hohe Verschleiß durch Korrosion seine Begründung.

Für die chemischen Umsetzungen im Bereich des Motorinneren gibt es unzweifelhaft kritische Temperaturen, und es wäre eine dankbare Aufgabe der Forschung, diese wenigstens unter gewählten Bedingungen festzustellen. Die Kenntnis dieser kritischen Temperaturen könnte vielleicht manchen Verschleißfall klären, der sich ganz unerwartet bei einzelnen Motoren zeigt. Meist gelingt es ja nicht, einen solchen Sonderfall willkürlich noch einmal auftreten zu lassen.

Daß es derartige Temperaturen gibt, geht schon aus der Tatsache hervor, daß für die Oxydationsvorgänge des Schmieröles eine solche kritische Temperatur bei 120° und eine zweite bei 220° bis 250° liegen kann. Aber noch viele andere chemische Umsetzungen, die an der Zylinderwand vor sich gehen müssen, sind sehr stark temperaturabhängig. Auch die Geschwindigkeit, mit der die chemischen Umsetzungen vor sich gehen — und dies dürfte im Motor eine besondere Rolle spielen —, ist von der Temperatur ganz besonders beeinflußt. Die Reaktionsgeschwindigkeit steigt zum Beispiel bei gewissen Kohlenwasserstoffen zwischen 20° und 240° um das 8800fache. Sicher ist unter anderem, daß echte Polymerisationen wegen der Langsamkeit ihrer Aktivierung nur im Ölsumpf entstehen können, andererseits aber das Vorliegen einer Ölwasseremulsion die Aktivierung sehr beschleunigt.

Sobald man Zylinderwand, Kolbenringe, Schmieröl und Gastemperaturen vom Standpunkt des Verschleißes durch Korrosion betrachtet, hat man ein noch unerschöpfliches Aufgabengebiet für den Motortechniker und Chemiker im Blickfeld, das immer mehr an Bedeutung gewinnt, je schlechter die Kraftstoffe werden.

Kolbentemperaturen

Das große Problem aller Hochleistungsmotoren ist die Wärmeabfuhr vom Kolbenboden durch das Kolbenmaterial über Kolbenschaft und Kolbenringe und Ölfilm an die Zylinderwand und von dort an das Kühlmittel. Dieser an sich sehr mangelhafte Weg der Wärme vom Kolbenboden zum Kühlmittel ist einer der schwächsten Punkte des Tauchkolbenmotors und führt zu einer Leistungsgrenze, die nicht mehr überschritten werden kann. Die ständig steigenden Literleistungen veranlaßten darum ein immer weiter entwickeltes Studium der Temperaturverhältnisse der Kolben. Aus den sehr eingehenden Versuchen von Dr. Brecht („Kolbentemperaturen in Ottomotoren", Verlag R. Oldenbourg, München 1940) an einem Hirth-Einzylinderversuchs-Flugmotor und teilweiser stationärer Beaufschlagung von Kolben im Kalorimeter ergibt sich zusammenfassend folgendes:

1. Die Kolbentemperaturen steigen langsamer als die Wärmebeaufschlagung.

2. Mit zunehmendem Ladegewicht steigen die Temperaturen im Brennraum, Zylinderkopf und Kolbenbodenmitte etwa im gleichen Verhältnis, die Schaft- und Büchsentemperaturen langsamer.

3. Aufladung bringt weitere Erhöhung der Bodentemperatur und starkes Aufheizen des Ringabschnittes durch steigenden Gasdurchlaß.

4. Über einem großen Gemischbereich bleiben die Motortemperaturen konstant.

5. Durch Zusätze von hoher Verdampfungswärme zum Brennstoff kann eine Senkung der Temperatur erreicht werden.

6. Frühzündung wirkt steigernd (bei sinkender Auspufftemperatur).

7. Mit steigender Drehzahl nehmen die Brennraumtemperaturen zu.

8. Ein Einfluß der Verdichtung ist nicht festzustellen.

9. Mit abnehmender Baugröße geometrisch ähnlich gebauter Zylinder nehmen die Kolbentemperaturen bis zum Grenzwert von 60 mm Zylinderdurchmesser ab.

10. Bei fast gleichbleibender Randtemperatur bleiben dicke Kolbenböden kühler als dünne.

11. Rippen auf der Innenseite des Kolbens in der üblichen Bauart bleiben ohne Einfluß.

12. Kolbenböden aus einem Werkstoff geringerer Wärmeleitfähigkeit werden heißer, Graugußkolben also heißer als Leichtmetallkolben.

13. Dünne Oberflächenschutzschichten können zu einer merklichen Abschirmung und Entlastung des Kolbens beitragen.

14. In einem verbundgegossenen Kolben (Kolbenmitte Legierung *Y*, Rand Legierung EC 124) wurde in der Gußnaht kein Wärmestau festgestellt.

15. Die Kolbentemperaturen sind durch Änderung der Ringzahl, Ringbreite und Ringmaterial im Rahmen der gegebenen Aufgaben des Kolbenringes nicht zu beeinflussen.

16. Die Vergrößerung des Kolbenspiels wirkt stark erhöhend auf Schaft- und Ringtemperaturen, wenig auf Kolbenbodentemperatur.

17. Geschmierte Flächen leiten besser als trockene, da der Ölfilm die vierfache Leitfähigkeit wie Luft hat.

18. Verschlechterung der Kühlung oder Erhöhung der Kühlmitteltemperatur wirkt sich fast nur auf die Temperatur in der Schaft- und Ringzone aus.

19. Leichtmetallzylinder der dreifachen Leitfähigkeit, wie Perlitguß, konnten am laufenden Motor unter den Versuchsbedingungen keine Besserung bringen.

20. Luftkühlung des Kolbens ist bei hoher Kolbengeschwindigkeit nicht mehr geeignet. Ölanspritzen des Kolbens führt zu Ölverschlammungen und hohem Ölverbrauch. Zwangsläufiger Ölumlauf im Kolben wirkt günstig.

Bei den Versuchsergebnissen von Dr. Brecht, die systematisch den Einfluß einzelner Veränderungen wiedergeben, sind die unter Punkt 1 bis 9 genannten Veränderungen, die den Wärmeanfall betreffen, jedenfalls stark an die Motortype gebunden. Hier sprechen außerdem die Unterschiede der Arbeitsverfahren mit.

Von allgemeinerer Bedeutung sind aber die Versuchsergebnisse, die den Wärmeübergang zwischen Kolben und Zylinder betreffen, Punkt 10 bis 20.

In bezug auf Motorschäden und die Verschleißfrage ist von grundsätzlicher und alle Motorenarten betreffender Bedeutung die Schlußbemerkung von Dr. Brecht:

„Alle Veränderungen im Brennraum des Motors, d. h. im Wärmeanfall auf den Kolbenboden ebenso wie Veränderungen im Boden selbst, wirken sich hauptsächlich auf die Temperatur des Kolbenbodens aus, während die Schafttemperaturen weniger davon berührt werden.

Umgekehrt wirken sich alle Veränderungen in der Wärmeabfuhr, also des Wärmeübergangs, und der äußeren Kühlungen oder Veränderungen am Schaft im wesentlichen nur auf die Temperatur der Schaft- und Ringzone aus, während die Temperatur am Kolbenboden in diesem Falle weit weniger betroffen wird."

Man wird daher bei Kolbenbodenschäden die Ursache mit größerer Wahrscheinlichkeit im Verbrennungsvorgang zu suchen haben, während Schäden in der Ringpartie oder am Schaft auf Wärmeübergangsstörungen zurückzuführen sind, allerdings müssen dann die Schäden durchblasender Gase in den Begriff der Wärmeübergangsstörungen einbezogen werden.

Die nachstehende Tabelle gibt die von Dr. Koch festgestellten Temperaturen an Kolben von Wagenmotoren wieder. In Flugzeugmotoren sind die höchsten noch beherrschbaren Kolbenbodentemperaturen bei etwa 400°, in der Ringpartie bei etwa 350°, im Schaft etwa 220°. Da die Leichtmetalle einen Schmelzpunkt von etwa 530° haben, so stellt diese Bodentemperatur bereits die äußerste Grenze dar. Graugußkolben haben zwar einen Schmelzpunkt bei 1200°, sie sind aber trotzdem wegen der schlechteren Wärmeleitung bei so hohen Temperaturen nicht mehr verwendbar, da sie rotglühend werden und Selbstzündungen veranlassen.

Zusammenstellung der Kolben-Betriebstemperaturen

Koch, Diss., Aachen 1931

Kolbenzone	Kolbenmaterial	Betriebstemperatur in °C		
		Wagen	Motorräder	Dieselmotore
Kolbenschaft	Grauguß	120—170	150—230	—125
	Aluminium	115—130	140—215	115—150
	Elektron	110—130	160—195	—
Ringzone	Grauguß	170—320	230—325	125—350
	Aluminium	145—190	215—265	150—245
	Elektron	130—175	195—240	—
Kolbenboden	Grauguß	320—420	325—450	360—460
	Aluminium	190—255	265—280	245—340
	Elektron	175—210	240—290	—

Zur Ergänzung des allgemeinen Überblickes über Kolbentemperatur zeigen die Bilder 43 bis 49 Messungen aus anderen Versuchsarbeiten und Motortypen. Neben der Kolbenbodentemperatur an der gefährdetsten Stelle ist für die Verschleißfrage die Temperatur am obersten Kolbenring von besonderem Interesse.

Hohe Temperaturen an dieser Stelle wirken in doppeltem Sinne schädlich.

Soweit es sich um Graugußkolben handelt, wurde allerdings festgestellt, daß Temperaturen bis zu 250° ohne jeden Einfluß auf den Grauguß sind. Bei Leichtmetallkolben aber tritt bereits bei dieser Temperatur eine Materialerweichung

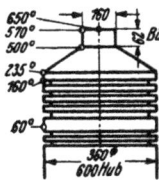 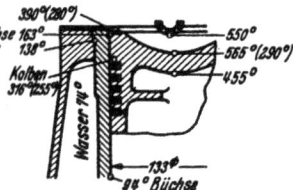 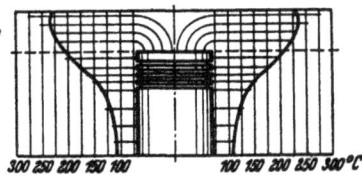

Bild 43   Bild 44   Bild 45

Bild 43. Langsam laufender Diesel mit Verdrängerkolben. Oberster Kolbenring 160°. Engineering 30. 12. 1932.

Bild 44. Vorkammer-Diesel. Oberster Kolbenring 316° (255). Klammerwerte für Leichtmetall. (SAE. Journal 8. 1937).

Bild 45. E–C-Kolben Henschel Lanora-Diesel. Oberster Kolbenring 200°. ATZ. Heft 20. 1937

ein. Die Warmhärte der Aluminium-Siliziumlegierungen sinkt z. B. bei Legierung KS 280 K bei einer Temperaturerhöhung von 20° auf 200° von 110 auf 90 Brinell. Bei der günstigsten Nürallegierung 1761 geht die Warmhärte von 135 auf 87 Brinell zurück, die Warmfestigkeit derselben Legierung von 22 kg/mm² auf 18 kg/mm².

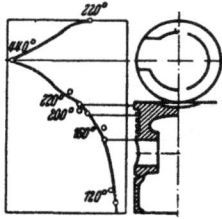

Bild 46. Kolbentemp. des Daimler-Ggg. Diesel-Motors OM 54/125 mm Ø. Leichtmetall-Leg.: EC 124. Elektron Metall Cannstadt.

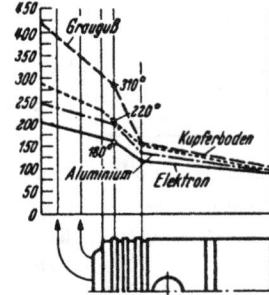

Bild 47. Kolbentemperaturen nach Messungen. Kolbentemperaturen verschiedener Baustoffe. Dürkopp Personenwagen 8/30 PS. 1924.
(Koch, Diss. 1930. Aachen)

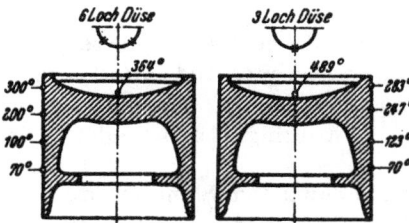

Bild 48. Möglicher Einfluß der Einspritzdüse. Kolbentemp. nach Messungen.

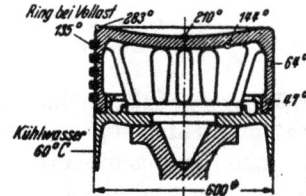

Bild 49. Vierzyl.-Zweitakt-Schiffsdiesel
Typ ST 60   Bauart Sulzer
$N_e = 1350$ PS $p_i = 6,95$ at
$n = 100$ Umdreh. pro Min.
Zylinderwandtemperatur siehe
VDI. 27. III. 1926.

Ölfilm am Kolben

Bei den zu hohen Kolbentemperaturen, wie sie im Flugmotor noch in der Ringzone vorkommen, fragt man sich unwillkürlich, wie es unter diesen Umständen noch möglich ist, eine Kolbenringschmierung aufrechtzuerhalten. Tatsächlich ist ja auch das Festbrennen der Kolbenringe neben der zu starken Erweichung und damit Zerstörung des Kolbenbodens eine der größten Schwierigkeiten, die bei diesen Motoren überwunden werden mußten. Es ist jedoch ein Irrtum anzunehmen, daß nur beim Flugmotor so hohe Temperaturen in der Ringzone vorkommen; sie sind bei jedem Motor möglich, sobald ein stärkeres Durchblasen der Verbrennungsgase eintritt.

Die Erfahrung hat gezeigt, daß diese Flugmotoren mit einem Schmieröl bedient werden können, das einen Flammpunkt von etwa 240° C und eine Viskosität von 18 bis 22° E bei 50° C hat.

Der Flammpunkt des Öles liegt also tiefer als die Kolbenringtemperatur. An den Kolbenringen müßten sich daher die leichtflüchtigen Anteile des Schmieröles entflammen und dann auch die schwereren Bestandteile des Schmieröles abbrennen. Tatsächlich tritt das Abbrennen des Öles nicht ein, da in der Kolbenringpartie die Entzündungsflamme fehlt und wahrscheinlich auch ein Sauerstoffmangel herrscht.

In den Kolbenringen tritt nicht ein Verbrennen ein, sondern die leichteren Anteile des Schmieröles werden dort abdestilliert, dann die schwereren Anteile gekrakt und schließlich verkokt, ein Vorgang, der schon vor der Flammpunkttemperatur beginnt, aber auch bei wesentlich höheren Temperaturen nur graduell vor sich geht. Durch die Zuführung immer neuen Öles tritt nun nicht nur ein Ausschwemmen der bereits gebildeten Rückstände ein, sondern es kann auch noch eine Schmierung an den Ringflanken aufrechterhalten werden. Über das Festkleben der Kolbenringe siehe Seite 127, über Bedeutung des (Flammpunktes siehe Seite 212.)

Zylinderwandtemperaturen

Betrachtet man die gemessenen Zylinderwandtemperaturen, so erkennt man, daß diese im oberen Drittel, im Bereiche des größten Verschleißes, meist über-

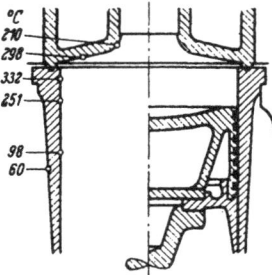 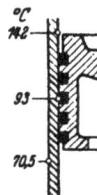 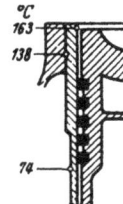

Bild 50   Bild 51   Bild 52

Bild 50. Vierzylinder-Zweitakt-Schiffsdiesel Typ ST 60
Bohrung 600 Hub 1060 mm $N_c = 1350$ PS $p_1 = 6,95$ at $n = 100$ Umdreh. pro Min.
Die Stelle mit 332° wird vom Kolbenring nicht mehr erreicht.
Die Stelle mit 251° wird vom Kolbenring gerade noch überstrichen.
Der oberste Kolbenring hat nur eine Meßtemp. bei Vollast von max. 135° C.
Die Kolbenringe in derartigem Zweitakt-Schiffsdieselmotor erreichen also bei weitem nicht die Temperatur wie in Heißdampfmaschinen.   VDI 27. 3. 1926.
Mitgeteilt von Gebr. Sulzer AG, Abt. Dieselmotor, Winterthur

Bild 51. Einzylinder-Zweitakt-Schiffsdiesel Vollast $n = 300$ $p_0 = 6,97$ at.

Bild 52. Henschel-Lanova-Fahrzeug-Diesel 110 $\varnothing$, 160 Hub.

schätzt werden. Die Wandtemperatur ist mehr der Kühlwassertemperatur unterworfen als der Gastemperatur (Bild 50 bis 52).
Nur an der höchsten Stelle der Zylinderbüchse, die dem Kühlwasser mehr oder weniger entzogen ist, treten bei manchen wassergekühlten Motoren Tempera-

turen über 200° auf. Bei luftgekühlten Zylindern ist allerdings mit diesen Temperaturen auch an der eigentlichen Lauffläche zu rechnen (Bild 53).

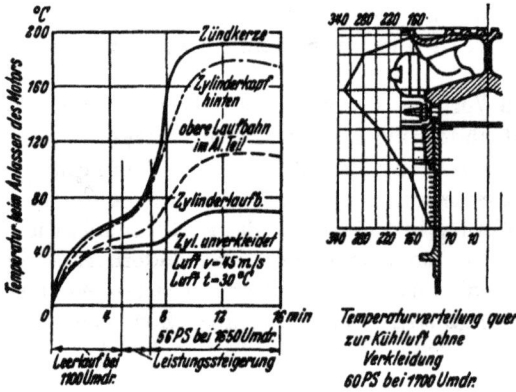

Bild 53. ATZ 1933, Heft 15, Kurt Löhner, Deutsche Versuchsanstalt für Luftfahrt.

DieTemperaturschwankungen in der Zylinderwand während des Arbeitsspieles wurden an einem großen Schiffsdiesel-zweitaktmotor durch die Firma Sulzer eingehend untersucht. Die zeitlichen Schwankungen der Temperatur an der Zylinderwand sind selbst bei diesem Langsamläufer sehr gering, wie Bild 54/55 zeigt. Da sie proportional der Umdrehungszahl sind, so müssen diese bei schnelllaufenden Motoren noch geringer sein, so daß man wohl mit konstanter Temperatur an der Zylinderwand rechnen kann. Es bestätigt sich dadurch die Abhängigkeit der Zylinderwandtemperatur von der Kühlwassertemperatur.

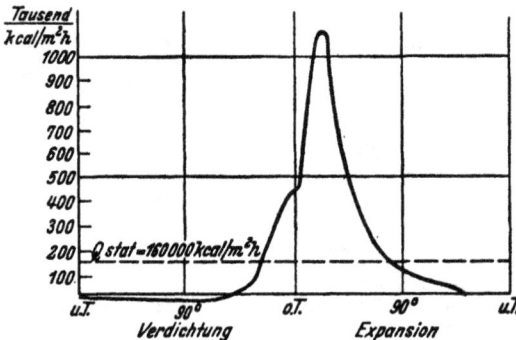

Bild 54

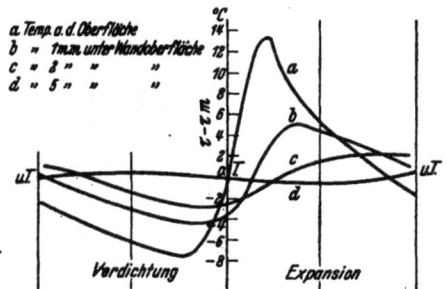

Bild 55

Bild 54. Zeitlicher Verlauf der Wärmeabgabe des Gases an die Wand VDI Nr. 13, 1926, Sulzer A.G.

Messungen an einem Vierzylinder Schiffsdiesel Zweitakt-Motor
Ne 1250. n = 100 U/min. Bohrung 600. Hub 1060.
Die Wärmeabgabe an die Wand Q stat. = 160000 Kcal/m²h.

Bild 55. Zeitliche Temperaturschwankung in der Zylinderwand
Die Temperatur an der gasberührten Oberfläche schwankt um einen Mittelwert, während einer Umdrehung nur um 14° C nach oben und 8° C nach unten.
Die Kurven der zeitlichen Temperaturschwankung an der Wand gelten für n = 100 Umdr./min und sind umgekehrt proportional der $\sqrt{n}$.

Der Ölfilm an der Zylinderwand

Der Zylinder ist während der Expansion mit Gasen von 2500 bis 1700° gefüllt, und die Temperatur geht während des Auspuffhubes auf äußerst 500 bis 350° zurück, je nachdem, um welchen Motor es sich handelt.

Diese hohen Gastemperaturen haben vielfach zu der Annahme geführt, daß das Öl an der Zylinderwand oberhalb des Kolbens im Expansionsraum verbrennen muß, weil diese Temperaturen weit über dem Brennpunkt des Schmieröles liegen.

Tatsächlich ist dies aber nicht der Fall. Das Öl haftet an der Zylinderwand in so dünner Schicht, daß es in seiner Temperatur nur von der Zylindertemperatur abhängig ist.

Über den Ölfilm an der Zylinderwand schreibt Prof. Gabriel Becker folgendes:

„Die Zylinderlaufbahn muß von einem schlierenfreien Ölfilm von so geringer Stärke überzogen sein, daß diese durch die Kühlwirkung des Zylinders von der Verbrennung durch die Ladung weitgehend geschützt ist und die Schmierung des Kolbens bis zur oberen Kolbenkante (beim Einwärtslauf) im Zylinder sichert.

Die thermische Beanspruchung verschiedener Diesel-Motor-Typen
(als Maß dient die Nennleistung pro cm² Kolbenfläche)

Motorart	Nenn-leistung PS	Umdre-hungen n	Hub mm	Bohrung mm	Gesamte Kolben-fläche cm²	Leistung pro cm² Kolben-fläche PS/cm²
stationäre Antriebs-	8	1250	140	100	78,3	0,101
motore	18	900	200	150	175	0,104
liegende Einzylinder	15	750	220	145	165	0,091
Lokomobilmotore	40	400	380	250	490	0,082
stehende 1-Zylinder	10	1500	140	100	78,3	0,126
stehende 3-Zylinder	50	1350	170	120	336	0,149
stehende 6-Zylinder	110	1350	170	130	792	0,138
Lastwagen-6-Zylinder	150	1600	170	130	792	0,189
stationäre 6 Zylinder	150	1000	200	170	1380	0,109
Antriebsmotore 6 Zyl.	425	428	450	280	3680	0,113
Auflademotore 6 Zyl.	600	428	450	280	3680	0,162
stationäre 6 Zylinder	900	273	660	420	8400	0,106
Zweitaktmotore						
3-Zylinder	75	570	250	150	525	0,141
1-Zylinder	12	750	170	125	122	0,098
2-Zylinder	70	430	300	200	628	0,112
Schiffsmotore	1350	100	1060	600	11360	0,142

Nach früheren Versuchen Prof. Beckers über den Einfluß des Schmieröles wird
die Verbrennung merklich gestört, wenn die im Verbrennungsraum eintretende
Schmierölmenge mehr als 2 % des Brennstoffes beträgt.
Bei hochwertigen Motoren ist diese Schmierölmenge bis zu 1 % gesenkt, während sie bei schlechten Motoren bis 10 % beträgt.“
Eine einfache Berechnung bestätigt dies. Wenn das Öl an der vom Kolben freigelegten Mantelfläche des Zylinders allein nur während des Expansionshubes
verbrennen würde, müßte mit jeder zweiten Umdrehung beim Viertaktmotor
jeweils ein Ölquantum gleich der Mantelfläche mal der Ölschichtdicke verbrennen. Dies würde aber einen mehrfach höheren Ölverbrauch ergeben, als
tatsächlich der Fall ist.
In nachstehender Tabelle ist das Ölvolumen der von dem Kolben freigelegten
Mantelfläche berechnet unter der Annahme einer Filmstärke von nur $^2/_{1000}$ mm.
Das sich daraus errechnete Ölvolumen je Stunde (Spalte Nr. 8) ist dem tatsächlichen Mindestverbrauch des Motors gegenübergestellt (Spalte 10), wobei der

Mindestverbrauch nur mit 2 g
je PS/Std. angenommen ist, also
wie er sich tatsächlich bei einem
Motor ergibt, der gut in Ordnung
ist.

Als vermutliche Filmstärke an
der Zylinderwand wurden deshalb $^2/_{1000}$ mm angenommen, weil
schon die Rauhigkeiten der Zylinderwand sich in dieser Dimen-
sion bewegen und anzunehmen
ist, daß diese Rauhigkeit durch
den Schmierfilm ausgefüllt wird.

Dafür, daß andererseits der
tatsächliche Ölfilm zwischen Kolbenring und Wand nicht stärker
sein kann, sprechen auch die

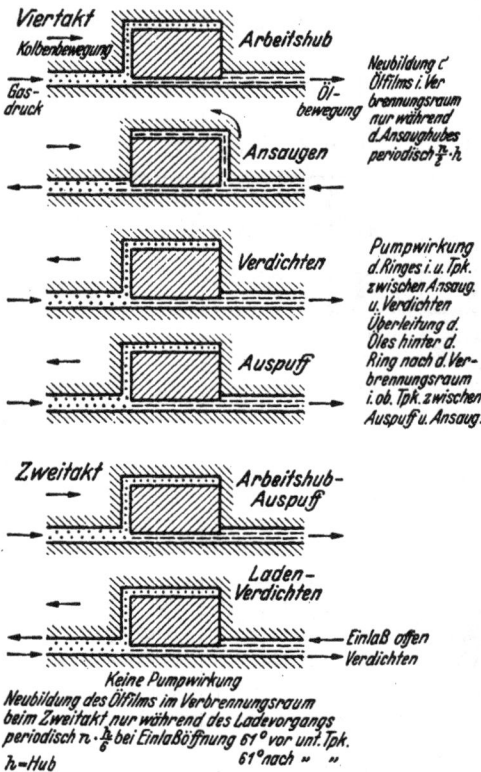

Bild 56. Die Bildung des Ölfilmes im Verbrennungsraum und die Pumpwirkung
der Kolbenringe
beim Viertakt- und Zweitaktmotor.

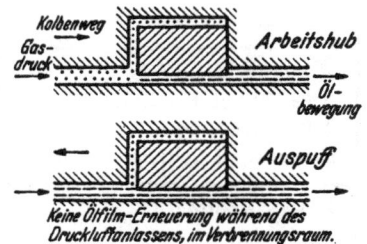

Bild 57. Die Bildung des Ölfilms
im Verbrennungsraum
beim Druckluftanlassen.
im Zweitakt

Untersuchungen von Dr. Tischbein (Dissertation Karlsruhe, 1939), der feststellt, daß im allgemeinen Mischreibung an der oberen Zylinderwand vorliegt, das heißt mit anderen Worten, daß die Materialspitzen der Zylinderfläche bereits aus dem Ölfilm hervorragen.

Die Neubildung des Ölfilms

Bild 56 zeigt deutlich, daß eine Neubildung des Ölfilms innerhalb des Verbrennungsraumes nur während des Ansaughubes eintreten kann, da während der anderen Takte dem durch die Ringe strömenden Öl der Gasdruck entgegensteht. Keinesfalls besteht die Möglichkeit, daß das Öl entgegen dem Gasdruck wandert, da durch einen Spalt zwischen Kolbenring und Zylinder immer das durchblasende Gas das Schmieröl verdrängen würde. Auch während des Auspuffhubes behindert der Gasdruck sicherlich noch das Durchtreten des Öles.

Ölabbrand und Ölverbrauch

Unter der Annahme, daß je Umdrehung ein Drittel des Ölfilmes an der Zylinderwand verbrennt, ergibt sich rechnerisch ein Ölverbrauch nach Spalte 8. Der tatsächliche Ölverbrauch des Motors nach Spalte 11 ist dem gegenübergestellt. Der weit geringere tatsächliche Schmierölverbrauch ist ein Beweis, daß der Schmierfilm während des Arbeitshubes nicht verbrennt, sondern nur überschüssiges Schmieröl.

1	2	3	4	5	6	7	8	9	10
Motorart	Leistung	Umdrehungen	Hub	Bohrung	Ölvolumen an der Zylinderwand	stündliches Ölvolumen an der Zylinderwand	stündlich verbranntes Ölvolumen	Ölverbrauch tatsächlich pro PS/Std.	Ölverbrauch tatsächlich pro Std.
	PS	n	mm	mm	l	l/Std.	l/Std.	l	l
Liegende Einzylinder Diesel-Motore	8	1250	140	100	$8,8 \cdot 10^{-5}$	3,3	1.1	0,0022	0,016
	18	900	200	150	$9,4 \cdot 10^{-5}$	2.55	0,85	0,0022	0,309
	15	750	202	145	$20,0 \cdot 10^{-5}$	4,50	1,5	0,0022	0,033
	40	400	380	250	$60,0 \cdot 10^{-5}$	7,20	2.4	0,0022	0,088
Schlepper 1-Zyl.-Diesel-Motor	10	1500	140	100	$8,8 \cdot 10^{-5}$	3,96	1,32	0,0022	0,022
Lastwagen 6-Zyl.-Diesel-Motor	150	1600	170	130	$83,2 \cdot 10^{-5}$	40	13,3	0,0022	0.330
stat. Diesel 6-Zyl.	900	273	660	420	$1060 \cdot 10^{-5}$	87	29,0	0,0022	1,98

7*

Druckluftanlassen im Zweitakt

Diese unzweifelhafte Tatsache ist besonders zu beachten bei Motoren mit Druckluftanlasser im Zweitakt, denn es zeigt sich, daß während des Druckluftanlassens, Bild 57, sich kein neuer Ölfilm innerhalb des Verbrennungsraumes bilden kann.

Der Motorzylinder ist also in seiner Schmierung gerade während des Anlassens auf seinen alten Ölfilm angewiesen. Dies ist besonders bedenklich, da gerade bei der kalten Maschine sich Korrosionsprodukte an der Zylinderwand gebildet haben können, deren Wegschwemmen durch einen neuen Ölfilm sehr erwünscht wäre. Dort, wo ein getrennter Schmierapparat für den Zylinder die Möglichkeit bietet, soll darum immer vor dem Druckluftanlassen kräftig Schmieröl vorgepumpt werden.

Anliegen der Kolbenringe an der äußeren Ringschulter.

Bild 56 und 57 machen gleichzeitig deutlich, wie es zu erklären ist, daß die Kolbenringe immer an der äußeren Schulter blank bleiben. Das kommt daher, daß ein Abheben der Ringe an dieser Schulter nur während des Ansaughubes möglich ist. Also nur dann, wenn reines Öl von außen hinter den Ring gesaugt werden kann.

Pumpwirkung der Kolbenringe.

Dieses während des Ansaughubes hinter den Kolbenring gesaugte Öl tritt erst beim Kompressionshub oberhalb des Ringes in den Verbrennungsraum.

Durch diese Pumpwirkung können nun zusätzliche Ölmengen in den Zylinder gelangen, die dort überschüssig sind und dadurch an der Zylinderwand nicht mehr gekühlt werden und infolgedessen verbrennen.

Tatsächlich steigert sich auch der Ölverbrauch ganz bedeutend, sobald die Kolbenringe in ihren Schultern zuviel Spiel haben, also die Pumpwirkung ein übermäßiges Maß annimmt.

VII. RÜCKSTÄNDE IM MOTOR

Der Metallabrieb. Staub im Motor. Einfluß des Kraftstoffes auf die Rückstandsbildung. Kraft-
stoff im Schmieröl. Wasser im Schmieröl. Ruß im Schmieröl. Schwarzwerden der Autoöle.
Rückstände im Verbrennungsraum. Die Verkokung bzw. Ölkohlenbildung. Oxydationsprodukte
des Schmieröls. Darstellung der Oxydationsprodukte. Der Vorgang der Harzbildung. Schlamm
im Motor. Versuche des Research Comittee. Versuche von Prof. Dr. Georg Beck.

Die Kenntnis der Rückstände im Motor, die Art ihrer Zusammensetzung und
die Bedingungen, unter denen sie sich bilden, ist für die Verschleißfrage von
außerordentlicher Bedeutung. Diese Rückstände wirken nicht nur mechanisch
auf die Motorteile ein, sondern in viel umfangreicherem und viel schwerer kon-
trollierbarem Maße auch chemisch, gleichgültig, ob diese Rückstände aus dem
Schmieröl oder aus dem Kraftstoff kommen.

Im Nachstehenden werden darum diese Rückstände, die immer gemeinsam auftreten und in starker Wechselwirkung untereinander stehen, der Reihe nach
besprochen.

Der Metallabrieb

Der im Zylinder anfallende Metallabrieb besteht nicht aus blanken Metallteilchen, sondern ist bereits oxydiert und durch diese Oxydation in seinen Festigkeitseigenschaften beeinflußt, und zwar so, daß anzunehmen ist, daß seine
Härte geringer ist als die des blanken Graugusses. Der Metallabrieb wird nicht
nur durch die Kolbenringreibung losgelöst, sondern fällt auch in Form bereits
gebildeter Korrosionsprodukte an. Man beobachtet beim Abnehmen des Zylinderkopfes oft Flecken von Rost bei noch warmem Motor, die auf Korrosion
an der Zylinderwand hindeuten.

Auch Thomas Thornycroft fand einen Rostfilm, der sich 50 bis 75 mm tief in
die Zylinderbüchse erstreckte, wenn man den Motor 20 Minuten, nachdem er
gestopft wurde, öffnete.

Vielfach bemühte man sich, den Verschleiß dadurch zu messen, daß man den
im Schmieröl angesammelten Metallabrieb abfiltrierte und wog.

R. Stanfield warnt wohl mit Recht, den im Öl gefundenen Metallabrieb als ein
absolutes Maß für den Verschleiß zu nehmen, und weist darauf hin, daß allein
eine Änderung der Viskosität des Schmieröles auch eine Änderung der Menge
der Metallteilchen an der Sammelstelle zur Folge haben kann, da das Öl je
nach der Viskosität verschiedene Mengen in Suspension hält. Bei einer Ver-
schleißbeurteilung durch die Messung des Metallabriebes im Schmieröl können
daher große Meßfehler gemacht werden.

Er fand bei einem langsam laufenden Dieselmotor, der je 50 Stunden mit verschiedenem Kraftstoff gelaufen war, keine Beziehung des Kolbenringverschleißes zu dem im Öl gefundenen Abrieb, im Gegenteil, bei steigendem Verschleiß zeigte sich der gefundene Abrieb geringer. Der Ringverschleiß stand in seinem Falle in Beziehung zu den im Kraftstoff enthaltenen Fremdstoffen.

Es sei auf diese Feststellung besonders hingewiesen, weil dadurch verschiedene Verschleißversuche in Frage gestellt sind, bei denen der Verschleiß durch die Messung des im Schmieröl enthaltenen FO_3 festgestellt wurde.

Die Metallseifen.

Beim normalen Lauf eines Motors werden die Metallteilchen oder ihre Oxydationsprodukte nur in feinster Form losgelöst werden, so daß sie zwischen den reibenden Teilen der metallischen Oberfläche direkt wenig schaden. Sehr beachtlich ist dieser feine Staub jedoch durch die Art, wie er die Rückstandsbildung im Motor beeinflußt. Der Metallstaub ist für die eigentümliche Zähigkeit und Klebrigkeit des Schmierölschlammes in allen Teilen des Motors mitverantwortlich, da er Metallseifen bildet. Diese Metallseifen entstehen aus den sauren Oxydationsprodukten des Metallstaubes, die mit dem besonders im Kurbelgehäuse immer vorhandenen Wasser (Schwitzwasser oder Verbrennungswasser in wechselnder Menge) in Reaktion treten und in seifenähnliche Produkte umgewandelt werden.

Diese Metallseifen sind nur zum Teil in den Ölen löslich und haben die Fähigkeit, höhermolekular für sich noch unlösliche Anteile der Alterungsstoffe des Öles (Teere, Asphalte) an sich zu ziehen und mit niederzureißen.

Die verschiedenen Produkte aus Metallseifen und Ölalterungsprodukten bilden dann den schwarzen Schlamm, der sich so zäh an den Kurbelgehäusewänden, in Schmierölrohren und Ölsieben festsetzt und zu vielfachen Störungen Anlaß geben kann.

Staub im Motor

Einen quantitativ wesentlich größeren Anteil am Motorschlamm kann unter Umständen der vom Motor mitangesaugte Staub erreichen. Entsprechend seiner Menge, der Größe und des Charakters seiner Teilchen ist der Staub einer der gefährlichsten Feinde des Motors, denn er wirkt außer schlammbildend auch außerordentlich verschleißfördernd.

Die Untersuchung von Staubproben, die an den Luftreinigern von 14 Versuchswagen in verschiedenen Gegenden der USA. aufgefangen wurden, ergab die in der Zahlentafel angegebene Zusammensetzung.

Der hohe Siliziumgehalt des Staubes gibt diesem seinen sandartigen Charakter von hoher Härte und damit seine Gefährlichkeit im Motor. Unter dem Mikroskop erkennt man leicht seine schmirgelartige scharfkantige Beschaffenheit.

Nach Angaben des C. F. Summer „Die physikalischen Eigenschaften des Staubes von Landstraßen und Äckern" (The Journal of the Society of Automotive Engineers, Bd. 16, Nr. 2, Seite 243/47) hat die Hauptmenge der im Motor angesaugten Staubteilchen eine mittlere Ausdehnung von rund 20 bis 25 μ. Die

Zusammensetzung und spezifisches Gewicht von Staub.

Probe

Silizium-Verbindungen	87	78	63	59
Eisen-Verbindungen	3	5	9	19
Aluminium-Verbindungen	7	7	13	11
Kalzium-Verbindungen	+	+	+	+
Magnesium-Verbindungen	+	+	+	+
Organische Stoffe und che- misch gebundenes H_2O	2	9	13	10
Feuchtigkeit	+	+	+	+
Spezifisches Gewicht	2,5	2,4	2,5	2,5

+ = Spuren

größten Staubteilchen, welche beim Begegnen oder Überholen von Kraftwagen angesaugt werden, können eine Ausdehnung von 0,3 mm und mehr haben. Die von Summer angegebenen Zahlen wurden von Alfred Gorsler (Diss. 1929, Techn. Hochschule Braunschweig) bestätigt.
Die Größe der Staubteilchen liegt also im Durchschnitt weit über den Rauhigkeitsgrößen der Reibflächen an der Zylinderwand und überragt auch die Filmstärke des Schmieröles so bedeutend, daß die Annahme einer Einbettung des Staubes im Ölfilm nicht berechtigt ist, der Staub muß vielmehr, wenn er einmal zwischen die Reibflächen tritt, unbedingt an beiden Metallflächen Riefen bilden.
Der Staubgehalt der Luft hängt naturgemäß stark von den Witterungs- und Bodenverhältnissen ab, außerdem von der Ansaughöhe über Boden. Bei Fahrversuchen von Prof. A. H. Hoffmann (Schlußbericht über kalifornische Luftreinigerprüfung, SAE., Bd. 16, Nr. 3) werden nachstehende Werte über die Staubaufnahme von Luftreinigern festgestellt:

Staubanfall nach Versuchsfahrten in den USA.

Wagenart	Staubmenge g/1000 km
Dodge Touring	1,72
Ford Touring	0,6
Ford Lastwagen	3,72
Liberty Lastwagen	43,5
Liberty Lastwagen	55,6
Schnellastwagen	0,66

Der im Vergleich zu den übrigen Werten auffällig starke Staubanfall bei den Libertywagen ist dadurch zu erklären, daß diese Wagen bei einem Bergstraßenbau Verwendung fanden. Die Zahlen zeigen, wie sehr der Staubanfall in besonderen Fällen die durchschnittlichen Werte überschreiten kann.
Die Angabe des Staubanfalls, bezogen auf die Fahrstrecke, ist recht unzweckmäßig, weil die Motorenleistung nicht berücksichtigt ist. Diese ist insofern von

Einfluß, als entsprechend der Leistung sich bei Vergasermotoren auch die angesaugte Luftmenge und mithin auch die Staubmenge ändert.

Es ist bei derartigen Versuchen angebracht, den mittleren Staubanfall in Milligramm für die PS-Stunde anzugeben. Diese Angabe ist gleichwertig der Angabe des spezifischen Staubgehaltes der Luft in Milligramm je Kubikmeter, da für die Entwicklung einer PS-Stunde bei normalen Motoren ungefähr die gleichen Ladungs- und Luftmengen benötigt werden. Man kann im praktischen Betrieb je PS-Stunde etwa 4,5 m³ Luft überschlägig annehmen. Rechnet man mit einem Staubgehalt von 1 mg je Kubikmeter für Großstadtstraßen, so werden demnach rund 4,5 mg für eine PS-Stunde angesaugt. Bei einer mittleren Leistung von 10 PS sind es 0,045 g Staub, die stündlich vom Motor angesaugt werden. Diese Menge gelangt in den Luftreiniger.

Meldau gibt in seinem Buch „Der Industriestaub" folgende Zahlen für den spezifischen Staubgehalt der Luft an:

Spezifischer Staubgehalt der Luft

Ort der Messung	Staubgehalt mg/m³	Bemerkungen
Budapest im Freien	0,43	im Herbst
Budapest im Freien	0,35	im Frühjahr
Budapest im Freien	0,55	im Sommer
Budapest im Freien	0,25	im Winter
Budapest Straße	0,40	5 m über Boden
New York Straße	1,1	
New York Straße	1,83	
Chikago Straße	2,5	

Die Staubverhältnisse auf dem Acker sind wesentlich ungünstiger. Von Hoffmann wird für einen Ackerschlepper von 10 bis 20 PS ein Staubanfall von 150 g für 10 Stunden als durchaus normal angegeben, wenn die Luft 1 m über dem Erdboden abgesaugt wird.

Nach Ansicht von Gorsler wird man bei Ackerarbeit mit einem durchschnittlichen Staubgehalt von 100 mg je Kubikmeter Luft rechnen müssen.

Der Reinigungsgrad der verschiedenen Luftreinigerkonstruktionen ergibt sich nach der Arbeit von Gorsler wie folgt:

Luftwäscher   durchschnittlich 97%

Ölbenetzte Schichtreiniger   durchschnittlich 97%

Trockene Schichtreiniger   durchschnittlich 92%

Schleuderreiniger   durchschnittlich 87%

Die besten Reiniger sind mit 98% zu bewerten, während die schlechtesten Reiniger, die unter den Schleuderreinigern zu finden waren, mit nur 50% Reinigungsgrad festgestellt wurden.

Für einen guten Reiniger ist die Mindestforderung 95%.

Den Luftwiderstand, den ein Reiniger bietet, soll 155 mm Wassersäule nicht überschreiten und beträgt bei den Delbag-Pilzreinigern durchschnittlich etwa 50 bis 60 mm Wassersäule.

Nach Ansicht von Gorsler fällt die Verschleißwirkung des Staubes unter unseren heutigen Straßenverhältnissen bei normaler Atmosphäre nicht sehr ins Gewicht. Er stimmt also mit Riccardo überein, der dem Staubgehalt der Luft bei Motoren keine allzu große Bedeutung beimißt.

Sobald aber abnormale Verhältnisse vorliegen, wie beim Ackerschlepper, ist der Verschleißwirkung des Staubes große Bedeutung zuzuschreiben. Hierbei sei auch noch auf den Versuch des Research Committee hingewiesen (Bild 65 a und b, Seite 125), aus dem der Einfluß hohen Staubgehaltes in der Asche bei Muster 5 ganz besonders stark hervortritt.

Im Nachstehenden ist die Staubmenge errechnet, die in einen Motor gelangt, wenn man folgende Zahlen zugrunde legt:

Spezifischer Staubgehalt der Luft auf dem Acker 100 mg/m³
Luftbedarf je PS-Stunde 4,5 m³
Nennmotorleistung 28 PS
Durchschnittliche Dauerleistung auf dem Acker 21 PS
Dauer einer Betriebsperiode 200 Stunden

Es ergibt sich während 200 Betriebsstunden ein Luftbedarf von 18 900 m³, dementsprechend eine Staubmenge von 1890 g. Davon gelangt in den Motor beim Wirkungsgrad des Luftreinigers von 97% eine Staubmenge von 3% = 56,2 g.

Bei einem Dieselschlepper liegen die Verhältnisse ungünstiger, da bei ihm mit Teillast der Luftüberschuß steigt und dementsprechend auch für geleistete PS-Zahl die angesaugte Staubmenge größer wird.

Prüfstandversuche von Gorsler an einem Büssing und einem Brennaborwagen ergaben, daß je Gramm zugeführter Staubmenge ein Zylinderverschleiß von $^1/_{100}$ mm an der größten Verschleißstelle veranlaßt wurde, so daß nach dieser Messung bei obigem Beispiel durch den Staubanfall ein Zylinderverschleiß von $^{56}/_{100}$ mm zu erwarten wäre. Diese Zahl ist hier nur angegeben, um einen ungefähren Begriff von dem Einfluß des Staubes zu geben, ohne sich auf diese Verschleißzahl festlegen zu wollen.

Man versuchte wiederholt, bei Feststellungen starken Verschleißes sich ein Urteil durch die Untersuchung des gebrauchten Schmieröles zu bilden. Es muß darauf hingewiesen werden, daß die im Schmieröl enthaltene Staubmenge nur bedingt ein Urteil darüber erlaubt, wieviel Staub durch den Luftreiniger in den Motor gelangt ist, da es völlig von der Dichtheit der Kolbenringe abhängt, wieviel von der angesaugten Staubmenge in das Kurbelgehäuse gelangt. Um ein besseres Urteil zu erhalten, könnte die Feststellung der Staubmenge im Schmieröl durch eine Überprüfung der Ölkohle am Kolbenboden auf ihren Staubgehalt ergänzt werden, da erfahrungsgemäß in der Ölkohle sich ebenfalls Staub anlagert.

Einfluß des Kraftstoffes auf die Rückstandsbildung

Um die Rückstandsbildung in einem Motor beurteilen zu können, ist es sehr wichtig, sich über den Einfluß des Kraftstoffes und den des Schmieröles klarzuwerden.

Unzweifelhaft kommen viele Fehlurteile daher, daß gerade dem Einfluß des Kraftstoffes viel zu wenig Beachtung geschenkt wird und man über die Ausmaße der Rückstände aus dem Kraftstoff einerseits und aus dem Schmieröl andererseits nicht im Bilde ist.

In erster Linie sei darum an einem Rechenbeispiel gezeigt, wie sich diese Einflüsse verhalten:

Es sei angenommen, daß der Rückstand, den ein Kraftstoff im Motor an Koks bilden kann, durch die Verkokungszahl gegeben ist.

Nach Bild 58 vermag dann der Dieselkraftstoff 1: 0,02% zu bilden, der Kraftstoff 2: 0,16%.

Der Brennstoffverbrauch für einen stationären Dieselmotor von 90 PS bei 900 Umdrehungen sei bei Vollast 190 g/PS/Stunden.

Der Motorverbrauch daher in einer Betriebsperiode von 500 Stunden:

$$500 \cdot 190 \cdot 90 \text{ g/Kraftstoff} = 8550 \text{ kg/Kraftstoff}$$

An Kohlenrückständen werden erzeugt:

$$8550 \cdot 0,02\% = 1,71 \text{ kg Koks.}$$

Während derselben Laufzeit hat der Motor einen Ölverbrauch von:

$$0,23 \text{ kg Schmieröl je Std.} \cdot 500 = 115 \text{ kg Schmieröl.}$$

Die Verkokungszahl des Schmieröles betrage für ein mittelmäßiges Schmieröl 0,3%. Der aus dem Schmieröl erzeugte Koks ist dann

$$115 \text{ kg} \cdot 0,3 = 0,34 \text{ kg Koks.}$$

Die Rückstandsbildung aus dem Kraftstoff beträgt also 1,71 kg, aus dem Schmieröl 0,34 kg, trotz reichlich angenommenem Ölverbrauch. Die Ablagerung aus dem Kraftstoff wäre also 5 mal so groß.

Verschlechtert man nun den Kraftstoff im Sinne eines Überganges von Dieselöl 1 auf Dieselöl 2 mit einem Koksgehalt von 0,16% statt 0,02, so ergibt sich ein 8mal höherer Einfluß des Kraftstoffes und damit eine 40fache Rückstandsbildung aus dem Kraftstoff an Koks gegenüber der Rückstandsbildung aus dem Schmieröl.

Eine Verschlechterung des Schmieröles in bezug auf die Koksbildung ist nur im Rahmen der Verkokungszahlen der Schmieröle gegeben, die im ungünstigsten Falle nur 6% beträgt, so daß bei Kraftstoff Dieselöl 1 und dem ungünstigsten Schmieröl die Rückstandsbildung des Kraftstoffes noch immer um das 2,5fache überwiegen würde. Wenn auch keine Gewähr dafür gegeben ist, daß der Koksanfall aus Kraftstoff und Schmieröl zur Verkokungszahl in einem Verhältnis steht, so sieht man daraus doch deutlich, daß für die Koksbildung im Motor ausschließlich die Güte des Kraftstoffes maßgebend ist.

Was die übrigen Schlammbildner betrifft, wie Ruß, Asphalt, Säureanfall, Harze usw., wird der grundlegenden Verschiedenheit in der Rückstandsbildung verschiedener Kraftstoffarten viel zu wenig Beachtung geschenkt. Dieser Umstand wird in einem späteren Kapitel näher behandelt. An dieser Stelle sei nur darauf hingewiesen, daß Dieselkraftstoffe einen wesentlich höheren Anteil an Asphalten bilden als Leichtkraftstoffe, und daß man darum zu ganz bedeutenden Fehlschlüssen kommt, wenn man von Ergebnissen, die im Benzinmotor gefunden werden, auf das Verhalten im Dieselmotor schließt.

Es scheint nach vorliegendem Versuch möglich zu sein, bei Benzinmotoren die Schlammbildung durch besonders oxydationsfeste Schmieröle wesentlich zu verhindern. Es ist jedoch zum mindesten zweifelhaft, ob mit demselben

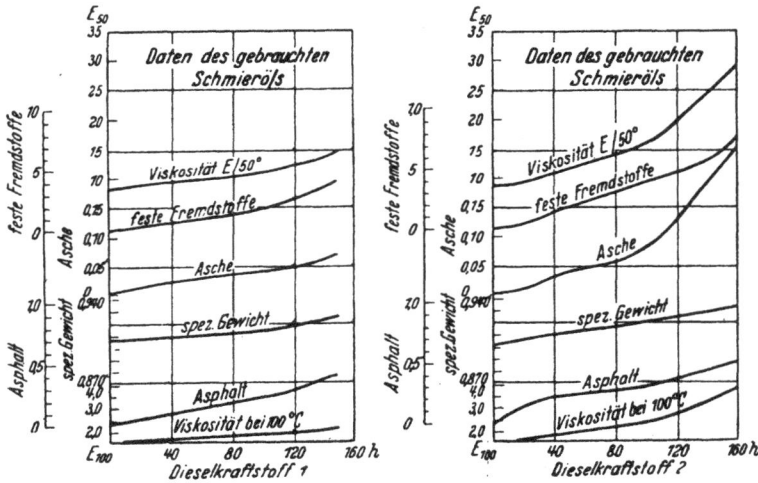

Bild 58. Einfluß des Kraftstoffes auf das Schmieröl.

Versuchs-Motor: 1 Zyl. Diesel 10 PS $n = 1550°$. Öltemp. 80° C. Ölfüllung 5 Liter, ohne Nachfüllung.

Schmieröl: naphthen basisch, spez. Gew. 0,9046, Visk. 8,5/50° 1,81/100° = $E°$
Polhöhe 2,88, Conrads. 0,04, Harz 1,10 (Noak) stark mit H_2SO_4 raffiniert.

Spez.-Gewicht bei 20°	0,850	0,910
Siedekennziffer	280	
Ketenzahl	67	35
Heizwert 0	10 840 kcal/kg	10 600 kcal./kg
Heizwert u	10 200 kcal/kg	10 100 kcal./kg
Koks (Conradson)	0,02	0,16
Verkokbarkeit nach Hagemann	0,10% Normalbenzin unlöslich	1,64% Normalbenzin unlöslich
Wasser	frei	Spuren
Asche	frei	0,003
Feste Fremdstoffe	frei	0,014
Asphalt	frei	0,032
Kreosot	prakt. frei	frei
Neutralisationszahl	0,17	1,96
Schwefel	0,35%	0,74
Korrosion	0,6 mg Cu, 0,2 mg Zn	0,8 mg Cu, 13,9 mg Zn
Flammpunkt P. M.	760	80°
Siedebeginn		220°
Siedeende		bei 375° gingen 85% über

Öl u. Kohle 13. 5. 1938. Dr. Ing. Heinr. Kern.

Schmieröl die gleichen Resultate im Dieselmotor erzielt werden können, da hier
die Schlammbildung nicht durch die Oxydationsprodukte des Schmieröles, sondern durch die Oxydationsprodukte des Kraftstoffes beeinflußt wird.

Der Vergleich der beiden Kraftstoffe, Dieselkraftstoff 1 und Dieselkraftstoff 2
ergibt nach den Versuchen von Dr.-Ing. Heinrich Kern (Bild 58) über den Einfluß des Kraftstoffes auf die Rückstandsbildung und die Schmierölveränderung
noch weitere Gesichtspunkte.

Besonders tritt der außerordentlich hohe Gehalt an Asche bei Dieselkraftstoff 2
hervor, der als ein ungefähres Maß des Verschleißes gewertet werden kann. Die
Viskosität des gebrauchten Öles steigt naturgemäß mit dem Gehalt an festen
Fremdstoffen. Es ist bedauerlich, daß bei dieser Arbeit die gebildete Asche
nicht näher auf Metallgehalt und Silikate untersucht wurde. Darüber sei auf
die Versuche des Research Committee, Seite 125, verwiesen.

Kraftstoff im Schmieröl

Verdünnung der Schmieröle bei Vergasermotoren

Ziemlich übereinstimmend wird als äußerste Grenze ein Viskositätsabfall des
Schmieröles von 30% (gemessen bei 50°) angegeben. Dies entspricht etwa
einer 10proz. Verdünnung durch den Kraftstoff.

Bei Benzin als Kraftstoff hängt der Verdünnungsgrad ab:

1. von der Temperatur an den Zylinderwandungen,

2. von der Siedekurve des Benzins,

3. von der Art des Brennstoffs, mit der 1 und 2 in Zusammenhang stehen.

Aus der Kurve von Kadmer (Bild 59) ergibt sich, wie die Verdünnung auftritt.
Als Faustregel kann dieser graphischen Darstellung entnommen werden, daß
bei einfachen Benzinen im Sommer die Zähflüssigkeit des Schmieröles kaum
mehr als 20% absinken wird, hingegen im Winter über die Zeitspanne einer Ölfüllung um 40 bis 50%.

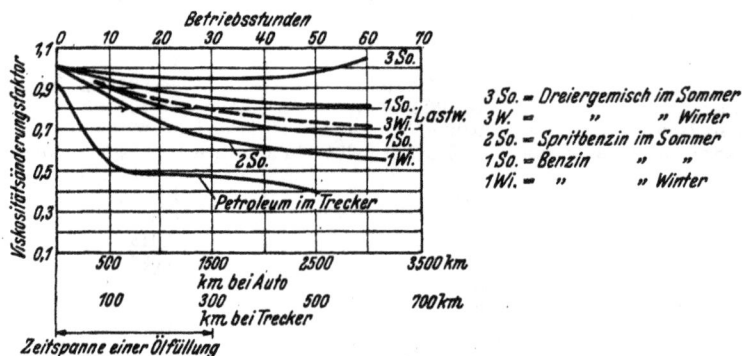

Bild 59a. Einfluß der Kraftstoffart auf die Schmierölverdünnung bei 50 Fahrversuchen.
Da bei diesen Versuchen Schmieröle verschiedener Viskosität gefahren wurden, ist die Viskosi-
tätsänderung in Verhältniszahlen angegeben. Dr. Ing. Kadmer, Erdöl und Teer. 1. 2. 1937.

Bei Spritbenzinen scheint die Ölverdünnung unter sonst gleichen Versuchsbedingungen etwas stärker in Erscheinung zu treten, was schließlich damit erklärt werden könnte, daß der Alkoholzusatz den Motor kälter läßt und damit gleichzeitig die Taubildung und die Ölverdünnung begünstigt.

Beim Dreiergemisch Benzin-Benzol-Sprit tritt die Ölverdünnung auch im Winter weniger in Erscheinung.

Motorenpetroleum (auch Traktorentreibstoff) für land- und forstwirtschaftliche Zugmaschinen ergibt infolge seines langen Siedeschwanzes die stärksten Verdünnungen.

4. Die Ölverdünnung fällt mit steigender Temperatur im Kurbelgehäuse, wenn dieses gut belüftet ist.

5. Die Ölverdünnung ist von der Temperatur der Ansaugluft, dem Kolbendichtigkeitsgrad und der Höhe der Anfangsviskosität ziemlich unabhängig.

Von grundsätzlicher Bedeutung ist die durch zahllose Versuche gewonnene Erkenntnis, daß der Gehalt an Kraftstoff im gebrauchten Öl nicht etwa durch Tauniederschlag bereits vergaster Kraftstoffteilchen verursacht wird, sondern nur durch solche Teilchen, die in Form feinster Tröpfchen vorgelegen haben.

Die Frage der Schmierölverdünnung wird also auch eine Frage des Aufbereitungsgrades des Kraftstoff-Luftgemisches sein. Je besser und haltbarer der Kraftstoff in der Verbrennungsluft zur Verteilung kommt, desto geringer wird die Ölverdünnung.

6. Die Gefährlichkeit der Ölverdünnung steigt naturgemäß mit dem Gehalt an sonstigen Fremdstoffen, die zu einem Zerreißen des durch die Verdünnung geschwächten Schmierfilms führen können.

Der Verdünnungsstoff gebrauchter Autoöle wurde von der Galicja und anderen eingehend untersucht und dabei festgestellt, daß derselbe nicht einfach als unverbrauchter Kraftstoff anzusprechen ist, sondern hauptsächlich aus dessen höher siedenden und angekrackten Fraktionen besteht, die auch geringe Mengen von Zersetzungs- und Oxydationsprodukte des Schmieröles enthalten.

Diese Zersetzungsprodukte haben bei Verwendung von Reinbenzin in fast allen Fällen die gleiche Zusammensetzung und eine Siedegrenze von 100 bis 200° C.

Der Verlauf der Ölverdünnung läßt sich etwa in drei Phasen aufteilen:

Während der ersten etwa 400 bis 500 km findet eine rapide Viskositätsabnahme statt.

In der zweiten Periode reichert sich das Öl anscheinend noch mit Benzin an, jedoch in immer geringerem Maße.

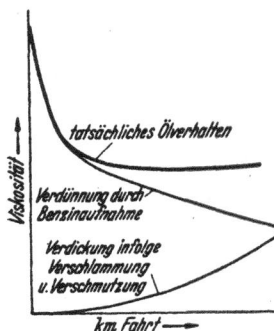

Bild 60. Die Schmierölverdünnung durch Kraftstoffe. Der eintretende Viskositätsausgleich, einerseits durch Verdünnung, andererseits durch Verdickung infolge von Verschlammung und Verschmutzung, beeinflußt das Viskositätsverhalten günstig. Die Schmierwirkung wird aber durch beide Einflüsse herabgesetzt.

Rud. Orel, Ztschr. Petroleum. 11. 4. 1934.

In der letzten Phase stellt sich ein Beharrungszustand ein, in dem sich Verdampfungs- und Verdickungskomponenten ausgeglichen haben.

Im Bild 60 ist das tatsächliche Ölverhalten mit Rücksicht auf diese beiden Komponente dargestellt.

Veränderung der Ölzähigkeit im Dieselbetrieb

Die Veränderung im Dieselbetrieb erscheint vielfach als Ölverdickung. Bild 61 zeigt die Untersuchungen von Kadmer und veranschaulicht die Viskositätsveränderung von Dieselschmierölen in Abhängigkeit von der Fahrstrecke.

Bei den Versuchen Kurve 52 und 55 zeigt sich vorübergehende Schmierölverdünnung, weil die Fahrzeuge mit wechselnder Teilbelastung Stadtfahrten ausführten und infolge verringerter Umdrehungszahl die Motorwärme sank. Dadurch gelangten beträchtliche Mengen Kraftstoff ins Schmieröl.

Die Ölverdickung im Dieselmotor ist im allgemeinen auf den Mangel einer Verdünnung durch den Kraftstoff zurückzuführen. Der Verlust der abdampfenden leichteren Schmierölanteile wird nicht durch Kraftstoff ausgeglichen.

Weiter spielt der höhere Gehalt an Ruß eine Rolle, der durch den Dieselbetrieb bedingt ist. Sinn-

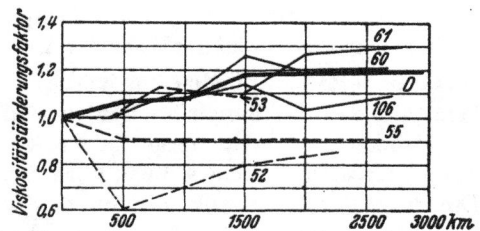

Bild 61

Veränderung der Ölzähigkeit im Dieselmotor.

Die Kurve D ist das Mittel aus 15 Fahrten mit einheitlichem Schmieröl und Braunkohlentreiböl.

Die Kurve 53 ist von einem Prüfstandslauf mit Gasöl als Kraftstoff.

Kurven 52 und 55 sind von Fahrversuchen mit wechselnder Teilbelastung im Stadtverkehr (Zustelldienst).

Es zeigt sich bei diesen Fahrten vorübergehende Schmierölverdünnung.

Dr. Ing. Erich Kadmer, Erdöl und Teer. 1. 2. 1937.

gemäß gilt dies auch für die Öl-Eindickung im Sauggasbetrieb, bei dem je nach der Güte der Gasreinigung beträchtliche Mengen unverbrannter Stoffe ins Kurbelgehäuse gelangen.

Der Kraftstoffgehalt eines verdünnten Schmieröles kann bei Gasölbetrieb im übrigen nicht einwandfrei festgestellt werden, da die schweren Anteile des Gasöles im Siedeschwanz desselben bereits den gleichen Charakter haben wie die leichten Anteile des Schmieröles und infolgedessen für sich getrennt nicht destilliert werden können.

Die Verdickung ist außerdem davon abhängig, wie weit das Schmieröl fähig ist, fein verteilte Fremdstoffe gelöst zu erhalten. Schmieröle mit niedrigem spezifischem Gewicht halten Fremdstoffe weniger in Suspension als Öle mit höherem spezifischem Gewicht. Damit soll aber kein Werturteil über diese beiden Ölarten ausgesprochen sein, da die spezifisch schwereren Öle sich gerade im Dieselmotor in anderer Beziehung sehr gut bewährt haben.

Wasser im Schmieröl

Verbrennungswasser

Die Gegenwart von Wasser ist durch folgende Prozesse gegeben:

1. Verbrennungswasser.

Jeder vollkommen verbrannte Brennstoff ergibt als Endprodukt Kohlensäure und Wasserdampf. Dieser Wasserdampf kann dann an kalten Zylinderwänden oder beim Durchblasen auch im Kurbelgehäuse kondensieren und in Form von Wassertropfen in das Öl gelangen.

Die Menge des sich bildenden Wasserdampfes aus dem Verbrennungsprozeß ist sehr groß und erreicht gewichtsmäßig etwa die des eingeführten flüssigen Brennstoffes.

2. Schwitzwasser.

Dieses bildet sich hauptsächlich bei kalten Außentemperaturen an den Wänden aus der Luftfeuchtigkeit.

3. Wasser als Oxydationsprodukt des Schmieröles.

Auch das Schmieröl bildet bei seiner Zersetzung im Zylinder durch seine Aufspaltung Wasser. Siehe unter Oxydation des Schmieröles.

4. Außer diesen unvermeidlichen Wasserbildungen kann noch Wasser durch Undichtheiten des Kühlmantels eintreten.

Der am Boden des Kurbelgehäuses befindliche Schlamm wird meistens Wasser enthalten und kann als eine Emulsion von Wasser und Öl betrachtet werden, die durch die weiteren Rückstandsprodukte verunreinigt ist. Man findet meist sehr wenig Schlamm, wenn nur ein ganz geringer Wasseranteil gefunden wird.

Folgender Versuch illustriert den Einfluß von Wasser auf die Bildung von Schlamm.

Es wurde von Boumann zu diesem Versuch ein Altölgemisch aus mehreren Motoren mit folgender Zusammensetzung verwendet:

Ruß und Asche	2 %
Asche	14 %
Asphaltharze	0,05 %
Asphalt	0,04 %
Wasser	Spuren.

Dieses Öl wurde in einem Reservoir durch eine Rührvorrichtung geschleudert. Die Temperatur des Öles wurde mit 50° C gehalten und der Versuch auf 120 Stunden (3 bis 6 Std. täglich) ausgedehnt. Trotz des kräftigen Schleuderns wurden keine Schlammausscheidungen weder an den Wänden noch am Boden oder Deckel des Reservoires gefunden.

Hierauf wurden 2 % Wasser diesem gebrauchten Öl beigegeben. Bereits nach 3 Stunden wurden deutliche Ablagerungen von wässerigem Schlamm festgestellt. Diese Ablagerungen zeigten sich sowohl an dem horizontalen Deckel als auch an den vertikalen Wänden und wurden ebenso oberhalb wie unterhalb der Oberflächen gefunden. Die stärksten Ablagerungen zeigten sich am Boden des Reservoires.

In Motoren werden solche Schlammablagerungen langsam das Wasser infolge Verdampfung und Absetzen verlieren, so daß das Aussehen und die Zusammensetzung des Schlammes variiert.

Nachdem man den Schlamm im obigen Apparat 3 Wochen stehen ließ, zeigte sich, daß der Wassergehalt des Schlammes sich sehr verringert hat und daß der an den Wänden haftende Schlamm zum größten Teil in das Schmieröl gesunken ist.

Die Zusammensetzung des Schlammes im Versuchsapparat war folgende:

Versuch	Ort der Schlammablagerung	Gewicht in g	Wassergehalt in %
Nach 3 Std. rühren	Deckel	21 g	37 %
	Seitenwände	25,4 g	52 %
Derselbe Schlamm nach	Deckel	4,3 g	10 %
3 Wochen stehen	Seitenwände	2,2 g	7 %

Kadmer findet, daß der Wassergehalt des Ölschlammes im Kurbelgehäuse von Fahrzeugmotoren 1 bis 2 % meist nicht überschreitet. Das Wasser liegt dann in einer Ölemulsion vor, bei der die Wassertröpfchen von Ruß und Asphalt umhäutet im Öl schwimmen.

Höherer Wassergehalt führt zu außerordentlich stabilen Emulsionen mit dem Öl und vermehrt den Schlammanfall ganz bedeutend. Bei frischem Öl kann es auch vorkommen, daß sich das Wasser absetzt, ohne eine Emulsion zu bilden.

Ruß im Schmieröl

Die Verschmutzung des Schmieröles ist grundsätzlich abhängig von den Rußteilchen, welche durch die unvollkommene Verbrennung des Kraftstoffes gebildet werden. Teile dieses Rußes werden von dem Öl an der Zylinderwand aufgenommen und von dort aus in das Kurbelgehäuse befördert.

Der Ruß wird ausschließlich vom Kraftstoff gebildet, und es ist daher nur logisch, die Rußmenge in Beziehung zur geleisteten Pferdekraftstunde zu bringen.

Im Bild 62a ist gezeigt, daß die Rußmenge je PS/Std. beim Diesel wesentlich steigt, wenn der mittlere Druck erhöht wird. Dies erscheint ohne weiteres begreiflich, wenn man bedenkt, daß beim Dieselmotor mit höherer Belastung sich die Luftüberschußzahl verringert. Das Bild 62b zeigt deutlich, daß die Verwendung verschiedener Öle auf die Rußbildung keinen Einfluß hat.

Mit Erhöhung der Umdrehungszahl bei gleichem mittlerem Druck sinkt der Rußgehalt wesentlich.

Von besonderem Einfluß auf die Rußbildung ist die Cetenzahl des Kraftstoffes, und man sieht aus Bild 62c, daß ihr Einfluß sowohl bei alten wie bei neuen Kolben derselbe ist.

Es ist ohne weiteres klar, daß der Rußgehalt des Schmieröles lediglich abhängig ist von der Güte der Verbrennung, und auch mit dem Durchblasen der Kolben zusammenhängt (siehe Bild 62d).

Die Rußabscheidung bei Dieselmaschinen ist wesentlich höher als bei Benzinmotoren, da beim Dieselmotor die Kraftstofftröpfchen sich vielfach schneller zersetzen, als sie Sauerstoff zu ihrer Verbrennung finden können.

Es muß erwähnt werden, daß Ruß aus der unvollkommenen Verbrennung des Kraftstoffes nicht reiner Kohlenstoff ist, sondern aus schweren Kohlenwasserstoffen besteht.

Dadurch ist seine Verwandtschaft mit den Asphaltkörpern gegeben, und es ist nicht verwunderlich, daß man bei Altöl immer wieder feststellt, daß der Asphalt sich an den Ruß anlagert und mit ihm bei Filtration des Öles ausgeschie-

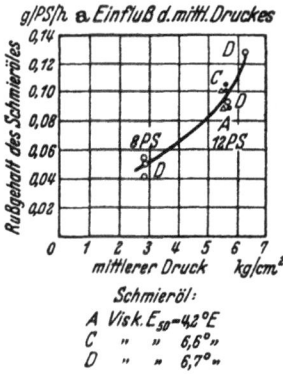

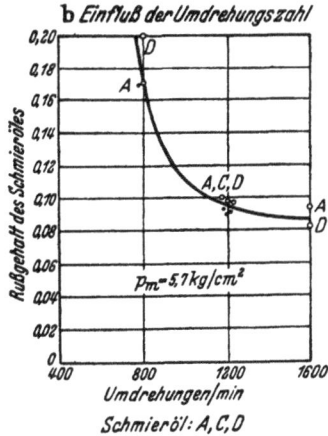

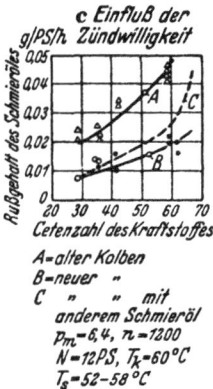

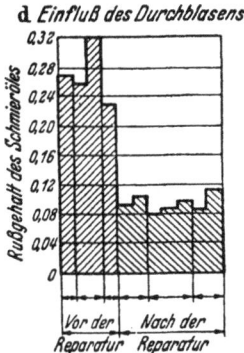

Bild 62 a–d: Ruß im Schmieröl.

Delft Laboratory Royal Dutsch C. A. Boumann 1937.

den wird, so daß man bei einem filtrierten Motorenöl kaum einen Asphaltgehalt feststellen kann.

Vielfach wird auch behauptet, daß der Asphaltgehalt mit dem Rußgehalt gleichmäßig ansteigt. Nach den Untersuchungen von Boumann (siehe Tabelle) ist diese Übereinstimmung jedoch nicht festzustellen.

Da sich an den Ruß die übrigen Alterungsprodukte anlagern, so würde mit der Entfernung des Rußes aus dem umlaufenden Schmieröl eine sehr weitgehende Reinigung des Schmieröles eintreten. Zweckentsprechende Filter wären daher von großem Vorteil.

Analysen gebrauchter Öle von Traktor-Dieselmotoren

Die in Spalte 4 bis 7 genannten Produkte sind wie folgt charakterisiert:
Kohle, Ruß und Asche sind unlöslich in Benzin, Alkohol und Benzol.
Asphalt ist unlöslich in Benzin 60/80, unlöslich in Alkohol und löslich in Benzol.
Harze sind unlöslich in Benzin 60/80, leicht löslich in Benzol und löslich in Alkohol.
Delft Laboratory, Royal-Dutch/Shell – v. C. A. Boumann.

1	2	3	4	5	6	7
Type des Motors	Gefahrene km nach dem letzten Öl-wechsel	Steigerung der Viskosi-tät in % bei E 50° C	Ruß und Asche in %	Asche in %	Harze in %	Asphalt in %
I	15,050	60	3,4	0,16	0,09	0,12
I	2,500	28	2,8	0,19	0,33	0,19
I	3,500	—	1,2	0,13	0,10	0,04
I	3,200	75	3,7	0,16	0,16	0,05
I	3,200	3	1,1	0,12	0,14	0,03
II	1,900	52	2,5	0,11	0,10	0,07
II	1,975	—	5,3	0,07	0,05	0,20
III	2,570	8	0,53	0,04	0,12	0,01
III	2,400	10	0,45	0,06	0,06	0,03
III	2,000	95	3,4	0,25	0,19	0,32
III	3,000	25	1,9	0,13	0,09	0,04
III	2,800	43	2,9	0,09	0,17	0,12
IV	1,500	0	0,08	0,01	0,00	0,00
IV	6,500	—	1,2	0,13	0,10	0,08

Schwarzwerden von Autoöl im Gebrauch

Solche Öle, die im frischen Zustand einen grünen Schein zeigen, schwärzen sich langsamer als diejenigen, die infolge besonderer Raffinationsverfahren im ungebrauchten Zustand nur schwach fluoreszieren. Trotz gleichen Gehalts an Ruß erscheinen stark fluoreszierende Öle kaum gefärbt, während helle Öle bereits eine erhebliche Verfärbung aufweisen können.

Die Beurteilung der Ölfüllung eines Motors lediglich in bezug auf die fortschreitende Schwärzung führt daher leicht zu einem Fehlurteil, und man kann nur die Öle gleicher Frischölfarbe vergleichen.

Rückstände im Verbrennungsraum

Ein Teil des Schmieröles muß im Zylinder verbrennen, und je vollkommener es dort verbrennt, desto weniger Rückstände wird es hinterlassen. Es ist daher klar, daß ein dünnes Öl hier günstiger ist als ein dickes.

Aber auch Öle gleicher Viskosität bei 50 haben sehr verschiedene Verdampfbarkeit bei hoher Temperatur und damit eine sehr verschiedene Rückstandsbildung.

Es ist immer das Öl geringerer Rückstandsbildung demjenigen geringeren Verbrauches vorzuziehen.

Grundsätzlich gilt folgendes:

a) Starke Überhitzung des Schmieröles führt zu Koksbildung. Das Öl wird einfach verbrannt bis auf den Rest, der infolge Unterkühlung an der Zylinderwand und an dem Kolbenboden nicht mitverbrennt (pyrogene Zersetzung).

b) Lange Benützung des Öles ohne außergewöhnliche Überhitzung führt zu Hartasphaltbildung als Endprodukt (Polymerisation unter Sauerstoffeinwirkung).

Die Verkokung bzw. die Ölkohlebildung

Zu a) Die Verkokung des Öles zu reinem Koks erfordert mindestens eine Temperatur von 500°, die also im allgemeinen wesentlich über den Temperaturen liegt, die selbst am Kolbenboden zu erwarten sind.

Ein Belag, der sich also aus dem Schmieröl ergeben könnte, wird selten aus reinem Koks bestehen, und es ist deshalb die Bezeichnung Ölkohle richtiger.

Die Kohlerückstände im Verbrennungsraum bestehen bei schnellaufenden Dieselmaschinen zu 50 bis 90% aus Kohle und Ruß (unlöslich in Alkohol und Benzol) und dann aus Asche, Asphaltharzen, Hartasphalten und Öl.

Tatsächlich hat, wie die verschiedenen Versuche beweisen, das Schmieröl selbst an der Kohleablagerung im Kompressionsraum nur wenig Anteil.

Es ist weiter nachgewiesen worden, daß der erhöhte Verbrauch des Öles keinen besonderen Einfluß auf die abgeschiedene Kohlenmenge hat.

Das Maß seiner Beteiligung ist praktisch auch nicht festzustellen, da die aus dem Brennstoff kommenden Rückstände denselben Charakter haben wie die aus dem Schmieröl, also durch keine chemische Untersuchung voneinander getrennt werden können.

Vielfach wird behauptet, daß der Kohlerückstand von der Art des Schmieröles abhängig ist insofern, als pennsylvanische Öle einen wesentlich härteren Rückstand ergeben und im Motor mehr Kohle ansetzen als naphthenbasische Öle. Von anderer Seite wird dem widersprochen.

Wenn man bedenkt, daß bei dem Motorbetrieb die Ölkohle von der Kraftstoffkohle nicht zu trennen ist, so wird man sich darüber klar sein, daß eine exakte Feststellung über den Einfluß der Ölqualitäten gar nicht möglich ist.

Für die aus dem Brennstoff kommenden Ablagerungen sind naturgemäß außer der Qualität des Brennstoffes die Arbeitsbedingungen des Motors von ausschlaggebender Bedeutung.

Die Menge der ausgeschiedenen Kohle, gleichgültig ob aus dem Schmieröl oder aus dem Kraftstoff, nimmt nur bis zu einer gewissen Schichtstärke zu.

Die Kohleschicht ist stark wärmeisolierend; wenn ihre Dicke so groß wird, daß die Temperatur der Ober-

fläche eine solche Höhe erreicht, daß eine vollkommene Verbrennung an ihr möglich ist, so kann sich naturgemäß keine weitere Kohle ansetzen.

Die Rückstandsbildung im Dieselmotor wurde von Boumann untersucht.

Im Bilde 63a ist gezeigt, wie die Kohlebildung schon nach 30 Stunden bei einem Motor mit 1200 Umdrehungen und 6,4 kg/cm² mittlerem Druck nicht mehr zunimmt.

Bei Dieselmotoren sinkt die Rückstandsbildung stark mit der Belastung.

Bei voller Ladung wird

Bild 63. Kohlerückstände im Kompressionsraum von Diesel-Schnell-Läufer.
a) Rückstände in Abhängigkeit von der Zeit.
b) Rückstände in Abhängigkeit von der Belastung.
c) Rückstände im Kompr.-Raum, im Vergleich zur Rußbildung in Abhängigkeit von der Belastung
Delft Laboratory, Royal Dutsch. C. A. Boumann.

weniger Ölkohle gebildet infolge der höheren Temperatur der Gase, während im Gegensatz dazu die Rußbildung zunimmt.

Die Ölkohlebildung bei verschiedenen Ölen in Abhängigkeit vom mittleren Druck ist im Bilde 63b dargestellt. Man sieht daraus, daß die verschiedenen Viskositäten der Schmieröle auf die Ölkohlebildung von sehr geringem Einfluß ist. In der Skizze 63c ist gezeigt, wie das Sinken der Kohlerückstände bei Erhöhung des mittleren Druckes mit der Steigerung der Rußbildung verbunden ist.

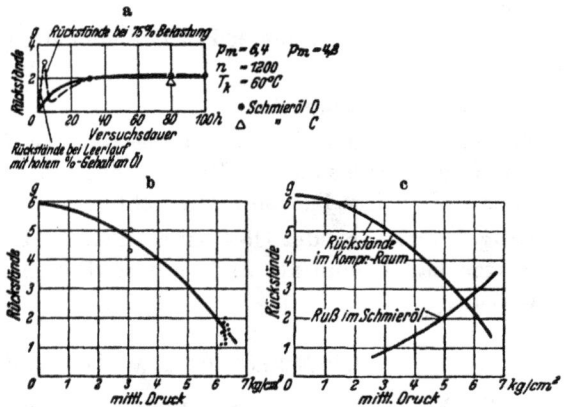

Oxydationsprodukte des Schmieröles

Erdölharze

Als erstes erfaßbares Oxydationsprodukt der Schmieröle treten die Erdölharze auf. Der Ausdruck Erdölharze ist nicht ganz allgemein, vielfach werden diese auch nur als „Harze" bezeichnet. Sie finden sich bereits vorgebildet in den Mineralölen, in denen sie in Mengen von 2 bis 5% enthalten sind. Sie sind im Schmieröl kolloidal gelöst und sind je nach der Ölsorte recht verschieden. Sie können, abgesondert, zähflüssig bis fest sein, im erweichten Zustand flüssig bis fadenziehend, und haben rotgelbe bis braune Farbe.

Jedenfalls sind sie stark zyklisch und wasserstoffärmer als die übrigen Bestandteile des Schmieröles und enthalten Schwefel und Sauerstoff in wechselnden
Mengen.

Sie können aus den Schmierölen durch die Erdenmethode von Pöll isoliert werden (siehe Seite 240). In Petroläther sind sie vollkommen löslich. Ihre Elementaranalyse geht aus der Tabelle von Suida hervor. Die Tabelle zeigt, wie
verschiedenartig die Erdölharze je nach ihrer Herkunft sind. Man sieht hier
deutlich den Unterschied zwischen dem fossilen Erdölharz (Ebano-Asphalt)
und dem durch künstliche Alterung eines Schmieröles erzeugten Harz sowie den
natürlichen Ölharzen des pennsylvanischen, kolumbischen und rumänischen
Schmieröles.

Jedenfalls ist klar, daß diese Erdölharze keinen Ölcharakter haben, was schon
aus dem spezifischen Gewicht hervorgeht, und dem Kohlen- und Wasserstoffverhältnis.

Es ist daher sicher, daß diesen Harzen keine Schmierfähigkeit zukommt, wie
von anderer Seite angenommen wird (siehe unten Analysen der Erdölharze,
Erich Haus, Erdöl und Teer, 22. 4. 38, Seite 326.)

Erdölharze in Schmierölen

	Pennsylvanisches Schmieröl	Kolumb. Schmieröl	Rumän. Schmieröl	Harz aus rumän. Schmieröl durch künstl. Alterung	Ebano-Asphalt 170 Penetration
Viskosität des Schmieröls E/50°	9,7°	9,85°	10,14°	10,14°	
Spez. Gewicht des Schmieröls	0,8857	0,9182	0,9452		
Gehalt des Rohmat. an Erdölharz %	3,7	3,9	2,0	100	20,3

Analyse der Erdölharze

Spez. Gewicht °C	1,0002	1,0675	1,0778	1,0621	—
Molekulargewicht	583	456	406	446	—
V. Z.	2,69	4,77	10,8	0,50	—
C %	87,19	85,51	80,25	87,49	82,83
H %	11,06	10,04	9,95	9,56	10,14
S %	0,72	2,27	2,4	2,39	6,83
0 %	1,03	2,18	7,4	0,56	0,2

Ztschr. Erdöl und Teer 1. 3. 37 von Prof. Dr. Ing. Herm. Suida.

Nicht die Harze erhöhen die Schmierfähigkeit, sondern die endständigen aktiven Gruppen (siehe Seite 180).

Über die Klebfestigkeit der Harze sind nähere Ausführungen unter Kolbenringkleben gemacht.

Durch den Gebrauch der Öle werden diese Erdölharze vermehrt. Sie entstehen
durch Kondensation und Polymerisation. In einem Raffinat in gebrauchs-

fähigem frischem Zustand finden sich außer etwas Erdölharzen und Spuren von sauerstoffhaltigen Verbindungen keine weiteren Alterungsstoffe vor.

Leichtflüchtige Säuren

Parallel mit der Zunahme an Erdölharzen setzt im gebrauchten Schmieröl sofort eine Bildung von leichtflüchtigen Säuren ein, wie Kohlensäure usw., die zum größten Teil im Motor verdampfen.

Esterartige und anhydridische Verbindungen

Außer den leicht flüchtigen Säuren bilden sich Säuren, die zum größten Teil mit gebildeten Alkoholen in eine esterartige oder anhydridische Verbindung übergegangen sind. Diese lagern sich an den Erdölharzen an und bilden mit diesen einen Komplex, der durch die Pöllsche Erdenanalyse gemeinsam ausgeschieden wird.

Diese Stoffe haben die Fähigkeit, mit dem Metallabrieb Metallseifen zu bilden, die sich dann wegen ihrer Schwere aus dem Schmieröl als Schlamm ausscheiden.

Soweit sie nicht ausgeschieden sind, werden sie durch die Verseifungszahl der Altöle erfaßt.

Asphaltharze oder Weichasphalt

Weiterer Gebrauch des Öles führt nach kurzer Zeit zur Bildung von Asphaltharzen. Diese Asphaltharze sind nicht mehr petrolätherlöslich und stellen braunschwarze bis schwarze, bei gewöhnlicher Temperatur spröde und harte, bei Erweichungstemperatur klebrige, fadenziehende Stoffe dar. Normalbenzin fällt sie nur mehr zum Teil aus.

Nach der Erdenanalyse von Pöll sollen sie für sich isoliert werden können, jedoch gelingt nach einer Mitteilung von Erich Haus (Erdöl und Teer, 15. April 1938) diese Isolierung nicht immer.

Hartasphalt

Der sich bildende Hartasphalt ist glänzend und schwarzbräunlich oder schwarz. Außerdem bilden sich Karbone und Karboide, durchweg Stoffe, die nicht mehr schmelzbar sind und die durch Normalbenzin aus dem Schmieröl ausgefällt werden.

Technisch bezeichnet man — meist fälschlich — alle Produkte, die mit Normalbenzin aus dem Schmieröl gefällt werden, als Hartasphalte oder auch als Schlamm.

Beides ist unrichtig, weil einerseits durch das Normalbenzin auch schwankende Anteile der Asphaltharze mitgefällt werden, andererseits Stoffe, die im Öl gelöst sind und nicht als Schlamm bezeichnet werden dürfen.

Die exakten, nach der Erdenmethode gewonnenen Hartasphalte sind unschmelzbare, in sprödes Pulver zerreibbare Stoffe von hohem Molekulargewicht, die im Öl kolloidal gelöst bleiben und meist erst bei Verdünnung, z. B. durch Normalbenzin, abgeschieden werden.

Der sich bildende Hartasphalt vereinigt sich mit dem Verbrennungsruß und fällt mit diesem zusammen im Ölschlamm aus. Gefilterte Altöle zeigen daher meist nur Spuren von Hartasphalt.

Der Hartasphalt ist das Endprodukt einer Kette von Oxydationsprodukten, die sich im Schmieröl im Laufe des Gebrauches bilden.

Der Vorgang der Harzbildung

Die Harze und Asphalte, die alle denkbaren Übergangsstufen zeigen, sind voneinander nicht streng zu trennen.

Nach Erich Haus geht das Ausfällen der Harze nicht kontinuierlich vor sich, sondern der Vorgang ist etwa folgender:

Die Harze bleiben im Schmieröl solange kolloidal gelöst, bis sich etwa 6 bis 8% Erdölharze gebildet haben (Suida).

Beim Übergang der Harzstoffe in Asphalt reichert sich dieser zunächst in gelöster Form an und flockt dann beim Überschreiten seiner Lösungsgrenze aus. Dabei reißt er durch seine hochmolekularen Eigenschaften schon weiter vorgebildete, ebenfalls hochmolekulare ähnliche Harze mit. Im Schmieröl sind jetzt nur niedrige molekulare Produkte enthalten, und die Ausfällung wird unterbrochen, bis diese wieder hochmolekular geworden sind und ihrer Zahl nach die Lösungsgrenze überschritten haben.

Diese Vorgänge erklären die oft widersprechenden Ergebnisse bei der Untersuchung der gebrauchten Öle und bei der Untersuchung der Harze auf ihre Klebkraft.

Nach Untersuchungen von Kadmer ist die Annahme berechtigt, daß es sich bei den Harzen und Asphaltkörpern in natürlich gealterten Fahrzeugmotorenölen nicht um Stoffe einer hohen Oxydationsstufe, sondern vielmehr um Zusammenlagerungen (Polymerisate) aromatischer oder pseudoaromatischer Natur handelt, zu deren Bildung der Luftsauerstoff wohl Anlaß gibt, ohne aber im erwarteten Ausmaß in diese Verharzungsstoffe hineingebunden zu werden.

Dr. Hans Leo Haken, Petr., 9. 11. 38, führt bezüglich des Asphaltgehaltes im Altöl folgendes aus:

„Verfolgt man die Veränderung des Asphaltgehaltes, so wird man feststellen, daß der Asphaltgehalt ganz gleichmäßig mit dem Rußgehalt anwächst. Dadurch wird also die Ansicht bestätigt, daß die im gebrauchten Öl vorhandenen Asphaltstoffe wenig oder gar nichts mit der Ölqualität zu tun haben, sondern daß vielmehr ihre Bildung mit der Qualität des Kraftstoffes und der Art seiner Verbrennung zusammenhängt. Dafür spricht auch noch die Tatsache, daß die gefundenen Asphaltmengen sehr klein und bei den nach den verschiedensten Methoden raffinierten Ölen immer einigermaßen gleich sind."

Es sei dazu bemerkt, daß sich besonders beim Dieselmotor beim Durchblasen Asphaltbildung im Öl ergibt, während bei leichten Kraftstoffen im Ottomotor dies weniger der Fall ist.

Darstellung der Oxydationsprodukte

Um ein klares und übersichtliches Bild über die möglichen Oxydationsprodukte bei einem Schmieröl zu geben, ist in Bild 64 die Bildung der Produkte nach der Untersuchung von Dr. Hans Staeger an Isolierölen dargestellt.

Beschreibung von Bild 64

Die Tabelle zeigt schematisch diejenigen Kohlenwasserstoffe, die in einem normalen mineralischen Schmieröl enthalten sind, also naphthenische, polynapthenische, und paraffinische KW. Die Aromaten sind hier nicht aufgeführt, da angenommen ist, daß sie durch die Raffination entfernt würden.

Neben den reinen Kohlenwasserstoffen befinden sich im mineralischen Schmieröl außer etwas Schwefel noch sauerstoffhaltige Verbindungen, die als neutrale Erdölharze bezeichnet sind und die den Schmierölen die Farbe verleihen.

Diese Stoffe werden nun durch die Sauerstoffaufnahme angereichert, und es kommt dabei zur Ausbildung jener aktiven Endgruppen, die bei den Fettsäuren Karboxylgruppen heißen, bei den Naphthensäuren ebenfalls Karboxyloder Hydroxylgruppen sein können oder eine Kombination von beiden. (Siehe aktive Gruppen im Schmieröl.) Seite 180.

Wie schon erwähnt, erhöhen diese angesäuerten Moleküle die Schmierfähigkeit. Es sind öllösliche Säuren, die auch bei der Behandlung mit Fullererde nicht aus dem Öl gelöst werden.

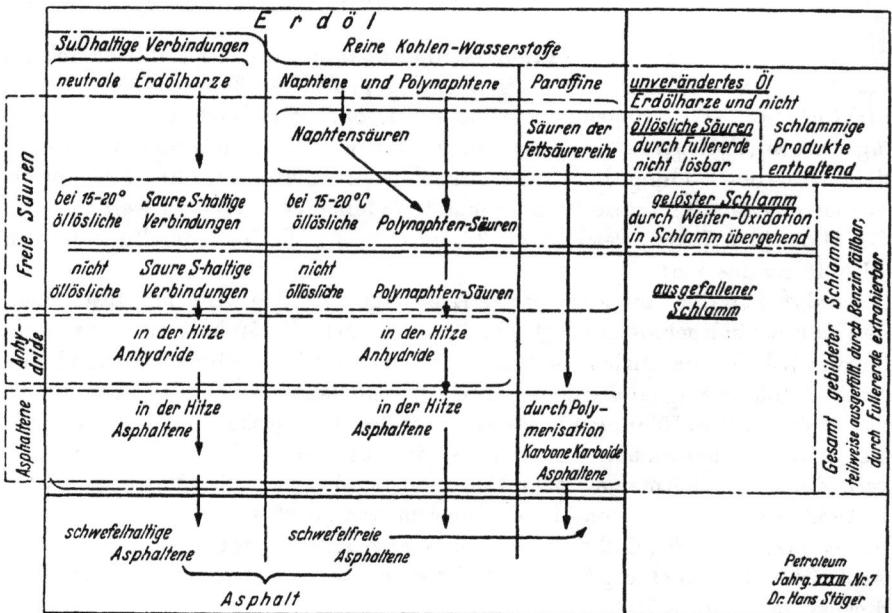

Bild 64. Die Reaktionen der Paraffin und Naphthen-Öle bei Temp. unter 115–120°C
Petroleum, Jahrg. XXXIII, Nr. 7, Dr. Hans Staeger

Die vorher erwähnten Erdölharze sind nichtschlammige Oxydationsprodukte, die im Öl kolloidal gelöst sind.

Im weiteren Verlauf der Oxydation bilden sich aus den Naphthensäuren Polinaphthensäuren, aus dem Schwefel saure schwefelhaltige Verbindungen, die beide teils löslich, teils unlöslich sind.

Alle bis jetzt besprochenen Alterungsprodukte sind als „freie Säuren" zu bezeichnen, die bei der Prüfung des Schmieröles durch die Neutralisationszahl erfaßt werden.

Die im Öl gelösten Anteile der schon weiter vorgeschrittenen Säuren und Harze sind im Schmieröl bereits als gelöster Schlamm zu bezeichnen, der bei weiterer Oxydation ausfällt.

Die soweit gealterten Schmieröle können auch schon jene nichtlöslichen Produkte enthalten, die als Weichasphalt bezeichnet werden und bereits ausfallen; trotzdem sind sie noch zu den freien Säuren zu rechnen.

In der Hitze wird aus diesem sauren Anteil das Wasser ausgetrieben, und es bilden sich die Säureanhydride.

Durch die Polymerisation dieser Anhydride werden dann schwefelhaltige und schwefelfreie Asphalthene gebildet, die kurz als Asphalt bezeichnet werden.

Da dieser Vorgang bei der künstlichen Alterung vor sich geht, muß angenommen werden, daß er bei den Temperaturen bis zu 120° C auch im Ölfilm an der Zylinderwand und auch im Kurbelgehäuse auftritt.

Die Öluntersuchungen von gebrauchten Motorenölen haben immer wieder gezeigt, daß der eigentliche Ölkörper nicht verändert wird, d. h. wenn man ein Öl, das im Motor gebraucht wurde, reinigt und mit Fullererde auch die Harzanteile aus ihm herauszieht, so ergibt sich ein Schmieröl, das durchaus dem Frischöl entspricht.

Mit dieser Feststellung ist aber nicht gesagt, daß das Öl an der Zylinderwand sich nicht verändert, sondern es kann nur logischerweise zum Ausdruck gebracht sein, daß nicht das gesamte Schmieröl im Motor der oben beschriebenen Alterung unterliegt, sondern nur ein geringer Teil.

Es ist außerdem bekannt, daß der im Schmieröl befindliche Ruß die ausgesprochene Neigung hat, Asphaltteile und Harze zu adsorbieren, daher ist es verständlich, daß das gereinigte Schmieröl diese Alterungsprodukte nicht enthält.

Auf diesen Umstand ist deshalb besonders hingewiesen, weil die in der Literatur vertretene Ansicht, daß sich das Öl im Motor viel weniger verändert als bei der künstlichen Alterung, zu der irrtümlichen Auffassung führen kann, daß überhaupt keine Schmierölveränderung eintritt.

Die Veränderung auch nur eines Teiles des Schmieröles ist aber von wesentlicher Bedeutung, besonders im Hinblick auf das Ringkleben (siehe Seite 138).

Schlamm im Motor

Die im Vorstehenden gemachten Ausführungen über Rückstände:

Metallabrieb bzw. Metallseifen,
Verbrennungskohle aus Kraftstoff und Öl,
Ruß aus Kraftstoff,
Wasser durch Kondensation aus Verbrennungsdampf und Luftfeuchtigkeit,
Oxydationsprodukte in Form von Harzen und Asphalt aus dem Schmieröl und Kraftstoff,
Staub aus der Verbrennungsluft

bilden gemeinsam die Verschmutzung des Öles.

Bis zu einem gewissen Grade bleiben diese Stoffe im Öl schweben, denn teilweise sind sie wegen ihrer Kleinheit fast als gewichtslos anzusprechen, so daß sie von selbst in Schwebe bleiben. Andererseits wirken harzige Bestandteile als Dispergator und halten auch gröbere Stoffe noch im Schwebezustand. Die Schlammbildung tritt ein, sobald eine freiwillige Ausscheidung der Teilchen erfolgt.

Es wurde bereits darauf hingewiesen, daß sich der Asphalt nicht kontinuierlich ausscheidet, sondern in einem Regen (siehe Seite 119).

Die gesamte Schlammausscheidung kann man sich in ähnlicher Weise vorstellen.

In Anwesenheit von Metall wird die Schlammausscheidung sehr beschleunigt, da die metallseifenartigen Verbindungen des Metallabriebes selbst zum großen Teil in Öl unlöslich sind und außerdem wesentliche Mengen kolloidal gelöster Harze adsorbieren und mit sich ausscheiden.

An den heißen Teilen wird naturgemäß die Ausscheidung durch das Verdampfen des Öles gefördert.

Je nach dem Anteil der einzelnen Rückstandsprodukte im Motor kann der Ölschlamm nun sehr verschiedene Gestalt annehmen und von sehr verschiedener Konsistenz sein. Er variiert von weicher, schleimiger Form über gelatineartiger bis zu fester, koksartiger Form, je nach seinem Gehalt an Wasser, Öl, Koks oder Harz und Asphalt.

Die gefährlichste Form ist die gelatineartige, da sie unweigerlich zum Verstopfen der Filter und Leitungen führt.

Es ist bis jetzt leider noch nicht aufgeklärt, wodurch die einzelnen Formen entstehen.

Nach den Untersuchungen von D. P. Barnath u. a., SAE. Journal, Mai 1934, ist es als erwiesen anzusehen, daß nur ein sehr geringer Teil des Schlammes aus den Veränderungen herkommt, die das Schmieröl selbst erleidet. Dies ist auch nach unseren Ausführungen über Rückstandsbildung nur natürlich (siehe Seite 108).

Einwandfrei wurde aber festgestellt, daß der Schlamm immer Stoffe asphaltigen Charakters enthält (mögen diese nun aus dem Schmieröl oder aus dem Kraftstoff kommen) und daß diese harzigen asphaltigen Stoffe Binde- und Klebstoffe bilden, welche die Zähigkeit und damit die Gefährlichkeit des Schlammes beeinflussen, auch wenn sie nur in sehr geringer Menge vorhanden sind (siehe

Seite 138). Anders wäre es nicht zu erklären, daß man durch Verwendung besonderer Schmieröle die Schlammbildung wesentlich beeinflussen könnte. Aus diesem Grunde kommt der Schmierölforschung eine sehr berechtigte Bedeutung zu.

In nachstehender Tabelle ist angegeben, wieviel asphaltartige Körper in Schlamm und Öl auf Grund vieler Untersuchungen enthalten sind.

Material	Im gebrauchten Öl	Im Schlamm
Anzahl der Muster ·	192	109
Bestandteile unlöslich in Petroläther		
maximaler Anteil %	1,59	80,00
minimaler Anteil %	0,07	0,17
im Durchschnitt aus diesen Mustern %	0,47	15,89
Bestandteile unlöslich in Petroläther, aber löslich in Chloroform. Asphalthene		
maximaler Anteil %	0,81	27,3
minimaler Anteil %	0,02	0,01
im Durchschnitt aus diesen Mustern %	0,17	3,09

Man sieht daraus, in welch weiten Grenzen die Anwesenheit von asphaltenischen Körpern im Schlamm variiert, daß aber immerhin mit einem Durchschnitt von 3% Gehalt zu rechnen ist, während er im gebrauchten Schmieröl nur 0,17% beträgt. Logischerweise geht daraus hervor, daß die Untersuchung des gebrauchten Schmieröles kein Bild über den Charakter des bereits ausgefallenen Schlammes geben kann und daß es vollkommen sinnlos ist, z. B. bei Filterverstopfung lediglich das gebrauchte Öl zu untersuchen, um die Ursache zu finden.

Die Vielheit der Produkte, aus denen der Schlamm gebildet wird, macht es selbstverständlich, daß der Schlamm verschiedener Motore weder in seinem Aussehen noch in seiner Zusammensetzung Ähnlichkeit haben muß.

Ja selbst der Schlamm in einem Motor ist verschieden je nach der Ablagerungsstelle: der an den Zahnrädern der Nockenwelle bzw. in deren Gehäuse haftende Schlamm kann ganz anders sein als der im Ölsumpf des Kurbelgehäuses; ebenso kann der an die Ventildeckel abgeschleuderte Schlamm andere Produkte enthalten als der Schlamm im Ölfilter. An dem Schaft von Pleuelstangen sowie im Kolbenboden (an der Unterseite) wurden vielfach Schlammsammlungen lackartigen Charakters gefunden; über die Schlammzusammensetzung in den Ringnuten siehe Untersuchungen unter „Kolbenringkleben" (Seite 129) erwähnt.

Der Einfluß von Schlamm und Asche im Öl

Es ist allgemein bekannt, daß der Staub zum Verschleiß wesentlich beitragen kann. Eine andere Frage ist die, inwieweit die im gebrauchten Öl enthaltenen festen Bestandteile den Verschleiß erhöhen. Die Ansichten hierüber sind sehr geteilt, denn viele Fuhrparkhalter meinen, ein Ölwechsel sei während 20000 Meilen = 36000 km (in England) nicht notwendig und die Maschine nähme in keiner Weise Schaden. Andere wieder halten die absolute Reinhaltung des Öles für die Verschleißfrage sehr wesentlich.

Zweifellos handelt es sich hier um ein Problem, das sehr von der Art der im Öl befindlichen Fremdkörper abhängt, und zwar

1. von der Menge,

2. von der Größe der Teilchen,

3. von ihrer Härte.

Es können z. B. größere Teilchen weniger gefährlich sein, weil sie sich infolge ihres höheren Gewichtes im Kurbelgehäuse besser absetzen. Außerdem ist z. B. sicher, daß Staubteilchen (Kiesel) wesentlich schädlicher sind als Kohlenteilchen und Eisenoxyde.

Eine Untersuchung von sieben Ölmustern des Londoner Passenger Transport, die deren Omnibussen entnommen wurden, ergaben, daß weder der Aschegehalt noch der Gehalt an benzinunlöslichen Schlammteilen von der gefahrenen Kilometerzahl abhängig war (siehe nachstehende Tabelle). Dies erklärt sich daraus, daß ein Motor mit hohem Ölverbrauch große Mengen Nachfüllöl braucht, so daß durch das ständige Nachgießen frischen Öles das gebrauchte Öl dann weniger Fremdkörper enthält als bei einem Motor, der einen geringen Ölverbrauch hat.

Ölmuster	Gefahrene Kilometer	Aschegehalt %	Schlammgehalt Benzin unlöslich %
1	6400	0,14	2,31
2	12800	0,10	2,16
3	19200	0,06	1,36
4	19200	0,14	3,2
5	19200	0,28	3,89
6	19200	0,14	2,49
7	19200	0,09	3,59

Jedoch ist, abgesehen vom Nachfüllöl, zu bedenken, daß schließlich das Öl nur eine gewisse Menge Fremdkörper und Schlamm suspendiert halten kann. Es muß also eine Grenze der im Öl enthaltenen Schmutzmenge geben, die nach einer bestimmten Laufzeit erreicht wird und nicht überschritten werden kann.

Aus diesem Grunde können diejenigen recht haben, die sagen, es sei völlig gleichgültig, ob man das Schmieröl 6400 km oder 36000 km im Motor lasse, denn das wirklich umlaufende Öl werde davon nicht mehr beeinflußt.

Die Grenze, bis zu der die Ölverschmutzung ansteigt, kann wesentlich unter 6400 km liegen.

Zudem ist bei den Ölen der Passenger Transport zu berücksichtigen, daß es sich hier um Muster handelt, die bereits längere Zeit aus dem Motor entfernt waren und einen Transport hinter sich hatten. Dementsprechend müssen diese Öle bereits alle Verunreinigungen abgesetzt haben, die das Öl auf die Dauer nicht suspendiert halten kann. Die Unregelmäßigkeiten im Schmutzgehalt können ebensogut nur von Temperatureinflüssen während des Transportes abhängen und von der Art der Ölentnahme wie von der gefahrenen Kilometerzahl.

Versuche des Research Committee

Die Kurven im Bild 65a zeigen weder für eine Zunahme des Aschegehaltes noch des Schlammgehaltes Bild 65c eine Steigerung des Verschleißes, wenn man von dem Muster 5 absieht.

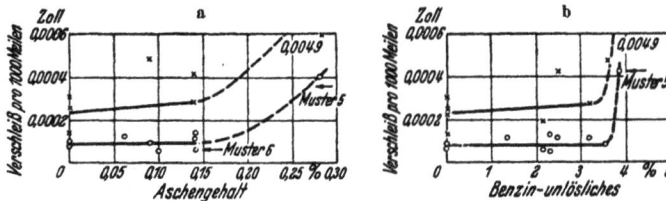

Bild 65a und b. Der Einfluß fremder Bestandteile im Schmieröl auf den Verschleiß.
Fourth Interim Report of the IAE Research Committee Automobile Engineer 1931.
Motor: Einzylinder wassergekühlt, $n = 1600$ U/min., $p_m = 4,2$ kg/cm², Zylinderwandtemperatur = 110° C.
Nach Versuchen von C. G. Williams Msc.

Ölmuster 5 fällt aus dem Rahmen, da es künstlich mit Staub angereichert wurde.

Die Versuche wurden mit einem Einzylinder wassergekühlt bei 1600 Umdrehungen, einer Zylindertemperatur von 110° C und 5,6 kg/cm² mittlerem Druck durchgeführt.

In der Kurve fällt auf, daß das Muster 5 mit einem Aschegehalt von 0,28% den vierfachen Zylinderverschleiß des Musters 6 mit einem Aschegehalt von 0,14% ergibt. Dies findet seine Erklärung in der Analyse der Asche der beiden Ölmuster. Es zeigt sich einwandfrei, daß der außerordentliche Verschleiß bei Muster 5 von dem hohen Kieselgehalt der Asche abhängt (siehe auch „Staub im Motor")

Ölmuster	Kieselsäure %	Eisenoxyd %	Aluminium-oxyd %
5	42	50	0,9
6	5,6	80	13

Weiter wurden Versuche durchgeführt, um den Einfluß gefilterten Öles gegenüber frischem Öl festzustellen. Es zeigte sich, daß das gefilterte Öl, das durch einen einfachen Durchflußfilter gefiltert war, keinen höheren Verschleiß ergab.

Versuche von Prof. Dr. Georg Beck

Die Versuche von Beck (Deutsche Kraftfahrforschung, Heft 29) führen genau zu einem gegenteiligen Ergebnis wie die Versuche des Research Committee. Gerade der Gegensatz zwischen diesen beiden Versuchen scheint die Annahme einer gewissen kritischen Laufzeit, innerhalb der noch eine erhöhte Ölver-schmutzung eintritt, zu bestätigen. Bei den Versuchen von Beck wurde zunächst Frisch-öl gefahren und dann gebrauchtes Öl, das in demselben Motor vorher während zwanzig Stunden benutzt wurde. Bei einem dritten Versuch wurde Schmieröl, das vierzig Stun-den gebraucht war, verwendet.

Es ergibt sich, daß bei der Verwendung des 20 Stunden gebrauchten Öles laut Bild 66 eine Verschleißsteigerung gegenüber dem Frisch-öl sowohl an Laufbüchse wie Ringen eintrat, während bei dem Versuch mit 40 Stunden gebrauchtem Öl kein erhöhter Ringverschleiß mehr festzustellen war; allerdings stieg der Büchsenverschleiß auch hier noch wesent-lich, so daß im Mittelwert auch bei dem 40-Stunden-Öl noch eine Verschleißsteigerung gegenüber dem Frischöl eintrat.

40 Stunden Laufzeit am Prüfstand entspre-chen bei einer durchschnittlichen Reisege-schwindigkeit von 50 km aber erst einer Fahr-strecke von 2000 km, also noch lange nicht der Verwendungsdauer der Öle, die von dem Research Committee untersucht wurde, da selbst hier Muster 1 bereits 6400 km gelaufen war.

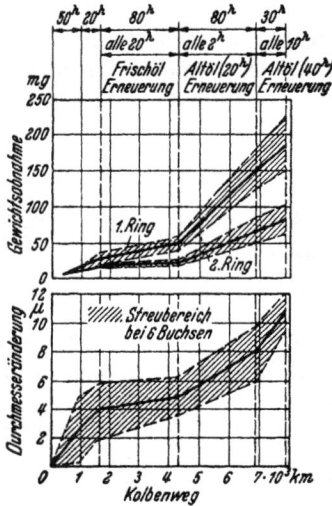

Bild 66. Der Einfluß fremder Be-standteile und von Alterungspro-dukten im Schmieröl auf den Ver-schleiß nach Versuchen von Prof. Dr. Georg Beck auf der technischen Hochschule in Dresden.

Ztschr. Deutsche Kraftfahrforschung Heft 29, 1939.

Motor: 6 Zylinder, 2 Ltr. Hubvo-lumen, 3200 U/min, $^3/_4$ Last.

Verwendet wurden gemischtbasische Schmieröle, das Altöl wurde im Motor selbst gealtert.

Es wäre also anzunehmen (wenn man an-nimmt, daß die Versuche von Beck sowohl wie vom Research Committee gewissenhaft durchgeführt wurden, woran kein Zweifel be-rechtigt ist), daß die kritische Laufzeit, von der ab keine weitere Ölver-schmutzung eintritt, zwischen 2000 km und 6400 km liegt.

Selbstverständlich wäre eine Festlegung dieser kritischen Laufzeit nur dann möglich, wenn man dieselben Öle in demselben Motor untersuchen würde.

Die Versuche des Research Committee wurden mit einem Einzylinder wasser-gekühlt bei 1600 Umdrehungen, 110° Zylindertemperatur und 5,6 kg/cm² mitt-lerem Druck durchgeführt, die Versuche von Beck mit einem 6-Zylindermotor 2 Liter bei 3200 Umdrehungen und $^3/_4$ Last und einer Kühlwasseraustritts-temperatur von 90°.

VIII. KOLBENRINGKLEBEN

Versuche von C. A. Boumann. Konstruktive Maßnahmen. Versuche von Kern. Kolbenring-
kleben bei Halblastlauf. Kolbenringkleben bei Flugmotoren. Die Klebkraft der Harze.

Das Festkleben der Kolbenringe mit seinen verschiedenen Folgeerscheinungen:

a) Durchblasen der Kolbenringe,

b) Erhöhung der Öltemperatur und des Ölverbrauches,

c) Nachlassen der Kompression und Anlaßschwierigkeiten,

d) Schneller Verschleiß der Kolbenringe und Zylinderrohre,

ist bei Explosionsmotoren einer der gefürchtetsten Schäden. C. H. Boumann ist
zuzustimmen, wenn er feststellt, daß dieser Schaden bei Motoren mit hohen
Ringtemperaturen wesentlich häufiger vorkommt als bei niederen Ringtemperaturen. Dieselmotoren, bei denen höhere Temperaturen mit rückstandsreiche-
rem Brennstoff zusammenwirken, sind wesentlich anfälliger als Benzinmotore.
Zweitaktmotore sind empfindlicher als Viertaktmotore. Bei der Entwicklung
von Flugmotoren war die Aufrechterhaltung des freien Spiels der Kolbenringe
ein Problem für sich.

Der hier herausgegriffene praktische Fall eines Dieselmotors mit Teillastbetrieb
(Versuch Scheffler) zeigt aber, daß Kolbenringkleben auch bei niederen Temperaturen sehr hartnäckig sein kann. Zusammenfassend sind folgende Umstände von Einfluß:

1. Die Güte der Verbrennung und die damit gegebene Rückstandsbildung aus
   dem Kraftstoff,

2. die Neigung des Kraftstoffes zur Ruß- und Asphaltbildung,

3. die Kolben- und Ringtemperaturen,

4. Viskosität, Harz- und Asphaltbildung des verwendeten Schmieröls,

5. Kolbenringkonstruktion, Ringbearbeitung, Ringpassung,

6. die Warmhärte des Kolbenmaterials wegen der Erhaltung einwandfreier
   Ringnuten und die Oberflächenglätte und Konstruktion der letzteren.

Diese gedrängte Zusammenfassung in 6 Punkte zeigt, daß man es eigentlich
schon mit 16 Komponenten zu tun hat, von denen jede einzelne Ursache des
Ringklebens sein kann; man könnte noch mehr anführen, u. a. die Gratbildung
am Kolbenring. Von wieviel Umständen die Kolben- und Ringtemperaturen für
sich wieder beeinflußt werden, geht bereits aus der Zusammenfassung Seite 91
hervor.

Genau genommen begegnen sich beim Problem des Ringklebens alle Themen dieses Buches, und es sei an dieser Stelle eingestanden, daß die Themenauswahl durch das Problem des Ringklebens bestimmt wurde. Fast jeder Mangel im Bereich des Zylinders, ob es die Konstruktion, das Material, den Brennstoff, das Schmieröl, die Bearbeitung, die Verbrennung, Zündeinstellung oder Kühlung betrifft, kann zum Ringkleben führen oder wesentlich dazu beitragen.

Bei dieser Sachlage muß nachdrücklichst darauf hingewiesen werden, daß es ein Allheilmittel gegen das Ringkleben nicht gibt und nicht geben kann. Jedes Ringkleben muß als Fall für sich behandelt werden. Ein systematisches Vorgehen ist allerdings unerläßlich, und es wird nachstehende Reihenfolge der Untersuchung empfohlen:

Es wird angenommen, daß am Motor die Kolben gezogen seien; er soll vorher nicht gereinigt worden sein. Die Untersuchung erstreckt sich zuerst auf Erscheinungen, die eine Überhitzung der Kolbenringpartie andeuten: geschwärzte Durchblasestellen (dieses führt in erster Linie zu örtlichen Überhitzungen der Ringe), Druckstellen des Kolbens, Schieflaufen, Deformierungen, die ebenfalls zu Überhitzungen beitragen, Stärke der Kohlenkruste auf dem Kolbenboden, bei Dieselmotoren auch Abspritzspuren, Materialdeformierungen an den Ringnuten, Spannkraft der Kolbenringe.

Dann folgt die Untersuchung der Erscheinungen, welche die Beweglichkeit der Ringe von der mechanischen Seite — Gratbildung, Oberflächenfehler in Ringnut und Ringen, Unrundheiten — beeinflussen (siehe auch Seite 47).

Als Drittes sind die am Kolbenschaft und in den Ringnuten vorgefundenen Rückstände auf Menge und Klebrigkeit zu untersuchen.

Schließlich kommt das Schmieröl an die Reihe. Es wird eine Frischöl- und eine Altölprobe abgezapft und beide Proben ins Laboratorium zur Untersuchung gesandt. Kurbelgehäuse, Ölfilter usw. werden auf abnormale Ölschlammbildung untersucht, dann sämtliche Motorteile vom Altöl sorgfältig gereinigt und für einwandfreieste Montage des Motors mit neuen geprüften Ringen und neuer Ölfüllung gesorgt. Bei laufendem Motor setzt man die Untersuchungen bei der von ihm geforderten Leistung und den etwaigen Teillasten fort.

Man beginnt mit einer Untersuchung der Verbrennung, welche die wahrscheinlichste Ursache großer Rückstandsbildung ist. Dazu gehört Zündungs-, Gemisch- und Auspuffkontrolle, Vergasereinstellung, bzw. Düsenabspritzung und Pumpenkontrolle, Steuerdiagramm, Ventilkontrolle, Brennstoffverbrauch.

Ist der Motor auf beste Verbrennung eingestellt, so sind meist damit auch die günstigsten Kolben- und Ringtemperaturen gegeben; es ist nun noch die Kühlung zu beachten. — Ob noch ein Herunterdrücken der Temperaturen möglich ist durch Zurücknehmen der Zündung, Erhöhung der Luftmenge, Ändern der Düsen bei Einspritzmotoren, Senken der Kühlwassertemperatur, ist nur von Fall zu Fall zu bestimmen. Darauf untersucht man den Brennstoff, ob er den Anforderungen entspricht: spezifisches Gewicht, Siedekurve, Oktanzahl bzw. Cetanzahl, Asphaltgehalt. Bei Benzinen kann man noch auf Teerbildner untersuchen lassen, bei Gasöl Verkokungstest anschließen.

Befindet sich der Motor im Betriebszustand, so ändert sich die Reihenfolge der Untersuchungen sinngemäß.

Mit den nachstehend angeführten Arbeiten von C. A. Boumann, den verschiedenen Kolbenringkonstruktionen, der Arbeit von Erich Haus über die Klebkraft der Harze, den Motorversuchen von Daimler-Benz, Deutzmotoren und Philippovich soll nur ein Überblick gegeben werden, in welcher Weise man das Problem zu lösen versuchte und zu welchen Anschauungen man dabei gekommen ist.

Inzwischen sind Inertiaringe (Schlagringe) auch in Deutschland erprobt worden und haben sich bei Zweitaktmotoren bewährt. Die Anwendnng derartiger Hilfsmittel bleibt aber doch sehr begrenzt. Fest steht auch, daß, entgegen der Ansicht von Boumann, die Qualität des Schmieröles nicht so unbedeutend ist. Sicher ist andererseits, daß rückstandsfreie Verbrennung und gemäßigte Motorbelastungen die Gefahr des Ringklebens bei dichten Ringen in den meisten Fällen ausschalten.

Versuche von C. A. Boumann

C. A. Boumann stellt fest, daß die Temperatur des Kolbens der wichtigste Faktor beim Kolbenringkleben ist und die Häufigkeit dieser Erscheinung bei hohen Temperaturen größer ist als bei niedrigen.

Alle Umstände, die zu einer Erhöhung der Kolbenringtemperatur führen, sind für das Kolbenringkleben ungünstig.

Dazu gehören:

> Hoher mittlerer Druck, damit zusammenhängend stärkere Rußabsonderung aus dem Kraftstoff bei Dieselmotoren,
>
> klopfender Brennstoff bei Benzinmotoren,
>
> Durchblasen der Gase, damit zusammenhängend schlechtes Abdichten der Kolbenringe,
>
> geringer Luftüberschuß,
>
> zu hohe Kühlwassertemperatur,
>
> schlechte Wärmeableitung aus dem Kolben.

Als Ursache der Ringverklebung gilt allgemein, daß die Verbrennungsrückstände durch die Kolbenringe von der Zylinderwand abgeschabt werden und in den Ringnuten abgelagert werden.

Die Art der Zusammensetzung der Rückstände in den Ringnuten ist etwa folgende:

> Harze — unlöslich in Benzin, leichtlöslich in Benzol und Alkohol 1—5%,
>
> Asphalt — unlöslich in Benzin und Alkohol, löslich in Benzol 1—5%,
>
> Kohle, Ruß und Asche — unlöslich in Benzin, Alkohol und Benzol 40—80%,
>
> Asche — 2—5%, in besonderen Fällen sogar bis 10%,
>
> Öl — von einem geringen Prozentsatz bis 40—50%.

In Dieselmaschinen enthalten die Rückstände in den Ringnuten mehr Ruß als in den Vergasermaschinen.

Die Schmieröleigenschaften spielen gegenüber den anderen Einflüssen nur eine sehr untergeordnete Rolle (siehe auch Seite 106). Diese Ansicht deckt sich auch mit der Ansicht anderer Autoren, die darauf hinweisen, daß dem Ringkleben nur dadurch gesteuert werden kann, daß man der Rückstandsbildung in den Kolbenringen durch konstruktive Maßnahmen entgegentritt.

Konstruktive Maßnahmen

Derartige konstruktive Maßnahmen bestehen darin, daß man auf verschiedene Art versucht, die an sich unvermeidlichen Rückstände aus den Ringnuten zu entfernen. In Bild 67 ist die Konstruktion eines Schlagringes dargestellt, der lose auf dem obersten Kolbenring aufsitzt und, ohne die Zylinderwand zu berühren, eine horizontale wie vertikale Bewegungsfreiheit hat, um die sich ansetzenden Rückstände vom Kolbenring loszuschlagen, damit so ein Festlegen des Kompressionsringes vermieden wird.

Weiter ist eine Konstruktion dargestellt, die durch besondere Ausbildung der Ringschultern

1. ein gutes Anliegen der Ringbrust an der Zylinderwand ermöglichen soll, wodurch das Durchblasen und damit eine Überhitzung der Ringe verringert wird, und

2. dem Ring außerdem eine vertikale Bewegungsfreiheit gibt, die wiederum das Losschlagen der Rückstände begünstigt; außerdem werden die Auflageflächen der Ringschulter verkleinert.

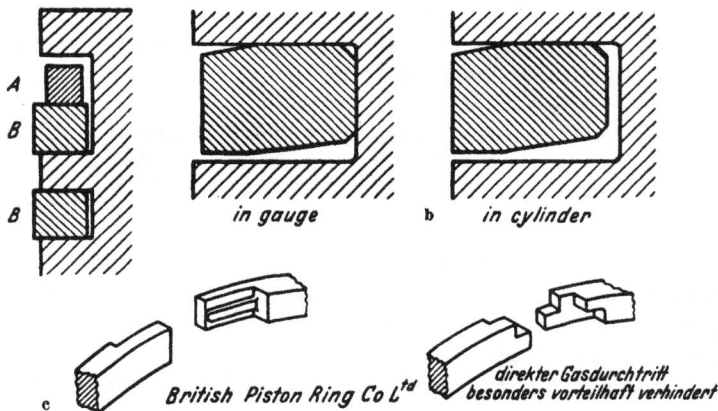

A
B
B

in gauge   b   in cylinder

c   British Piston Ring Co Lᵗᵈ   direkter Gasdurchtritt besonders vorteilhaft verhindert

Bild 67. Ringkonstruktionen gegen Ringstecker
The Automobil-Engineer November 1938.

67a. Patent der Villiers Engineering Company. Verwendet bei 2 Takt-Motoren.
A „inertia ring"   B Kompressionsringe

67b. D. Napier u. Sons-Flugmotore vor mehreren Jahren entwickelt, heute in England und Amerika bei Flugmotoren stark in Verwendung.

67c. Ringschlösser um das Fixieren der Ringe zu vermeiden und dieselben wandern zu lassen, zur Vermeidung des Steckenbleibens.

Lit: The Problem of Ringsticking in Ar. Eng. O. C. Bridgemann. S. AE Journal Dec. 1937.

Da erkannt wurde, daß eine Beweglichkeit der Ringe für die Vermeidung des Ringklebens günstig ist, hat man auch wieder auf das Wandern der Ringe zurückgegriffen und darum geschlossene Ringschlösser konstruiert, um die Ringe in den Nuten nicht fixieren zu müssen.

In Bild 68 ist die Spezialkonstruktion eines Kolbens für Zweitaktdieselmotore gezeigt, die durch einen besonderen Ring mit Winkelprofil einen Schutz der Kompressionsringe erreichen soll. Die Rückstände in dem Winkelring sind den Gasen so leicht zugänglich, daß sie verbrannt werden. Aus den Kurven des Bildes ist ersichtlich, daß die Rückstände in der Ringnute a mit zunehmender Belastung abnehmen, während sie in den Kompressionsringen b und c zunehmen. Es sei bemerkt, daß die Kompressionsringe bei diesen Kolben sehr tief angeordnet sind und sich damit in einer kühleren Kolbenzone befinden.

Obwohl die Senkung der Ringtemperatur sowie konstruktive Maßnahmen in der Ringform für das Vermeiden des Ringklebens von ausschlaggebender Bedeutung sein mag, so ist doch auch durch die Schmierölauswahl in vielen Fällen ein Erfolg erzielt worden.

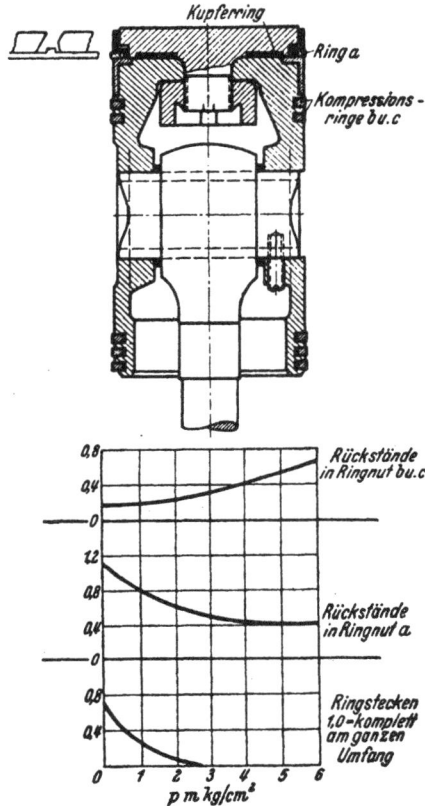

Bild 68. Über Rückstandsbildung und Kolbenringstecken bei einem Spezialkolben für Zweitakt-Motore für Zugmaschinen. Motorumdrehungen – 1400, Versuchsdauer – je 40 Std., Kühlwassertemperatur – 75° C, Schmieröltemperatur – etwa 90° C.
Versuche von C. A. Boumann, Delft Laboratory, Royal Dutsch,

Versuche von Dr. Ing. Kern

Dr.-Ing. Kern von Daïmler-Benz untersuchte den Einfluß der Viskosität auf das Kolbenringkleben im Einzylindermotor 10 PS, $n = 1550$ und stellte fest, daß dünne Motoröle sich wesentlich günstiger verhalten als dickere Öle. Dies wird seine Ursache in der höheren Rückstandsbildung der dickeren Öle haben (siehe Bild 69).

Daß jedoch auch die Zusammensetzung des Öles und seine Neigung zur Harzbildung einen wesentlichen Einfluß haben kann, bestätigt der Versuch von Kern mit einem Mineralöl von 5 % Fettölzusatz, das zu einem sofortigen Kolbenringkleben führte (siehe Bild 70).

Ergebnis:

Bei Schmieröl mit 5,14° E/50° bleiben Ringe über 200 Std. frei.

Bei Schmieröl mit 12° E/50° hängen Ringe schon in der ersten Betriebsstunde und sind nach 62 Std. vollständig fest.

Bei Schmieröl mit 16° E/50° desgleichen, jedoch wird weniger Öl hochgepumpt. „Trotzdem ist der Verbrennungsraum frei von Ölkohle, das hochgepumpte Öl verbrennt also vollständig.“

Kolbenringkleben bei Halblastlauf
Versuche von Scheffler

Gerade die Harzbildung und die Klebrigkeit der Harze dürfte die Ursache sein, daß ein Kolbenringkleben auch bei Motoren auftritt, die mit geringer Belastung laufen, da eine verhältnismäßig niedrige Temperatur die Klebrigkeit der Rückstände begünstigt insofern, als diese Klebrigkeit an Stoffe gebunden ist, die als Zwischenprodukte der thermischen Zersetzung des Schmieröles betrachtet werden können. Bei hohen Temperaturen wird die Klebrigkeit infolge des höheren

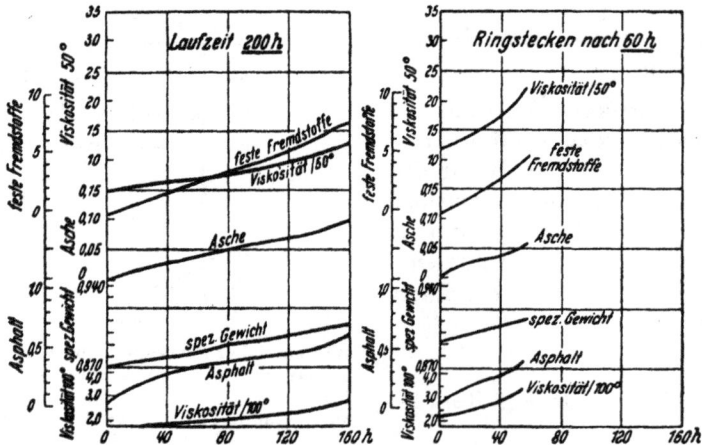

Bild 69. Einfluß der Viskosität auf Kolbenringkleben.

Versuchsmotor: 1 Zyl. Diesel 10 PS $n = 1550$ Öltemp. 80° C. Ölfüllung 5 Liter, ohne Nachfüllung.

Dieselkraftstoff Nr. 1 (siehe Seite 107).

Frisch-Öl-Analyse	Öl Nr. 4	Öl Nr. 5
spez. Gew.	0,8710	0,8917
Viskos. $E°$/50° C	5,18	11,6
Viskos. $E°$/100° C	1,70	2,17
Polhöhe	1,67	2,17
Conradsontest	0,13	0,27
Harz nach Noak	1,75	2,66

Öl u. Kohle 13. 5. 1938. Dr. Ing. Kern.

Kohleanteiles geringer sein. Es liegt darum die Vermutung nahe, daß bei den hohen Temperaturen es weniger die Klebrigkeit ist, die für das Ringkleben eine Rolle spielt, sondern mehr die an sich größere Menge der Rückstände, die infolge der stärkeren Rußbildung entstehen (siehe auch Rußbildung im Motor).

Im Nachstehenden ist ein Versuch mit einem 2-Zylinder-Dieselmotor (Leistung 28 PS) gebracht, bei dem sich das Kolbenringkleben hauptsächlich bei stationärem Teillastbetrieb mit Durchflußkühlung zeigte, während es im Fahrbetrieb weniger in Erscheinung trat.

Der Motor lief auf der Insel Neuwerk bei Cuxhaven in einem Gleichstromaggregat, N_e etwa 12 PS, $n = 1000$, $P_e = 2,82$. Das erste Hängenbleiben der Kolbenringe konnte meist schon nach 10 Stunden beobachtet werden.

Ohne Erfolg blieben folgende Maßnahmen:

a) Auswechseln von Kolben und Zylinder.

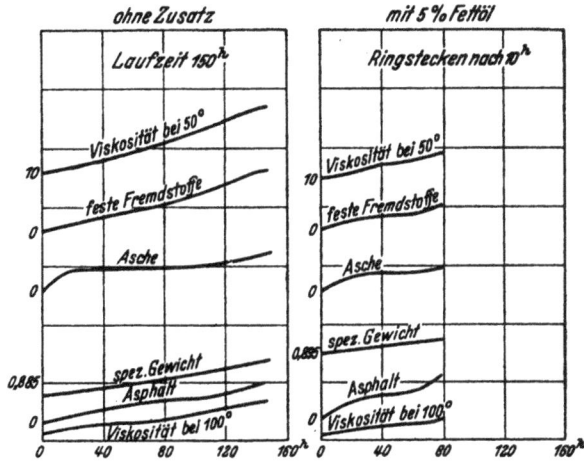

Bild 70. Der Einfluß von 5% Fettölzusatz auf das Kolbenringkleben.
Versuchsmotor: 1 Zylinder Dieselmotor 10 PS, 1550 Umdreh./min.
Öltemp. 80° C, Ölfüllung 5 Liter ohne Nachfüllung.
Frischölanalyse: ohne Zusatz — spez. Gew. 0,8580, Viskos. bei 50°, 10,4, bei 100° 2,14, Polhöhe 1,95, Conradsontest 0,13, Harz nach Noak 2,28.
Versuche von Dr. Ing. Kern, Öl und Kohle. 13. 5. 1938.

b) Einbau von Kolben, die am Boden 0,1 mm größeren Durchmesser hatten und so auch bei Teillast besser anlagen.

c) Ölabschirmbleche unter den Zylinderrohren zur Verminderung der Ölbeaufschlagung. Der Ölverbrauch wurde kleiner als 0,5 g/PSh.

d) Erhöhte Ölung durch Weglassen des unteren Abstreifringes.

e) Wechsel des Schmieröles zwischen zwei bekannten Autoölen.

f) Auswechseln des ganzen Motors. Der neue Motor zeigte die gleichen Erscheinungen.

Am zurückgenommenen Motor wurde nun beobachtet:

1. Untersuchung der Temperaturen in Kolben- und Zylinderwandung: Höchsttemperatur im obersten Teil der Zylinderwand, 1 mm unter der Oberfläche

$$t_z = 120° \text{ C}.$$

Temperatur an der Kolbenoberfläche etwa 2 mm oberhalb des obersten Kolbenringes bei $n = 1000$ zwischen $P_e = 2,82$ und $6,0$:
Schmelzstopfen von 146° schmilzt,
Schmelzstopfen von 181° schmilzt nicht.

Die Temperaturen sind also so niedrig, daß ein Festbrennen aus dieser Ursache nicht in Frage kommen kann.

2. Es lag vielmehr die Vermutung nahe, daß es sich um Rückstände aus der Verbrennung handelt und die chemische Beschaffenheit des Schmieröls hierbei eine Rolle spielt.

Diese Vermutung wurde durch folgende Beobachtungen bestätigt.

a) Wenn die Kolbenringe hängenbleiben, weist auch die Zylinderoberfläche im oberen Teil große braunschwarze Flecken von festhaftenden Rückständen auf; dies auch bei verchromtem Zylinderrohr, welches im übrigen keinerlei Erfolg brachte.

b) Die Rückstände — es handelt sich hierbei um feuchten, teerigen Ruß, keinesfalls um feste „gebrannte" Ölkohle — klemmen sich seitlich zwischen den Ring und die Nute, und zwar von oben her. Vorwiegend, jedoch nicht immer, bleibt der oberste Ring zuerst hängen.

Eine Vergrößerung des Spieles zwischen Ring und Nute um 0,1 mm bringt gar keinen Erfolg. Verwendung von überlappten Ringen zögert das Hängenbleiben etwas hinaus.

c) Die Ringe bleiben auch hängen, wenn der Kolben gut anliegt, sogar genau an der Stelle, an welcher der Kolben anliegt und ein blankes Laufbild zeigt.

3. Schmieröle: Es mußte also angenommen werden, daß die Zusammensetzung des Schmieröls eine entscheidende Rolle spielt. Tatsächlich konnten auch durch Verwendung anderer Öle, insbesondere reiner, niedrig-viskoser Raffinate, wesentliche Erfolge erzielt werden.

Es ergaben sich bei mehreren Versuchen folgende Zeiten, nach denen bei der Belastung von 11 PS bei $n = 1000$ erstmalig ein Ring zu hängen begann:

Schmieröl	Zeit bis zum Hängen		Es hing zuerst	
	min.	max.	Zyl.-Nr.	Ring-Nr.
Öl a Auto-Sommeröl	10	16	1	1
Öl b Auto-Winteröl	24	24	1+2	1
Öl c Auto-Winteröl	24	24	1	3
Öl d Auto-Winteröl	23	46	2	2+4
Öl e Auto-Winteröl	48	48	2	1+4
Öl f Auto-Winteröl	24	83	1,2	3,1
Öl g stark ausraffiniertes helles Autoöl	72	—	1	1
Öl h stark ausraffiniertes helles Autoöl	nicht	nicht		
Öl i Maschinenöl	72 Std.	—		

Es wurde nun noch eine Verbesserung des ursprünglichen Zustandes des Motors durch Änderung der Kühlung und Verstellen des Zündzeitpunktes versucht.

4. Änderungen an der Kühlung: Durch Erhöhung der Kühlwassertemperatur wurde kein wesentlicher Erfolg erzielt, desgleichen nicht durch Verlegen der

Kühlwassereinführung von Zylinder 1 nach Zylinder 2. Es blieb immer bevorzugt der erste Ring von Zylinder 1 hängen.

5. Änderungen an Zündeinstellung und Verbrennung: Die Vermutung, daß der Zündzeitpunkt mehr Einfluß hat, wurde bestätigt. Durch extremes Späterstellen der Zündung konnte auch mit Öl *a* erreicht werden, daß das Hängenbleiben der Ringe nicht mehr eintrat.

Der Verbrauch ist bei der späten Zündstellung im Teillastgebiet besser, im Vollastgebiet natürlich schlechter und mit Leistungseinbuße verbunden. Immerhin dürfte dies bei einiger Reserve noch tragbar sein.

Bei der Teillast von $P_e = 2,82$, bei welcher das Hängenbleiben immer beobachtet wurde, ist die Auspufftemperatur kaum höher als bei der frühen Zündeinstellung, so daß also das bessere Ergebnis nicht mit Wegbrennen der Rückstände bei erhöhter Verbrennungstemperatur zu erklären ist.

Es ist auch nicht mit einer besseren bzw. sauberen Verbrennung zu erklären. Durch abnormale Vorkammerblaslöcher wurde die Verbrennung bei Zündstellung 5 wieder künstlich schlechter gemacht. Doch auch in diesem Zustand trat kein Kleben der Ringe auf.

6. Beobachtungen an anderen Typen:

a) An Motor 414 tritt bei einer Zündeinstellung von 23° v. o. T. mit Öl a) schon nach 24 Stunden Festhängen des oberen Kolbenringes ein. Mit Öl h) tritt kein Hängen auf! Späterstellen der Zündung bringt gleichfalls Besserung.

b) An Motor 317, wo mit Öl a) oft über Hängenbleiben der Kolbenringe geklagt wurde, konnte durch Späterstellen der Zündung und vor allem Verwendung von Öl h) radikale Abhilfe geschaffen werden.

Kolbenringkleben bei Flugmotoren

Auszug aus: Über die Beständigkeit von Flugmotorenöl und ihre Prüfung. Von Alexander von Philippovich, Luftfahrtforschung, Band 14, Lfg. 4/5.

„Die verschiedenen Einflüsse der motorischen Verbrennung auf das Verhalten des Schmieröles sind nur schwer im Laboratorium nachzuahmen, so daß bis auf weiteres der Prüflauf die letzte Instanz zur Beurteilung der Schmieröle bleibt. Die großen Schwierigkeiten und Kosten solcher Versuche in Flugmotoren führten zwangsläufig zum Übergang auf kleinere, und zwar Einzylindermotoren, deren Ergebnisse nun zwar auf festerem Boden stehen als der Laboratoriumsversuch, aber auch noch der Kritik ausgesetzt sind. Selbst Versuche in einem Motor mit einem Flugmotorenzylinder sind aber derart kostspielig, daß die Verwendung noch kleinerer Einheiten zur Bestimmung der Neigung von Ölen zum Kolbenringfestsitzen erwünscht ist. Die DVL hat auf Vorschlag der Siemens-Werke (Dr. Goßlau) ein 1,5-kW-Aggregat der Siemens-Schuckertwerke in der Weise verwendet, daß bei hohen Zylinderkopftemperaturen die Zeit bestimmt wurde, innerhalb der infolge des Kolbenringfestsitzens oder der Oxydation Leistungsabfall eintrat. Der luftgekühlte Motor hat 384 cm³ Hubraum, Gußeisenkolben, ein Verdichtungsverhältnis von 4,5 : 1, Schleuderschmierung mit Ölumlauf von 12 l/Std. und wird mit einer Drehzahl von 1500 min bei 380° C Kerzentemperatur mit immer demselben Benzin-Benzolgemisch (60:40) betrieben.

Als Maß des Festsitzens sind Gasdurchtritt und Kerzenringtemperatur unverläßlich, so daß nur der Leistungsabfall bleibt.

Das seitliche Spiel der Kolbenringe ist von größtem Einfluß; der spezifische Kraftstoffverbrauch ist ebenfalls sehr wichtig (Bild 71). Auch die Temperatur des Schmieröles im Sumpf ist von sehr großer Bedeutung (Bild 72). Dieses Ergebnis spricht aber auch dafür, daß die Beurteilung eines Öles bei einer starren Versuchsanordnung zu Fehlschlüssen führen kann. Die Ölumlaufmenge wirkt sich z. B. so aus, daß die Vergrößerung des Ölumlaufes von 2,4 auf 3,4 kg die Laufzeit von 7 auf $9^1/_4$ Std. (36 v. H.) erhöht. Die Zylinderwandtemperatur wirkt sich ebenfalls auf die Laufzeit stark aus: je höher sie ist, um so schneller tritt das Festsitzen ein. 3,5° C Temperaturänderung bewirken bei einem mineralischen, 9° C bei einem fetten Öl (vielleicht wegen der sehr kurzen Laufzeiten) eine Änderung um 1 Std. Bei verschiedenen Ölen wirkt sich die Änderung der Zylinderwand- oder Kerzenringtemperatur verschieden aus (Bild 73). Paraffinbasisches Öl und Rizinusöl zeigen dabei die stärkste Temperaturabhängigkeit, naphthenbasisches und asphaltbasisches Öl waren dagegen bei allerdings sehr kurzen Laufzeiten gleich wenig empfindlich gegen die Temperaturschwankungen.

Sehr bemerkenswert ist der Einfluß des Kraftstoffes auf die Laufzeiten bei verschiedenen Ölen (Bild 74). Während bei einem gefetteten Öl Bleibenzin und Benzin-Benzol gleiche, dagegen Motorenbenzol die doppelte und Benzin-Alkohol noch längere Laufzeiten ergaben, waren bei einem naphthenischen Öl Benzin-Benzol und Motorenbenzol gleichwertig, während Bleibenzin eine Steigerung von 6 auf $7^1/_4$, Benzin-Alkohol eine von 6 auf $9^1/_2$ Std. ergaben."

Zusammenfassend ergibt sich aus den drei wiedergegebenen Untersuchungen, daß

a) beim Versuch Kern dünne Öle günstig waren,

b) bei Versuch Scheffler dünnes, helles, gut ausraffiniertes Öl die besten Ergebnisse brachte.

c) Bei Versuch Philippovich ist die Wechselwirkung zwischen Kraftstoff und Schmieröl hervorgehoben.

Auch andere Erfahrungen deuten darauf hin, daß eine gleichzeitige Auswahl geeigneten Kraftstoffes und geeigneten Schmieröles zu einem Ergebnis führen kann, was der Sachlage nach durchaus natürlich ist. Auf andere motortechnische Maßnahmen zur Vermeidung des Kolbenringklebens ist in der Arbeit von Scheffler bereits hingewiesen.

Jedenfalls sind derartige Versuche, wenn nicht eine weitgehende Untersuchung der Schmieröle und ihrer Veränderungen parallel geht, ziemlich zwecklos, weil das Schmieröl immer noch der einzige Indikator ist, der über die Vorgänge beim Kolbenringkleben Auskunft geben kann. Das Schmieröl selbst ist an dem Kolbenringkleben keinesfalls unbeteiligt, da seine aktiven Gruppen durch ihre chemischen Veränderungen jedenfalls Stoffe bilden, die als Verbindungsstoffe der aus der Verbrennung anfallenden Produkte bedeutend sind.

Dies sind in erster Linie die H a r z e , die infolge ihrer Klebkraft (siehe Seite 138) gefährlich werden können. In zweiter Linie ist es der Schwefel und Sauerstoffgehalt, der von Einfluß sein kann; weiter auch freie und gebundene Säuren (siehe Seite 118).

Die Oxydation der Schmieröle kann bei gewissen Sorten durch den Schwefelgehalt beschleunigt werden, bei anderen Sorten kann der Schwefel als Inhibitor

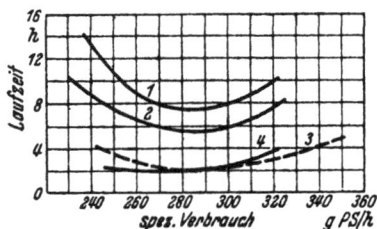

1 paraffinisches Öl
2 gefettetes Öl b
3 gefettetes Öl a
4 fettes Öl

71. A b h ä n g i g k e i t d e r L a u f z e i t d e s M o t o r s
vom Kraftstoffverbrauch.

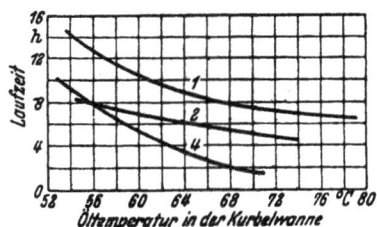

1 paraffinisches Öl
2 gefettetes Öl b
4 fettes Öl

72. A b h ä n g i g k e i t v o n d e r Ö l t e m p e r a t u r.

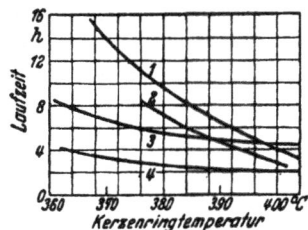

1 paraffinisches Öl
2 Rizinusöl
3 naphthenisches Öl
4 asphaltisches Öl

73. A b h ä n g i g k e i t v o n d e r K e r z e n r i n g -
t e m p e r a t u r.

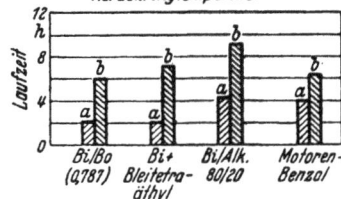

a gefettetes Öl
b paraffinisches Öl

74. A b h ä n g i g k e i t v o n d e r A r t d e s K r a f t -
stoffes.

Bild 71—74. Versuche über Kolbenringkleben.
Motor: Luftgekühlter Siemens-Motor, 1,5 KW Aggregat.
Kompressionsverhältnis 1 : 4,5, Schleuderschmierung mit 12 l/h Umlauf, Drehzahl 1500 U/min,
Kraftstoff: Benzin-Benzol 60 : 40.
Von Alex Philippovich, Luftfahrtforschung, Band 14.

wirken. Soweit man diese Verhältnisse bereits untersucht hat, ist anzunehmen, daß eine beschleunigte Wirkung dort auftritt, wo das Öl an sich leicht oxydierbar ist, also viele ungesättigte Verbindungen enthält, während eine Inhibitorwirkung dann auftritt, wenn das Öl aus vorzüglich abgesättigten Verbindungen besteht. Dasselbe gilt von dem im Öl gelösten Sauerstoff. Das gleiche will man auch bei allen Zusatzmitteln beobachtet haben, die dem Öl beigegeben werden, um es oxydationsbeständiger zu machen.

Die Klebkraft der Harze

Erich Haus (Erdöl und Teer, 22. 4. 38) untersuchte die Klebkraft der Harze und stellte folgendes fest:

Die Klebkraft der Harze macht sich bei der üblichen Konzentration im Öl kaum bemerkbar. Es tritt höchstens eine Viskositätserhöhung des Öles ein. Indessen kann sich eine Störung unangenehm auswirken, wenn sich im Zylinder (sei es an den Kolbenringen, auf dem Kolbenkopf oder auch an schadhaften Stellen des Zylinders) Asphalt abgeschieden hat, der dann wegen seiner hochmolekularen Eigenschaften adsorptiv auf das Harz einwirkt und es aus dem Öl herauslöst; so entstehen an diesen Stellen Anreicherungen.

Ist der Motor im Betrieb warm, so wird es voraussichtlich keine Störungen geben. Bleibt der Motor aber längere Zeit stehen und erkaltet, so können die Kolbenringe verkleben, zumal sich bei einer dafür günstigen Harzkonzentration im Asphalt lackartige Produkte finden können, die noch eine bedeutend höhere Klebkraft als das Harz allein besitzen.

Die Anlagerung der Harze an den Asphalt kann sich ganz verschieden auswirken. Der Asphalt kann einerseits die Klebkraft bedeutend herabsetzen, ein anderes Mal bei günstigen Konzentrationsverhältnissen durch lackartige Konsistenz die Klebkraft ganz bedeutend erhöhen, und es hängt sehr vom Charakter des Öles ab, ob sich mehr Harz oder mehr Asphalt bildet. Bei Versuchen in einem Wanderermotor, der 50 Stunden am Prüfstand gefahren wurde, hatte

$$\text{ein paraffinisches Versuchsöl} \begin{cases} 0,2\% \text{ Asphalt} \\ 2,8\% \text{ Harzstoffe,} \end{cases}$$

$$\text{das naphthenische Öl} \begin{cases} 0,2\% \text{ Asphalt} \\ 1,9\% \text{ Harzstoffe} \end{cases}$$

Bei künstlicher Alterung nach Noack ergibt das

paraffinische Öl eine Klebfestigkeit von 2630

das naphthenische Öl   4100,

im Wanderer, 50 Std. gefahren,

das paraffinische Öl   3560

das naphthenische Öl   4200.

Gegenüber der künstlichen Alterung ist im Fahrbetrieb also bereits eine wesentliche Annäherung der Klebfestigkeit des Harzes eingetreten.

Die Klebfestigkeit von Harz und Asphalt war in beiden Fällen jedoch bedeutend höher,

im Wanderer, 50 Std. gefahren,

das paraffinische 4080

das napthenische 5200.

Diese Untersuchungen zeigen, wie außerordentlich schwer es ist, die Geeignetheit der Schmieröle für die Verhinderung des Kolbenringklebens festzustellen, da die Verhältnisse der Asphaltausscheidung im Motor nicht nur vom Schmieröl abhängig sind, sondern auch vom Kraftstoff, die Wechselwirkung beider aber die Klebrigkeit der Rückstandsprodukte stark beeinflußt.

Die Untersuchungsmethode der Klebkraft der Harze von Erich Haus ist Seite 241 wiedergegeben.

Man kann bei Untersuchungen auf Kolbenringkleben nur dann einen Erfolg haben, wenn man durch mehrere Versuchsreihen sich ein Testöl geschaffen hat und dann dieses Testöl und das zu untersuchende Schmieröl im Motor mit gleichem Kraftstoff und gleichen Betriebsbedingungen fährt, aus den gebrauchten Ölen Harz und Asphalt trennt und auf Klebfestigkeit untersucht. Der Unterschied der Resultate kann dann einen Hinweis auf die Brauchbarkeit des zu untersuchenden Öles geben.

IX. UNTERSUCHUNG GEBRAUCHTER MOTORÖLE

Ursachen der Veränderung des Öles im Motor. Altöluntersuchungen. Wann ist ein gebrauchtes Öl unbrauchbar? Entnahme von Schmierölproben. Neutralisation und Verseifungszahl bei gebrauchten Ölen. Feste Fremdstoffe. Bestimmung der Gesamtverschmutzung. Der Aschegehalt. Conradsontest. Untersuchung auf Hartasphalt. Emulsionsfähigkeit der Öle. Schmierfähigkeit gebrauchter Öle. Schlammlöslichkeit der Schmieröle.

Im Kapitel VII: „Rückstände im Motor" ist deren quantitativer und qualitativer Anfall unter verschiedenen Betriebsbedingungen besprochen.

Diese Rückstände sammeln sich aber zu einem großen Teil in dem im Motor befindlichen Schmieröl, dessen teilweise Aufgabe es ja sogar ist, die Rückstände von den Motorwänden abzuwaschen. Neuerdings (Seite 267) wird auf diese Auswaschfähigkeit des Schmieröles — „Detergency" — sogar besonderer Wert gelegt.

Wie schon erwähnt, spielen Menge und Art der Rückstände für die Lebensdauer eines Motors eine so große Rolle, daß der Gedanke nahe liegt, den Ölsumpf im Kurbelgehäuse regelmäßig zur Überprüfung des Motorzustandes heranzuziehen.

Die nachstehenden sehr interessanten Altöluntersuchungen der Reichsfahrt 1935 und die darin zum Ausdruck kommenden Rückschlüsse auf die Betriebsbedingungen der Motore, unter denen sie tatsächlich gelaufen sind, sind recht lebhafte Beispiele dafür. Damit würde der Altöluntersuchung eine betriebstechnische Seite abgewonnen werden, die in ihrer Bedeutung gar nicht abzuschätzen ist. Heute wird ein gebrauchtes Öl nur im Reklamationsfall untersucht, und eine eingesandte Altölflasche wird als äußerst lästig betrachtet, denn man versteht es noch nicht, daraus betriebstechnischen Nutzen zu ziehen. Dieser Nutzen kann sich nur einstellen, wenn regelmäßig Kontrollen durch lange Zeit registriert werden und so relative Vergleichszahlen vorliegen. Große Verkehrsgesellschaften beginnen bereits, in diesem Sinne an Omnibussen und Lastwagen Erfahrungen zu sammeln.

Ursache der Veränderung des Öles im Motor
Beschreibung von Bild 75

Das Bild soll einen Überblick geben, inwieweit das Schmieröl durch den Verbrennungsvorgang beeinflußt wird. In der ersten Spalte ist die Veränderung des Altöles angegeben, in der zweiten Spalte ein Hinweis, inwieweit die Ölqualität gegenüber den Einflüssen des Verbrennungsvorganges von Bedeutung sein kann. In der dritten Spalte sind die Einflüsse des Motors und des Kraftstoffes angeführt, während in der vierten Spalte der Einfluß der Motoreinstellung in großen Zügen dargestellt ist. Die Tabelle gibt damit insgesamt einen guten Überblick darüber, daß eine Qualitätsverbesserung des Schmieröles bei günstigen Motorverhältnissen wohl eine Verbesserung bringen kann, die Verbesserung der Schmierölqualität aber keinesfalls ungünstige Einflüsse des Kraftstoffes, des Motorzustandes und der Motoreinstellung zu beheben imstande ist. Die vier Faktoren: Verschmutzung mit Verbrennungskoks, Verbrennungsruß, Kraftstoff und Wasser liegen ganz außerhalb der Ölqualität.

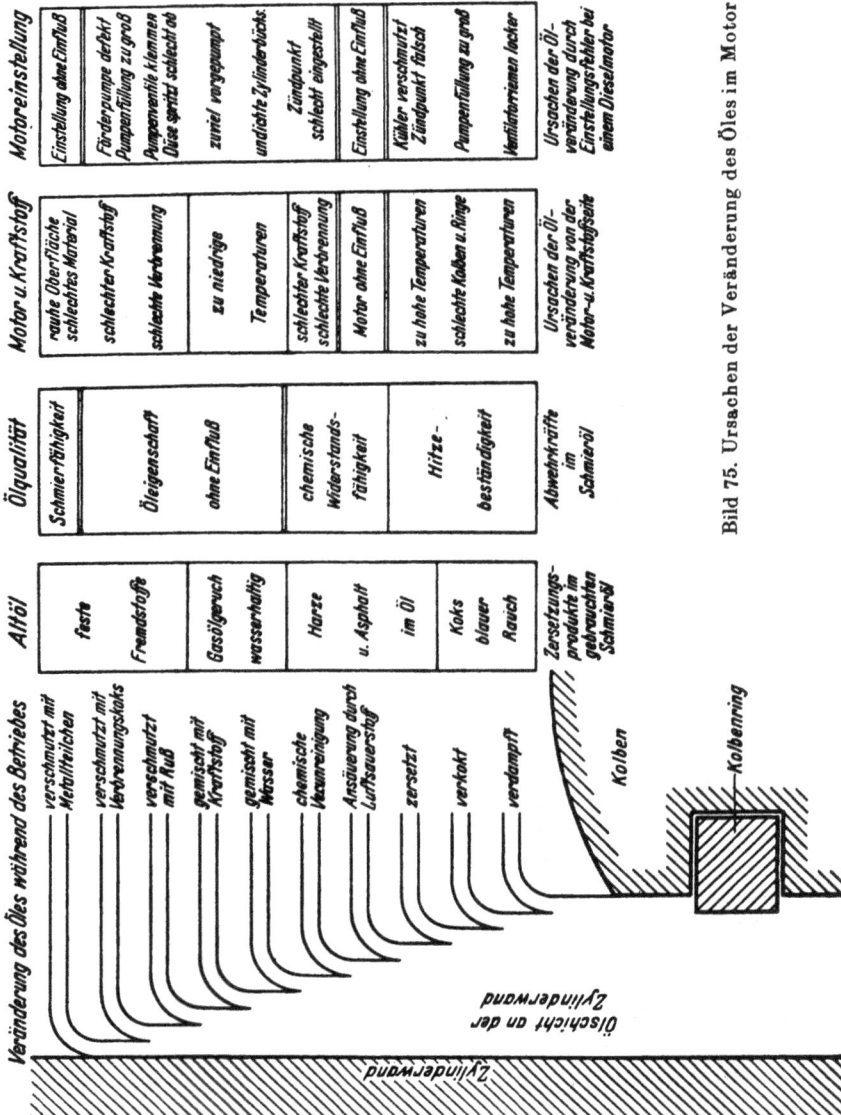

Veränderung des Öles während des Betriebes	Altöl	Ölqualität	Motor u. Kraftstoff	Motoreinstellung
verschmutzt mit Metallteilchen	feste Fremdstoffe	Schmierfähigkeit	rauhe Oberfläche schlechtes Material	Einstellung ohne Einfluß
verschmutzt mit Verbrennungskoks		Öleigenschaft ohne Einfluß	schlechter Kraftstoff schlechte Verbrennung	Förderpumpe defekt Pumpenfüllung zu groß Pumpenventile klemmen Düse spritzt schlecht ab
verschmutzt mit Ruß				
gemischt mit Kraftstoff	Gasölgeruch wasserhaltig		zu niedrige Temperaturen	zuviel vorgepumpt
gemischt mit Wasser		chemische Widerstands-fähigkeit		undichte Zylinderbüchse
chemische Verunreinigung	Harze u. Asphalt im Öl		schlechter Kraftstoff schlechte Verbrennung	Zündpunkt schlecht eingestellt
Ansäuerung durch Luftsauerstoff			Motor ohne Einfluß	Einstellung ohne Einfluß
zersetzt		Hitze-beständigkeit	zu hohe Temperaturen	Kühler verschmutzt Zündpunkt falsch
verkokt	Koks blauer Rauch		schlechte Kolben u. Ringe	Pumpenfüllung zu groß
verdampft			zu hohe Temperaturen	Ventilriemen locker
	Zersetzungs-produkte im gebrauchten Schmieröl	Abwehrkräfte im Schmieröl	Ursachen der Öl-veränderung von der Motor- u. Kraftstoffseite	Ursachen der Öl-veränderung durch Einstellungsfehler bei einem Dieselmotor

Ölschicht an der Zylinderwand

Zylinderwand

Kolben

Kolbenring

Bild 75. Ursachen der Veränderung des Öles im Motor

Von rechts nach links betrachtet, zeigt das Bild, welche Betriebszustände sich auf das Schmieröl und auf die Rückstandsbildung auswirken. Aus dem Bild geht auch einwandfrei hervor, daß die Beanspruchung und die Veränderung des Öles im Motor ganz anders ist als die bei Transformatoren und Turbinenlagern. Bei diesen Maschinen handelt es sich um keine Beimengungen von Fremdkörpern zum Öl, sondern ausschließlich um das Entstehen von Oxydationsprodukten durch die Einwirkung der Luft aus dem Öl selbst. Diese letztere Form der Ölveränderung nennt man Alterung der Öle. Diese Art der Alterung suchte man mit den verschiedensten Apparaten, wie Baadertest, Indianatest und andere, nachzuahmen. Erst der Noaktest versuchte, sich den Motorverhältnissen anzupassen, jedoch ist auch hier der Einfluß der genannten Rückstände nicht miterfaßt. Irrtümlicherweise wurde dann der Ausdruck Alterung auch für Motorenöle kritiklos übernommen, ohne zu bedenken, daß das Öl an der Zylinderwand einer ganz anderen Beanspruchung unterliegt insofern, als nicht nur Luft und Hitze auf es einwirken, sondern auch die Verbrennungsgase des Kraftstoffes hier eine wesentliche Rolle spielen.

Altöluntersuchungen

Im Kapitel „Rückstände im Motor" wurden eingehend die Verunreinigungen besprochen, die das Schmieröl im Motor erleidet, und es ergibt sich aus der Menge dieser Fremdstoffe eine derartige Überlagerung der Veränderungen des Schmieröles an sich, daß grundsätzlich das Muster eines gebrauchten Motorenöles nicht geeignet ist, um über die Qualität des verwendeten Motorenöles Aussagen machen zu können.

Liegt der Verdacht vor, daß bei einer Reklamation die verwendete Ölsorte mitschuldig ist, so muß man auf jeden Fall ein Frischölmuster haben, wenn man sich darüber ein Urteil bilden will.

Die Untersuchung des gebrauchten Öles kann nur den Zweck haben festzustellen, ob das Öl bei Eintritt der Reklamation noch im gebrauchsfähigen Zustand war; wenn das verneint werden muß, so kann seine Untersuchung lediglich Fingerzeige geben, was der grundlegende Fehler war, der zur Reklamation führte. Sei es, daß das Öl seine Schmierfähigkeit verloren hat infolge von Brennstoffverdünnung oder durch zu hohen Gehalt an Fremdstoffen, sei es, daß starke Schlammbildung auftrat, verursacht durch starke Wasseroder Säurebildung oder übergroßen Rußanteil. Jedenfalls ist der Zustand des Altöles ein Ergebnis des gesamten Verbrennungsmechanismus des Motors und niemals lediglich eine Frage der Ölqualität. Zur Erledigung einer Ölreklamation ist darum immer auch ein Frischölmuster anzufordern. Erst der Vergleich zwischen Frischöl- und Altölmuster kann zu einer richtigen Beurteilung des vorliegenden Falles führen.

Altölvergleiche verschiedener Motore lassen sich nur bei ein und derselben Maschinentype vornehmen, da die Verschmutzung des Öles auch vom Ölinhalt des Motors abhängt. Selbstverständlich müssen beide Öle gleiche Zeit gelaufen sein. Unterschiede im Brennstoffverbrauch sind dabei zu berücksichtigen, da die Verschmutzung zum großen Teil aus dem Brennstoff kommt.

Abhängigkeit der Rückstände vom Kraftstoff

Es ist wiederholt nachgewiesen worden, daß der Rußanteil im Öl, abgesehen von richtiger Einstellung der Verbrennung, von dem Kohlen-Wasserstoffverhältnis des Kraftstoffes abhängig ist.

Ein günstiges C-H-Verhältnis ist über 1 : 2.

Entsprechende Kraftstoffe: Methanol, Ruhrgasol, Motorenmethan und Benzine.

Ungünstiges C-H-Verhältnis haben die Kraftstoffe: Benzol, Dieseltreiböle, insbesondere mit hohem Aromatengehalt, und Generatorengase.

Der Anteil an Asphalt im Altöl ist vorwiegend vom C-H-Verhältnis des Kraftstoffes abhängig. Bei sauberer Verbrennung sind Ruß- und Asphaltanteile stets gering. Der Selbstverschleiß des Öles ist viel geringer, als gewöhnlich angenommen wird.

Chemische Einflüsse von seiten des Treibstoffes überwiegen naturgemäß immer, da durch den Treibstoff quantitativ wesentlich größere Mengen schädlicher Stoffe eingeführt werden als durch das Schmieröl. (Die Ursache von freiem Schwefel im Altöl ist z. B. immer im Treibstoff zu suchen, wie Spealtmann, Chem. Ztg., 40, 1916, nachweist.)

Der Staubgehalt des Altöles kann nicht in direkte Beziehung zur Güte der Luftfilterung gebracht werden, da ja der Staubgehalt des Altöles auch davon abhängig ist, wieweit die Kolben durchblasen. Er kann also bei einem Motor mit verhältnismäßig guter Luftfilterung und schlechten Kolben ebenso hoch werden wie bei einem Motor mit schlechter Luftfilterung und besserem Kolbenzustand.

Dasselbe gilt vom Metallabrieb. Eine Beziehung des Metallabriebes zur Qualität des Schmieröles ist in der Praxis ebenfalls sehr schwer zu finden, da durch die Altöluntersuchung, selbst wenn man auch den Schlamm mit heranzieht, es kaum möglich ist, den ganzen Metallabrieb zu erfassen.

Die Untersuchung des Altöles kann also nur ein Hilfsmittel sein, um den Betriebszustand eines Motors ohne dessen Besichtigung beurteilen zu können, wenn es sich also lediglich um eine oberflächliche Beurteilung handelt, wie sie vielfach bei schriftlichen Reklamationen vorkommt. Hier gibt die Altöluntersuchung, wenn sie zweckmäßig durchgeführt wird, brauchbare Fingerzeige.

Wann ist ein gebrauchtes Öl unbrauchbar?

Diese wichtige Frage bezieht sich auf das Öl, wie es aus dem Motor entnommen ist. Man kann folgendes als Richtlinie annehmen:

Der Gesamtfilterrückstand soll bei 30facher Verdünnung in Normalbenzin nicht größer sein als 1 bis 1,5% des unverdünnten Öles. Die Erdölharze sollen nicht mehr betragen als 6 bis 8%.

Die Verdünnung durch Kraftstoff soll nicht über 6% gehen. Die Säurezahl bei nicht gefiltertem reinem Mineralöl sei 1 mg KOH. Die Verseifungszahl bei nicht gefiltertem reinem Mineralöl 2 mg KOH. Der Hartasphaltgehalt soll nicht über 0,5% gehen.

Die Viskositätszunahme des abgefilterten Öles soll unter 2° E sein. Der Flammpunkt soll nicht unter 200° C liegen.

Für den Gesamtfilterrückstand, der in N-Benzin unlöslich ist, wurde nach praktischen Fahrergebnissen der A. T. Wiford London-Passenger-Transport Board bei Omnibussen 8% des unverdünnten Öles als oberste kritische Grenze bezeichnet, bei 10% trat bereits Fressen ein. Durch Verbesserung der Einspritzdüsen konnte der Gehalt an Gesamtfilterrückstand bei einer Fahrstrecke von 9500 km auf 1,5% gedrückt werden. Man sieht daraus wieder den großen Einfluß motortechnischer Maßnahmen.

Entnahme von Schmierölproben

Der Anteil der im Öl in Schwebe gehaltenen Fremdbestandteile, wie Ruß. Hartasphalt, Staub, Metallabrieb usw., ist sehr von der Temperatur abhängig, so daß Altölmuster, die nach längerem Stehen des Motors gezogen werden, andere Ergebnisse bringen als Muster aus dem laufenden Motor.

Die gezogenen Muster wandern dann meist einen langen Weg bis zur laboratoriumsmäßigen Untersuchung, und während dieser Zeit treten nicht nur Schlammablagerungen im Mustergefäß ein, sondern auch chemische Veränderungen. So können sich zum Beispiel aus Harzen Asphaltkörper bilden, so daß der Asphaltgehalt im Ölmuster höher erscheint, als er zur Zeit der Entnahme war. Letztere chemische Veränderungen haben besondere Bedeutung, wenn zwei verschiedene Ölmuster miteinander verglichen werden sollen. In diesem Fall ist unbedingt auf gleiche „Wartezeit" zu achten.

Im Laboratorium muß stets der gesamte Musterinhalt ausgeschüttet und zur Untersuchung herangezogen werden, um die Ablagerungen des Öles während der Wartezeit zu erfassen. Es ist völlig falsch, aus dem Muster lediglich die benötigte Menge abzugießen. Um dem Laboratorium die Heranziehung des ganzen Inhaltes zu ermöglichen, ist es zweckmäßig, nicht zu große Muster zu senden. Ein $^1/_2$-kg-Muster genügt für alle Untersuchungen Muster unter $^1/_4$ kg sind aus anderen Gründen unzulänglich.

Altölmuster, die vom Kunden gezogen werden, geben nicht immer das richtige Bild, da sie oft unsachgemäß entnommen wurden.

Nimmt man das Altöl aus der Ablaßschraube des Ölsumpfes, so ist es notwendig, eine größere Menge Öl auslaufen zu lassen, damit nicht in das Muster ausschließlich alte Ablagerungen gelangen, die an der Umlaufschmierung nicht teilnehmen. Eine Mitteilung, wie das Muster gezogen wurde, sollte immer verlangt werden.

Am zweckmäßigsten ist das Ziehen des Musters aus dem Kurbelgehäuse von oben, bei Beachtung eines gewissen Bodenabstandes.

Bei Dieselmotoren mit Hauptstromfilter kann das Muster auch aus dem Filter genommen werden, wobei jedoch die Zeit der letzten Filterreinigung zu beachten ist.

Handelt es sich um Schlammreklamationen, so muß ein Schlammuster beigegeben werden unter genauer Angabe, wo der Schlamm entnommen wurde.

Bei Lagerschäden ist die gleichzeitige Untersuchung des havarierten Lagers unerläßlich.

Die Neutralisationszahl bei gebrauchten Ölen

Ihre Erhöhung ist nicht unbedingt auf Säuren zurückzuführen, die sich aus dem
Schmieröl gebildet haben, sondern kann auch durch saure Verbrennungsprodukte des Kraftstoffes, z. B. Schwefeldioxyd, hervorgerufen worden sein.
Die Säurezahl erfaßt auch lediglich die Menge der gebildeten Säuren und keinesfalls ihre Art, ganz abgesehen davon, daß die flüchtigen, nicht sauren Peroxyde
nicht erfaßt werden, diese sind aber infolge ihrer besonderen Aktivität von
großer Wichtigkeit.
Man findet oft noch Angaben, die den Säuregehalt des Öles in Prozent angeben.

a) Säuregehalt in Prozent, berechnet auf Ölsäure $C_{18}H_{34}O_{02}$. Die Neutralisationszahl 1 mg KOH entspricht einem Säuregehalt von 0,5%, berechnet auf Ölsäure.

b) Säuregehalt in Prozent berechnet auf Schwefelsäureanhydrit SO_3. Die Neutralisationszahl 1 mg entspricht einem Säuregehalt von 0,07%, berechnet
auf SO_3.

Die Angaben unter a) und b) sind in letzter Zeit immer mehr fallen gelassen
worden. Immerhin muß man darauf achten, welche Angabe gemacht wurde.
Freie organische Säuren können bei Frischölen, die mit Lösungsmittelraffination hergestellt sind, ebenfalls als Überreste der Raffination vorhanden sein.
Sie können sich aber auch bereits in den Fässern durch Einfluß des Luftsauerstoffes gebildet haben oder von Unreinheiten herrühren.

Die Verseifungszahl bei gebrauchten Öl

Die Verseifungszahl steigt mit dem Gebrauch der Schmieröle nicht gleichmäßig
weiter, sondern erreicht einen Höchstwert und sinkt dann wieder unregelmäßig.
Für die Verseifungszahl gilt dasselbe wie für die Säurezahl. Sie erfaßt in einem
Gemisch verschiedener verseifbarer Verbindungen lediglich die Menge, keinesfalls aber die Art der verseifbaren Stoffe.

Feste Fremdstoffe

Die Bestimmung der festen Fremdstoffe ist nicht genau.
Nach den Richtlinien für Einkauf und Prüfung von Schmiermitteln werden bei
Ölen 5 bis 10 g Öl in der zehnfachen Menge Benzol (Kahlbaum-Benzol 80/82
thiophenfrei) und durch einen bei 105° C getrockneten Filter abfiltriert. Nach
dem Auswaschen mit Benzol wird das Filter bei 105° getrocknet und gewogen.

Die Filterung

Nach Leo Haken, Petr., 9. 11. 38, kann man durch Filtrieren über ein gewogenes
Filter, am besten ein aschearmes, nur den groben Ruß und sonstige Verunreinigungen erfassen. Der feine, meist sogar kolloidale Ruß aber läuft hier glatt

durch. Man wird diese Art der Filterung nur dann anwenden, wenn man den Metallabrieb einer Ölprobe feststellen will. Auch die Verwendung von Filterhilfen führt nicht immer zum Ziel. (Als Filterhilfe wird von Boumann eine geringe Beimischung von etwas Spiritus empfohlen. Anm. d. V.) Die Bleicherden schalten aus, weil sie nicht nur Ruß und Asphalt aus dem Schmieröl herausnehmen, sondern auch Anteile mit polarem Charakter. Da die Filterhilfen in diesem Fall auch noch in größeren Mengen angewendet werden müssen, so würde man damit gleichzeitig eine Regeneration des Öles durchführen. Dieser Nachteil wird bei der Verwendung von Kieselgur vermieden, doch lassen sich Ölproben mit hohem Gehalt an kolloidalem Ruß auf diese Weise nicht reinigen. Am besten hat sich die Verwendung von Bakterienfilter der Firma Schott & Gen., Jena, Listennummer 17 C, mit einer mittleren Porengröße von 200 bis 250 μ bewährt. Zur schnelleren Filterung wird das Öl durch Normalbenzin verdünnt, das dann leicht im Wasserbad wieder abgedampft werden kann.

Die Bestimmung der Gesamtverschmutzung nach Kadmer

Eine gewogene Menge Altöl wird in zwanzigfacher Verdünnung Normalbenzin gelöst und zwölf Stunden im dunklen Raum aufbewahrt. Das Benzinunlösliche ist dann die Gesamtverschmutzung und wird im Glasfiltertiegel abgefiltert. Analyse der Rückstände siehe Holde, Ausgabe 1933, Seite 360.

Der Aschegehalt nach DIN DVM 3657

Wichtig ist der Gehalt an Kieselsäure, da dieser den Verschleiß sehr stark beeinflußt. (Nur bei gebrauchten Ölen.)
Bestimmung des Kieselsäuregehaltes der Asche.
Bestimmung der Metallrückstände.
Den Aschegehalt aus gebrauchten Schmierölen findet man immer zu hoch, weil das abgeriebene Metall im Glühtiegel oxydiert und damit schwerer wird. Es kann in bestimmten Fällen vorkommen, daß, obwohl ein Öl sichtlich durch Rußflocken geschwärzt ist, für diese kein oder gar ein negativer Wert gefunden wird. Ganz einfach deshalb, weil der Kohlerückstand nur rechnerisch als Gewichtsdifferenz ermittelt werden kann und sich hier alle Fehler der übrigen Bestimmungen zusammendrängen.
Wenn Blei vorhanden ist, das aus äthylisierten Kraftstoffen oder von Lagermetall kommen kann, müssen besondere Vorkehrungen beim Ausglühen getroffen werden, um einen Verlust durch Verdampfen zu verhindern.
Die anfallende Asche ist dann auf Silikate oder Kalk und auf Metallgehalt zu untersuchen.
Der Gesamtgehalt soll bei Ottomotoren kleiner sein als 0,5 %,
bei Dieselmotoren kleiner als 0,2 %.
Eine beträchtliche Differenz zwischen den Chloroformunlöslichen und der Menge der Asche muß die Aufmerksamkeit auf die Verkokung des Öles oder auf eine unvollkommene Verbrennung lenken.

Über die im Altöl enthaltenen Fremdkörper, vor allem Metallabrieb, hat sich nach Kadmer keine Beziehung zur Ölqualität finden lassen.

Kadmer behauptet, daß sich auf Grund seiner Versuche der Prozentgehalt an Asche bei Fahrzeugmotoren, bezogen auf 1 cm² Kolbengleitfläche

beim Vergasermotor zwischen 0,050 bis 0,100%

beim Dieselmotor   zwischen 0,080 bis 0,150%

bewegt.

Conradsontest

Der Conradsontest wird nach ASTM Designation: D 189—36 bestimmt.

Die Methode will den Gehalt an Kohlerückstand bei der Verdampfung des Öles unter bestimmten Bedingungen feststellen.

Seine Anwendung ist nur sinngemäß in Verbindung mit der Viskositätsbestimmung und des spezifischen Gewichtes.

Prof. Dr. J. Formanek, ATZ., Heft 15, 1934, gibt darüber Versuche an, in wieweit die Kohlebildung im Motor mit dem Conradsontest in Übereinstimmung steht (siehe Tabelle S. 148). Es ist nicht überraschend, daß bei diesen Versuchen keine Übereinstimmung zu finden war, da die Kohlebildung im Motor ja nicht allein durch das Öl bestimmt ist, sondern auch durch den Kraftstoff und dadurch schon vom Conradsontest des Schmieröles abweichen muß.

Bahlke, Barnath, Eisinger und Simons (Factors Controlling Engine Carbon Formation the Society of Automobile Engineers Journal, New York, 1931, S. 215) haben gefunden, daß die Abscheidung der Kohle im Motor bei zwei Ölen, welche verschiedene Neigung zum Abscheiden der Kohle haben, bei demjenigen im Motor größer ist, welches höheren Conradsontest besitzt.

Der Conradsontest gibt damit doch einen gewissen Maßstab für das Verhalten des Öles im Motor.

Nach dem Versuch von Heinz und Widekke ergibt sich bei Überprüfung von gebrauchten Schmierölen eine gute Übereinstimmung der Conradsonteste mit den im Öl enthaltenen Fremdstoffen, sowohl für das filtrierte wie für das unfiltrierte Öl. Dies ist eigentlich eine selbstverständliche Beziehung, da ein Großteil der Fremdstoffe aus Kohlerückstand besteht (Bild 76 und 77).

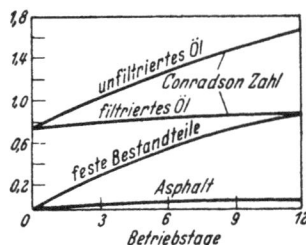

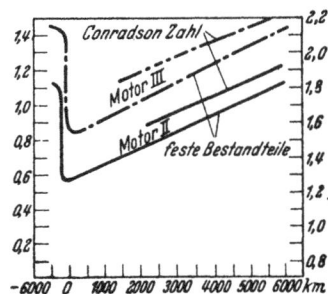

Bild 76 u. 77. Zunahme der Conradsonzahl während des Betriebes.

76 Schnelltriebwagen der Deutschen Reichsbahn.

77 Omnibus der Deutschen Reichsbahn.

Im praktischen Betrieb wächst die Conradsonzahl des ungefilterten Öles mit den festen Bestandteilen, des gefilterten Öles mit dem Asphaltgehalt.

Nach Versuchen von Prof. Dr. Heinze und Widekke. (Erdöl und Teer Heft 20, 1938.)

Vergleich von Kohlerückstand nach Conradson zum reinem Kohlerückstand

Bezeichnung des Öles	Spez. Gewicht bei 20°	Visk. in E° bei 50°	Entflammungspunkt	Kohlenrückstand nach Conradson	Reiner Kohlenrückstand
Pennsylvanisches A	0,882	10,5	250°	0,50	1,80
Pennsylvanisches B	0,886	9,5	240°	0,48	2,00
Pennsylvanisches C	0,917	12,5	235°	0,22	1,80
Mid-Continent D	0,919	8,2	210°	0,12	1,50
Texasöl E	0,936	12,0	217°	0,12	1,00
Texasöl F	0,922	12,7	223°	0,11	1,35
Russisches Öl	0,915	10,7	238°	0,20	1,40

Untersuchung auf Hartasphalt

Die Bestimmung des Hartasphaltes erfolgt nach DIN-DVM 3660.
Begriff:
Als Hartasphalt bezeichnet man solche Oxydations- und Polymerisationsprodukte von Erdölen, die beim Lösen der Öle in Normalbenzin ausfallen und in Alkohol unlöslich sind.

Begriff des Normalbenzins

Normalbenzin ist ein Leichtbenzin mit den Siedegrenzen von 45 bis 95° und dem spezifischen Gewicht von 0,695 bis 0,705.

Das Aussehen des Hartasphaltes ist glänzend und schwarzbräunlich, seine Beschaffenheit ist spröde. Mattes und schmieriges Aussehen deutet auf noch vorhandene öl- und paraffinartige Stoffe hin.

Dunkle Schmieröle (Destillate und Dampfzylinderöle) enthalten den schon im Rohöl ursprünglichen Hartasphalt. Schmieröle für Motore müssen frei von Hartasphalt sein.

Nachdunkeln der Öle

Das Nachdunkeln der Öle durch den Einfluß von Licht, Wärme und aufgenommenen Luftsauerstoff deuten auf Asphaltneubildung hin.
Man unterscheidet folgende Typen harz- und asphaltartiger Stoffe:

1. Hellgelbe und bräunlichrote neutrale Harze, die schmelzbar und leicht löslich in Petroläther sind.

2. Schwarze Pechstoffe, sogenannter Weichasphalt, Asphaltogensäuren und deren Anhydride, die den Charakter von Säuren haben und in Petroläther sowie Äther und Alkohol unlöslich sind.

3. Schwarze Asphaltstoffe, sogenannter Hartasphalt, der spröde, unschmelzbar, ohne sich zu zersetzen, unlöslich in Petroläther, leicht löslich in Benzol, Chloroform und CS_2 ist (Schwefelkohlenstoff).

Die Harzstoffe sind in dem unverfälschten Mineralöl kolloidal gelöst. Die hellen Harze lassen sich mit 70 proz. Alkohol aus den hellen Mineralölen herauslösen; ihr Gehalt beträgt nicht mehr als 6,5 %, bei dunklen Ölen nicht mehr als 1 %.

Die unter 1. bezeichneten hellen Harze haben beträchtlichen Sauerstoff- und Schwefelgehalt, so daß sich vermuten läßt, daß diese Harze, die sich auch noch in raffinierten Mineralölen befinden, durch Polymerisation bzw. durch Kondensation von ungesättigten Verbindungen und Anlagerung von Sauerstoffen, Schwefel usw. entstanden sind (siehe Bild 64).

Emulsionsfähigkeit der Öle

Unter Emulsion versteht man die innige Durchmischung von zwei Flüssigkeiten in der Weise, daß die eine Flüssigkeit in Form von Tröpfchen in der anderen verteilt ist. Das allgemeine Beispiel einer Emulsion ist die Kuhmilch, die eine Einbettung der Fetttröpfchen im Wasser darstellt.

Ölwasseremulsionen können in zwei Arten auftreten: entweder ist das Öltröpfchen von Wasser umgeben oder das Wassertröpfchen von Öl.

Diese beiden Emulsionen unterscheiden sich dadurch, daß erstere — Öl in Wasser — sich innig mit weiterem zugemischtem Wasser mischt, z. B. bei Bohrölen. Letztere Emulsion — Wasser in Öl — stößt dagegen Wasser ab.

Mit Wasser emulgierende Öle werden bei der Marine zur Lagerschmierung der Hauptwellen verwendet, um heißlaufende Lager durch Überschütten mit Wasser kühlen zu können, ohne daß die Gefahr eintritt, daß reines Wasser in die Laufflächen der Lager kommt. Solches Wasser würde zur Zerstörung der Laufflächen führen, während der sich bildende Ölschaum bei emulgierenden Ölen immer noch eine gute Notschmierung abgibt.

Bei der Motorschmierung sind emulgierende Öle unerwünscht, da infolge der Schaumbildung die Gefahr besteht, daß der kontinuierliche Durchlauf des Öles durch die Rohrleitung unterbrochen wird.

Andererseits ist die Wasserabscheidung des Öles nicht gefährlich, da das Wasser sich an der tiefsten Stelle des Kurbelgehäuses sammelt und dadurch nicht in den Saugstutzen der Ölpumpe gelangt.

Sobald ein Öl etwas gebraucht ist, steigt seine Emulgierbarkeit mit Wasser infolge seiner aktiven Gruppen so weit, daß selten Wassertropfen im Kurbelgehäuse nachzuweisen sind.

Der Wassergehalt bei Altölen wird nach DIN DVM 3656 geprüft.

Schmierfähigkeit gebrauchter Schmieröle

Die Schmierfähigkeit der Mineralöle ist noch immer ein sehr ungenau definierter Begriff.

Man erhält jedoch eine klare Vorstellung der Schmierfähigkeit ohne weiteres, wenn man zwischen den Fingerspitzen einmal ein mit Benzin verdünntes Öl nimmt, das andere Mal, um einen krassen Gegensatz zu geben, Rizinusöl. Die in dieser Weise festgelegte Begriffsbildung der Schmierfähigkeit ist auch von alten Schmierölfachleuten voll anerkannt, obwohl sie wissenschaftlich nicht einwandfrei ist.

Dr. S. Kyropoulos hat nachgewiesen, daß der Tastsinn nur solange zuverlässig ist, als Öle gleicher Viskosität miteinander verglichen werden, da dickere Öle im Verhältnis zu dünneren in der Hand eine größere Schmierwirkung vortäuschen.

Ob ein Schmieröl im Motor an Schmierfähigkeit verloren hat oder nicht, hängt meist davon ab, ob das Öl durch Brennstoff verdünnt wurde oder einen zu hohen Gehalt an Fremdkörpern enthält.

Um sich von einer etwaigen Kraftstoffverdünnung zu überzeugen, verreibt man einen Tropfen Öl auf der Handfläche und kann dann leicht am Geruch feststellen, ob eine Kraftstoffverdünnung vorliegt. Wegen des Gehaltes an Fremdkörpern verdünnt man das Öl am besten durch einen Tropfen Kraftstoff und schüttet dann einige Tropfen auf ein Stück Löschpapier. Das Löschpapier nimmt das Öl auf, und die darin enthaltenen Fremdstoffe werden an seiner Oberfläche deutlich sichtbar. Durch Wiederholung dieser Überprüfungen nach bestimmten Laufzeiten des Motors kann man bei einiger Übung sehr leicht auch die zunehmende Ölverschlechterung beobachten und sich ein Urteil darüber bilden, wann der Ölwechsel vorgenommen werden muß.

Eine exaktere Untersuchung der Schmierfähigkeit kann nur auf Reibungsmaschinen erfolgen, wie von Kadmer auf der Thomamaschine versucht wurde. Es sei jedoch vermerkt, daß die Ergebnisse auf verschiedenen Systemen der Verschleißmaschinen nicht miteinander übereinstimmen.

Im Bilde 78 ist von den wichtigsten Verschleißmaschinen das Prinzip ihrer Arbeitsweise dargestellt.

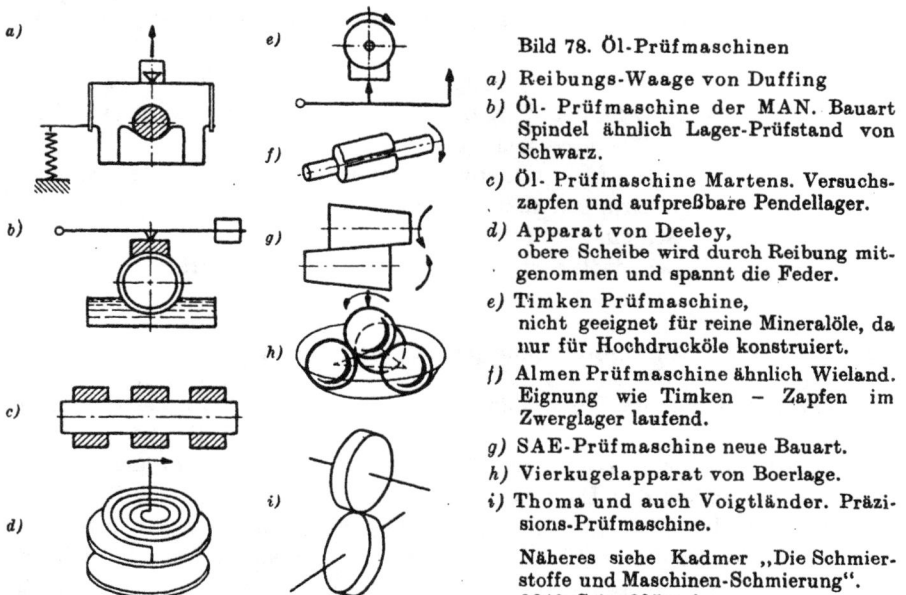

Bild 78. Öl-Prüfmaschinen

a) Reibungs-Waage von Duffing
b) Öl- Prüfmaschine der MAN. Bauart Spindel ähnlich Lager-Prüfstand von Schwarz.
c) Öl- Prüfmaschine Martens. Versuchszapfen und aufpreßbare Pendellager.
d) Apparat von Deeley, obere Scheibe wird durch Reibung mitgenommen und spannt die Feder.
e) Timken Prüfmaschine, nicht geeignet für reine Mineralöle, da nur für Hochdrucköle konstruiert.
f) Almen Prüfmaschine ähnlich Wieland. Eignung wie Timken – Zapfen im Zwerglager laufend.
g) SAE-Prüfmaschine neue Bauart.
h) Vierkugelapparat von Boerlage.
i) Thoma und auch Voigtländer. Präzisions-Prüfmaschine.

Näheres siehe Kadmer „Die Schmierstoffe und Maschinen-Schmierung". 1940. Seite 295 u. f.

Die Schlammlöslichkeit der Schmieröle

Die Schlammbildung kommt nach Versuchen von Suida hauptsächlich durch die Mitwirkung von metallischen Stoffen, also auch von Eisen, zustande. Es ist eine von ihm beobachtete Regel, daß die wasserstoffarmen Raffinate anfangs weniger zur Schlammbildung neigen. Suida findet die Erklärung darin, daß es die wasserstoffarmen Verbindungen sind, welche die Schlammstoffe in Lösung halten, während diese Eigenschaft den wasserstoffreichen Verbindungen nicht im gleichen Maße zukommt.

Die Schlammbildung liegt also zumindest in ihrem Anfang bei Ölen mit aromatischem Charakter niedriger, obwohl diese mehr Asphalt bilden, während rein paraffinbasische Öle trotz geringer Asphaltbildung sofort stark Schlamm ausscheiden. Über die Ausscheidung von Asphaltteilen siehe auch Seite 119.

Im Zusammenhang mit dieser Tatsache steht auch die wiederholte Beobachtung, daß rein pennsylvanische Öle, wie Valvoline Öle, von Friedensqualität sehr lange ihr gutes Aussehen im Motor bewahren, was ihnen sehr viele Liebhaber eintrug. Diese Öle reinigen sich durch ihre gute Schlammausscheidung selbst.

Bei Motoren, die zum Kolbenringkleben neigen, könnte dies zu einem Nachteil führen, da bei diesen Ölen leichter Schlammansammlungen in den Kolbenringnuten eintreten könnten, was aber erst zu beweisen wäre. Dagegen spricht, daß die größte Schlammausscheidung wohl im Kurbelgehäuse vor sich gehen wird, weil dort das Öl mit großen Oberflächen bei verhältnismäßiger Ruhe in Berührung kommt.

Unzweifelhaft steht mit der Schlammlöslichkeit auch die sogenannte „Auswaschfähigkeit" der Schmieröle im Zusammenhang. Darunter versteht man die Fähigkeit des Schmieröles, in den Ringnuten und an anderen Stellen festgesetzte Rückstände der Verbrennung wieder fortzuspülen. Diese Eigenschaft wird von den Amerikanern „Detergency" genannt.

Zur Überprüfung dieser Eigenschaft wird folgendes vorgeschlagen: Man nimmt eine gemessene Menge Lampenruß in eine Lösung von Öl und Stoddardlösung im Verhältnis, wie etwa der Ruß im Kurbelgehäuse vorkommt, und wäscht in dieser Mischung einen reinen gewogenen Leinenlappen. Die Menge Ruß, die der Leinenlappen aufnimmt, ist ein Maß für die Auswaschfähigkeit der Waschlösung.

Im Zusammenhang mit der Altöluntersuchung beachte man auch die späteren Ausführungen über die Frischöluntersuchung und die Aufstellung aller möglichen Prüfungen auf spezielle Inhalte, die auch bei der Altöluntersuchung zur weiteren Aufklärung betriebstechnischer Fragen gebraucht werden.

X. DIE SCHMIERÖLUNTERSUCHUNG AUF DER REICHSFAHRT FÜR HEIMISCHE KRAFTSTOFFE 1935

Auszug aus den Mitteilungen über die Versuchsfahrt

Die Bewertung der Verschleißzahlen. Die Schmieröluntersuchung.
Resultate der Untersuchung.

Die Reichsfahrt 1935.

Die Reichsfahrt mit heimischen Kraftstoffen im Jahre 1935 sollte die damals aufkommenden Generatorfahrzeuge in großzügigster Weise auf ihre Leistungsfähigkeit prüfen.

Bei dieser Prüfungsfahrt wurden erstmalig für eine große Anzahl Wagen, welche gleichen Bedingungen unterworfen waren, sämtliche aus der Beanspruchung der Wagen herrührenden Veränderungen durch einen Ingenieurstab überprüft und die Ergebnisse systematisch ausgewertet. Die Motorzylinder wurden ausgemessen und der Verschleiß festgestellt, während der Fahrt Kraftstoffverbrauch, Schmierölwechsel, Kilometerleistung und Schäden registriert.

Die Bewertung der Verschleißzahlen

Um die Veränderungsprodukte, insbesondere den Metallabrieb im Öl, auf eine Vergleichsgrundlage zu stellen, erscheint der Vorschlag von P. Schneider am brauchbarsten, nämlich den von einem Fahrzeug zurückgelegten „Kolbenweg in der Fläche" in Rechnung zu stellen, was zweifellos zu genaueren Ergebnissen führt, als die Berücksichtigung des nur linearen Kolbenwegs, wie dies sonst gemeinhin üblich ist. Dieser Kolbenweg in qkm/100 km Wegstrecke des Fahrzeugs (F) errechnet sich zu

$$F = \frac{2\,h\,d\,n\,z\,60}{10^{10}} \cdot \frac{100}{g},$$

worin bedeutet:

$h =$ Hub in cm

$d =$ Zylinderbohrung in cm

$n =$ Drehzahl

$z =$ Zahl der Zylinder und

$g =$ stündl. Fahrgeschwindigkeit in km bei Drehzahl n.

Bei Fahrten in der Ebene, hauptsächlich im direkten Gang, wird die Drehzahl des Motors aus der mittleren Reisegeschwindigkeit und der Hinterachsenübersetzung berechnet.

Bei Gebirgsfahrten mit vorwiegender Verwendung der kleineren Gänge entsprechen die mittleren Drehzahlen des Motors ungefähr der Reglerdrehzahl, so daß diese zugrunde zu legen ist.

Für stationäre Motore wird „der Kolbenweg in der Fläche" in entsprechender Weise auf die Gesamtzahl der Betriebsstunden berechnet.

Die Schmieröluntersuchung

Aus der ganzen Sachlage, die in dieser Arbeit besprochen wird, ergibt sich klar, daß Schmieröluntersuchungen sowohl im Hinblick auf die Beurteilung der Qualität eines Schmieröles, wie auch im Hinblick auf die Eigenheiten einer gewissen Motortype nur dann von Wert sein können, wenn sehr weitgehende Reihenuntersuchungen vorliegen.

Einzelne Schmieröluntersuchungen, seien sie motortechnisch oder laboratoriumsmäßig durchgeführt, dienen daher für die Schmierölindustrie nicht als genügende Unterlage, um eine Ölsorte für einen bestimmten Verwendungszweck für zweckmäßig zu halten. Man läßt hierin ausschließlich die Praxis entscheiden, und es vergehen oft ein und mehrere Jahre, bis die nötigen praktischen Ergebnisse vorliegen.

Seitens der Motorenindustrie fehlen solche Massenbeobachtungen leider vollkommen, da diese sehr schwer und kostspielig durchzuführen sind. Sie würden ja eine ständige Beobachtung bereits gelieferter Motore bei der Kundschaft erfordern, wozu, solange keine Beanstandungen vorliegen, keine Veranlassung besteht. Dagegen bleibt der Schmieröllieferant, da er einen Konsumartikel liefert, mit seiner Kundschaft in ständiger Berührung, so daß ihm diese Beobachtungen überlassen bleiben. Veröffentlichungen von dieser Seite sind aber nur insoweit erfolgt, als es dem Reklamebedürfnis entsprach, das keine Gewähr für sachliche Genauigkeit bietet. Untersuchungen, die von großen Transportgesellschaften besonders in Amerika und England vorgenommen wurden, zeigen in ihrer Auswertung wesentliche Mängel, so daß auch diese nicht allzu ernst genommen werden können.

Als einzige erstmalige Massenbeobachtung, die von berufener Stelle durchgeführt wurde, sind die Erfahrungen der Reichsfahrt mit heimischen Kraftstoffen 1935 zu werten, bei der alle Wagen mit ein und derselben Ölsorte gefahren wurden und bei der eine genaue Untersuchung des gebrauchten Öles erfolgte. Wenn auch hierbei noch einige Schönheitsfehler unterlaufen sind, so ist diese Arbeit doch durchaus positiv zu werten und zeigt besonders den starken Einfluß der motortechnischen Seite bzw. des Kraftstoffes auf das Schmieröl.

Naturgemäß bezieht sich die Untersuchung hauptsächlich auf den Generatorbetrieb, und es ist dabei zu bemerken, daß die 1935 verwendeten Generatoren heute bereits völlig überholt sind. Trotzdem bleibt die Arbeit in bezug auf die Schmierölveränderung interessant, und es sind darum die Beobachtungen darüber im Auszug gegeben.

Resultate der Untersuchungen

(Zitat):

1. Es wird hier einwandfrei bestätigt, daß die Verbrauchserscheinungen an den Schmierölen in der Hauptsache auf Beimengungen zurückzuführen sind, die aus schlecht verbrannten Kraftstoffen stammen. Dazu gesellt sich ein bestimmter Prozentsatz von Flugstaub, dessen Gesamtmenge abhängig ist vom Wirkungsgrad der Reinigungsvorrichtung, die eingebaut war. Es wird damit bewiesen, daß die Öle in keiner Weise so hoch beansprucht werden, wie vielfach angenommen wird. (Anmerkung des Verfassers: Diese Schlußfolgerung kann leicht zu einem Irrtum führen. Wenn man filtriert, entfernt man die Schmutzteile, mit diesen Schmutzteilen aber auch die Asphaltharze und den Hartasphalt, der sich durch Oxydation, Polymerisation usw. aus dem Schmieröl gebildet hat. Die Höhe der Beanspruchung bringt nur einen Unterschied in der Menge der aus dem Schmieröl kommenden Anteile. Hohe Beanspruchung des Schmieröles führt zu einem größeren Verbrauch und vielleicht zu einer Ansäuerung [höhere NZ und VZ], aber nicht zu einer Erhöhung an Alterungsprodukten im abfiltrierten Schmieröl. Das im Motor kreisende Schmieröl ist aber durch die größere Menge der Alterungsprodukte, die ja noch nicht abgefiltert sind, nichtsdestoweniger schlechter geworden und muß gewechselt werden.)

Die vorliegende Untersuchungsreihe hat den Vorzug, daß die hier verwendeten Kraftstoffe gasförmiger Natur waren, daß man alle Beeinflussungen auf die Entstehungsursachen zurückführen kann. Bei Verwendung von flüssigen Kraftstoffen ist diese Möglichkeit nicht gegeben.

Interessant sind die Feststellungen von Dr. Kadmer, die dahin gehen, daß er Öl durch einfaches Filtrieren, also durch Entfernen der mechanisch beigegebenen Verschmutzungen, praktisch wieder in seinen Ursprungszustand zurückversetzen konnte. Dies dürfte der schlagende Beweis dafür sein, daß die motorische Beanspruchung eines Öles unter den Verhältnissen, wie sie bei der Versuchsfahrt sich abgespielt haben, das Öl an sich thermisch überhaupt nicht wesentlich ändert. Daraus können wir zwei Folgerungen ziehen, die für die kommende Gestaltung unserer Ölwirtschaft von Bedeutung sein können:

1) Unsere bisher verwendeten Schmieröle sind zu gut. Das will sagen, daß wir aus dem verhältnismäßig kärglichen Erdölvorrat Deutschlands eine viel größere Menge Schmieröl herausholen können, oder

2. wir können unsere Öle viel länger im Motor lassen (siehe auch Seite 126) und haben nur darauf zu achten, daß die Verunreinigung durch den Kraftstoff nicht so groß wird, daß dadurch Schädigungen unserer Motorenteile auftreten können.

In beiden Fällen aber würde es bedeuten, daß wir, bezogen auf unsere deutschen Verhältnisse, mit der gleichen Substanz länger haushalten könnten.

Eine weitere Feststellung dieser Prüfungsfahrt auf Grund der Öluntersuchungen geht dahin, daß man ermitteln konnte, daß sowohl der Bau der

Generatoren als auch die Anpassung des Motors an den energiearmen Kraftstoff bis zu einem gewissen Grade günstige Lösungen gefunden hat. Stark verbesserungsbedürftig sind dagegen die Reinigungsanlagen, die dazu dienen, die bei der Gaserzeugung notwendig entstehenden Beimengungen abzuschneiden. In vielen Fällen konnte hier durch die Öluntersuchungen nachgewiesen werden, ob die Reinigung genügt oder nicht.

Alles in allem betrachtet, haben die Öluntersuchungen gezeigt, wie nutzbringend es ist, wenn man die Ölbewertung in das Gesamtbild einer derartigen Probefahrt einbezieht. Von diesem Gesichtspunkt aus wäre es zu begrüßen, wenn bei Veranstaltungen ähnlicher Art die Möglichkeit gegeben würde, in die noch reichlich ungeklärten Verhältnisse auf dem Gebiet der Ölbeanspruchung durch ähnliche Versuchsreihen Klarheit zu bringen.

Wie wenig eigentlich das Öl im Kurbelgehäuse in Mitleidenschaft gezogen wird, geht aus Versuchen hervor, die zeigen, daß das in verschiedenen Fahrzeugmotoren gealterte Öl durch einfaches Bleichfiltern dem ursprünglichen Frischöl nahezu wieder ebenbürtig wird. Ein Beleg zu diesen Ausführungen ist in der umstehenden Zahlentafel gegeben.

In dieser Tafel kommt zum Ausdruck, daß sich gegenüber dem ursprünglichen Frischöl lediglich die höheren Verseifungszahlen des aufgefrischten Öles deutlich abheben, was aber doch wieder nicht auf das Öl an sich zurückgeführt werden kann, da dieses sonst, unabhängig von den verschiedenen Treibstoffen, ziemlich gleiche Verseifbarkeit aufweisen müßte, was durchaus nicht der Fall ist. In der Lichtbrechung (Refraktion n_D^{20}) ergeben sich praktisch keine Unterschiede, während eine tiefer greifende Wesensänderung des Öles hier unbedingt verzeichnet werden müßte.

Für den geregelten Untersuchungsgang erschien zunächst die einheitlich durchzuführende Probenahme von ausschlaggebender Bedeutung; es bestand deshalb für die Probenahme des gebrauchten Motorenöls eine Vorschrift, derzufolge sofort nach Stillsetzung des Motors durch Schließen der Kraftstoffzuleitung, das Entnahmerohr, durch die Öffnung für den Ölmeßstab, in das Kurbelgehäuse eingeführt wurde, und zwar so, daß die untere Öffnung des Entnahmerohrs bis in die Höhe des zulässig tiefsten Ölstandes in die Kurbelgehäuseölfüllung eintauchte. Mit Hilfe einer Handvakuumpumpe wurde dann das heiße, dünnflüssige Öl in die Probeflasche geholt, bis diese zur Hälfte gefüllt war, worauf das Entnahmerohr aus dem Kurbelgehäuse gezogen, hoch gehalten und durch mehrmaliges Pumpen unter gleichzeitigem Lüften und Schließen des Entnahmerohrs das noch in diesem und der Zuleitung befindliche Öl in die Probeflasche befördert wurde. Schließlich bestand noch die Weisung, die ebenso beachtet wurde, das Öl nur auf ebener Straße aus den Fahrzeugen zu nehmen. Es war somit die Gewähr gegeben, daß die einheitliche Probenahme „so gut als möglich" zur Durchführung kam, und es muß gleichzeitig betont werden, daß geringste Mängel oder Fehler bei der Probenahme das Bild der Untersuchung des Öles sofort und erheblich beeinträchtigen.

Das bei der Versuchsfahrt mit heimischen Treibstoffen 1935 für alle Fahrzeuge einheitlich verwendete Schmieröl ist ein, nach Angaben der Herstellerin,

Öl der Versuchsfahrt	d/20	VZ	Zähigkeitsverlauf u. Visk. polhöhe VPH	Refraktion	Aussehen, Verunreinigung
Frischöl	0,915	0,14	85° E/20, 12° E/50, 2,13° E/100, VPH = 2,35	1,5105	gelbrot / sattgrün blank
Altöl vom Fahrzeug Nr. 67 (Holzgas) 1499 km	0,921	1,46	14,0° E/50		0,127% Asphalt 0,225% Asche 0,715% Gesamtschmutz
dasselbe mit 10% Bleicherde gefiltert (Terrana extra)		0,51	100° E/20, 12,8 E/50, 2,20 E/100, VPH = 2,50		dunkelrot / blau grün, blank, halbdurchsichtig
dasselbe mit 20% Bleicherde gefiltert (Terrana extra)		0,40	88° E/20, 12,5° E/50, 2,20/100, VPH = 2,30	1,5086	dunkelrot matt grün, klar
Altöl vom Fahrzeug Nr. 84 (Anthrazit) IV — 1873 km	0,924	8,38	14,1° E/50		0,109% Asphalt 0,258% Asche 1,400% Gesamtschmutz
dasselbe mit 10% Bleicherde gefiltert (Terrana extra)		3,01	82° E/20, 12,6° E/50, 2,24 E/100, VPH = 2,15	1,5114	dunkelrot / blau grün, halbklar
Altöl vom Fahrzeug Nr. 87 (Braunkohlenkoks) V — 3733 km	0,930	11,32	11,9° E/50 (Waschölverdünnung)		0,139% Asphalt 1,125% Asche 3,099% Gesamtschmutz
dasselbe mit 10% Bleicherde gefiltert (Terrana extra)		7,50	70° E/20, 11,0° E/50, 2,12° E/100, VPH = 2,12	1,5093	dunkelrot / blau grün halbdurchsichtig
Altöl vom Fahrzeug Nr. 90 (Dieselöl) VIII — 1989 km	0,917	2,83	14,9° E/50		0,143% Asphalt 0,245% Asche 1,445% Gesamtschmutz
dasselbe mit 10% Bleicherde gefiltert (Terrana extra)		0,18	85° E/20, 12,4° E/50, 2,20 E/100, VPH = 2,37	1,5107	dunkelrot blau / grün halbdurchsichtig
Altöl vom Fahrzeug Nr. 93 (Ruhrgasöl) IV — 3586 km	0,917	1,57	14,9° E/50	1,5104	0,051% Asphalt 0,003% Asche 0,200% Gesamtschmutz
Altöl vom Fahrzeug Nr. 94 (Methan) III — 4717 km	0,927	4,54	22,4° E/50	1,5107	0,183% Asphalt 0,050% Asche 0,398% Gesamtschmutz

rein deutsches Erzeugnis, und zwar ein unverschnittenes Mineralölraffinat mit folgenden Kennzahlen:

Dichte (spez. Gewicht) bei 20° C 0,915

Zähflüssigkeit (Viskosität) bei
- 20° C .... 85,00° E
- 38° C (100° F) .... 24,00° E
- 50° C .... 12,00° E
- 99° C (210° F) ...... 2,16° E
- 100° C .... 2,13° E

Viskositätspolhöhe (nach Ubbelohde-Walter) 2,35

Richtungskonstante, Viskositätssteilheit (nach Coats) ... 3,71

Viskositäts-Dichtekonstante (nach Hill und Coats) 0,848

Viskositätsindex (nach Dean und Davis) .... + 57

Neutralisationszahl, früher Säurezahl 0,08

Verseifungszahl 0,14

Asphaltgehalt 0

Aschegehalt 0

Flammpunkt o. T. .... 218° C

Treibstoff: Holz
Generator I, Fahrzeuge Nr. 51 bis 55

Holz ist als Kraftstoff ein Teerbildner; das äußert sich offenkundig in einer Versäuerung des Schmieröls, welches unverbrannte, teerige Stoffe aus dem Holzgas aufzunehmen scheint. Als Folge sehen wir ziemlich hohe Verseifungszahlen der Altöle, mit denen die Zähflüssigkeitssteigerungen nahezu in einem festen Verhältnis stehen; auch die Dichte der gealterten Öle hält mit diesen beiden Kennzahlen eine gewisse Parallele. Der Asphaltgehalt bleibt in durchaus tragbaren Grenzen, und auch der Aschegehalt steigt wenig über 1%, was gute Übereinstimmung mit den von Dr. Schulz festgestellten mittleren Zylinderverschleißwerten liefert. Eine Ausnahme macht allein Fahrzeug Nr. 54, bei dem vom Nürburgring ab eine kaum glaubliche Ölverschmutzung einsetzt, die einmal sogar die Spitzenwerte von 16% Gesamtschmutz mit 6% Asche erreicht, Werte, wie sie in gleicher Höhe bei keinem anderen Fahrzeug der Versuchsfahrt mehr aufgetreten sind. Wenn in diesem Falle trotzdem nur eine mittlere Zylinderabnutzung von 0,1 mm gemessen wurde, so kann dies daran liegen, daß die Verunreinigungen in hoher Feinverteilung vorlagen und von geringer Scheuerwirkung waren. Was Ursache der hohen Verschmutzung des Öles in diesem Sonderfalle war, konnte nicht aufgeklärt werden (siehe Bild 79).

Generator II, Fahrzeuge Nr. 56 bis 65

Auch hier erkennt man wieder, Proportionen zwischen der Verseifbarkeit und der Zähigkeit der Altölproben; die Verseifungszahlen liegen im allgemeinen und teilweise sogar beträchtlich niedriger als bei Generator I, und es zeigt sich denn

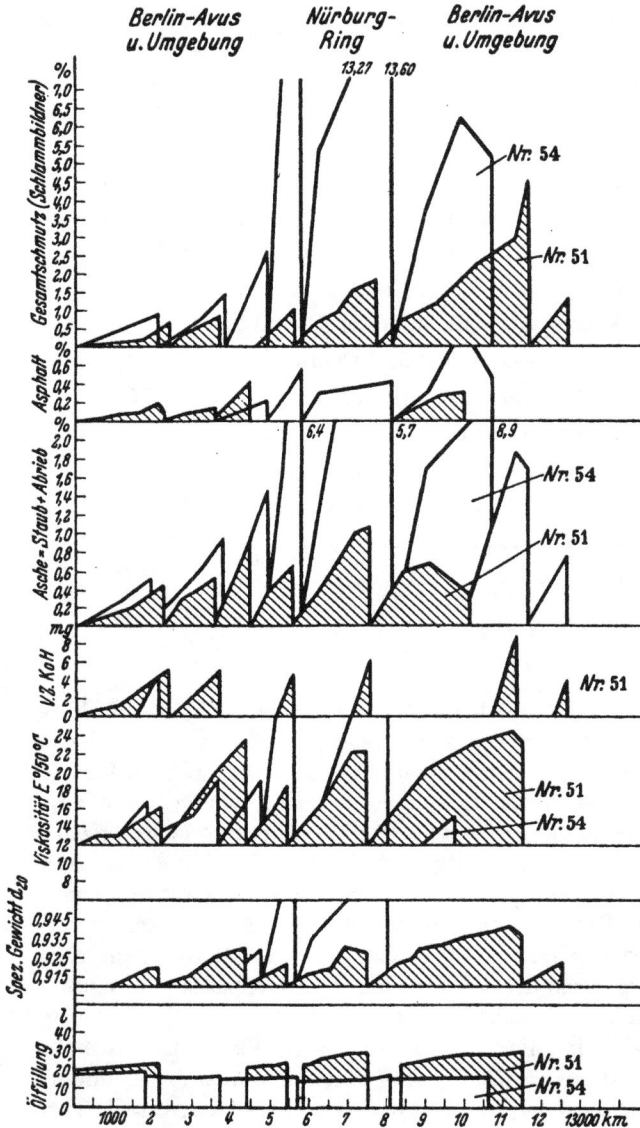

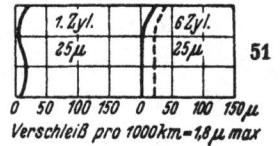

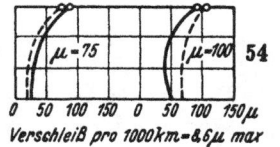

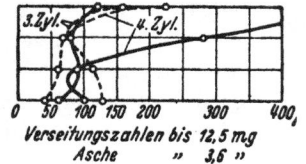

Bild 79. Wertungsfahrt 1935.

auch, daß jene Fahrzeuge, bei denen die Verseifbarkeit des Altöles niedrig bleibt (VZ unter 2), unter geringerer Verschmutzung des Öles leiden (Gesamtschmutz wenig über 1%), während bei deutlicher ausgeprägter Verseifbarkeit dann auch die Verschmutzung des Öles lebhafter ist.

Generator III, Fahrzeuge Nr. 66 bis 67

Bei den beiden Fahrzeugen mit Generator III finden sich durchwegs günstige Werte und es dürfte die von Dr. Schulz im Vorbericht (Nr. 52/1935 VDI) niedergelegte Erkenntnis, daß der Reinheitsgrad des Holzgases von der wirksamen Anordnung des Gaskühlers im Fahrwind abhängig sei, in den Schmieröluntersuchungen ihre Bestätigung finden.

Die gute Übereinstimmung, die bei den Fahrzeugen mit Holzgastrieb zwischen den gemittelten Werten „Aschegehalt" im Öl und „Zylinderabnutzung" besteht, wird in der folgenden Zahlentafel veranschaulicht; bei dieser Gelegenheit soll aber gleich mitgeteilt werden, daß aus erheblichem und grobem Zylinderverschleiß kein unbedingter Rückschluß auf das gleiche Bild im Öl gezogen werden kann, weil sich eben grobteiliger Abrieb im Öl gar nicht in Schwebe erhalten kann und sich damit der Untersuchung entzieht. Man findet solchen Abrieb dann im Ölsieb oder in den Bohrungen der Kurbelwelle.

Fahrzeug Nr.	51	52	53	54	55	56	57	58	59	60
Mittl. Zylinderabnutzung mm	0,027	0,037	0,077	0,097	0,044	0,028	0,079	0,091	0,027	0,087
Mittl. Aschegehalt im Öl v. H.	0,95	1,30	0,74	2,94	0,89	1,49	1,04	1,15	0,43	1,69

Fahrzeug Nr.	61	62	63	64	65	66	67	68	69	70
Mittl. Zylinderabnutzung mm	0,080	0,069	0,062	0,116	0,094	0,036	0,032	0,222	0,029	0,057
Mittl. Aschegehalt im Öl v. H.	1,76	1,13	0,87	0,45	0,098	0,051	0,36	1,94	0,56	0,45

Danach finden sich die einzigen Werte, die aus der Reihe fallen, bei Fahrzeug Nr. 64. Von Bedeutung ist in diesem Zusammenhang noch die Feststellung, daß das „Salzsäureunlösliche" von gesammelter Asche aus dem Schmieröl beim Holzgastrieb gering ist und 4 bis 10%, auszudrücken als Kieselsäure, nicht überschreitet. Es sind 90% und mehr der Ölasche metallischen Ursprungs.

Generator IV und V, Fahrzeuge Nr. 68 bis 70

Fahrzeug 68 mit Generator IV zeigt besonders im Nürburgabschnitt unerhört hohe Verseifungszahlen des Öles, mit denen aber nicht nur Zähflüssigkeitssteigerungen, sondern auch Senkungen einhergehen, was überrascht, ohne entsprechende Aufklärung zu finden (siehe Bild 79).

Trotz überreichlicher Ölnachfüllung ist die Verschmutzung des Öles hier bis zu 6% beträchtlich, und den hohen Aschewerten (zum Schlusse bis 3,7%) entspricht auch eine ganz gewaltige Zylinderabnützung, die eigentlich bereits nach 12 000 Fahrkilometern eine Überholung von Kolben und Kolbenlaufbahn erforderlich macht. Grundverschieden verhält sich das auf gleiche Weise betriebene Fahrzeug 69; hier bleiben alle Zahlen in unteren Grenzen. Bei Fahrzeug 70 mit Generator V bleiben alle Zahlen verhältnismäßig niedrig, aber die Schwärzung des Öles durch hochkolloiden Kraftstoffruß ist überaus intensiv, so daß Neutralisations- und Verseifungszahlen kein verläßliches Urteil zulassen.

Treibstoff: Holzkohle
Generator VI, Fahrzeuge Nr. 71 bis 73

Das gemeinsam Kennzeichnende bei den Ölen der drei Wagen sind die geringen Verseifungszahlen, die geringe Steigerung in der Zähflüssigkeit, mitunter auch ihr Absinken unter den Zähigkeitsgrad des Frischöls und dann bei mäßiger Verschmutzung ein doch sehr beträchtlicher Aschegehalt, der bei Fahrzeug Nr. 73 sogar 4% erreicht. Auf das Bild der Ölbeschaffenheit ist hier ohne Zweifel der Generator mit seiner Reinigungsvorrichtung von ausschlaggebendem Einfluß. Aus der Gaswäsche mit Öl werden mitunter Öltröpfchen mitgerissen und verdünnen vorübergehend das Öl im Kurbelgehäuse, bis die allgemeine Neigung des Öles zu Verdickung wieder überwiegt. In der Reinigungsvorrichtung sind Verbesserungen notwendig, um die Zylinderabnutzung und den damit einhergehenden hohen Aschegehalt des Öles zu verringern. Daß dies durchaus möglich ist, wird im nächsten Abschnitt gezeigt. Bei dieser Anlage wird auch mit Wasserdampfzusatz gearbeitet; während sich dieser im Öl sonst in keiner Weise zu erkennen gibt, war in einem einzigen Falle (bei Fahrzeug 72), vermutlich der Wasserspuren wegen, die Ölverschmutzung unfiltrierbar und damit nicht zu bestimmen.

Generator VII, Fahrzeuge Nr. 74 bis 76

Hier ergaben sich, was das Schmieröl betrifft, geringe Verseifungszahlen (VZ nicht über 2), geringe Dichte- und Zähigkeitssteigerung, geringe Verschmutzung geringe Asche, kurz durchaus günstige Zahlen, die darstellen, daß das Öl weder innerlich nennenswert verändert wird noch äußerlich verschmutzt. Das gibt sich nun auch in der Farbe der Altöle deutlich zu erkennen, die verhältnismäßig lang die grüne Fluoreszenz behalten, wenn sie in der Farbe natürlich auch zusehends stumpfer und dunkler werden. Im allgemeinen aber kann man sagen, daß die Verschmutzung des Öles hier so gering ist, daß man sie bei sauberstem Benzinbetrieb kaum in so geringem Ausmaße erreichen kann. Es ist dies also ein durchaus erfreuliches Ergebnis für den heimischen Treibstoff, wenn nur die Frage der Filterung des Gases richtig gelöst wird. Andererseits sind die Ergebnisse in dieser Versuchsgruppe eine erneute Bestätigung für die Feststellung, daß die Ölbeanspruchung im Fahrzeugmotor in allererster Linie vom Kraftstoff, seiner Beschaffenheit, seiner Verbrennung und seinem Reinheitsgrad abhängt und daß das Schmieröl im Kurbelgehäuse über große Wegstrecken eben gut erhalten bleibt, wenn bezüglich des Kraftstoffes entsprechend günstige Verhältnisse geschaffen werden, wie sie im Betrieb mit heimischen Kraftstoffen, insbesondere Holzkohle, durchaus möglich sind.

Generator VIII, Fahrzeuge Nr. 77 bis 80

Bei Generator VIII ist der Reinigungsanlage, offensichtlich ähnlich wie bei VI, zu wenig Bedeutung beigemessen worden; das bringen die Schmieröluntersuchungen der vier damit ausgerüsteten Wagen, in voller Übereinstimmung mit den von Dr. Schulz gemessenen Zylinderverschleißwerten, deutlich zum Ausdruck. Mit dem Grade der Verschmutzung halten sich Dichte, Viskosität, Verseifbarkeit und natürlich in erster Linie Metallabrieb und Flugstaub auf durchaus entsprechender Höhe. Nachdem wir im vorhergehenden Abschnitt feststellen konnten, daß bei Holzkohlebetrieb die Ölverschmutzung und der Ölverschleiß niedrig zu halten sind, wenn die Frage der Gasreinigung entsprechend gelöst ist, so geht man nicht fehl, hier die Ursache der wieder stärkeren Ölbeanspruchung nicht im Treibstoff an sich, sondern in der ergänzungsbedürftigen Reinigungsvorrichtung zu suchen.

Auch hier schafft die Gegenüberstellung der mittleren Zylinderabnutzung und des mittleren Aschegehaltes im Öl einen guten Überblick.

Fahrzeug Nr.	71	72	73	74	75	76	77	78	79	80
Mittl. Zylinderabnutzung mm	0,059	0,110	0,058	0,045	0,037	0,023	0,242	0,068	0,043	0,093
Mittl. Aschegehalt im Öl v. H.	1,07	1,31	1,97	0,07	0,04	0,06	1,01	0,76	0,74	0,41
Generator	VI	VI	VI	VII	VII	VII	VIII	VIII	VIII	VIII

Treibstoff: Torfkoks
Generatorfahrzeuge Nr. 81 und 82

Die Verseifungszahlen liegen bei den Ölen beider Wagen in mittlerer Höhe (VZ 2 bis 5); die Zähflüssigkeit der Altöle wird, besonders bei Fahrzeug Nr. 82, durch die Gasreinigung mit Waschöl erniedrigt, wie dies an anderer Stelle schon zum Ausdruck gebracht wurde; die Verschmutzung bleibt in erträglichen Grenzen, der Aschegehalt ist ziemlich groß, würde aber doch nicht die hohen Zylinderverschleißwerte erwarten lassen, wie sie tatsächlich gemessen wurden. Es ist deshalb anzunehmen, daß der Flächenabrieb in gröberen Teilchen erfolgte, wie sich solche im Öl infolge ihrer Größe und ihres hohen spezifischen Gewichtes nicht in Schwebe zu halten vermögen. Dr. Heinze und Schneider haben den Aschegehalt von Torfkoks, wie er bei der Versuchsfahrt verwendet wurde, mit 2,9% festgestellt, wovon der überwiegende Teil wasser- und salzsäurelöslich ist. Der Flugstaub von Torfkoks gilt als hart und lästig, und die Schaubilder der Zylinderabnutzung von Dr. Schulz zeigen besonders tiefe Verschleißwirkung im inneren Zylinderdrittel. Es ist hier leider unmöglich festzustellen, wieweit der Kraftstoff und wieweit der Generator mit seiner Reinigungsanlage an den ungünstigen Ergebnissen schuld hat; in der Versuchsgruppe Torfkoks sind beide

Wagen mit Generator VI gefahren, so daß mangels einer Gegenüberstellung über den eigentlichen Einfluß dieses Treibstoffes nichts ausgesagt werden kann. Schneider stellt in einem Fall den Schwefelgehalt des Niederschlages im Gasleitungsweg zum Motor mit 3,6% fest.

Treibstoff: Anthrazit
Generatorfahrzeuge Nr. 83 und 84

In dieser Versuchsgruppe ist besonders auffällig, daß den hohen Verseifungszahlen, die hier einheitlich gefunden werden, keine nennenswerten Steigerungen in der Zähigkeit und der Dichte des Öles entsprechen. Verschmutzung und Asphaltgehalt im Öl sind mäßig und der Aschegehalt ist sogar als niedrig zu bezeichnen. Hier geben vielleicht die von P. Schneider im voraus freundlichst übermittelten Ergebnisse über Untersuchung der Rückstände und Niederschläge im Gasweg vom Generator zum Motor wertvollen Hinweis; der S-Gehalt der Niederschläge wurde bei Fahrzeug Nr. 83 vor und nach dem Mischventil mit 26 bzw. 14,6%, bei Fahrzeug Nr. 84 mit 17 bzw. 11% festgestellt. Die Zylinderabnutzung ist in der Totpunktstellung des inneren Kolbenringes mit durchschnittlich 0,180 mm sehr stark, bei Fahrzeug Nr. 84 mit 0,083 mm erheblich, und hier besteht, was betont werden möge, mit dem im Öl festgestellten Aschegehalt keine Übereinstimmung. Der Aschegehalt für Anthrazit an sich ist mit 8,54% angegeben worden, und es muß wohl angesichts der hohen Zylinderverschleißwerte mit einer nachhaltigen Einwirkung harter Flugstaubteilchen bei gleichzeitiger Verrottung der den Verbrennungsraum abschließenden Flächen durch Schwefeldioxyd gerechnet werden, ohne daß dabei (bis auf die hohen Verseifungszahlen) das Öl im Kurbelgehäuse besonders in Mitleidenschaft gezogen worden wäre. Schließlich verdient auch bemerkt zu werden, daß sich bei den beiden mit Anthrazit und Generator I betriebenen Fahrzeugen die Farbe des Öles länger als gewohnt erhalten hat und daß auch bei fortschreitender Schwärzung ein Stich ins Grüne unverkennbar blieb.

Treibstoff: Steinkohlenschwelkoks
Generatorfahrzeuge Nr. 85 und 86

In Übereinstimmung mit dem vorigen Abschnitt stehen hier wieder hohe Verseifungszahlen einer an sich wenig gesteigerten Zähflüssigkeit und Dichte des Schmieröles gegenüber. Der Schwefelgehalt in den Niederschlägen des Gasweges wird mit 23% angegeben; die aus den einzelnen Zylindern gemittelte Abnützung ist bei Fahrzeug Nr. 85 mit 0,285 mm sehr hoch, bei Fahrzeug Nr. 86 mit 0,117 mm hoch. Auch hier finden diese hohen Zylinderverschleißwerte kein Spiegelbild im Aschegehalt der Altöle, welcher bei Fahrzeug Nr. 85 1,425%, bei Fahrzeug Nr. 86 0,460% nicht überschreitet, wenn man im letzteren Falle von einer offensichtlichen Fehlbestimmung (wie solche mit aller Absicht nicht ausgeschieden wurden) absieht. Bei den Ölen von Fahrzeug Nr. 86, die allerdings bei reichlicher Ölzufüllung wenig verschmutzten, hielt sich die Farbe des Öles lange auf Blaugrün.

Treibstoff: Braunkohlenschwelkoks
Generatorfahrzeug Nr. 87

Der Generator VI verursacht hier wieder mit seiner Gasreinigung durch Waschöl eine Schmierölverdünnung, so daß die Zähigkeit der Altöle aus Fahrzeug Nr. 87 fast durchweg unter der des frischen Schmieröls liegt; die Dichte bleibt mit der Zähflüssigkeit niedrig. Sehr hohe Werte erreichen Versäuerung und Verseifbarkeit, der Aschegehalt hält sich mittelmäßig und die von Dr. Schulz gemessene Zylinderabnutzung ist hoch. Auch hier dürfte wieder der Schwefel im Kraftstoff seine besondere Rolle spielen, doch fehlen hierzu nähere Angaben. In diesem Zusammenhang dürfte noch beachtenswert sein, daß Braunkohlenschwelkoks mit 21% den höchsten Aschegehalt aller verwendeten Treibstoffe aufweist. Auffallend ist dann besonders noch, daß Schmutz und Asche im Öl im letzten Fahrabschnitt plötzlich und erheblich ansteigen und daß die Gesamtstreckenleistung des Fahrzeuges zurückblieb.

Treibstoff: Braunkohlenbriketts
Generatorfahrzeug Nr. 88

Auch Generator IX sieht Gasreinigung durch Waschöl vor, und so ist das erste Merkmal der Öle von Fahrzeug Nr. 88 eine beträchtlich gesenkte Viskosität, hervorgerufen durch Ölverdünnung; Versäuerung und Verseifbarkeit treten nicht sonderlich merklich hervor, der Asphaltgehalt liegt etwas höher (was vielleicht mit dem Teergehalt des Briketts in Verbindung zu bringen ist), und Verschmutzung und Asche bleiben in tragbaren Grenzen; damit befindet sich in Übereinstimmung die verhältnismäßig niedrige Zylinderabnutzung.

Treibstoff: Braunkohlendieselöl
Dieselfahrzeuge Nr. 89 bis 91

Die Tafeln: Befund der Schmieröluntersuchungen sagen über die drei Fahrzeuge mit Braunkohlenöl als Dieseltreibstoff nicht viel Neues; sie bestätigen das bereits Bekannte. Die Ölverschmutzung durch Braunkohlengasöl ist stärker als die mit Gasöl der Erdölverarbeitung; hochkolloidaler Ruß des Kraftstoffes schwärzt das Öl schon nach wenigen Kilometern, eine Tatsache, die für den Fahrzeugdieselbetrieb kennzeichnend ist. Dieser Ruß im Öl stört dann auch später die Bestimmung von Versäuerung und Verseifungszahl. Die Ölzähigkeit nimmt in bekannter Weise zunächst geringfügig ab oder hält sich für länger, überlagert von anderen Einflüssen, auf gleicher Höhe, um dann ganz langsam, aber stetig zuzunehmen; die Dichteänderungen folgen gleichlaufend. Die Verschmutzung steigt selten über 2%, und der Aschegehalt bleibt mit mittleren Werten unter 0,2% gering; es ist darum verwunderlich, wenn trotzdem nicht unerhebliche Zylinderabnützungen gemessen wurden, bei denen selbstverständlich die höheren Gesamtstreckenleistungen gegenüber den anderen Fahrzeugen das richtige Bild verwischen. Zu Vergleichszwecken wäre es also nötig, überschlägig die gemessene Zylinderabnützung auf die von den übrigen Fahrzeugen erreichte Wegstrecke umzurechnen, wodurch sich bessere Übereinstimmung mit den Ölwerten ergibt.

Treibstoffe: Methanol, Ruhrgasol und Methan
Fahrzeug Nr. 92 bis 94

Kennzeichnend für die Öle der drei Fahrzeuge ist ihre geringe Inanspruchnahme durch die Kraftstoffe und damit ihre geringfügige Veränderung. Bei Methanol (techn. Methylalkohol) und Ruhrgasol (Flaschengas, bestehend aus Propan und Butan, Propylen und Butylen) wachsen Zähigkeit und Dichte unmerklich und ganz allmählich an; die im Benzinbetrieb besonders bei unzureichender Motorwärme bekannte Schmierölverdünnung wurde hier nirgends beobachtet. Niedrig halten sich auch Versäuerung (NZ unter 0,9) und Verseifbarkeit (VZ Methanol unter 3,6, Ruhrgasöl unter 2). Die Verschmutzung ist außerordentlich gering, die Asphaltausbildung praktisch belanglos, und auch der Aschegehalt bleibt außerordentlich niedrig, was mit der Zylinderabnutzung übereinstimmt, wenn man diese auf die Durchschnittswegstrecke der übrigen Fahrzeuge umrechnet. Auffallend ist nur, daß bei Betrieb mit Methan Zähigkeit und Dichte stärker anwachsen und auch die Verseifungszahl höhere Werte erreicht. Allerdings muß gerade hier rühmend betont werden, daß Fahrzeug Nr. 94 die Wegstrecke von 15 000 mit nur 4 Ölwechseln zurückgelegt hat. Es ist ganz klar, daß bei so geringer Verschmutzung die Farbe des Öles lange erhalten blieb, und es ist auch wichtig festzustellen, daß das Lichtbrechungsvermögen bei den Altölen dieser Versuchsgruppe so gut wie nicht verändert wurde. Das Schmieröl hat also, nachdem es in den drei Fällen vom Kraftstoff wenig beeinflußt wurde, wenig Veränderung erlitten, und daraus geht hervor, daß das Schmieröl im Kurbelgehäuse — durchschnittliche Beanspruchung selbstverständlich vorausgesetzt — weit geringeren Selbstverschleiß erlebt, als man bisher gemeinhin angenommen hat.

Erkenntnisse aus der Versuchsfahrt

Will man die Ergebnisse der Schmieröluntersuchungen untereinander vergleichen, was naheliegend ist, da alle Fahrzeuge das gleiche Öl benutzt haben, so ist man versucht, die in den Zahlentafeln niedergelegten Zahlenwerte irgendwie auf gleichen Nenner zu bringen.

Fürs erste fällt auf, daß die Ölfüllungen, insbesondere aber die bei den einzelnen Wagen nachgefüllten Ölmengen und die freigestellte Wahl für den Zeitpunkt eines Ölwechsels das Bild der Schmieröluntersuchungen bei der Versuchsfahrt 1935 arg verwischen. Es ist für sämtliche Kennzahlen der Schmieröle in Kraftfahrzeugen ja nicht gleichgültig, wie gearbeitet und gewirtschaftet wurde und welche Voraussetzungen damit gegeben sind.

Wenn man die gefundenen Zahlen zu Vergleichszwecken auswerten will, so dürfte sich zunächst empfehlen, nach einem Zusammenhang zwischen Kraftstoffverbrauch und Ölfüllmenge zu suchen.

Nach der hier niedergelegten Erkenntnis, daß an der Ölverschmutzung in

erster Linie der Kraftstoff Anteil hat, dürfte es angezeigt sein, die Durchsatz-
menge des Kraftstoffes und die gesamte eingefüllte Schmierölmenge ins Verhältnis zu setzen und etwa daraus eine Vergleichszahl zu ermitteln.

Als zweiter wesentlicher Gesichtspunkt erscheint die Frage über das Ausmaß
der Ölnachfüllungen in einem „Ölabschnitt" eine Sache, die man künftig bei
ähnlichen Versuchsplänen nicht dem Belieben der Kraftfahrer überlassen kann.
Man wird zwar nicht vorschreiben können, mit der eingefüllten Ölmenge ohne
Nachfüllung über eine bestimmte Wegstrecke zu kommen, aber man wird verlangen können, daß mit einmaliger Ölfüllung und vernünftig bemessenen Zu-
schlägen der Zeitpunkt des Ölwechsels festgelegt wird. – Bei Lastwagen mit
heimischen Treibstoffen etwa in Grenzen von 2500 bis 3000 km. Es soll also
bei künftigen Versuchsfahrten nicht vorkommen, daß die Fahrer willkürlich
nach wenigen hundert Kilometern das Öl wechseln; zumal die Versuchsfahrt

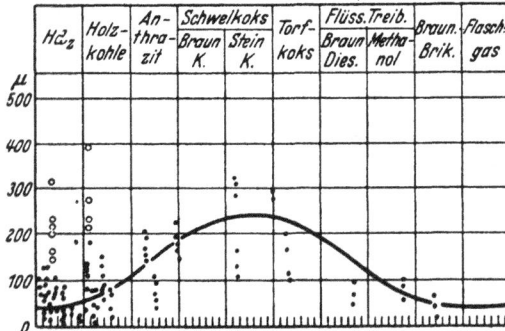

Bild 80. Zylinderabnutzung in Querrichtung im
Fahrbereich von 10 000–17 000 km.
Versuchsfahrt mit heimischen Kraftstoffen.
Die Werte sind heute durch Verbesserung der Gene-
ratoren überholt und dienen nur zur Illustrierung der
möglichen Verschiedenheit mit der Brennstoffart.
Dr. Schulz 1935

1935 erkennen läßt, daß dies in den allermeisten Fällen durchaus nicht notwendig war. Fahrzeuge, die vernünftigen Vorschriften nicht entsprechen,
werden dann ausscheiden; während es diesmal fast zu rügen ist, daß alle Fahrzeuge ihr Ziel erreichten.

In der folgenden Zahlentafel wird der Versuch gemacht, an Hand verfügbarer
Unterlagen einen Überblick über den tatsächlichen und über den zulässigen
Ölverbrauch, über die Zahl der Ölwechsel und über die Fahrstreckenleistungen
in den drei Hauptabschnitten der Versuchsfahrt 1935: A = Avus—Nürburgring,
N = Nürburgring, B = Nürburgring—Berlin, für die einzelnen Fahrzeuge zu
geben.

Zum Schluß ist noch eine Gegenüberstellung des Zylinderverschleißes bei den
verschiedenen Brennstoffen gebracht (Bild 80).

Fahrzeug Nr.	Ölfassung Liter	Summe des eingefüllten Öles Liter	Anzahl Ölwechsel	Tatsächlicher Ölschwund Liter 100 km	Gesamtweg km
51	22	145	6	0,414	12,429
52	20	182	8	0,311	12,893
53	18	137	6	0,127	9,989
54	15	101	6	0,103	10,598
55	15	106	6	0,334	10,644
56	6	47	6	0,164	10,674
57	16	110	6	0,465	10,300
58	18	129	7	0,339	11,208
59	18	138	6	0,275	11,620
60	16	130	8		12,696
61	14	107	6		10,033
62	18	151	8		12,582
63	15	136	8	0,224	11,064
64	25	147	6	0,098	11,538
65	25	143	6	0,144	10,990
66	20	132	6	0,157	13,552
67	20	138	6	0,258	12,035
68	22	208	6	0,668	12,055
69	24	146	6	0,625	10,940
70	18	126	7		9,415
71	12	95	6	0,500	11,034
72	19	143	7	0,308	10,299
73	13	94	6	0,379	11,228
74	16	106	6	0,168	11,267
75	13	79	5	0,168	9,644
76	16	169	7	0,580	11,259
77	12	140	9	0,183	9,576
78	16	142	7	0,578	12,162
79	6	57	7	0,175	12,784
80	17	100	6	0,137	12,522
81	18	110	5	0,382	10,149
82	14	99	6	0,096	11,593
83	20	97	4	0,084	9,772
84	20	159	7	0,585	10,870
85	13	117	6	0,338	10,663
86	16	98	4	0,510	9,405
87	20	107	5	0,226	9,595
88	14	122	6	0,275	11,046
89	12	88	7	0,213	14,581
90	15	128	8	0,170	15,907
91	15	123	8	0,173	15,804
92	18	114	6	0,207	13,867
93	18	113	6	0,125	14,281
94	10	52	4	0,086	15,025

XI. DER MOLEKULARE AUFBAU DER SCHMIERÖLE UND DIE EINWIRKUNG VON SAUERSTOFF

Einleitung. Paraffinische, aromatische und naphthenische Öle. Der molekulare Aufbau der Schmieröle. Einfluß des molekularen Aufbaus auf das Viskositätsverhalten. Einfluß auf die chemische Beständigkeit. Einfluß auf die Schmierfähigkeit. Einwirkung von Sauerstoff. Verhalten gegen Sauerstoff. Die Arten der Schmieröloxydation. Polymerisation. Einfluß der Raffinationsmethoden auf die Schmierölqualität. Einfluß auf die Schmierfähigkeit. Zusammenhang zwischen Raffination und Oxydation. Die katalytische Wirkung der Metalle auf die Oxydation. Einfluß des Gasdruckes auf die Oxydation. Einfluß der Temperatur auf den Oxydationsverlauf.

Einleitung

Nach Prof. Dr. Herdwig Kadmer, Erdöl und Teer, 1. 1. 1938 (Auszug)

Die heute im Gebrauch stehenden Schmieröle bestehen, wenn man von geringen Mengen Schwefel und Sauerstoff absieht, aus einem Gemisch von Kohlenwasserstoffen. Die Schwierigkeit, dieses Gemisch zu entwirren, liegt nicht nur darin, daß die Mineralöle aus gesättigten und ungesättigten Ring- und Kohlenwasserstoffen zusammengesetzt sind, sondern insbesondere auch in dem Umstand, daß in allen Schmierölfraktionen, selbst in solchen von engstem Siedeintervall, Moleküle von verschiedener Größe enthalten sind.

Die Moleküle der Mineralöle sind im wesentlichen aus ring- und kettenförmigen KW aufgebaut, deren C-Ringe und C-Ketten die mannigfachsten Bindungen eingehen können. Es finden sich aller Voraussicht nach Ringkörper mit kurzen Seitenketten neben Molekülgebilden mit langer Kette, die an einem oder beiden Enden C-Ringe trägt. Die ersteren bedingen den „aromatischen oder asphaltbasischen" Charakter der Schmieröle. Die letzteren bilden den Hauptteil der „paraffinbasischen" Schmieröle. Über die „Naphthene" in Schmierölen herrscht bisher keine Klarheit, es mag sein, daß es sich bei ihnen um hydrierte Fünf- und Sechsringe handelt, möglicherweise sind es aber auch einfach höhermolekulare Gebilde, die zwischen den niedermolekularen „Aromaten" und den hochmolekularen „Paraffinen" eine gewisse Mittelstellung einnehmen.

Die Bezeichnung der Mineralschmieröle als „aromatisch", „naphthenisch" oder „paraffinbasisch" mag nicht sehr glücklich sein, läßt aber doch das Bemühen erkennen, zwischen den Mineralschmierölen des Handels in ihrer chemischen

Natur irgendwie eine Unterscheidung zu treffen. Im folgenden soll versucht werden, von diesen Typen, deren Bezeichnung nun einmal gegeben ist, eine etwas klarere Vorstellung zu geben.

Als „aromatische oder asphaltbasische" Schmieröle haben wir uns solche KW-Gemische vorzustellen, bei denen die niedermolekularen, kurzkettig substituierten Ringkohlenwasserstoffe vorherrschen.

Schmieröle dieser Art sind durch:

hohe Dichte	$d_{20} = 0{,}920{-}0{,}950$
geringen Wasserstoffgehalt	$12{-}12{,}5$
hohe Refraktion	$nD_{20} = 1{,}51{-}1{,}53$
niederen Anilinpunkt	$AP = 60{-}85^\circ$ C
hohe Viskositätspolhöhe	$Vp = $ über 3
Viskositätssteilheit	$m = $ über 4
Viskositätsindex	$VI = +40$ bis $+80$

gekennzeichnet.

Beim künstlichen Altern durch vielstündiges Erhitzen mit Durchleitung von Luft oder gar Sauerstoff erleiden sie rasche und fortschreitende Veränderung, sie verharzen und verteeren und bilden beträchtliche Mengen Ölkohle und Asphalt.

Bei auslösenden Lösungsmitteln gehen sie weitgehend, mitunter gänzlich in Lösung.

In den naphthenbasischen Ölen werden neben niedermolekularen aromatenreichen KW hauptsächlich C-Ringe zu finden sein mit längeren Seitenketten. Die physikalischen Merkmale dieser Gruppen liegen möglicherweise deshalb günstiger, weil die C-Ringe wasserstoffreicher als in den normalen Aromaten sind. Schmieröle dieser Art zeigen in allen Werten ein Mittelmaß:

Dichte	$d_{20} = 0{,}900{-}930$
Wasserstoffgehalt	$12{,}5{-}13\%$
Refraktion	$nD_{20} = 1{,}49{-}1{,}52$
Anilinpunkt	$AP = 80{-}100^\circ$ C
Viskositätspolhöhe	$Vp = 2{,}2{-}3$
Viskositätssteilheit	$m = 3{,}5$
Viskositätsindex	$VI = 80{-}30$

Sie zeigen bei künstlicher Alterung eine gewisse Stabilität; auswählende Lösungsmittel nehmen bei gelinder Behandlung zuerst ihre aromatischen niedermolekularen Verbindungen heraus, so daß zwangsläufig das Lösungsmittelraffinat im Sinne der Paraffinität verbessert wird. Lösungsmittel mit hoher Selektivität, z. B. Nitrobenzol, lösen bei mehrfacher Extraktion aus naphthenischen Ölen die Hälfte und mehr; es verbleibt dann ein Öl in geringer Ausbeute, das in den Kennzahlen grundlegend verändert ist und paraffinischen Charakter angenommen hat.

Die „paraffinbasischen" Öle enthalten im wesentlichen paraffinische Ketten, sie sind aromatenarm, aber keinesfalls frei von zyklischen Anteilen, wie man früher glaubte. Diese Art der Öle hat in den pennsylvanischen Ölen ihren natürlichen Vertreter; sie können aber auch durch Lösungsmittelraffination von Ölen aus anderen Vorkommen hergestellt werden. Paraffinische Öle sind gekennzeichnet durch:

geringe Dichte	$d_{20} = 0{,}860$—$0{,}900$
Wasserstoffgehalt	13—14 %
Refraktion	$n D_{20} = 1{,}4780$—$1{,}4950$
Anilinpunkt	$AP = 100$—$130°$ C
Viskositätspolhöhe	$Vp = 1{,}6$—$2{,}0$
Viskositätssteilheit	$m = 3$—$3{,}4$
Viskositätsindex	$VI = 90$—120

Sie besitzen hohe Alterungsbeständigkeit bei künstlicher Alterung und sind in Raffinationslösungsmitteln unlöslich.

Die beschriebenen Ölgruppen sind, das kann nicht oft genug betont werden, keineswegs durch scharfe Grenzen getrennt; sie gehen vielmehr ineinander über. Alle marktüblichen Schmieröle sind nach ihren Kennzahlen einer der erst beschriebenen Gruppen zuzuordnen; tatsächlich werden aber in allen Ölen alle Molekulararten vertreten sein, und nur das Verhältnis ihrer Mischung wird verschieden sein.

Für die Motorschmierung ist diese Gruppeneinteilung nur insofern von Bedeutung, als die erste Gruppe der aromatischen oder asphaltbasischen Öle ausscheidet. Es wäre aber falsch, die beiden Gruppen der naphthenbasischen Öle und der paraffinbasischen mit einem einseitigen Werturteil zu belegen. Gerade hier setzt das Studium ein, inwieweit paraffinbasischer Charakter einerseits, andererseits naphthenbasischer Charakter vorzuziehen ist.

Die Bedeutung der einzelnen KW-Molekülarten ist in den weiteren Ausführungen hervorgehoben.

Der molekulare Aufbau der Schmieröle

Im Schmieröl sind drei Grundtypen des molekularen Aufbaues der Kohlenwasserstoffe vertreten:

1. Die kettenförmige Gestalt der sogenannten alephatischen KW, auch paraffinische Kohlenwasserstoffe genannt.

2. Die Ringform der aromatischen KW, die sich vom Benzol ableiten.

3. Die ringförmigen, naphthenischen KW, die als Grundform einen Kohlenstoffring mit je zwei Wasserstoffatomen an jedem Kohlenstoffatom haben (siehe Seite 170).

Der molekulare Aufbau der Schmieröle ist aber so kompliziert, daß die Konstitution nicht restlos geklärt werden kann.

Die Verkettungen der einzelnen Ringe und Ketten sind so mannigfaltig, daß sie nur in ihren Grundformen erkannt sind und nur in diesen dargestellt werden können.

Man weiß mit Sicherheit nur, daß die unraffinierten Mineralschmieröle fast ausschließlich aus Kohlenwasserstoffen bestehen und daß reine Methankohlenwasserstoffe (reine Paraffine und Iso-Paraffine) nur wenig in Schmierölen enthalten sind, vielmehr sind es zyklische Kohlenwasserstoffe mit paraffinischen Seitenketten, die den Hauptteil der Schmieröle ausmachen.

Grundformen des molekularen Aufbaus der Schmieröle

1. Alphabetische Kette   Paraffinischer Kohlen-Wasserstoff

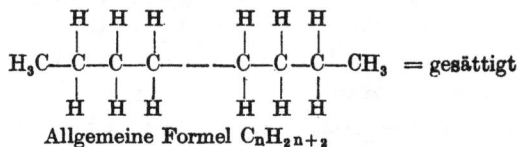

Allgemeine Formel C_nH_{2n+2}

Olefinischer Kohlen-Wasserstoff

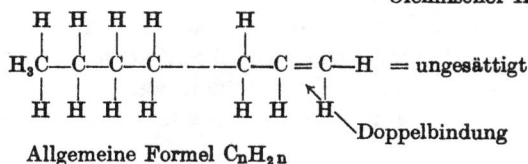

Allgemeine Formel C_nH_{2n}

2. Aromatische Ringe

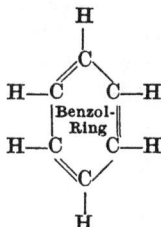

Allgemeine Formel C_nH_n

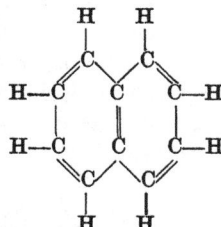

C_nH_{n-2}

3. Naphthenische Ringe

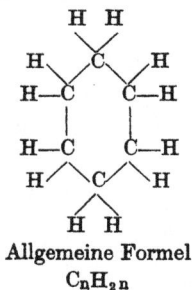

Allgemeine Formel
C_nH_{2n}

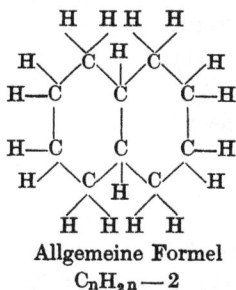

Allgemeine Formel
$C_nH_{2n}-2$

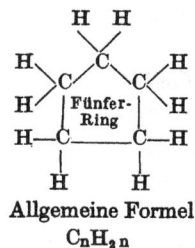

Allgemeine Formel
C_nH_{2n}

Nach allen bisherigen Untersuchungen, angefangen bei den klassischen Arbeiten von Maberys bis zu einer neuen, äußerst exakten Untersuchung des Büros of Standard (B. J. Mair Ind. Engng. chem. 28, 1936, Seite 1447), wurden in

keiner Fraktion natürlicher Schmieröle Bestandteile gefunden, die der Formel C_nH_{2n+2} den für Iso-Paraffin gültigen Wert gehabt hätten. Eher ist es
denkbar, daß ungesättigte aliphatische Kohlenwasserstoffe vorhanden sind,
wie z. B. vom Typ

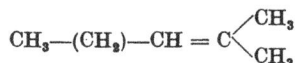

$$CH_3-(CH_2)-CH=C\begin{array}{c}CH_3\\CH_3\end{array}$$

Hier heißt die allgemeine Formel C_nH_{2n-2}, wie bei den Naphthenen. Bei der
Schwefelsäureraffination dürften derartige Kohlenwasserstoffe verlorengehen,
während sie bei der Lösungsmittelextraktion erhalten bleiben. (Über die Bedeutung dieser Feststellung siehe 182.)
Die Wattermannsche Methode gibt die Möglichkeit, sich einigermaßen darüber
klarzuwerden, wieviel von den einzelnen obenerwähnten Grundformen in
einem Schmieröl enthalten sind.
Auch das spezifische Gewicht der Schmieröle gibt einen annähernden Aufschluß
darüber, da mit steigendem spezifischem Gewicht die Anteile der ringförmigen
KW, Aromaten und Naphthene zunehmen (siehe unter Spezifisches Gewicht).
Die Qualitätseigenschaften sind davon abhängig, ob die Ringe durchaus wasser-
stoffgesättigt sind oder nicht, wie die Ringe gebaut und angeordnet sind und
wieviel und vor allem wie lange Seitenketten sich an den Ringen befinden.   .
Die Lösungsmittelverfahren in der Raffination erlauben es, die vorwiegend paraffinischen Verbindungen mit langen Seitenketten anzureichern und so
Schmieröle von viel höheren Güteeigenschaften zu erzielen, als es vorher möglich war.
Es ist auch ein Irrtum anzunehmen, daß mit der Schwefelsäureraffination sämtliche Aromaten entfernt werden. Die konzentrierte Schwefelsäure zerlegt lediglich das Öl in eine Gruppe mit hohen aromatischen Ringen, die ausgeschieden
wird, und in eine solche mit geringem Aromatgehalt.

Einfluß des molekularen Aufbaus auf das Viskositätsverhalten

Um nun den Einfluß der einzelnen Grundformen zu klären, wurden durch Spil-
ker, Mikeska und andere synthetische Stoffe geschaffen, die chemisch genau definiert waren und dadurch einen gewissen Einblick über die Bedeutung der
strukturellen Verschiedenheit geben (vergleiche Tabelle Seite 172).

Es ergab sich:

1. Durch die Erhöhung der Zahl der ringförmig gebundenen C-Atome wird die
   Viskosität erhöht, und zwar ist nicht die Zahl der ringförmig gebundenen
   C-Atome entscheidend, sondern die strukturelle Anordnung der Ringe im
   Molekül. Auch das Temperaturverhalten dieser KW wird durch die struk-
   turelle Anordnung der Ringe beeinflußt.

2. Naphthenische Ringe erhöhen die Viskosität ebenfalls und verschlechtern
   zugleich die Temperaturabhängigkeit. Die kettenförmigen KW kommen im
   Schmieröl vielfach als Seitenketten der ringförmigen KW vor.

3. Die Anhäufung langer Seitenketten an aromatischen Ringen bewirkt ebenfalls eine Erhöhung der Viskosität und eine Verschlechterung der Temperaturabhängigkeit.

4. Häuft man kürzere Seitenketten am Naphthalin-Kern an, so bedeutet es eine Verbesserung des Temperaturverhaltens mit steigender Kettenzahl.

Es zeigt sich ferner, daß eine lange Seitenkette wirksamer und günstiger ist als drei kürzere Seitenketten, deren C-Atomsumme gleich ist.

Ist eine gewisse Kettenlänge erreicht, so ist eine weitere Verlängerung anscheinend ohne Wirkungssteigerung.

5. Eine Verzweigung der aliphatischen Kette bringt eine Verschlechterung im Temperaturverhalten.

Die Verschlechterung durch die Verzweigung der aliphatischen Kette kann durch Einfügung einer in Konjugation zum aromatischen Kern stehenden Doppelbindung wieder beseitigt werden.

6. Die Einfügung einer Doppelbindung in aliphatische Ketten hat gegenüber einer Doppelbindung am ringförmigen KW eine Verschlechterung des Temperaturverhaltens zur Folge (siehe angew. Chemie, 9. 10. 1937, Dr. Zorn).

Einfluß der Konstitution auf das Viskositätsverhalten

Dr. Zorn, Ztschrft.: Angewandte Chemie Nr. 41, 1937

1. Einfluß der Ringanordnung bei aromatischen Ringen
2. Bei naphthenischen Ringen
3. Einfluß langer Seitenketten an aromatischen Ringen
4. Einfluß kurzer Seitenketten an naphthenischen Ringen

Nr.	Formel	C_nH_{2n+x}	Mol. Gew.	Mol. Vol.	c St. 38°	c St. 99°	Vph. V. I.	spez. Gew.	nD_{20}
1.									
2	⬡—$C_{18}H_{37}$ $C_{24}H_{42}$	— 6	330	386	9,28	2,78	0,70 209	0,854	1,4812
4	⬡⬡—$C_{18}H_{37}$ $C_{30}H_{46}$	—14	406	444	29,18	5,49	1,30 139	0,914	—
5	⬡⬡—CH—$C_{15}H_{31}$ $C_{28}H_{42}$	—14	378	414	23,40	4,30	1,60 111	0,914	1,5120
8	$C_4H_9 \cdot$ CH—$(CH_2)_6$—CH$\cdot C_4H_9$ $C_{30}H_{46}$	—14	406	451	33,35	4,99	2,0 80	0,905	1,5110
10	⬡⬡—$C_{18}H_{37}$ $C_{28}H_{44}$	—12	380	419	22,86	4,63	1,26	0,906	1,5206

Nr.		Formel	C_nH_{2n+x} ×x	Mol. Gew.	Mol. Vol.	c St. 38°	c St. 89°	Vph V.I.	spez. Gew.	n D²⁰
7	**2.** $C_4H_9 \cdot CH-(CH_2)_8-CH \cdot C_4H_9$ (mit zwei Benzolringen, H_2)	$C_{30}H_{56}$	— 2	413	—	51,28	6,37	2,10 72		
	Vergleiche mit Nr. 2 und Nr. 8									
11	**3.** ⬡—$C_{18}H_{37}$	$C_{24}H_{42}$	— 6	330	386	9,28	2,78	0,70 209	0,854	—
12	⬡ $(C_{18}H_{37})_2$	$C_{42}H_{78}$	— 6	582	683	47,9	9,46	1,01 158	0,852	—
13	⬡ $(C_{18}H_{37})_3$	$C_{60}H_{114}$	— 6	834	979	97,70	14,56	1,18 139	0,852	1,4813
14	**4.** ⬡⬡—C_6H_{13}	$C_{16}H_{20}$	— 8	212	321	4,82	1,41	—	0,958	1,5673
15	⬡⬡ $(C_6H_{13})_2$	$C_{22}H_{32}$	—12	296	—	19,11	3,40	2,00	—	1,5634
16	⬡⬡ $(C_6H_{13})_3$	$C_{28}H_{44}$	—12	380	417	32,67	5,09	1,85	0,911	1,5297
17	⬡—$C_{12}H_{45}$	$C_{28}H_{50}$	— 6	386	453	13,68	3,46	0,98 175	0,851	1,4806
18	⬡—CH_2—$C_{17}H_{35}$ / C_4H_9	$C_{28}H_{50}$	— 6	386	453	16,57	3,72	1,18 148	0,855	1,4779
19	⬡—$C_1=CH$—$C_{16}H_{33}$ / C_4H_9	$C_{28}H_{48}$	— 8	384	442	14,57	3,51	1,10	0,868	1,4899

Nr.		Formel	C_nH_{cn+x} $x =$	Mol. Gew.	c St.			Vph V. I.	spez. Gew.
					38°	50°	99°		
20	$nC_{32}H_{66}$	$C_{32}H_{66}$	+ 2	450	20,0	14,4	5,5	0,76	0.820
21	$CH_3—(CH_2)_7—CH=$ $=CH—(CH_2)\cdot 7—$ $—(CH_2)\cdot 7—CH=CH—$ $—(CH_2)\cdot 7—CH_3$	$C_{34}H_{66}$	− 2	474	14,40	10,1	3,65	0,98	0,838

Einfluß des strukturellen Aufbaues auf die chemische Beständigkeit

Klären vorstehende Arbeiten den Ringeinfluß und den Einfluß der Seitenketten auf die Viskosität und die Viskositätspolhöhe, so gibt Prof. Suida an, in welcher Weise der strukturelle Aufbau die Neigung zum Verfall der Moleküle bestimmt. Nach seinen Ausführungen ergibt sich, daß sich die Moleküle der Schmieröle am leichtesten an den Kohlenstoffatomen verändern, die er als tertiäre C-Atome bezeichnet.

Unter tertiär versteht man eine Bindungsform des vierwertigen Kohlenstoffatoms, bei der nur ein Wasserstoffatom direkt an das C gebunden ist, während die anderen drei Valenzen durch eine Gruppe oder durch ein anderes C-Atom abgebunden sind. Die Gruppen können ringförmig oder kettenförmig sein. Aus Tabelle Seite 175 geht dies hervor. Unter Nummer 4, 5, 6 und 7 sind die primären, sekundären, tertiären und quarternären C-Atome charakterisiert. R bedeutet darin immer eine ganze Gruppe aus Ketten und Ringen allein oder aus beiden bestehend.

Die Doppelbindung — C=C— gehört ebenfalls zu den tertiären C-Bindungen und ist daher leicht aufzuspalten.

Je weniger primäre und sekundäre C-Atome ein Molekül enthält, um so geringer ist der Grad der Wasserstoffabsättigung.

Maßgebend für die Festigkeit der Verbindung ist also bis zu einem gewissen Grade das C—H-Verhältnis. Zum mindesten kann man erwarten, daß ein Schmieröl mit hohem Wasserstoffgehalt auch widerstandsfähiger gegen Zersetzung und Oxydation sein dürfte.

Ein in einem aromatischen Ring eingebautes tertiäres C spaltet sich weniger leicht auf als ein solches im Naphthenring oder in der Seitenkette.

Bei naphthenischen Ringen mit Seitenketten wird das tertiäre C des Ringes aufgespalten, die Kette also am Ring direkt abgetrennt.

Tabelle Seite 175/17 zeigt eine Kombination von aromatischen Ringen mit naphthenischen Seitenketten.

Einfluß der Struktur auf die Schmierfähigkeit

Die Schmierfähigkeit eines Öles ist nicht nur allein vom Öl abhängig, sondern auch von den molekularen Kräften, die von den zu schmierenden Metallflächen ausgehen.

Schematische Darstellung von KW-Verbindungen im Schmieröl

Prof. Dr. Ing. H. Suida, Öl und Kohle, Heft 9, 1937

1. Unverzweigte Methan KW „Paraffine"

CH₃—CH₂———CH₂—CH₂—CH₃ (I II III … III II I)

2. einf. verzw. „Iso-Paraffine"

CH₃—CH₂.CH———CH₂—CH₃ / CH₂—CH₂—CH₃

3. mehrf. verzw. „Iso-Paraffine"

CH₃—CH—CH₂—CH—CH₂———CH₃ / CH₂—CH₂ / CH₃ … CH₃

4. primäres C-Atom

R—C—H (I) mit H, H

5. sekundäres C-Atom

R—C—R (II) mit H, H

6. tertiäres C-Atom

R—C—H (III) mit R, R

7. quaternäres C-Atom

R—C—R (R, R)

8. (II) gesättigte Ringe ohne Seitenketten — Naphthene

9. (III) gesättigte Ringe ohne Seitenketten — Naphthene

10. (II) Naphthene

11. (III) Naphthene

12. gesättigte Ringe mit Seitenketten — Naphthene

13. gesättigte Ringe mit Seitenketten — Naphthene

14. gesättigte Ringe mit Seitenketten — Naphthene

15. ungesättigte Ringe mit Seitenketten — Aromaten

16. ungesättigte Ringe mit Seitenketten — Aromaten

17. halbgesättigte Ringe mit Seitenketten — Aromaten

Immerhin hat man versucht, durch die Bestimmung des Reibungskoeffizienten die Schmierfähigkeit mit der Konstitution der Öle in Zusammenhang zu bringen.

M. V. Dover (Ind. Engng. chem., 27, 1935) hat auf einer Herschelmaschine die Reibungskoeffizienten nachstehender synthetischer Stoffe festgestellt, um den Einfluß des molekularen Aufbaues auf die Schmierwirkung zu erforschen.

Nr.	Bezeichnung	Chemische Formel	Summen-formel	Reibungs-zahl
1	n-Oktadekan	$C_{18}H_{38}$	$C_nH_{2n} + 2$	0,096
2	n-Oktadekan	$C_{18}H_{36}$	C_nH_{2n} unges.	0,106
3	Di-m-tolyläthan	$C_{16}H_{38}$	$C_nH_{2n} + 6$	0,230
4	Tetratria-Kontadien	$C_{34}H_{66}$	$C_nH_{2n} - 2$	0,102

Die Doppelbindung des ungesättigten Oktadezen (2) hat gegenüber den beiden Stoffen unter 1 und 4 keinen ins Gewicht fallenden Reibungsunterschied ergeben.

Auch die Molekülgröße ist von 4 im Verhältnis zu 2 bedeutungslos.

3 ist ein aromatischer Kohlenwasserstoff und schmiert am schlechtesten. Auch Ubbelohde und Joswich haben die Feststellung gemacht, daß die Aromaten in Tragkraft und Druckbeständigkeit sich am ungünstigsten verhalten.

Kyropoulos weist darauf hin, daß der molekulare Aufbau maßgebend ist für die sogenannte Strömungsorientierung, d. h. unter Druck richten sich lange Seitenketten aus, in derselben Weise, wie sich Algen in einer Wasserströmung ausrichten. Dadurch entsteht eine parallele Lage der Moleküle, die eine verminderte Druckfestigkeit des Ölfilms zur Folge hat. Es gelang ihm festzustellen, daß sich die Viskosität durch diese Strömungsorientierung in Drucklagern bis zu 7 bis 17 % verminderte.

Die Einwirkung des Sauerstoffes

Nach Ansicht von Engler (siehe Holde, Seite 105) ist der auch nur vorübergehend eintretende Sauerstoff für die Neigung zur Polymerisation und damit für die Bildung der Asphalte bei ungesättigten Körpern maßgebend.

Über die Wirkung des Sauerstoffes findet man oftmals widersprechende Angaben. Dies ist auch erklärlich, weil gerade die Anfangsreaktionen verhältnismäßig schnell ablaufen und wohl stark von der größtenteils unbekannten Konstitution der Reaktionsteilnehmer abhängen.

Es konnte in vielen Fällen nachgewiesen werden, daß Peroxyde dabei eine wichtige Rolle spielen.

Diese Peroxyde vermögen den molekularen Sauerstoff zu aktivieren, d. h. sie geben durch Zerfall Sauerstoff ab, der so im „statu nascendi" erst seine volle Wirksamkeit erlangt. Peroxyde wirken daher in zwei Richtungen. Bei ihrer Bildung nehmen sie freien Sauerstoff auf oder entziehen ihn benachbarten Stoffen, um dann diesen Sauerstoff wieder abzugeben. Ähnliche Wirkungen sind auch bei verschiedenen Zusatzmitteln zum Schmieröl beobachtet worden, die sowohl in der Richtung der Oxydation des Schmieröles, wie des Schutzes gegen die Oxydation wirken (siehe unter Zusatzmittel).

Verhalten gegen Sauerstoff

Mitgeteilt von Dr. Zorn, Z. f. angew. Chemie, Nr. 41, 1937

Die Forscher N. J. Chernoshukov und S. C. Krein haben zahlreiche synthetische, aromatische und naphthenische Kohlenwasserstoffe in einer Bombe der Einwirkung von Sauerstoff bzw. Luft bei 15 at und bei 150° bzw. 250° während drei und sechs Stunden unterworfen und dann die chemische Natur der Oxydationsprodukte untersucht. Es ergab sich folgendes Bild:

1. Aromatische Kohlenwasserstoffe ohne Seitenketten wurden nicht oder nur schwach oxydiert.
Ein zwischen den Ringen eingeschobenes aliphatisches C-Atom vermindert die Widerstandsfähigkeit.
Je unsymmetrischer und komplizierter die chemische Struktur ist, um so geringer ist die Stabilität.
Harzartige Polymerisationsprodukte überwiegen gegenüber dem sauren Oxydationsprodukt.
Die Kondensations- und Polymerisationsprodukte sind in Petroläther unlöslich. Sie zeigen asphaltenischen Charakter.

2. Aromatische Kohlenwasserstoffe mit Seitenketten sind viel weniger beständig, und zwar um so weniger, je größer die Zahl und Länge der Seitenketten ist.
Der Sauerstoff greift zuerst die Seitenketten an. Es werden saure Produkte, darunter auch flüchtige Säuren, gebildet. Kondensations- und Polymerisationsprodukte treten um so weniger auf, je länger die Seitenketten sind. Sie sind in Petroläther löslich. Sie haben also einen anderen Charakter als die der Ring-KW ohne Seitenketten.

3. Naphthenische Kohlenwasserstoffe.
   a) Die Neigung der Naphthene zur Oxydation nimmt mit steigendem Mol.-Gewicht zu. Seitenketten erhöhen die Oxydationsempfindlichkeit. Der Angriff des Sauerstoffes erfolgt aber nicht an der Seitenkette, sondern am Ring, wo die Seitenkette ansetzt. Der Ring wird aufgespalten. Als Oxydationsprodukte ergeben sich freie und veresterte Säuren und Oxysäuren.
   b) Aromatische KW ohne Seitenketten als Zusatz zu Naphthenen wirken als Antioxygene, werden dabei aber selber oxydiert, und zwar unter Bedingungen, unter denen sie für sich allein nicht oxydieren würden. Die Naphthene wirken gewissermaßen induzierend auf diese aromatischen Kohlenwasserstoffe ein.

c) Aromatische KW mit Seitenketten zu Naphthenen wirken bis zu einem Zusatz von 10% als Antioxygene. Die Oxydationsprodukte sind aber in diesem Falle nicht sauer, sondern asphaltisch. Die Kurve in Bild 81 zeigt die stark antioxygene Wirkung verschiedener aromatischer KW-Stoffe.

Die Arten der Schmieröloxydation

Prof. Suida, Erdöl u. Teer, 1. 3. 1937 (Tabelle Seite 179) gibt einen Überblick über die Art und Weise, wie Schmieröle unter der Einwirkung von Sauerstoff verändert werden können.

Die Oxydation kann:

a) in Form einer Dehydrierung auftreten insofern, als sich der im Öl aufgenommene Sauerstoff mit Wasserstoff verbindet und als Wasser ausscheidet. Die sich daraus ergebende Änderung im Kohlenstoffmolekül besteht darin, daß statt einer Einfachbindung eine Doppelbindung auftritt, wie in Tabelle Seite 179 sowohl für einen Naphthenring sowie für eine paraffinische Kette aufgezeigt ist. Dadurch entsteht also eine Struktur, die an der Doppelbindung ungesättigten Charakter hat und weiterem Zerfall mehr ausgesetzt ist.

$I \quad (C_6H_5)_3CH$
$II \quad (C_6H_5)_2CH_2$
$III \quad$ Acenaphthen
$IV \quad$ Naphthalin
$V \quad$ Anthracen
$VI \quad$ Phenanthren
$VII \quad$ arom. KW aus einer bei 350–400° siedenden Frakt. des grossnyer Erdöles

Bild 81. Antioxygene Wirkung verschiedener Aromaten auf Grossnyer-(naphthenisches) Vaselin-Öl. Ztschr. f. angew. Chemie Nr. 41. 1937.

Bei der Dehydrierung reagieren in erster Linie tertiäre und in zweiter sekundäre C-Atome,

b) eine Oxydation mit Kondensation sein, wodurch ebenfalls eine Abspaltung von Wasser erfolgt und sich zwei oder mehrere getrennte Moleküle zu größeren Gebilden vereinigen. Auch hier werden zunächst die tertiären Kohlenstoffe reagieren,

c) Oxydation mit Destruktion sein, bei der die Abspaltung einer Kette oder die Aufspaltung eines Ringes erfolgt. Auch hier reagieren tertiäre und sekundäre Kohlenstoffe. Als Spaltstücke entstehen immer Produkte, die Sauerstoff enthalten. Die Seitenketten der Ringe werden immer kürzer unter Bildung sauerstoffhaltiger Verbindungen.

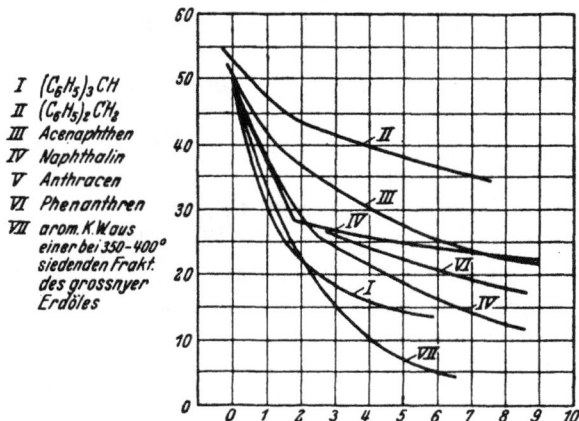

Oxidationsvorgänge bei Schmierölen

Oxydation mit Dehydrierung

1.

2.

Doppelbindung

Doppelbindung

$+ H_2O$

Oxydation mit Kondensation

3.

$+ H_2O$

Oxydation mit Destruktion

4.

(Hydroxyl)

5.

6.

Kondensationen treten auch unter Ausschluß von Sauerstoff bei höheren Temperaturen ein. Sie erfolgen dann unter bloßer Verlagerung von Wasserstoff oder unter Abspaltung von freiem Wasserstoff. Diese Kondensationen führen zunächst zur Molekülvergrößerung und weiterhin zur Ringbildung.

Alle Kondensationen äußern sich durch Zunahme der Zähigkeit des Öles und weiterhin durch Bildung von zum Teil kolloidgelösten, hochmolekularen, harzigen Asphaltstoffen.

Nach den Beobachtungen von Suida können Kondensationen von Schmieröl bei Ausschluß von Sauerstoff schon bei 120° C merkbar erfolgen.

Destruktionen erfolgen entweder bei Überhitzungen des Schmieröles oder schon bei niederen Temperaturen in Gegenwart bestimmter Metalle.

Hierbei werden stets ungesättigte Verbindungen erzeugt, die sich am Geruch, an der gesteigerten Reaktionsfähigkeit des Öles, zum Teil auch durch Flammpunkterniedrigung bemerkbar machen.

In Gegenwart von Sauerstoff führen diese Destruktionen zur Bildung flüchtiger Sauerstoffverbindungen und zur Bildung von nicht leichtflüchtigen sauren Ölverbindungen oder Harzen.

Zu den nicht leichtflüchtigen sauren Ölverbindungen gehören auch die aktiven Gruppen, die im Ölfilm an der Metallfläche anhaften, also die

$$\text{freie Karboxylgruppe}$$
$$.. -CO-OH$$
$$\text{oder das Alkoholradikal}$$
$$.. -CH_2-OH$$
$$\text{oder die Kombination von Karboxyl und}$$
$$\text{Alkoholradikal}$$
$$.. -CO-O-CH_2 .$$

Die Temperaturen brauchen gar nicht so hoch zu sein; etwa bei 200 bis 250° treten diese Destruktionen ein, in Gegenwart von Kupfer und Silber sogar schon bei 100 bis 150°.

Man ersieht aus der Art, wie das Schmieröl durch obige Vorgänge verändert werden kann, daß wir es dabei noch nicht mit den eigentlichen Polymerisationsvorgängen zu tun haben, die wahrscheinlich hauptsächlich nur im Kurbelgehäuse auftreten können, da hier geringere Temperaturen und auch die längere Zeit zur Bildung der eigentlichen Polymerisationsprodukte gegeben ist.

Polymerisation

Unter einer Polymerisation versteht man die Bildung höherer molekularer Verbindungen aus niedermolekularen Stoffen unter Erhaltung ihrer chemischen Zusammensetzung.

Damit ist schon der Unterschied zwischen Polymerisation und Kondensation gegeben. Bei der Kondensation wird das Wasser abgespaltet und damit die chemische Zusammensetzung verändert, da der in das Wasser austretende Wasserstoff das C—H-Verhältnis ändert.

Zu Polymerisationen sind nur Stoffe befähigt, die in ihren Molekülen Doppelbindungen entweder zwischen zwei Kohlenstoffatomen oder zwischen Kohlenstoff und Sauerstoff besitzen.

Im Verlauf der Polymerisation gehen diese Doppelbindungen in einfache Bindungen über, so daß das Endprodukt in allen Fällen weniger ungesättigt ist als
der Ausgangsstoff.

Am genauesten sind bisher Polymerisationen untersucht worden, bei denen die
Ausgangsstoffsubstanzen Vinylgruppen besitzen, wie Styrol ($C_6H_5 — CH = CH_2$),
Butadien ($CH_2 = CH — CH = CH_2$) und Vinylalzetat ($CH_2 = CHOCOC_2H_5$).

Bei der Polymerisation bilden sich Makromoleküle, bei denen eine Anzahl von
einzelnen Grundmolekülen durch Hauptvalenzen miteinander verbunden sind.
Wie groß der Polymerisationsgrad ist, hängt von den gewählten Bedingungen ab.

Bei hoher Temperatur oder bei Zusatz von Katalysatoren erhält man verhältnismäßig niedermolekulare Produkte.

Bei niederer Temperatur lagern sich dagegen Tausende von Grundmolekülen
zu einem Makromolekül zusammen (siehe Tabelle).

Temperatur in ° C	Dauer	Molekulargewicht	Polymeri- sationsgrad
20	1 Jahr	550 000	5300
60	35 Tage	445 000	4350
80	8 Tage	314 000	3000
100	2,5 Tage	232 000	2220
120	1 Tag	167 000	1600
150	4 Stunden	107 000	1030
200	1,5 Stunden	61 000	590
240	1 Stunde	24 000	230

Katalysator	Temperatur in ° C	Dauer	Molekular- gewicht
1% BF_3-Essigsäure	27	4 Wochen	430 000
1% BF_3-Essigsäure	60	5 Tage	218 000
BF_3-Gas (Spuren)	60	5 Tage	207 000
Benzoylperoxyd	60	4 Stunden	100 000
BF_3-Gas (wenig)	0	1,5 Stunden	50 000
BF_3-Gas (gesättigt)	— 10	0,5 Stunden	25 000

Die Polymerisation besteht aus drei Teilvorgängen:

1. Die Aktivierung der Doppelbindung.

2. Das Wachstum der Kette.

3. Den Kettenabbruch.

Die Geschwindigkeiten der drei Teilreaktionen sind sehr verschieden.

Der Wachstumsprozeß einer Kette aus tausend Grundmolekülen ist bei 20° in weniger als 2 Minuten beendet. Die Aktivierung und der Abbruch sind dagegen viel langsamer verlaufende Reaktionen.

Bei einer Erhöhung der Temperatur von 20° auf 240° steigt die Reaktionsgeschwindigkeit auf das 8800fache, während der Polymerisationsgrad 23mal niedriger wird. Aus dieser Tatsache können wir schließen, daß sich im oberen Zylinderrraum wesentlich niedrigere Polymerisationsprodukte ergeben als im Kurbelgehäuse.

Von wesentlicher Bedeutung ist auch, daß bei Polymerisation in Emulsion trotz niederer Temperatur bei großer Reaktionsgeschwindigkeit sich sehr hochmolekulare Produkte ergeben.

Eine Emulsion dürfte vor allem im Kurbelgehäuse auftreten durch Kondenswasser aus den Verbrennungsprodukten.

Es hängt ganz von der Bedingung ab, unter welcher der Sauerstoff auf das Schmieröl einwirkt, ob sich hoch- oder niedrigmolekulare Polymerisationsprodukte ergeben.

Jedenfalls wird im Motor die Veränderung des Öles nicht in der Weise erfolgen, wie dies bei der künstlichen Alterung der Fall ist, da Kadmer nachweisen konnte, daß sich Motorenöle immer regenerieren lassen, während dies bei künstlich gealterten Ölen nicht mehr der Fall ist.

Dem Verfasser ist allerdings der Fall einer Gasmaschine bekannt, bei dem durch andere Einwirkungen von seiten des Gases die Regeneration des Öles nicht mehr möglich war.

Einfluß der Raffinationsmethoden auf die Schmierölqualität

Die klassische Methode der Schmierölraffination ist

die Schwefelsäureraffination

Durch die Schwefelsäure werden aus dem Schmieröl die aromatischen Kohlenwasserstoffe ausgefüllt und auch ungesättigte Verbindungen entfernt.

Je heller ein Schmieröl ist, desto mehr ist es von Erdölharzen befreit, desto geringer wird aber auch seine Schmierfähigkeit, so daß bei weitestgehender Raffination das Schmieröl soweit seine Schmierfähigkeit verloren hat, daß es nicht mehr für Schmierzwecke verwendet werden kann.

Es richtet sich ganz nach der Art des Rohöles (bzw. Destillates), wie weit die Raffination betrieben werden muß, um bestimmte Eigenschaften zu erreichen.

Die Lösungsmittelraffination

Da sich viele Rohöle als ungeeignet zeigten, um aus ihnen mittels der Schwefelsäureraffination gute Motorenöle herzustellen, hat man in neuerer Zeit das Lösungsmittelverfahren sehr stark eingeführt. (Auch Selektivverfahren genannt.)

Der Unterschied der beiden Verfahren ist in den Auswirkungen folgender:

Das Schwefelsäureverfahren nimmt nur die ungesättigten und aromatischen Verbindungen heraus, während das Ringkettenverhältnis (siehe unter molekularer Aufbau) der übrigen Kohlenwasserstoffe nicht geändert wird.

Beim selektiven Lösungsmittelverfahren erfolgt die Trennung nach dem Ring-kettenverhältnis aller Gemischbestandteile. Das bedeutet, daß die Aromaten mit langen Seitenketten im Raffinat verbleiben, während Naphthene und Aromaten mit kurzen Seitenketten, Olefine usw. ausgeschieden werden. Die Trennung der strukturellen Bestandteile des Schmieröles erfolgt also förmlich nach Polhöhen. Die Extraktion mit Lösungsmittel verbessert

die Polhöhe,

die Stabilität des Öles,

den Flammpunkt,

die Dichte,

den Koksgehalt.

Die Extraktion mit Schwefelsäure verbessert

die Stabilität des Öles,

den Flammpunkt,

den Koksgehalt

und läßt Polhöhe, Temperaturempfindlichkeit und spezifisches Gewicht fast unbeeinflußt.

Die selektive Lösungsmittelraffination kann bedeutend besser gesteuert werden als die Schwefelsäureraffination, da die verschiedensten Auslösungsmittel je nach dem vorliegenden Rohöl in Anwendung gebracht werden können.

Selektive Lösungsmittel sind: Phenol, Kresolen, Furfurol, Anilin, O-Toluidin, Chlorex, Azetol, Nitrobenzol, schweflige Säure und andere mehr.

Einfluß der Raffinationsmethoden auf die Schmierfähigkeit

Die Lösungsmittelraffination ist heute so weit ausgebaut, daß sich mit ihr im Handel übliche Analysendaten erreichen lassen, die auf gute Qualität hinweisen, ohne daß die betreffenden Schmieröle diejenige Schmierfähigkeit besitzen, die von diesen Analysendaten zu erwarten wären.

Kadmer hat versucht, auf der Verschleißmaschine von Thoma die Schmierfähigkeit einer großen Anzahl von handelsüblichen Ölen zu überprüfen, und konnte dabei feststellen, daß wir heute im Handel auch Öle haben, die infolge scharfer Lösungsmittel und Bleicherdebehandlung außerordentlich günstige Analysendaten ergeben, ihnen aber die entsprechende Schmierfähigkeit durchaus mangelt.

Synthetische Schmieröle

Die synthetischen Schmieröle aus Kohle sind noch sehr stark in der Entwicklung und praktisch noch kaum in Handel. Ein Urteil über sie kann hier nicht gegeben werden.

Abschließend kann über die Raffinationsmethode gesagt werden, daß nicht die Art der Raffination für die Schmierölqualität maßgebend ist, sondern wie sie mit Rücksicht auf das vorliegende Rohöl gesteuert wurde.

Zusammenhang zwischen Raffination und Oxydation

Dr. Hans Staeger, Petroleum Nr. 7, 1936, berichtet, daß nach einer systematischen Untersuchung Zusammenhänge zwischen dem Raffinationsgrad und den bei der Alterung gebildeten Säuren, ausgedrückt durch die Säurezahl und dem Angriff auf Baumwolle, bestehen.

Die Öle der Methangruppe zeigen einen kritischen Raffinationsgrad, der sehr scharf ausgeprägt ist. Nach Überschreitung dieses kritischen Raffinationspunktes bilden sich ganz andere Reaktionsprodukte, nämlich niedrigmolekulare leichtflüchtige Säuren und Peroxyde.

Die Peroxydbildung ist in diesem Zustande derart stark, daß Zellulose vollständig zerstört wird und in Oxyzellulose übergeht, wodurch sie die mechanische Festigkeit verliert. Dies ist ein Zeichen dafür, wie sehr es auf die Art der gebildeten Säure ankommt.

Bei den Naphthenölen ist der kritische Raffinationsgrad nicht so scharf ausgeprägt und umfaßt ein größeres Gebiet. Im übrigen bilden sich auch hier nach Überschreitung dieses Grades die obenerwähnten Produkte.

Es sei hierzu bemerkt, daß von Staeger Isolieröle untersucht wurden, bei denen man einen höheren Raffinationsgrad verwendet als bei Motorenöl.

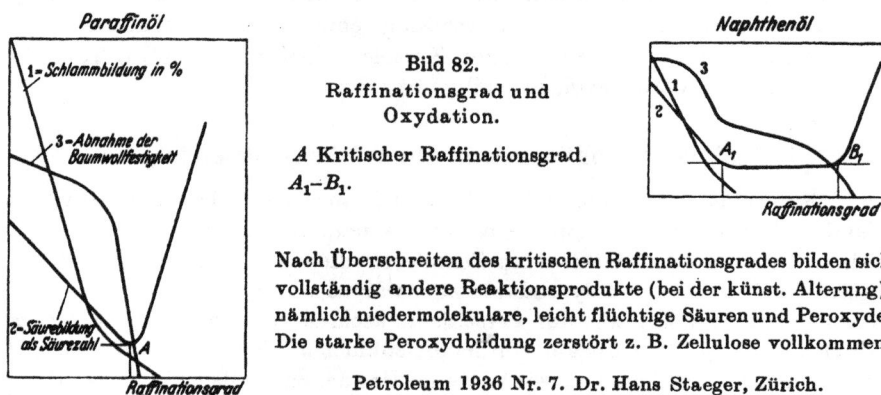

Bild 82.
Raffinationsgrad und Oxydation.

A Kritischer Raffinationsgrad.
A_1–B_1.

Nach Überschreiten des kritischen Raffinationsgrades bilden sich vollständig andere Reaktionsprodukte (bei der künst. Alterung), nämlich niedermolekulare, leicht flüchtige Säuren und Peroxyde. Die starke Peroxydbildung zerstört z. B. Zellulose vollkommen.

Petroleum 1936 Nr. 7. Dr. Hans Staeger, Zürich.

Der Raffinationsgrad der Motorenöle dürfte also im allgemeinen unterhalb des kritischen Raffinationsgrades liegen, und die Untersuchung von Staeger ist hier nur deshalb angeführt, weil die Motorenöle aus den verschiedensten Kohlenwasserstoffen bestehen, und es darum ohne weiteres möglich ist, daß sich in ihnen Kohlenwasserstoffe befinden, die ebenfalls in der Richtung niedrigmolekularer leichtflüchtiger Säuren und Peroxyde reagieren, die für den Korrosionsangriff auf die Zylinderwand von besonderer Bedeutung sind.

In welcher Weise der Raffinationsgrad die Säurebildung, als Säurezahl gemessen, beeinflußt, ist in Bild 82 dargestellt.

Die katalytische Wirkung der Metalle auf die Oxydation von Schmierölen

Die Metalle Kupfer und Zink, wobei Kupfer wesentlich stärker aktiv ist, haben keinen grundsätzlichen Einfluß auf den Verlauf der Reaktion, sondern lediglich einen beschleunigenden. Die primär entstehenden sauren Reaktionsprodukte bilden nur unter ganz bestimmten Bedingungen geringe Mengen von Metallseifen.

Blei und Kadmium beeinflussen den Reaktionsverlauf grundsätzlich. Durch diese Metalle werden bei der Oxydation ausschließlich in großen Mengen Metallseifen gebildet. Die dabei entstehenden Säuren haben anderen chemischen Aufbau als bei der Anwesenheit von Kupfer. Blei bildet Monooxykarbonsäuren, Kupfer Dioxykarbonsäuren.

Die Blei- und Kadmiumseifen sind im Mineralöl unlöslich und scheiden sich als hellgelber Niederschlag aus. Infolge der Bleiseifenbildung wird natürlich auch das Blei stark angegriffen und zerstört.

Aus diesen Feststellungen ergibt sich für die Praxis, daß Blei und Kadmium nach Möglichkeit von der Berührung mit Mineralöl ausgeschlossen werden sollen. Aus diesem Grunde ist man auch schon längst davon abgekommen, Transformatorenkästen zu verbleien.

Bei verbleiten, klopffesten Kraftstoffen führt die Bildung von Bleiseifen im Motor zu zusätzlichen Ablagerungen.

Löslichkeit von Gasen im Schmieröl

Die Untersuchungen von Gemant (Transactions of the Faraday Society, 32, 694, 1936) führen zur Schlußfolgerung, daß

die Luftlöslichkeit bei 20 bis 80° von Mineralölen praktisch gleich Null ist. Die Löslichkeit für die Gase, Sauerstoff, Stickstoff und Wasserstoff sind gastemperaturabhängig.

Bei Stickstoff und Sauerstoff wurde festgestellt, daß die Gaslöslichkeit zwischen 25 und 80° im entgegengesetzten Sinne verläuft, so daß in diesem Temperaturintervall aus gasgesättigten Mineralölen sowohl bei der Erwärmung als auch bei der Abkühlung Gase frei werden können.

Der Einfluß des Gasdruckes auf die Oxydation

Durch den erhöhten Druck wird viel mehr Gas im Öl gelöst und es entstehen als Reaktionsprodukte stark oxydierte niedermolekulare, vornehmlich saure Verbindungen. Gerade diese niedermolekularen Verbindungen haben starke Korrosionswirkung.

Einfluß der Temperatur auf den Oxydationsverlauf

Obwohl nachstehende Erkenntnis auf Grund der Öluntersuchung mittels künstlicher Alterung gewonnen wurde, sei darauf hingewiesen, daß

der Reaktionsverlauf der Oxydation unterhalb der Temperatur von 115 bis 120° ein monomolekularer,

oberhalb eine bi- oder mehrmolekulare Reaktion ist.

Extrem hohe Temperaturen führen zu einer pyrogenen Zersetzung der KW.

Im Motor kommen alle drei Temperaturbereiche vor, und es ist anzunehmen, daß:

im oberen Drittel der Lauffläche die pyrogene Zersetzung vorliegt,

im unteren Teil der Lauffläche die bi- oder mehrmolekulare Reaktion,

im Kurbelgehäuse die monomolekulare Reaktion.

Bei Isolierölen wurde nachgewiesen, daß man es oberhalb der Grenztemperatur von 115 bis 120° nicht mehr mit einer oxydativen Polymerisation zu tun hat, sondern mit einer oxydativen Destruktion, das heißt in diesem Temperaturbereich bildet sich durch oxydativen Abbau ein Teil niedrig molekularer, mehr oder weniger leichtflüchtiger Oxydationsprodukte.

XII. SCHMIEROLEIGENSCHAFTEN UND UNTERSUCHUNGEN ZUR ÖLAUSWAHL

Auswahl der Schmieröle

Die Zähigkeit der Schmieröle. Zähigkeit und Anlaßwiderstand. Motoreinheitsöl der Wehrmacht. Stockpunkt und Kälteverhalten. Maßeinheiten der Zähigkeit. Mängel der Viskositätsmessung. Methode der Schmieröluntersuchung von Dallwitz-Wegener. Die Temperaturabhängigkeit der Zähigkeit. Zähigkeit bei niederen Temperaturen. Begriff der Polhöhe. Begriff des Viskositätsindexes. Bedeutung der Flüchtigkeit im Motor. Die Flüchtigkeit der Schmieröle. Verdampfungsprüfung. Neutralisationszahl. Verseifungszahl. Spezifisches Gewicht. Flammpunkt und Brennpunkt. Wärmeleitfähigkeit und spezifische Wärme.

Durch die Arbeiten über den molekularen Aufbau der Schmieröle — die im großen und ganzen, um es auf eine Formel zu bringen, aus zyklischen Kohlenwasserstoffen mit paraffinischen Seitenketten bestehen —, aus der Arbeit von Staeger über den Einfluß des Raffinationsgrades auf die Oxydation, weiter durch die Arbeiten von Kadmer, Spieker, Suida, Dr. Zorn und andere gewinnt man die Erkenntnis, daß die hier schon früher angeschnittene Frage, ob es möglich ist, die Oxydation und Veränderung eines Schmieröles in dem Sinne zu steuern, daß möglichst wenig klebrige Harze entstehen, um das gefürchtete Kolbenringkleben zu vermeiden, allgemein nicht beantwortet werden kann.

Es erscheint aber durchaus nicht hoffnungslos, für einen besonderen Fall ein Öl zu finden, das sich besser bewährt als andere. Wir verweisen nochmals auf die Versuche über Kolbenringkleben, sowie auf die nachstehenden Arbeiten, wo durch entsprechende Zusatzmittel Verbesserungen erzielt wurden.

Natürlich verläßt man damit bewußt den Standpunkt, den wir dem Motorbesitzer gegenüber einnahmen, daß er sich mit „gut brauchbarem" Öl zufrieden geben soll und daß er nicht dazu berufen ist und nicht die technischen Mittel hat, eine Ölauswahl zu treffen, wie wir sie jetzt im Auge haben. Diese Aufgabe kann nur von Versuchsingenieuren in Zusammenarbeit mit einem Chemiker und den Hilfsmitteln eines Motorenwerkes gelöst werden.

Gesetzt den Fall, die Aufgabe ist gestellt: für einen bestimmten Motortyp, unter Verwendung eines bestimmten Kraftstoffes, das geeigneteste Öl zu finden, so wird man von folgenden grundsätzlichen Überlegungen ausgehen:

a) Motor und Kraftstoff müssen sich vertragen können, d. h. man muß eine möglichst gute Verbrennung einstellen.

b) Motor und Schmieröl müssen günstigst aufeinander abgestimmt werden, d. h. die Auswahl der Ölzähigkeit ist so zu treffen, daß ein möglichst dünnflüssiges Öl verwendet werden kann. Je dünnflüssigeres Öl man verwenden kann, um so leichter ist es, den Ölcharakter zu überschauen und enge Siedegrenzen zu erreichen und um so weniger Rückstand ist zu erwarten.

c) Schmieröl und Kraftstoff müssen zueinander passen. Man wird dasjenige Schmieröl auswählen, auf das der Kraftstoff möglichst wenig selektiv wirkt, denn jeder Kraftstoff ist mehr oder weniger ein selektives Lösungsmittel für Schmieröl. Dieses „Raffinationsvermögen" des Kraftstoffes für Schmieröl ist laboratoriumsmäßig festzustellen; es ist dabei gleichgültig, ob es sich um flüssigen oder gasförmigen Kraftstoff handelt.

d) Kraftstoff oder Kraftgas ist weitestgehend auf seine chemischen Eigenschaften zu untersuchen. Bei Generatorgasen, die im Betrieb je nach Betriebszustand des Generators stark schwanken, müssen Grenzfälle untersucht werden.

e) Das Schmieröl ist auf seine ungesättigten Bestandteile zu untersuchen und seine übrigen Daten soweit als möglich festzustellen. Man wählt möglichst günstiges Ring-Kettenverhältnis (siehe unter Ringanalyse).

f) Die chemischen Reaktionen sind sehr temperaturabhängig (siehe Seite 185); also sind die Kühlwasser- und Kerzentemperaturen zu messen, damit man ein ungefähres Bild über die Kolben- und Zylinderwandtemperaturen hat, die dann geschätzt werden können. — Nun erst können Motorversuche gefahren werden, wenn man es nicht vorzieht, den im letzten Kapitel vorgeschlagenen Untersuchungsapparat zu wählen. Jedenfalls sind motortechnische Untersuchungen zwecklos, wenn nicht die hier unter a) bis f) geschilderten Voruntersuchungen vorausgehen.

Für die Motoruntersuchungen sind ein guter Prüfstand, ein erfahrener Ingenieur, ein guter Chemiker und ein geeignetes Laboratorium Voraussetzung. Es muß aber auch die nötige Zeit zu konsequenter Durchführung gegeben sein. Während des Motorversuchs müssen außer der Temperaturmessung fortlaufend Kraftstoffverbrauch und Schmierölbedarf gemessen werden. Die Arbeit gewinnt sehr an Genauigkeit, wenn die Durchblaseverluste an der Kurbelgehäuseentlüftung in bekannter Art geprüft werden und Auspufftemperaturen und Auspuffanalyse die Kenntnis des Betriebszustandes des Motors ergänzen.

Schmieröleigenschaften und Untersuchungen zur Ölauswahl

Der Motorenfabrikant überläßt die Schmierölauswahl gerne dem Öllieferanten und interessiert sich für die Schmierölprobleme erst dann, wenn am Motor ein Schaden eingetreten ist, der das Schmieröl in den Kreis der Erwägungen über die Ursache des Schadens zieht.

Die Unbekümmertheit um das Schmieröl, solange es gut geht, hat auch von seiten des Motorherstellers eine gewisse Berechtigung, denn in Anbetracht des Exportes in oft sehr ferne Länder kann nicht die Forderung nach einer bestimmten Ölsorte gestellt werden. Da nimmt der Hersteller schon lieber gleich den Standpunkt ein: „Mein Motor muß mit jedem Öl laufen."

Die Angaben, die man in Betriebsanleitungen findet, sind dementsprechend kurz und lauten etwa so: „Es ist gutes, reines Motorenöl zu verwenden, das im Sommer eine Viskosität von 12°/50° E, im Winter 8°/50° E haben soll." Dem Motorfabrikanten würde es wenig nutzen, seine Angaben mehr zu präzisieren. Er würde damit nur der Konkurrenz ein Argument an die Hand geben, die sofort den Kunden mit dem Hinweis für sich zu gewinnen sucht, daß „jener Motor" zwar sehr gut ist, aber nur mit einer bestimmten Ölsorte läuft, die „am Platze" sehr schwer oder gar nicht zu bekommen ist.

Ist der Motorenfabrikant also gezwungen, aus praktischen Erwägungen heraus in der Ölsorte weitherzig zu sein, gestützt von der weiteren Überlegung, daß man im afrikanischen Busch auch nicht die Lebensdauer des Motors wie in Deutschland verlangt, so steht der Motorenbesitzer auf einem viel rigoroseren Standpunkt. Er will die größtmögliche Lebensdauer des Motors erzielen und fragt sehr energisch nach der besten Ölsorte, die der Erhaltung seines Motors dient. Er sendet ein Ölmuster an das Motorenwerk und erhält dann etwa folgende Auskunft: „Das Öl ist nach der Untersuchung durch unser Laboratorium brauchbar, eine Garantie kann aber unsererseits nicht übernommen werden und muß dem Öllieferanten überlassen bleiben."

Diese sehr vorsichtige Antwort der Motorenfabrik erregt sehr oft das Kopfschütteln des Besitzers, trotzdem ist diese Antwort aus mehreren Gründen durchaus sachlich: erstens kann die Motorenfabrik nie wissen, ob die zu erwartende Öllieferung oder spätere mit dem Muster übereinstimmt. Zweitens ist dem Motorenfabrikant bewußt, daß die im laufenden Tagesgeschäft des Laboratoriums möglichen Untersuchungen keine erschöpfenden Feststellungen über die Ölqualität geben können.

Drittens ist die Ölbeanspruchung im Motor der Firma unbekannt. Die Beanspruchung des Öles hängt ja nicht nur von der gelieferten Motortype ab, sondern in viel stärkerem Maße vom Betriebszustand, dem verwendeten Kraftstoff und der Belastung des Motors, also von drei Faktoren, deren gegenseitige Wechselwirkungen auf das Schmieröl sich nicht ohne weiteres beurteilen lassen. Es ist darum auch seitens des Motorenbesitzers völlig abwegig, nach dem besten Schmieröl zu suchen, da auf den besonderen Fall dieses Öl nur in unendlichen Versuchen gefunden werden könnte und dann noch keine Garantie gegeben wäre, daß nach Ablauf eines Jahres, nachdem ein anderer Betriebszustand eingetreten ist, diese so sorgsam gewählte Ölsorte noch immer die beste wäre. Muß der Motorenfabrikant je nach seinem Absatzgebiet mehr oder weniger dem Grundsatz folgen: „Mein Motor muß mit jedem handelsüblichen Schmieröl laufen", so muß der Motorenbesitzer sich damit bescheiden, ein gutes, brauchbares Motorenöl der richtigen Viskositätsklasse nach Fabrikangabe gewählt zu haben. Alle darüber hinausgehenden Forderungen an das Schmieröl sind Überspitzungen, die zu nichts führen. Warum dem so ist, geht aus dem komplizierten chemischen Aufbau des Schmieröles hervor und der überaus mannigfachen Reaktionsmöglichkeit, die im Zylinder des Verbrennungsmotors gegeben ist.

Nach dieser grundsätzlichen Klärung der Sachlage über die Ölauswahl ist die

Frage zu beantworten, welche Öleigenschaften zu beachten sind, und wie man sich davon überzeugen kann, daß ein „gutes, brauchbares Schmieröl" vorliegt. Diesem Zweck sollen die „Richtlinien für Einkauf und Prüfung von Schmiermitteln", Beuth-Verlag GmbH., Berlin SW 19, dienen. Diese befriedigen aber nicht ganz und werden durch moderne Untersuchungsmethoden ergänzt. Die Frage ist erst gelöst, wenn von einem Motorenöl die Daten vorliegen, wie sie nach einem Vorschlag von O. Müller für das deutsche Wehrmachtseinheitsöl (Seite 127) genannt werden, also:

> Dichte,
> Verdampfbarkeit nach Noak,
> Viskosität in Centi-Stokes,
> Polhöhe oder Index,
> Harz- und Asphaltgehalt,
> Gesamtverschmutzung,
> Feste Fremdstoffe,
> Hartasphalt,
> Brennbares,
> Asche,
> Neutralisationszahl,
> Verseifungszahl,
> Wasser.

Mit den ersten vier Daten sind die wichtigsten physikalischen Eigenschaften des Öles erfaßt: Seine Zähigkeit, gemessen in c St, die Temperaturabhängigkeit durch die Polhöhe, die Verdampfbarkeit bzw. Flüchtigkeit des Öles durch den Noaktest und die Dichte als ungefährer Maßstab für den molekularen Aufbau. Die übrigen Daten sind Kennziffern für die Sorgfalt der Herstellung des Öles und seiner Reinheit.

In diesen Zahlen für das „gute, brauchbare Motorenöl" sind die Schmierfähigkeit, die Notlaufeigenschaft, die Oxydationsneigung und die Neigung zur Schlammbildung nicht erfaßt.

Diese Eigenschaften sind nicht mit einfachen Mitteln festzustellen; teilweise sind die Untersuchungsmethoden dafür noch sehr umstritten, ebenso die verschiedenen Bestimmungsmethoden, die der Strukturaufklärung dienen. Es bleibt der Zukunft überlassen, inwieweit diese Schmieröleigenschaften durch handliche Methoden geprüft werden können.

Für die Forschung sind diese im täglichen Gebrauch nicht erfaßten Öleigenschaften von großer Bedeutung, denn es kann nicht daran vorübergegangen werden, daß gerade an der Stelle größter Beanspruchung im oberen Totpunkt des Motorzylinders, wo Grenzschmierung vorliegt, Schmierfähigkeit, Notlaufeigenschaften, Oxydationsneigung, Schlammbildung und Löslichkeit für Fremdstoffe hervortreten, während die Viskosität völlig zurücktritt.

Je mehr die Verschleißforschung fortschreitet, je höher die Belastungen steigen, um so wichtiger werden diese Gesichtspunkte. Nach den bis jetzt vorliegenden Forschungsergebnissen sind aber reine Mineralöle gerade in diesen Eigenschaften nicht so stark unterschiedlich, daß von einer besonders scharfen

Ölauswahl allzuviel zu erwarten wäre. Reine Mineralöle haben sich im Rahmen normaler Beanspruchungen durchaus bewährt. In bezug auf reine Mineralöle würde die Untersuchung über den Rahmen der obenerwähnten Prüfungen nur eine Überspitzung bedeuten.

Bei der Entwicklung von Hochleistungsmotoren sowie von Motoren für minderwertige Kraftstoffe bzw. Kraftgase bleibt man noch sehr bemüht, Schmieröle zu finden, die den hohen Beanspruchungen chemischer oder thermischer Natur genügen.

Man sucht dies unter anderem auch durch geeignete Beimengungen zu erzielen, über die später berichtet wird (Seite 266).

Vorerst sei über die erstgenannten Öleigenschaften berichtet.

Die Viskosität der Schmieröle

Wir gebrauchen hier den Ausdruck Viskosität, weil er handelsüblich ist. Im technischen Sprachgebrauch wird er immer mehr durch „Zähigkeit" ersetzt.

Die noch immer hervorstechendste Eigenschaft der Schmieröle ist ihre Zähigkeit, die richtig gewählt werden muß, um sowohl in den Lagern als auch im Zylinder die richtige Festigkeit des Ölfilms zu sichern. Für die Wahl der Ölzähigkeit ist nicht der Reibungsverlust maßgebend, den das Öl in einem Motor ergibt, sondern überwiegend die Betriebssicherheit des Motors.

Für die Betriebssicherheit des Motors sind aber 4 Gesichtspunkte maßgebend, die sich in der Ölviskosität widersprechen:

1. Gutes Anlassen — verlangt dünnes Öl, um schnell die Anlaßdrehzahl zu erreichen.

2. Möglichste Vermeidung von Rückständen in den Kolbenringnuten — verlangt dünnes Öl, da dieses weniger zur Koksbildung neigt.

3. Gutes Ölpolster in den Kurbellagern — verlangt dickes Öl.

4. Kräftiger Ölfilm an der Zylinderwand — verlangt dickes Öl, um örtlichen Pressungen des Kolbenschaftes standzuhalten.

Außer diesen 4 Gesichtspunkten ist noch der Ölverlust zu berücksichtigen, der mit dünnem Öl steigt.

Es ergibt sich daraus, daß die Ölauswahl im Einzelfalle nur dadurch getroffen werden kann, daß man zwischen diesen verschiedenen Gesichtspunkten vermittelt und so versucht, die bestmögliche Auswahl zu treffen.

Bei Motoren mit ausschließlicher Umlaufschmierung ist die Wahl der Ölzähigkeit in c ST/50° C von der Temperatur abhängig, die das Öl während des Betriebes im Kurbelgehäuse annimmt. Durch diese Anpassung an die Kurbelgehäusetemperatur soll vor allem die Lagerschmierung gesichert sein. Die Zylinderschmierung ist nur in der unteren Hubhälfte zähigkeitsabhängig.

Lastwagenmotoren nehmen auf langer Fahrt Kurbelgehäusetemperaturen bis 110° an, verlangen also schon ein dickes Öl von etwa 12—15° E/50 = 90—114 c ST, um geringe Verdampfungsverluste zu erzielen.

Derselbe Wagen kann aber im Stadtverkehr nur 50° Gehäusetemperatur erreichen und müßte bei ausschließlichem Stadtverkehr höchstens mit einer Zähigkeit von 60 c ST geschmiert werden.

Bei stationären Motoren werden im Kurbelgehäuse 80° Öltemperatur erreicht, bei größeren Motoren 50°.

Wenn man ein handelsübliches Motorenöl mit 8° E = 60 c ST bei 50° annimmt, das eine Polhöhe VPh von 2 hat, so schmiert man in den Lagern und an der Zylinderwand unter Annahme obiger Temperaturen

a) den Langsamläufer mit einer Viskosität von 60 c ST,

b) den stationären Schnelläufer mit einer Viskosität von 15 c ST,

c) den Fahrzeugmotor mit einer Viskosität von 8,4 c ST
   (unter Annahme einer Höchsttemperatur von 110° C).

Dieser Vergleich ist unbedingt von dem Motoringenieur zu beachten, denn er zeigt, wie sehr die Schmierverhältnisse bei gleicher Ölsorte entsprechend dem Motortyp verschieden sind. Glücklicherweise kommt dies dem tatsächlichen Bedürfnis der Motore entgegen, da ein Langsamläufer ein wesentlich größeres Zylindervolumen hat als ein Schnelläufer und infolge der größeren Toleranzen ein dickeres „arbeitendes Öl" vertragen kann, ebenso ist es in den Lagern. Trotzdem zeigt der Vergleich, daß der Langsamläufer leicht mit zu dickem Öl geschmiert wird, der Fahrzeugmotor mit zu dünnem, falls seine Kurbelgehäusetemperatur so hoch oder höher steigt, wie im Beispiel angegeben.

Die Viskosität des Öles beeinflußt wesentlich die Widerstandsfähigkeit gegen den Druck, der auf dem Ölfilm lastet. Dieser Druck ist aber im Bereich des unteren Hubteiles weniger vom Gasdruck beeinflußt als vom Kolbenseitendruck und von örtlichen Druckstellen des Kolbens, die ein verhältnismäßig sehr hohes Maß annehmen können. Siehe besonders die Ausführungen über Graugußkolben Seite 60.

Es ergibt sich aus den obengenannten Viskositäten im Betrieb ein sehr beachtlicher Unterschied in der Auswahl der Ölsorten, wenn man diese Auswahl allein vom Gesichtspunkt der Sicherung der Lager und der Kolbenschmierung aus betrachtet.

Praktisch wäre es gar nicht möglich, die drei erwähnten Motorarten mit derselben Sicherheit gegen Drucküberlastungen zu schmieren, da selbst ein Öl von 20° E bei 50° = 150 c ST bei 110° nur mehr 15 c ST hat. Derartig dicke Öle haben sich aber im Fahrzeugmotor wegen der hohen Rückstandsbildung (besonders im Fahrzeugdiesel) nicht bewährt.

Man muß also bei schnellaufenden Fahrzeugmotoren die geringere Widerstandskraft des Ölfilms bei hydrodynamischer Schmierung durch bessere Notlaufeigenschaften auszugleichen versuchen. Das soll mit den sogenannten „Autoölen" erreicht werden.

Bei Motoren mit getrennter Zylinderschmierung muß man nur das Umlauföl nach der Kurbelgehäusetemperatur ausrichten, während die Zylinderschmierung, die ihr Öl aus einer Frischölpumpe bekommt, davon unabhängig ist.

Im Zylinder hat man als die heißesten Teile die Kolbenringe in den Kolbenringnuten zu schmieren, und man muß ein Schmieröl nehmen, das hier weder restlos verdampft, noch zu starke Rückstände bildet. Diese Ölauswahl ist von der Zähigkeit nur teilweise bestimmt.

Man muß besonders bei großen Motoren auch auf die Notlaufeigenschaften achten, die beim Anlassen des Motors notwendig sind. Man pumpt beim Anlassen Schmieröl in die kalte Maschine vor, und dieses Öl soll sich möglichst gut verteilen können und auch einen guten Ölfilm bilden. Am richtigsten ist es, nur vorgewärmtes Schmieröl durch den Zylinderschmierapparat einzupumpen, weil das warme Öl sich rasch verteilt, dann an den kalten Wänden schnell erkaltet und so einen zähen Ölfilm bildet, der gute Notlaufeigenschaft hat. Allen sonstigen theoretischen Erwägungen zum Trotz ist man von den Anlaßbedingungen und den Notlaufeigenschaften für die Zylinderschmierung abhängig und muß darum ein möglichst hochwertiges Öl von einer Viskosität von 60 bis 100 cST wählen.

Bei Fahrzeugmotoren, die viel im Freien stehen, ist die Ölauswahl im Winter ausschließlich durch die Anlaßbedingungen bei großer Kälte bestimmt, und man muß Öle verwenden, die in der Kälte ein möglichst geringes Anfahrmoment ergeben, wofür die Viskosität bei 50° kein Maßstab ist. Es gibt Öle, die bei gleicher Temperatur sehr verschiedenen Anfahrwiderstand haben, und es kommt darauf an, daß der Motor während des Anlassens genügend Umdrehungszahlen erreicht, um die ersten Zündungen zu erzielen. Ob ein Öl sich für Kaltstart eignet oder nicht, kann nur im Schwaiger Viskosimeter festgestellt werden.

Ölzähigkeit und Anlaßwiderstand

Nach Prof. Triebnigg ergibt sich auf Grund von Versuchen, daß man im doppellogarithmischen Maßstab zu einer linearen Abhängigkeit des Anlaßwiderstandes von der Viskosität in Englergraden kommt.

In Bild 83 ist die Kurve dargestellt. Außerdem sind die Anlaßdrehmomente

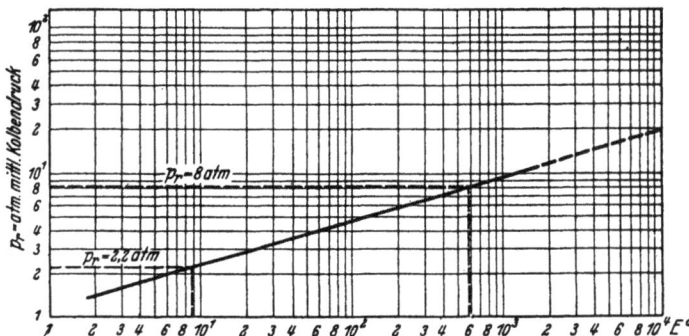

Bild 83. Das zum Anlassen notwendige Drehmoment ausgedrückt in at. mittleren Kolbendruck = p_r in Abhängigkeit von Öl-Viskosität.
Erfahrungsgemäß genügt es, den Anlasser von Diesel-Fahrzeug-Motoren so zu wählen, daß der Motor bei einem Drehmoment entsprechend $p_r = 8$ at noch auf 70–80 Umdrehungen kommt.
Prof. Triebnigg. ATZ. Heft 7, 1937.

eines 6-Zylinder-Fahrzeugdieselmotors und eines 4-Zylinder-Fahrzeugdieselmotors angegeben (Bild 84), so daß die Beziehung der Abhängigkeit des mittleren Anlaßdruckes von der Zähigkeit einerseits und andererseits des mittleren Druckes und der erreichten Zünddrehzahlen gegeben ist.

Die von Dr. Triebnigg ermittelte Viskosität bei niederen Anlaßtemperaturen ist durch Interpolieren der Viskositätsgeraden verschiedener Öle gefunden worden. Die Beziehung des Anlaßdrehmomentes zu dieser Temperaturgeraden ist daher unabhängig von den von O. Schwaiger festgestellten Abweichungen der tatsächlichen Zähigkeit der Öle bei Temperaturen unter + 5°. Die von Schwaiger festgestellten Abweichungen treten wesentlich erst in Erscheinung bei Temperaturen unter — 5°, so daß unter dieser Temperatur die Abhängigkeit der Anlaßdrehmomente von der Viskosität im Sinne der Kurve von Triebnigg unter Umständen nachgeprüft werden müßte.

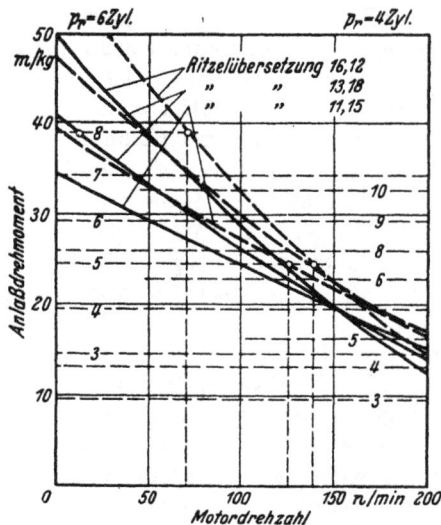

Bild 84. Anlaßdrehmomente und erreichte Zünddrehzahl.
6 Zyl.-Fahrzeug Diesel F₄M 313,
P 390 n = 2000
4 Zyl.-Fahrzeug-Diesel F₄M 313
S 60 n = 2000.
——— BNF 4/24 75 Ah Batterie
— — — BNF 4/24 0,0 Ah Batterie

Die Bedeutung der Polhöhe mit Rücksicht auf niedrigste Anlaßtemperatur

In Bild 85 ist die Bedeutung der Viskositätspolhöhe dargestellt.
Es wurde das von K. O. Müller vorgeschlagene Sommeröl mit 11,8 cST bei 100° mit den zwei verschiedenen Polhöhen

$$Vph = 3,2$$
$$Vph = 2,0$$

eingezeichnet.

An der Horizontallinie von 4500 cST = 600 E erkennt man die niedrigste Anlaßtemperatur, die sich für diese beiden Öle ergibt.

Für Öl Nr. 1 mit + 4° C

Für Öl Nr. 2 mit — 5° C.

Man ersieht daraus, daß das Schmieröl mit einer Polhöhe von 3,2 vollkommen ausreicht, um einen Fahrzeugmotor während des größten Teiles des Jahres zu schmieren. Es wäre also in diesem Falle unnötig, ein Öl mit flacherer Viskosität zu wählen, ja nicht einmal erwünscht, da dann bei Kaltlauf des Motors (unter der Annahme, daß die Zylinderwandtemperatur dann nur 50° beträgt) das Öl mit der flachen Vis-kositätskurve nicht so druckfest ist wie das Öl mit der steilen Vis-kositätskurve.

Solange also bei einem Öl der Anlaßwider-stand berücksichtigt ist, ist seine steile Vis-kositätskurve durch-aus nicht schädlich. Außerdem muß man berücksichtigen, daß diese Öle noch andere Vorteile haben (gerin-gere Rückstandsbil-dung usw., die später behandelt werden).

In Bild 85 ist auch ein Winteröl nach dem Vorschlag von K. O. Müller eingetragen. Vergleicht man Öl Nr. 2 mit Öl Nr. 3, so er-kennt man, daß beide dieselbe niedrigste An-

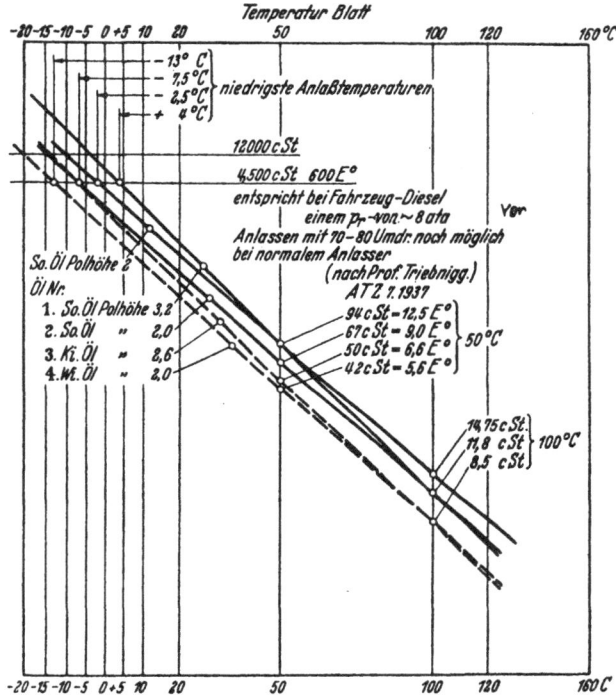

Bild 85. Öl-Auswahl nach der Polhöhe.

laßtemperatur ergeben, so daß Öl Nr. 2 bereits als Einheitsöl verwendet werden kann.

Motoreinheitsöl 1940 der Wehrmacht

Dichte 20° C nicht über 0,91

Verdampfbarkeit nicht unter	7%	14%
Viskosität — 15° C cST	13 800	
E	1 800	
Viskosität +100° C cST	10,8	12,8
E	1,9	2,1
Polhöhe	2,1	
Index (Dean u. Daris)	80	
Harz und Asphalt	4,0%	
Gesamtverschmutzung	frei	
Feste Fremdstoffe	frei	

Hartasphalt	frei
Verbrennbares	frei
Asche	Spuren
NZ	0,07
VZ	0,25
Wasser	frei

Stockpunkt und Kälteverhalten der Öle

Unter Viskosität wurde bereits darauf hingewiesen, daß die Öle bei tieferen Temperaturen unter $+5°$ mit der Temperaturgeraden in ihrem Zähigkeitsverhalten nicht mehr übereinstimmen.

Ein weiteres Abkühlen der Öle führt sie allmählich aus dem flüssigen in einen festen salbenartigen Zustand über. Die Schmieröle erstarren bekanntlich ohne ausgesprochenen „Gefrierpunkt".

Der Grund ist darin zu suchen, daß sie ein Gemisch von vielen Bestandteilen sind, deren Gefrier- oder besser Ausscheidungstemperaturen durch die große Zähigkeit des Lösungsmittels nicht einheitlich in Erscheinung tritt.

Der Ausscheidungstemperatur der Komponente mit dem höchsten Schmelzpunkt kommt eine gewisse praktische Bedeutung zu, da bei dieser Temperatur das Öl die Fähigkeit verliert, unter eigenem Gewicht zu fließen.

Das ist von Bedeutung für alle drucklosen Öler, für das Ansaugen der Ölpumpen, für Füllen und Entleeren von Tanks usw.

Diese Gefahrentemperatur, bei der das Öl unter dem eigenen Gewicht nicht mehr fließt, wird als Stockpunkt bezeichnet.

Eine mikroskopische Untersuchung des Erstarrungsvorganges zeigt, daß das erste Auftreten der aus dem Öl ausgeschiedenen Paraffinkristalle mit dem Stockpunkt zusammentrifft. Das Stocken eines Öles ist auf die Ausbildung eines Skelettes von Paraffinkristallen zurückzuführen.

Die Temperaturhöhe des Stockpunktes ist bei einem Öl durchaus nicht immer gleich, da der Stockpunkt sehr von der Dauer der Abkühlung beeinflußt wird.

Das Stocken ist eine Kristallisationserscheinung und folgt ähnlichen Bedingungen wie bei Metallkristallen. Schnelles Abkühlen führt zu großen Kristallen, langsames zu kleinen. Es ist bekannt, daß beim Anlassen von Motoren sich oft Öle günstiger verhalten mit einem höheren Stockpunkt als Öle mit einem tieferen Stockpunkt.

Der Grund ist darin zu suchen, daß für das Anlassen des Motors in erster Linie der

Fließwiderstand

der Öle maßgebend ist. Ein erstarrtes Öl bewegt sich nicht wie eine Flüssigkeit unter der Wirkung einer beliebig geringen äußeren Kraft, sondern erst, wenn die bewegende Kraft eine gewisse Grenze, die Fließgrenze, überschritten hat.

Sobald aber das Kristallskelet zerbrochen ist, sinkt der Widerstand des dann noch vorhandenen Kristallbreies. In kurzer Zeit tritt dann soweit eine Erwärmung ein, daß der Schmelzpunkt der Kristalle wieder erreicht ist.

Es ist darum ein Irrtum anzunehmen, daß ein gestocktes Öl keine Schmierfähigkeit hat.

Das Stocken des Öles ist nur darum gefährlich, weil es zu Verstopfungen der Ölkanäle führen kann.

Für die Brauchbarkeit eines Öles bei kalten Temperaturen ist es notwendig, den Fließwiderstand in Abhängigkeit von der Temperatur und dem Zustand des Öles (ungestörtes oder zerbrochenes Kristallskelett) zu messen.

Auch für diesen Zweck ist das Drehviskosimeter von Schwaiger geeignet.

Die Bestimmungen des Fließbeginnes nach Vogel
(ATZ, 1935, Heft 3; Erdöl und Teer, Heft 27, 1933)

Der Fließbeginn des Schmieröles wird von Vogel dahin definiert, daß er angibt, wann das Öl noch so weit flüssig ist, daß es beim Anlassen des Motors infolge des Druckes der Ölpumpe sofort in die Schmierkanäle und auf die Kolben gelangt, so daß der Motor anfangs nicht trocken läuft.

Der Apparat zur Bestimmung des Fließbeginnes von Vogel bestimmt denselben in einem U-förmigen Rohr und einer Druckeinrichtung, die einen Überdruck von 600 mm Wassersäule erzeugt, bei dem der Fließbeginn festgestellt wird.

Bei 6 verschiedenen Ölen, bei denen Stockpunkt und Fließbeginn bestimmt wurden, ergab sich, daß bei einigen Ölen Stockpunkt und Fließbeginn fast zusammenfallen, bei anderen Ölen der Fließbeginn einmal niedriger und einmal höher lag.

Einen regelmäßigen Zusammenhang zwischen Stockpunkt und Fließbeginn gibt es nach den Untersuchungen von Vogel nicht.

DIE AUSWAHL DER VISKOSITÄT
Die Maßeinheiten der Ölzähigkeit (Viskosität)
Absolute Zähigkeiten

Für das Schmieren der Reibflächen unter Druck und hydrodynamischer Schmierung ist ausschließlich die dynamische Zähigkeit des Schmieröles maßgebend. Die wissenschaftliche Definition ist folgende:

Unter dynamischer Zähigkeit versteht man die Kraft η, ausgedrückt im absoluten Maßsystem (cm/g/sec), welche nötig ist, um eine Flüssigkeitsschicht von 1 cm² Oberfläche über eine gleich große 1 cm von ihr entfernte, mit der Geschwindigkeit von 1 cm/sec hinwegzubewegen.

Sie bedeutet damit eine ausgesprochene Reibzahl. Die Bestimmung dieses Wertes geschieht durch Durchfließenlassen durch eine wirkliche Kapillare. Man findet daher auch folgende Definition:

Die dynamische Zähigkeit einer Flüssigkeit stellt diejenige Kraft dar, die erforderlich ist, um die Flüssigkeit durch eine 1 m lange Kapillarröhre mit der Geschwindigkeit von 1 m/sec hindurchzutreiben.

Außer der dynamischen Zähigkeit in Poise braucht man für Berechnungen noch dieselbe Größe in kg/sec/m², wie sie E. Falz in seinen „Grundlagen der Schmiertechnik" verwendet. Die Definition ist dieselbe wie oben, lediglich in technischen Maßen ausgedrückt.

Von der dynamischen Zähigkeit unterscheidet man noch die kinematische Zähigkeit, die sich durch direkte Messung in verschiedenen Viskosimetern ergibt.
Die kinematische Zähigkeit ist der Quotient aus

$$\nu = \frac{\text{dynamische Zähigkeit}}{\text{Spezifisches Gewicht}} \, .$$

Diese kinematische Zähigkeit, gemessen in Centi-Stokes, wird jetzt wegen ihrer direkten Meßbarkeit allgemein als Viskositätsmaß an Stelle der Enger-Viskosität eingeführt.

Zur Berechnung der Reibungskräfte ist nur die dynamische Zähigkeit zu verwenden; die angegebenen Centi-Stokes müssen daher durch Multiplikation mit dem spezifischen Gewicht und durch Division mit 10 000 in z = dynamische Zähigkeit kg/sec/m² umgerechnet werden.

$$z = \frac{c\,St \cdot \gamma}{10\,000} \, .$$

Es ist darauf zu achten, daß sowohl die dynamische Zähigkeit wie die kinematische mit dem Ausdruck absolute Zähigkeit benannt werden und dadurch leicht Irrtümer entstehen. (Siehe auch: Viskosimetrie von Prof. Dr. Ubbelohde, Verlag S. Hirzel, Leipzig.)

Die konventionellen Zähigkeiten

Unter den konventionellen Zähigkeiten versteht man die im Handel üblichen, die mit mehr oder weniger physikalisch willkürlich aufgebauten Viskosimetern ermittelt werden. In Deutschland ist das Englerviskosimeter üblich, und die Viskositäten werden im Handel in Englergraden angegeben.

Ein Öl von 5° E bedeutet, daß dasselbe 5 mal so zähflüssig ist wie Wasser bei derselben Temperatur.

In England ist das Redwoodviskosimeter üblich, und die Viskosität wird in Redwoodsekunden angegeben. Ein Öl von 153 Redwoodsekunden bedeutet, daß 50 ccm Öl in 153 sec bei der betreffenden Temperatur durch eine kurze Kapillare durchläuft.

In Amerika ist das Sayboldtviskosimeter üblich und die Viskosität wird in Sayboldtsekunden angegeben. Ein Öl mit 119,5 sec bei 100 F bedeutet, daß 60 ccm Öl bei 100° Fahrenheit in 119,5 sec durch die kurze Kapillare ausläuft.

Der Vergleich der Maßeinheiten der Ölzähigkeit mit den zugehörigen Bezeichnungen ist in der Tabelle Seite 199 gegeben.

Umrechnungsformel der Viskositätsmaße

Die dynamische Zähigkeit,
berechnet aus dem Durchfluß des Öles durch eine Kapillare:

$$\eta = \frac{\cdot p \cdot r^4 \cdot t}{8 \cdot 1 \cdot V} \text{ Poise.}$$

Hierin ist: p der Druckunterschied an der Kapillare von der Länge 1 und dem Radius r.

Werden alle Dimensionen in den Größen des CGS-Systems gemessen, so erhält man die dynamische Zähigkeit; in Poise:

$$1 \text{ Poise} = 1 \text{ g cm}^{-1} s^{-1} = 1 \text{ Dyn cm}^{-2} s = 100 \, c \, P \quad (cP = Centi\text{-}Poise)$$

Umrechnung von Englergraden in die dynamische Zähigkeit z bei Viskosität unter 6° C

$$z = \frac{E-1}{970} \text{ kg/sec/m}^2 \, ,$$

bei Viskosität über 5° C

$$z = \frac{E}{1490} \, .$$

η = gemessen in Poise = $100 \, z$,

η = gemessen in Centi-Poise = $10\,000 \, z$.

Kinematische Zähigkeit:

ν = gemessen in Stokes = $100 \, z : \gamma$,

ν = gemessen in Centi-Stokes = $10\,000 \, z : \gamma$.

Wasser von 20,2° C hat eine Viskosität von $1 \, c \, P$.

γ = spezifisches Gewicht.

Amerikanische Normen der Zähigkeit

Sayboldt, Univ. Sec.

SAE-Zahl	130° F = 55° C				210° F = 99° C			
	min.	Visk.	max.	Visk.	min.	Visk.	max.	Visk.
10	90	2,5° E	120	3,5° E	—	—	—	—
20	120	3,5	185	5,2	—	—	—	—
30	185	5,2	255	8,2	—	—	—	—
40	255	8,2	—	—	—	—	80	—
50	—	—	—	—	80	2,4° E	105	3,2° E
60	—	—	—	—	105	3,2	125	3,5
70	—	—	—	—	125	3,5	150	4

Redwood I, Sec. (approx)

SAE-Zahl	140° F = 60° C				200° F = 93,33° C			
	min.	Visk.	max.	Visk.	min.	Visk.	max.	Visk.
10	70	2,35° E	90	3.0° E	—	—	—	—
20	90	3	130	4,2	—	—	—	—
30	130	4,2	175	5,5	—	—	—	—
40	175	5,6	—	—	—	—	80	—
50	—	—	—	—	80	2,7° E	105	3,5° E
60	—	—	—	—	105	3,5	130	4,2
70	—	—	—	—	130	4,2	160	5,2

Vergleich der Maßeinheiten der Ölzähigkeit

Zum Beispiel angegeben für ein Öl von 2° Engler und spez. Gew. $\gamma = 0,900$

	Viskosimeter	Maßbenennung	Viskoszeichen	Ölzähigkeit	Maßzeichen	Dimension
Konventionelle Zähigkeit						
Deutschland —	Engler	Englergrade	—	$= 2$	$E° =$	
England —	Redwood	Redwood-Sekunden	—	$= 57,4$	$''R =$	
Amerika —	Sayboldt	Sayboldt-Sekunden	—	$= 65,2$	$''S =$	
Absolute Viskositäten:						
Kinematische Zähigkeit	Viskosimeter mit „hängendem Niveau" Ubbelohde, Vogel-Ossag	Centi-Stokes	—	$= 11,8$	$c\,St =$	$10^{-2}\,(1\ cm^2\ s^{-1})$
		$Stokes = \dfrac{\eta}{\gamma}$	ν	$= 0,118$	$St =$	$1\ cm^2\ s^{-1}$
Dynamische Zähigkeit	Viskosimeter mit Fallkugel Hoebbler, Tausz	Centi-Poise	—	$= 10,6$	$c\,P =$	$10^{-2}\,(1\ g\ cm^{-1}\ s^{-1})$
		Poise $\nu\,\gamma$	η	$= 0,106$	$P =$	$(1\ g\ cm^{-1}\ s^{-1})$
Dynamische Zähigkeit (nach Falz: absolute Zähigkeit)	„	kg/sec/m²	z	$= 0,00106$		kg/sec/m² kg/m⁻²/sec

Bemerkung: γ = spez. Gewicht.

z = verwendet für hydro-dynamische Berechnungen von E. Falz „Grundlagen der Schmiertechnik" (Julius Springer 1926)

Mängel der Viskositätsmessungen

Besonders die konventionellen Meßmethoden leiden unter dem Mangel der Verwendung zu kurzer Kapillaren und sind streng genommen nur für die relative Bewertung der Öle brauchbar.

Mängel der Englerviskosität

Ein sehr beachtlicher Mangel der Englerviskosität ist der, daß sie im Bereich niederer Zähigkeiten zwischen 0,5 bis 6 E von der absoluten Viskosität stark abweicht, so daß mit der Englerviskosität in diesem Bereich falsche Vorstellungen verbunden sind.

Dies ist gerade bei der Motorenschmierung von besonderer Bedeutung, da sich die Ölzähigkeiten sowohl im Lager wie in den Zylindern gerade in diesem Bereich bewegen.

In Bild 86 ist gezeigt, daß ein Öl von 3 E nicht doppelt so zäh ist wie ein Öl von 1,5 E, sondern tatsächlich in dynamischer Zähigkeit gemessen (und dies allein ist für die Reibvorgänge maßgebend) dreimal so zäh ist.

Dementsprechend soll man sich immer an die absoluten Zähigkeiten halten und die Angabe derselben verlangen.

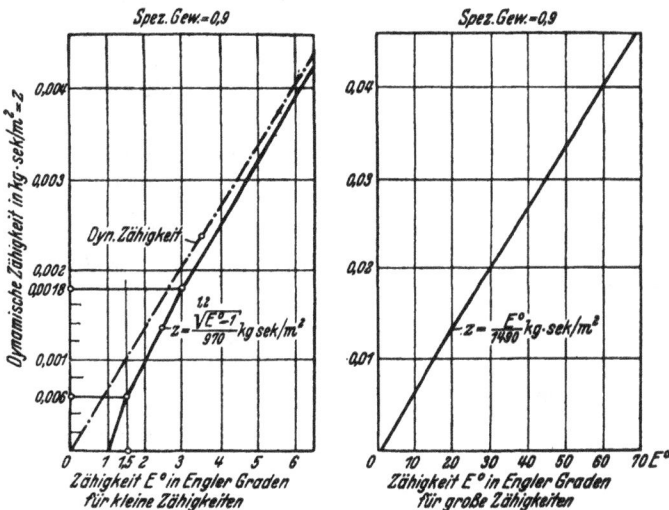

Bild 86. Mängel der Engler-Viskosität.

Bei kleinen Zähigkeiten geben die Englergrade eine falsche Vorstellung der Zähigkeit.

Z.B.: 3 $E°$ ist nicht doppelt so zäh wie 1,5 $E°$, sondern dreimal so zäh.

Auch nach dem Ubbelohde Temp. Blatt ist

$3° E = 21,2$ c St
$1,5° E = 6,21$ c St $\Big\}$ also auch über 3 mal.

Darum soll man immer die absoluten Zähigkeiten in Betracht ziehen.

E. Falz (Jul. Springer 1926), Grundzüge der Schmiertechnik.

Dazu kommt, daß der Englerviskosimeter schlecht dazu geeignet ist, Viskositätsmessungen unter 20° C vorzunehmen und die Messungen über 100° Temperatur mit der dynamischen Zähigkeit überhaupt nicht mehr in Einklang zu bringen sind. Auch Öle sehr hoher Viskosität lassen sich schlecht messen. Dallwitz-Wegener schreibt hierzu folgendes:

Neuere Methode der Schmieröluntersuchung
Von Dallwitz-Wegener, Verlag R. Oldenbourg, München 1918

Nach diesen Untersuchungen sollen mit wenigen Ausnahmen (Rizinusöl, Kienöl) die Zähigkeiten aller Öle bei ungefähr 185° C einen gemeinsamen Wert annehmen (vgl. E. Ölschläger, VDI, S. 422). Das wäre physikalisch plausibel, wenn die Öle allgemein eine ziemlich gleichmäßige Struktur hätten. Bei höheren Temperaturen, schon von 100° C an, ist das Verhalten der Öle fast noch ganz unbekannt. Es ist eigenartig, daß selbst über diese doch ziemlich einfach liegenden Verhältnisse noch so wenig Klarheit herrscht. Die Schuld daran trägt aber offenbar die weitverbreitete Anwendung des Englerviskosimeters. Die Angaben des Englerviskosimeters waren bei kleinen Zähigkeiten bzw. höheren Temperaturen außerordentlich unsicher in bezug auf ihre wirkliche Bedeutung. Es sei hier einmal festgestellt, welche Vielgestaltigkeit die Werte der Ölzähigkeiten besitzen können, wenn sie nach dem Englerapparat in der Gegend von eins angelangt sind und von ihm nun nicht weiter analysiert werden. Es handele sich zum Beispiel um einen Englerapparat, der den Englergrad 1 durch eine Laufzeit von genau 52 sec für ein Meßgefäß von 200 ccm anzeigt. Dann ist:

Die Laufzeit sec	48,0028	48,308	50,44	52	104
E	0,9289	0,929	0,97	1	2
Bei spez. Gewicht 1,000 Absolute Viskosität η	0	0,00000587	0,0059	0,01008	0,115 Poise
Bei spez. Gewicht 0,900 Absolute Viskosität η	0	0,00000528	0,0053	0,00907	0,104 Poise
$\eta : \eta$	—	1	1000	1720	11,5

Man sieht aus dieser Zusammenstellung, daß die wirkliche Zähigkeit vom Englergrad 0,929 an bis 1 um das 1720 fache zunimmt, während die Englergrade im gleichen Bereich nur um das 1,08 fache wachsen. So feine Zeitmessungen, wie oben vorausgesetzt, lassen sich natürlich praktisch gar nicht machen und wären auch zwecklos wegen des relativ großen Meßfehlers beim Beginn des Laufens und wegen des Schäumens, durch das der Schluß des Laufens angezeigt wird. Die Genauigkeit im Englerapparat übersteigt nicht $^1/_2$ sec bzw. etwa 1% des errechneten Englergrades in der Gegend von Eins.

So kommt es, daß das ganze mannigfache Zähigkeitsgebiet um den Englergrad Eins herum eine terra incognita ist, weil die relativ sehr großen Unterschiede in der Ölzähigkeit, auf die es gerade ankommt, vom Englerapparat völlig überdeckt werden.

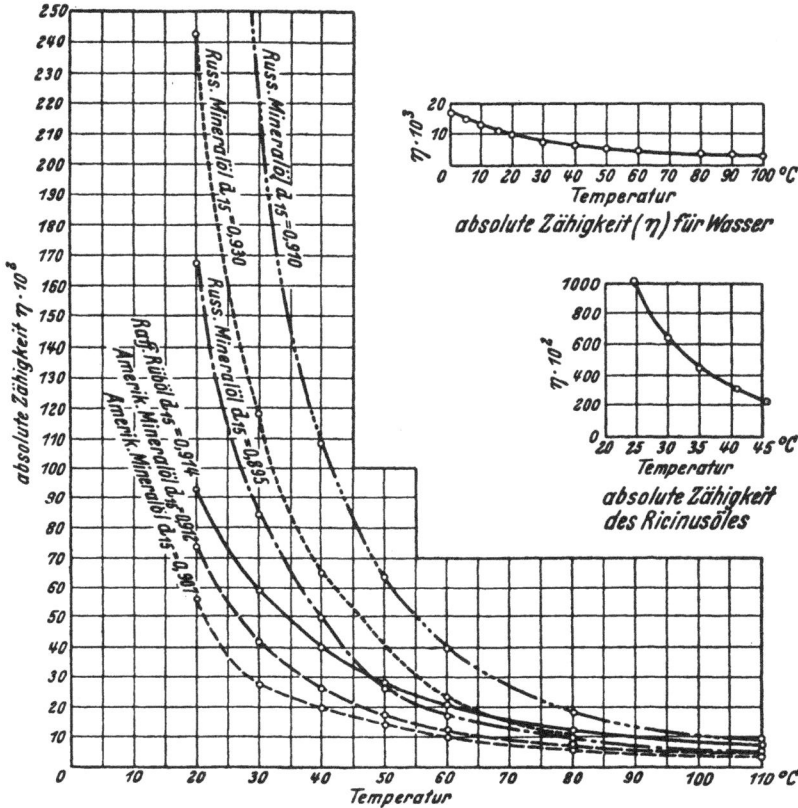

Bild 87. Viskositätskurven verschiedener Öle.

Die Temperaturabhängigkeit der Zähigkeit von Schmierölen

Bild 87 zeigt die Temperaturabhängigkeit verschiedener Ölsorten, und man erkennt aus dem Bilde, daß die Streuung der Viskositätswerte mit abnehmender Temperatur sehr bedeutend sind, während sie bei Temperaturen von 110° verhältnismäßig wenig differieren.

Praktisch genommen kann man sagen, daß sämtliche üblichen Schmieröle für Motore verschiedenster Viskosität bei 50°, bei 180° dieselbe Zähigkeit haben.

Für die Beurteilung der Temperaturabhängigkeit hat sich das Temperaturblatt von Ubbelohde so sehr eingeführt, daß sein Gebrauch dem Motoringenieur empfohlen werden soll. Die Blätter sind durch den Verlag S. Hirzel, Leipzig, zu beziehen.

In diesem Temperaturblatt sind die Viskositäten in doppelt logarithmischem Maßstab über den Temperaturen aufgetragen, so daß sich an Stelle der Kurven im Bild 88 Gerade ergeben, und die Kenntnis von zwei Viskositäten bei verschiedenen Temperaturen genügt, um aus dem Temperaturblatt die Zähigkeit bei jeder beliebigen Temperatur ablesen zu können.

	Sommeröl	*Winteröl*	*Einheitsöl*
Viskosität bei 100°C	nicht unter 11,8 cSt(2,0°E) „ über 16,8 cSt(2,5 E")	nicht unter 8,5 cSt(1,7°E) „ über 11,8 cSt(2,0°E)	11,8 cSt(2,0°E) ±3%
Viskositäts-Polhöhe:	nicht über 3,20	nicht über 2,60	nicht über 1,95
Untere Grenzwerte der Lieferbedingungen			
Viskos.-Index:	+32 bis 25	+60 bis +62 ·	+95
Anlaßwert:	−3 bis 4 °C	−14 bis −8 °C	−15 °C

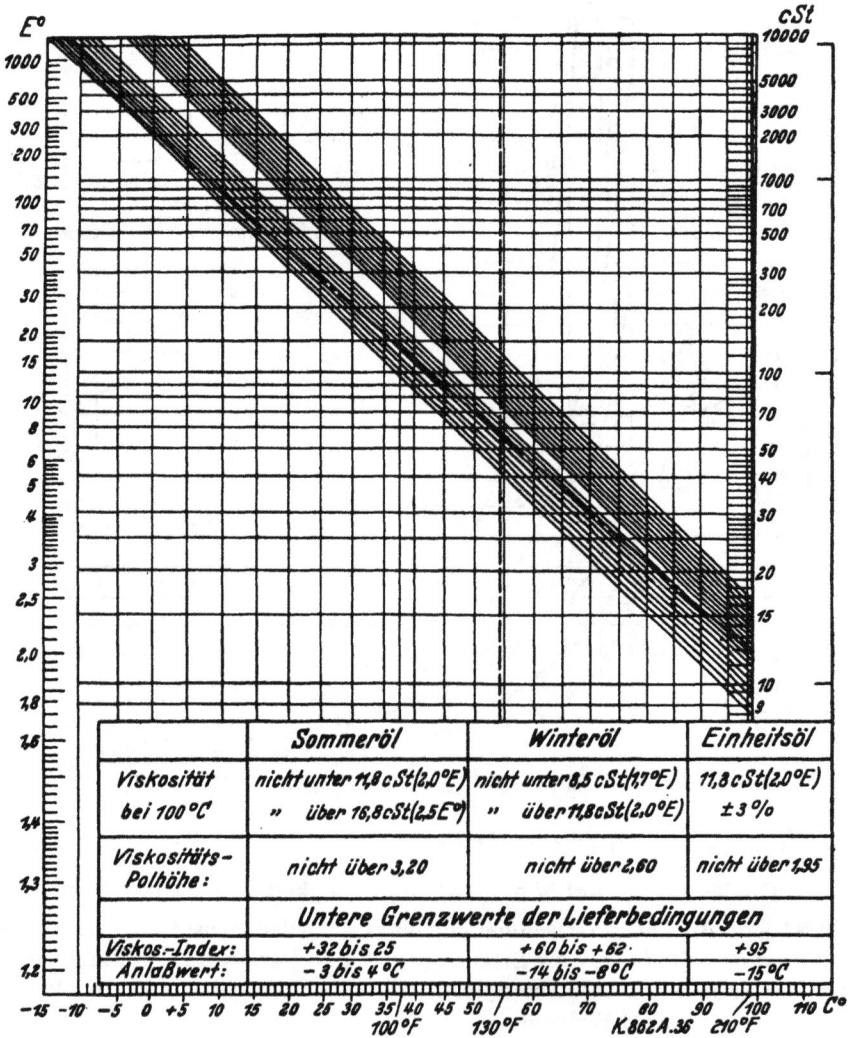

Bild 88. Grenzwerte des Flüssigkeitsgrades und Begrenzung des Verlaufs der Viskositäts-Temperaturkurve.

Zähigkeit bei niederen Temperaturen

Durch die Arbeiten von Schwaiger wurde nachgewiesen, daß die obenerwähnte Temperaturgerade im Temperaturbereich von +5° C bis — 20° C nicht mehr mit den tatsächlichen Viskositäten der Schmieröle übereinstimmt und in diesem Bereich, der besonders für das Anlassen im Winter eine Rolle spielt, besondere Messungen vorgenommen werden müssen.

Schwaiger hat hierzu ein besonderes Viskosimeter entwickelt, das von Alfred Teves in Frankfurt, Main, vertrieben wird (Drehviskosimeter).

Begriff der Polhöhe

Wenn man die Temperaturgeraden der Öle verschiedener Viskosität, aber gleicher „Provenienz", d. h. gleichen Herkommens, nach links verlängert, so wird man finden, daß sich diese Geraden in einem Punkt schneiden. Dieser Punkt wird als Viskositätspol bezeichnet und sein Abstand von der Grundlinie als die Polhöhe.

Diese Polhöhe VPh ist daher ein Maß für die Temperaturempfindlichkeit dieses Öltyps.

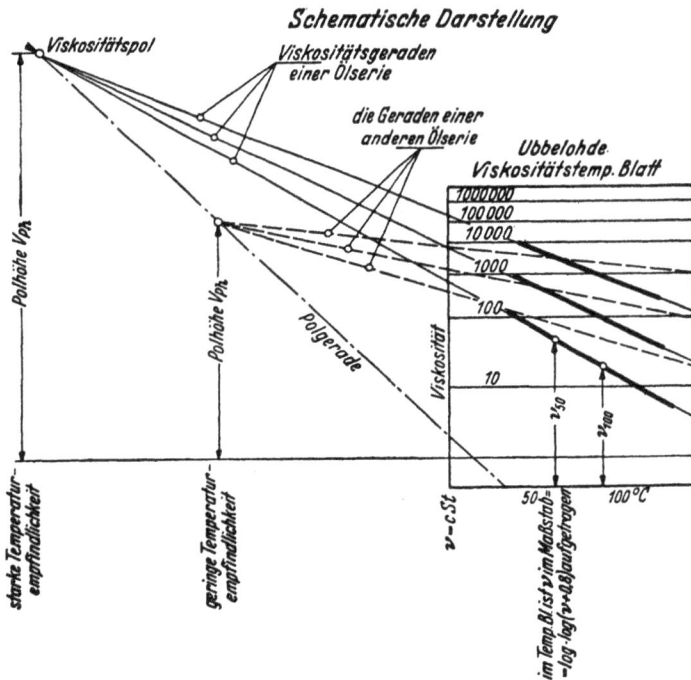

Bild 89. Begriff der Polhöhe.

Prof. Dr. L. Ubbelohde zur Viskosimetrie (S. Hirzel, Leipzig 1936).

Trägt man die Viskositäten anderer Öle einer zweiten Öltype auf, so werden diese sich wieder in einem Punkt schneiden (siehe Bild 89).

Öle verschiedener Viskosität eines bestimmten Öltyps haben also die gleiche Temperaturempfindlichkeit. Dies kommt daher, daß die Zähigkeitseigenschaften des Schmieröles eine Funktion des stereometrischen Aufbaues der Moleküle sind, d. h. davon abhängen, in welcher Weise die einzelnen Moleküle den Raum, in dem sie schwingen, ausfüllen.

Die Polhöhen von Motorenölen schwanken im Bereiche 1,9 bis 3,5 VPh.

Begriff des Viskositätsindex

Der Begriff des Viskositätsindex wurde in Amerika entwickelt in der Weise, daß man eine bestimmte pennsylvanische Ölsorte willkürlich in ihrem Temperaturverhalten mit der Indexzahl 100 versah. Nach einem bestimmten System würden dann die anderen Ölsorten dementsprechend mit Indexziffern versehen. Tabelle 5 gibt einen Vergleich zwischen den Polhöhen und dem Viskositätsindex. (Über graphische Ermittlung siehe „Zur Viskosimetrie" von Prof. Dr. L. Ubbelohde, Verlag S. Hirzel, Leipzig.)

Vergleich zwischen Polhöhe und Viskositätsindex

A Mineralöle I paraffinreich	B Mineralöle II gemischtbasisch	C Mineralöle III gemischtbasisch	D Mineralöle IV aromatenreich asphaltbasisch	E Fettsäuren fette Öle
$Vph = Vi$	$Vph = Vi$	$Vph = Vi$	$Vph = Vi$	$Vph = Vi$
$1,65 = +112$	$2,05 = +88$	$2,70 = +49$	$3,6 = -4$	$1,00 = +150$
$1,70 = +108$	$2,10 = +85$	$2,75 = +46$	$3,7 = -10$	$1,05 = +148$
$1,75 = +105$	$2,15 = +82$	$2,80 = +43$	$3,8 = -16$	$1,10 = +145$
$1,80 = +102$	$2,20 = +79$	$2,85 = +40$	$3,9 = -21$	$1,15 = +142$
$1,85 = +100$	$2,25 = +76$	$2,90 = +38$	$4,0 = -27$	$1,20 = +138$
$1,90 = +97$	$2,30 = +73$	$2,95 = +35$	$4,2 = -38$	$1,25 = +135$
$1,95 = +93$	$2,35 = +70$	$3,0 = +32$	$4,4 = -50$	$1,30 = +132$
$2,00 = +91$	$2,40 = +67$	$3,1 = +26$	$4,6 = -62$	$1,35 = +129$
	$2,45 = +64$	$3,2 = +20$	$4,8 = -73$	$1,40 = +126$
	$2,50 = +61$	$3,3 = +14$	$5,0 = -85$	$1,45 = +123$
	$2,55 = +58$	$3,4 = +8$	$5,2 = -96$	$1,50 = +120$
	$2,60 = +55$	$3,5 = +2$	$5,27 = -100$	$1,55 = +117$
	$2,65 = +52$	$3,53 = +0$	$6,0 = -143$	$1,60 = +114$

Vergleich zwischen Englergrad und Centistokes

A Lageröle	B leichte Motoren- Zylinderöle	C schwere Motoren- Zylinderöle	D Brightstokes	E Dampf- Zylinderöle
$°E = cSt$	$°E = cSt$	$°E = cSt$	$°E = cSt$	$°E = cSt$
$2 = 12$	$8 = 60$	$14 = 106$	$24 = 182$	$30 = 228$
$3 = 21$	$9 = 68$	$15 = 114$	$26 = 197$	$35 = 276$
$4 = 30$	$10 = 75$	$16 = 122$	$28 = 212$	$40 = 304$
$5 = 37$	$11 = 83$	$18 = 136$	$30 = 228$	$50 = 380$
$6 = 45$	$12 = 90$	$20 = 152$		$60 = 456$
$7 = 53$	$13 = 99$	$22 = 165$		$70 = 532$

Bedeutung der Flüchtigkeit im Motor

Das Öl wird im Kurbelgehäuse versprüht und bietet so eine außerordentlich große Oberfläche dar, so daß ein Maß für die Größe der Flüchtigkeit in diesem

Zustand eigentlich nur mit einem Dünnschichtverdampfer gewonnen werden kann. Diese Verdampfung im Kurbelgehäuse führt zu einem bedeutenden Ölverlust. (Siehe auch unter Ölverbrauch.)

K. O. Müller gibt an, daß die oberste Grenze für Motorenöle dann gegeben ist, wenn sie im Noakverdampfungsprüfer bei 250° eine Verdampfung von 15% ergeben.

Die höhere Flüchtigkeit eines Motorenöles hat aber auch einen Vorteil in den Kolbenringnuten, denn mit der größeren Flüchtigkeit ist ja auch eine prozentual geringere Rückstandsbildung verbunden, allerdings nur unter der Voraussetzung, daß das Öl aus eng aneinanderliegenden Mischkomponenten gemischt wurde.

Durch die Verdampfung in den Ringnuten tritt nämlich eine Loslösung der anhaftenden Rückstände ein, welche die Wirkung einer Auswaschung der Ringnuten haben. Vermag das Öl nur verhältnismäßig kleine Mengen in den Ringnuten zu verdampfen, so wird dieser Effekt wesentlich geringer sein und damit leichter zu einem Ringverkleben führen.

Aus diesen zwei sich widersprechenden Gründen, größerer Verbrauch durch die Verdampfung im Kurbelgehäuse und des Vorteiles in den Ringnuten, soll man wegen der Flüchtigkeit nicht zu engherzig sein und lieber einen höheren Verbrauch besonders bei hoch beanspruchten Motoren mit in Kauf nehmen.

Größerer Verdunstungstest gibt höheren Verbrauch, während ein niedrigerer Verdunstungstest unter 7% im Noak-Verdampfungsprüfer nach K. O. Müller sich nicht mehr auf den Verbrauch günstig auswirkt.

Die Flüchtigkeit der Schmieröle

Die Siedekurve von Schmierölen liegt natürlich wesentlich höher als die von Dieselkraftstoffen, da ja die Schmieröle aus den Rückständen der Destillation der Kraftstoffe gewonnen werden.

Auf Bild 90 ist die Siedekurve von zwei Motorenölen eingetragen und der Verlauf der Siedekurve angegeben.

Die Verdunstung der Schmieröle beginnt aber weit unter ihrem

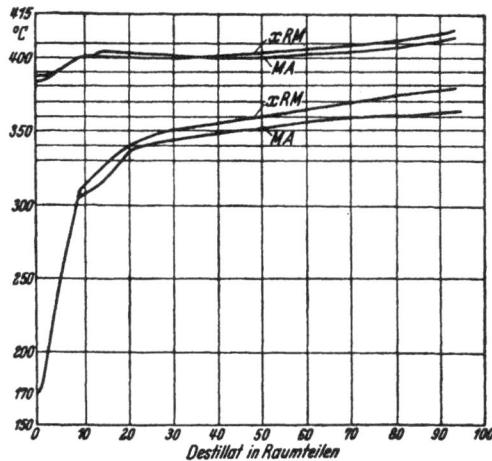

Bild 90. Siedekurve von 2 Autoölen

Ölsorte	×RM	MA.
Siedebeginn bei	170°	170°—
	180°— 1%	180°— 1%
	200°— 2%	200°— 2%
	250°— 5,5%	250°— 4,5%
	300°— 9,0%	300°— 8%
	350°—31,0%	350°—46%

Mitteilungen des Institutes für Kraftfahrwesen, Sammelband II, 1934.

Flammpunkt. Wawrziniok gibt in den Mitteilungen des Instituts für Kraftfahrwesen 1923 die Untersuchung von 9 Autoölmustern an (siehe Tabelle a).

Im Laboratorium der Deutz-Motorenwerke wurden im Trockenschrank bei
150° C und 3 Stunden Dauer bei verschiedenen Motorenölen die Zahlen nach
Tabelle b festgestellt.

Abhängigkeit der Flüchtigkeit

In den Tabellen über die Verdampfung, ist gezeigt, in welcher Weise die Flüchtigkeit der Öle vom Flammpunkt abhängig ist.

Der Zusammenhang mit dem molekularen Aufbau ist dadurch gegeben, daß die
Flüchtigkeit der Öle mit der Polhöhe ziemlich gleichmäßig ansteigt, so daß bei
Motorenölen mit steiler Temperaturkurve auch eine größere Flüchtigkeit zu er-
warten ist.

Einfluß der Ölmischung

Motorenöle von einer Viskosität über 6° E bestehen nicht aus einer einzigen
Schmierölfraktion, sondern sind meist aus einer Fraktion mit höherer Viskosität
und aus einem Öl niederer Viskosität gemischt.

Naturgemäß steht die Flüchtigkeit auch mit der Zähigkeit in Zusammenhang,
und es wird die Flüchtigkeit stets durch die Mischkomponente mit geringerer
Zähigkeit beeinflußt. Da man dieselbe Zähigkeit beim Mischen aus zwei Ölen
erreichen kann, die in der Zähigkeit weit auseinanderliegen, oder aus solchen,
die in der Zähigkeit wenig differieren, so spielt es für die Flüchtigkeit eine wesentliche Rolle, wie das Öl gemischt wurde.

Verdampfung von Schmierölen

Prof. Wawrziniok, Dresden – Mitt. d. Inst. f. Kraftfahrwesen,
Sammelband I, 1924

Tabelle a. Automotoren-Öle

	1	2	3	4	5	6	7	8	9
Spezifisches Gewicht	0,858	0,872	0,880	0,881	0,888	0,914	0,917	0,923	0,935
Viskosität E°/50	4,2	5,4	9,33	8,56	12,7	7,21	9,71	7,98	12,20
Flammpunkt	180	210	192	175	222	165	185	132	174
Verdampfbarkeit bei 200° C in %	5,8	0,92	0,38	1,9	0,4	1,84	1,78	2,20	1,50

Tabelle b. Dieselmotoren-Öle im Trockenofen erhitzt, 3 Std. bei 150° C

Klockner-Humboldt-Deutz, 1940.

	1	2	3	4	5	6	7	8	9
Spezifisches Gewicht	0,893	0,897	0,897	0,910	0,910	0,910	0,933	0,937	0,938
Viskosität E°/50	5,0	8,15	15,0	8,0	12,0	15,0	6,5	12,0	15,0
Flammpunkt	220	235	252	225	240	250	206	226	232
Verdampfbarkeit bei 150° C, 3 Std., in %	0,164	0,072	0,054	0,145	0,096	0,048	0,48	0,42	0,24

Siededaten Öl Nr. 2		Frisch-Öl	Gebrauchtes Öl
Viskosität		8,15	7,64 E °/50
Siedebeginn	282° C		
Übergang bis	300° C —	2,5 %	2,75 %
	325° C —	4,0 %	3,7 %
	350° C —	7,0 %	15,5 %
	360° C —	13,5 %	27,5 %

Verdampfungsprüfung

Gegen die Trockenschrankmethode, bei der die Öle im Flammpunkttiegel nach Marcusson im Trockenschrank 2 oder 3 Stunden erhitzt werden, ist einzuwenden, daß erstens bei den üblichen Trockenschränken nicht überall dieselben Temperaturen herrschen und daß zweitens die nicht kondensierten Öldämpfe den Verdampfungsverlust beeinflussen.

Die gleichen oder ähnlichen Nachteile haben die anderen bekannten Bestimmungsmethoden wie:

Die Methode von Allner,

Die ASTM-Methode,

Das englische IPT-Verfahren.

Das Baader-Verfahren.

Um diese Mängel zu vermeiden, wurde das Noak-Verfahren entwickelt, das sich heute in Deutscland allgemein eingeführt hat. Beim Noak-Test werden 65 g Öl in einem mit aufschraubbarem Deckel versehenen Messingtiegel in einem auf 250° elektrisch geheizten Metallblock 1 Stunde erhitzt. Die entstehenden Öldämpfe werden durch einen Luftstrom, der durch drei Bohrungen von 2 mm Durchmesser durch den Tiegeldeckel mit Hilfe einer Wasserstrahl- oder Ölpumpe gesaugt wird, fortgeführt. Der Luftstrom wird so geregelt, daß ein beiderseitig offenes, mit Wasser gefülltes Manometer während des ganzen Versuches 20 mm Wasserspiegeldifferenz anzeigt.

Die damit festgelegte Verdampfbarkeit von Motorenölen soll sich zwischen 7 und 15% bewegen. (Siehe auch Seite 207.)

Neutralisationszahl (NZ)

Die Bestimmung der Neutralisationszahl erfolgt nach DIN DVM 3658. Für den Betrieb ist es wichtig zu wissen, ob die verwendeten Schmiermittel einen Angriff auf die Metallflächen ausüben, mit denen sie in Berührung kommen.

Organische Säuren, die sich von Natur aus in den Mineralölen befinden, z. B. Naphthensäuren oder solche, die den Schmierölen aus schmiertechnischen Gründen zugesetzt werden, zum Beispiel Fettsäuren, sind im allgemeinen für die Metalle nicht schädlich.

Dagegen sind die geringsten Mengen anorganischer Säuren (Schwefelsäure, Salpetersäure), die im Motor entstehen können, äußerst schädlich.

Schmieröle, die anorganische Säuren enthalten, müssen unter allen Umständen ausgewechselt werden.

Auch in frischen Schmierölen können geringe Mengen anorganische Säuren bei mangelhafter Raffination zurückgeblieben sein.

Um sich über den Charakter der Säuren ein Urteil bilden zu können, genügt nicht die Feststellung der Neutralisationszahl, die nur den Gesamtgehalt an freien Säuren bestimmt, sondern man muß unbedingt feststellen lassen, inwieweit sich anorganische Säuren im Öl befinden.

Begriff.

Unter Neutralisationszahl versteht man bei Schmiermitteln die Anzahl Milligramm Kalium-Hydroxyd, welche die freien Säuren in einem Gramm des Öles neutralisieren.

Verseifungszahl (VZ)

Begriff.

Unter Verseifungszahl versteht man diejenige Anzahl Milligramm Kalium-Hydroxyd, die erforderlich ist, um die in einem Gramm Öl enthaltenen freien Säuren zu neutralisieren und die vorhandenen Ester und Laktone zu verseifen. Der Gehalt an freien Säuren wird bereits durch die Neutralisationszahl bestimmt. Man erhält daher den Anteil an vorhandenen Estern und Laktonen sowie an Mineralseifen durch Abzug der Neutralisationszahl von der Verseifungszahl.

Da die in einem kompoundierten Öl enthaltenen fetten Öle ebenfalls verseifbar sind, so kann mittels der Verseifungszahl auch der Anteil an fettem Öl bestimmt werden.

Reine Fettöle haben eine Verseifungszahl von 200.

Spezifisches Gewicht

Bei handelsüblichen Motorenölen läßt sich für die Praxis an Hand des spezifischen Gewichtes bei Ölen gleicher Viskosität ein ungefähres Urteil über folgende Eigenschaften bilden:

Die Polhöhe und damit die Temperaturabhängigkeit der Viskosität steigt mit dem spezifischen Gewicht.

Die Flüchtigkeit der Schmieröle steigt mit dem spezifischen Gewicht.

Es wäre falsch, weitere Eigenschaften des Schmieröles mit dem spezifischen Gewicht in Beziehung zu setzen, wenn auch der Spezialist, wenn ihm die Ölart bekannt ist, noch weitere Rückschlüsse daraus ziehen kann.

Im übrigen bildet das spezifische Gewicht ein Preismaß für den Handel, das durchaus nicht immer berechtigt ist, da wichtige Eigenschaften des Schmieröles nicht vom spezifischen Gewicht abhängen.

Die Bestimmung des spezifischen Gewichtes erfolgt nach DIN DVM 3653.

Von zwei Ölen mit gleicher Zähigkeit und gleicher Oberflächenspannung wird von dem Öl mit geringerem spezifischem Gewicht in derselben Zeit und bei derselben Temperatur ein geringeres Ölgewicht aus einem Tropföler auslaufen als von dem Öl mit höherem spezifischen Gewicht.

Das spezifische Gewicht der Schmieröle ist abhängig von der chemischen Zusammensetzung und der Verarbeitungsweise der verwendeten Rohöle. Früher konnte an Hand des spezifischen Gewichtes ungefähr die Herkunft des Öles beurteilt werden. Heute ist dies nicht mehr der Fall, da durch die modernen Raffinationsmethoden die Öle auf ein bestimmtes spezifisches Gewicht verarbeitet werden können.

Wie bei allen Kohlenwasserstoffen deutet das spezifische Gewicht das Verhältnis des Kohlenstoffes zum Wasserstoff an. Die Verhältniszahlen sind:

Spezifisches Gewicht bei 20° C   Kohlenstoff:Wasserstoff

0,890	1 : 1,819
0,900	1 : 1,785
0,910	1 : 1,751
0,920	1 : 1,717
0,930	1 : 1,683
0,940	1 : 1,649
0,950	1 : 1,615

Auch für die Konstitution der Schmieröle gibt das spezifische Gewicht einen ungefähren Anhaltspunkt. Die Zusammenhänge sind etwa wie folgt:

	aromatische Ringe	Im Mittel aromatische u. naphthenische Ringe	Paraffinische Ketten
0,937	25	48	52
0,928	22	44	56
0,910	13	34,5	65,5
0,902	11	30	70
0,890	8	27	73

Eine auffallende, wenn nicht mathematische Beziehung besteht zwischen Dichte und Refraktion

Dichte	Refraktion n/D 20
0,937	1,523
0,928	1,517
0,910	1,506
0,902	1,501
0,890	1,495

Beziehung zwischen spezifischem Gewicht und Molekulargewicht

Schmieröl von 6° E bei 50°

Spezifisches Gewicht	880	900	910	920	930	940	950
Mittleres Molekulargewicht	424	403	391	372	372	363	357

Schmieröl von 15° E bei 50° E

Spezifisches Gewicht	880	900	910	920	930	940	950
Mittleres Molekulargewicht	621	522	493	465	441	421	409

Spezifisches Gewicht und Temperaturempfindlichkeit

Die Polhöhe der Öle steigt im allgemeinen mit dem spezifischen Gewicht, und zwar etwa wie folgt:

0,890   0,900   0,910   0,920   0,930

Viskositätspolhöhe

1,95   2,00   2,3   2,6   3,4

Es sind bezüglich obiger Angaben nur Öle gleicher Viskosität bei 50° C miteinander zu vergleichen, da auch mit der Viskositätszunahme sich das spezifische Gewicht verändert.

Spezifisches Gewicht und Schmierfähigkeit

Eine Beziehung zwischen spezifischem Gewicht und Schmierfähigkeit besteht nicht.

Flammpunkt und Brennpunkt

Die Bestimmung des Flammpunktes erfolgt nach DIN DVM 3661.

Begriff.

Der Flammpunkt ist die Temperatur, bei der sich aus dem Öl unter den nachstehend festgelegten Bedingungen Dämpfe in solcher Menge entwickeln, daß das Gemisch aus Öldämpfen und Luft durch Annäherung der Zündflamme erstmalig entflammt werden kann.

Wie aus den Tabellen (Seite 208) und „Ölverbrauch" (Seite 216) bereits ausgeführt, ist der Flammpunkt kein Maß für Flüchtigkeit und Ölverbrauch. Für die Beurteilung eines Motorenöles wäre er darum wegzulassen und statt dessen die Flüchtigkeit selbst zu messen. Der Flammpunkt ist aber in den Schmierölnormen aufgenommen und so sehr eingeführt, daß auf seine Feststellung nicht verzichtet werden kann.

Seine Feststellung ist sehr einfach, und wenn wir auch zeigen konnten, daß ein Flammpunkt von 210 oder 240° C keine Rolle spielt, so ist erfahrungsgemäß doch eine untere Grenze von 200° C im offenen Tiegel für Motorenöle berechtigt.

Man kann den Flammpunkt auch dazu benutzen, um schnell qualitativ die Beimengung von Brennstoff zum Schmieröl festzustellen, die den Flammpunkt sehr stark erniedrigt.

Zu hoher Flammpunkt bei gleicher Viskosität deutet auf stärkere Rückstandsbildung im Motor hin.

Man unterscheidet zwei Prüfverfahren:

1. Das unter DVM 3661 erfolgt im offenen Tiegel. Man gibt daher folgende Bezeichnung an:

$$\text{Flammpunkt i. o. T.} = 210° \text{ C}.$$

2. Das Verfahren nach Pensky Martens im geschlossenen Tiegel hat folgende Bezeichnung:

$$\text{Flammpunkt P.M.} = 180° \text{ C}.$$

Der Flammpunkt im geschlossenen Tiegel ergibt sich meistens etwa um 30° niedriger als der Flammpunkt im offenen Tiegel. Bei dem geschlossenen Tiegel werden die Gase über dem Öl zurückgehalten und sind nicht dem Luftzug ausgesetzt, so daß sie sich hier schon bei niedrigeren Temperaturen entzünden.
Durch Beigabe von 0,5 % Benzin wird der Flammpunkt im geschlossenen Tiegel um 80° C herabgesetzt, während der Flammpunkt im offenen Tiegel unbeeinflußt bleibt. Man sieht daraus am deutlichsten den Unterschied der beiden Methoden.
Der Flammpunkt P. M. wird hauptsächlich in Amerika verwendet.

Der Brennpunkt der Öle.
Der Wert des Brennpunktes ist umstritten und wurde darum in die neuen DIN-Normen nicht mehr aufgenommen.

Begriff.
Der Brennpunkt der Öle ist diejenige Temperatur, die sich ergibt, wenn im offenen Tiegel mit der Lockflamme nicht nur die flüchtigen Dämpfe entzündet werden, sondern die ganze Oberfläche des Öles zu brennen beginnt.
Die Differenz zwischen Flammpunkt und Brennpunkt soll bei einem guten Motoröl nicht mehr als 30 bis 40° C i. o. T. betragen. Bei Messungen im geschlossenen Tiegel ist der Unterschied größer.
Eine größere Differenz zwischen Flammpunkt und Brennpunkt deutet darauf hin, daß das Öl aus zwei weit auseinanderliegenden Fraktionen gemischt wurde. Unzweifelhaft ist ein derartiges Öl ungünstig, da die leichten Anteile naturgemäß rasch abdampfen und dann eine wesentliche Viskositätserhöhung eintritt.
Allerdings kann unter besonderen Umständen, wenn der Ölverbrauch keine wesentliche Rolle spielt, ein größerer Anteil an leichten Bestandteilen auch erwünscht sein, um durch die Dampfbildung in den Kolbenringnuten das Festkleben der Rückstände zu verringern.

Wärmeleitfähigkeit und spezifische Wärme

Die Berechnung der Wärmeleitfähigkeit ergibt sich nach folgender Formel:

$$K_l \, (\text{cal/sec/qcm, } °\text{C/cm}) = \frac{0,0002804}{d} \cdot 1 - 0,00054 \cdot t_c.$$

Die Berechnung der Spezifischen Wärme ist abhängig von dem spezifischen Gewicht und der Temperatur und wird nach folgender Formel berechnet:

c = spezifische Wärme in cal/g und ° C

d = spezifisches Gewicht bei 15° C

t_c = Temperatur in ° C

$$c = \frac{1}{d} : (0{,}4024 + 0{,}0081 \cdot t_c).$$

Um eine ungefähre Errechnung der Erwärmung von Schmierölen durchführen zu können, gilt als Faustregel, für Mineralöle die vierfache Wärmemenge anzunehmen wie für die Erwärmung von Wasser.

Wärmeleitfähigkeit von Erdölprodukten

Temperatur ° C	Flüssigkeiten verschiedener Dichte, spezifisches Gewicht bei 15° C						Feste Körper	
	0,750	0,800	0,850	0,900	0,950	1,000	Asphalt (amorph)	Paraffin (kristallin)
	Wärmeleitfähigkeit in cal/sec/qcm, ° C/cm							
0	0,000 375	0,000 350	0,000 330	0,000 310	0,000 295	0,000 280	0,00040	0,00056
100	355	330	310	295	280	270	im Temperaturbereich	
200	355	310	290	280	265	255	zwischen 0° C und	
300	—	—	275	265	250	240	Schmelzpunkt	
400	—	—	—	250	235	225		

XIII. SCHMIERÖL-VERBRAUCH

Verlustquellen. Einfluß des Motors auf den Ölverlust. Einfluß des Schmieröles. Ölpumpe und Schmierölmenge. Einfluß der Ölabstreifringe.

Verlustquellen

des Motors sind folgende:

1. Der Kompressionsraum,
2. Undichtheiten des Kurbelgehäuses,
3. die Kurbelgehäuseentlüftung,
4. der Einlaßventilschaft,
5. der Auspuffventilschaft.

Der Ölverbrauch im Kompressionsraum unterteilt sich in drei Teile:

- a) Überschüssiges Öl, das mehr oder weniger verbrannt in den Auspuff geht;
- b) der Teil des Öles, der an den Wänden des Verbrennungsraumes verdampft bzw. Ölkohle bildet;
- c) derjenige Teil des Öles, der von den Kolbenringen als Ölschlamm abgeschabt wird und sich als Schlamm im Kurbelgehäuse sammelt.

Der Verlust durch Leckage im Kurbelgehäuse kann bei schlechten Abdichtungen der Endlager der Kurbelwelle bis zu 80% des Ölverbrauches betragen.

Das Öl an dem Einlaßventilschaft wird in den Kompressionsraum gesaugt und dort verbrannt, während das Öl des Auslaßventilschaftes in den Auspuff ausgestoßen wird.

Der Verlust durch die Kurbelgehäuseentlüftung ist bis zu einem gewissen Grade immer gegeben, kann aber wesentlich zunehmen, wenn die Temperatur in dem Kurbelkasten hoch ist (etwa infolge Durchblasens der Kolben). Er kann aber auch beeinflußt werden durch die Luftwirbelung im Kurbelgehäuse und durch zu hohe Luftgeschwindigkeit in der Entlüftung.

Es sei darauf aufmerksam gemacht, daß man hier bei Einzylindermotoren andere Verhältnisse hat als bei Mehrzylindern.

Beim Mehrzylindermotor tritt im Kurbelgehäuse ein Volumenausgleich ein insofern, als den hochgehenden Kolben ein Abwärtsgehen anderer Kolben entspricht.

Beim Einzylinder jedoch wird mit jedem Abwärtsgehen des Kolbens der Raum im Kurbelgehäuse um den Hubraum verkleinert und ein ganzes Hubvolumen Luft aus dem Kurbelgehäuse ausgestoßen. Der in diesem Hubvolumen befindliche Öldampf muß daher durch den Entlüftungsstutzen verlorengehen.

Dem kann man nur durch entsprechende Konstruktion des Einfüllstutzens, bzw. Entlüftungsstutzens, begegnen, so daß wenigstens einigermaßen die größten Öltröpfchen zurückgehalten werden.

Einfluß des Motors auf den Ölverlust

Hier ist der Ölverlust von folgenden Bedingungen abhängig:

1. Von der Menge des Öles, das an die Zylinderwände gesprüht wird;
2. von der Ölmenge, die in den Kompressionsraum eintritt bzw. von der Wirkung der Ölabstreifringe;
3. von der Pumpwirkung des Kolbens.

Die an die Zylinderwand gesprühte Ölmenge ist abhängig

a) von den Umdrehungszahlen des Motors;
b) von dem Radial- und Längsspiel der Kurbelwellenlager und der Pleuelstange;
c) von dem Druck der Ölpumpe bzw. Einstellung des Überdruckventils;
d) von der Ölviskosität in Abhängigkeit von der Ölauswahl und der Kurbelgehäusetemperatur.

Die Ölmenge, die in den Kompressionsraum eintritt, ist abhängig

a) von dem Spiel zwischen Kolben und Zylinder;
b) von dem Zustand der Kolbenringe und besonders des Ölabstreifringes;
c) von der Oberflächenbeschaffenheit der Zylinder der Kolben und der Kolbenringe (siehe auch Seite 97 und Aut.-Ind., 26. 8. 33, Seite 232).

Einfluß des Schmieröles

Für den Ölverlust ist hauptsächlich die Flüchtigkeit des Öles maßgebend, die bei gleicher Viskosität mit steigendem spezifischem Gewicht zunimmt.

Einfluß der Viskosität.

Maßgebend für die Viskosität des Öles im Motor ist die Temperatur im Kurbelgehäuse.

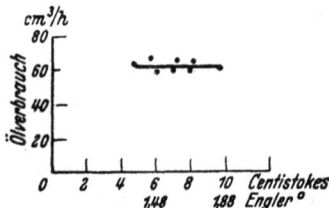

Viskosität bei 110—120° C Kurbelgehäusetemperatur

Bild 91. Einfluß der Viskosität auf den Ölverbrauch. Kurbelgehäusetemperaturen von 110—120° C. Die Förderung der Ölpumpe reagiert nicht mehr auf die geringen Viskositätsunterschiede bei diesen hohen Kurbelgehäusetemperaturen. Alle Öle haben gleichen Verbrauch.

4 Zyl. Benzin-Motor

Pm .... 2,8 kg/cm²
n .... 2500 Umdreh.
Kühlwassertemp. .... 75° C.
Kurbelgehäusetemp. .... 110—120° C.

Delft Laboratory of the Royal Dutch (Shell).
C. A. Boumann, 1937.

cm^3/h

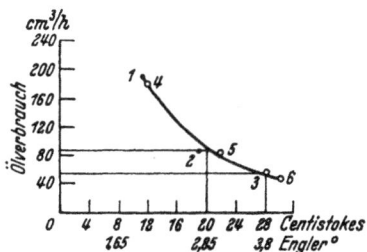

Bild 92. Normale Abhängigkeit des Ölverbrauches von der Ölviskosität.
Viskosität bei 75° Kurbelgehäusetemp.
1, 2, 3, 4, 5, 6 verschiedene Öle.

p_m	2,75 kg/cm²
n	1500 Umdr./Min.
Kühlwassertemp.	50° C
Kurbelgehäusetemp.	75° C

4 Zyl. Benzin-Motor.
Delft Laboratory of the Royal Dutch (Shell)
C. A. Boumann, 1937.

Nach den Versuchen von Boumann zeigt sich, daß bei höheren Kurbelgehäusetemperaturen (110 bis 120°), die schon eine starke Ölverdünnung zur Folge ha-
haben, die Viskositätsunterschiede der Öle im Kurbelgehäuse schon zu klein
geworden sind, um sich noch auszuwirken. Der Verbrauch wird bei diesen Viskositäten

z. B. 4 bis 10 Centi-Stokes

= 1,3 bis 1,8° Engler,

nicht mehr beeinflußt. Boumann führt das darauf zurück, daß die Förderung
der Ölpumpe oder das Öldruckventil nicht mehr so fein reagiert, um derart geringe Viskositätsunterschiede noch zur Wirkung zu bringen (Bild 91).
Bei normalen Kurbelgehäusetemperaturen ergibt sich eine deutliche Abhängigkeit des Ölverbrauches von der Kurbelgehäuseviskosität.
Nach der Kurve in Bild 92 würde allerdings bei einem Zähigkeitsunterschied
von 20 cSt zu 28 cSt im Kurbelgehäuse der Unterschied im Verbrauch zwischen
dem 6,25° E-Öl und dem 9,25° E-Öl nach der Kurve von Boumann 45% betragen. Dies wäre eine Verbrauchsverminderung, die in der Praxis sehr auf-
fallen müßte. Die Versuche von Boumann sind daher, was ihre Zahlenangaben
anbelangt, in die Praxis sicher nicht übertragbar.
Bei dem stationären Diesel (Bild 93, das Verbrauchsmessungen aus Betriebs-
verhältnisse darstellt) ergibt sich auch ein geringerer Einfluß der Ölviskosität.

Einfluß der Umdrehungszahl auf den Ölverbrauch:

Der Einfluß der Umdrehungszahl (Bild 94) ist
ein indirekter, da der Ölverbrauch tatsächlich
von der an der Zylinderwand angesprühten

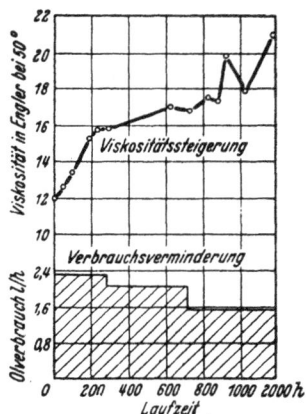

Bild 93. Einfluß der Viskositätssteigerung auf die Verbrauchsverminderung bei station. Diesel-Motor 640 PS.

n	320 Umdreh.
Öltemp. vor Ölkühler	54—59° C
Öltemp. nach Ölkühler	40—43° C
Ölfüllung in Kanne etwa	600 kg

Delf Laboratory of the Royal Dutch (Shell).
C. A. Boumann, 1937.

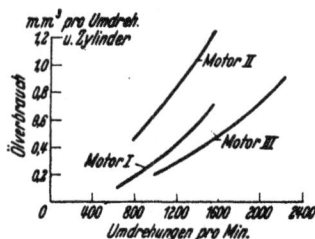

Bild 94. Einfluß der Umdrehungszahl auf den Öl-
Verbrauch.
Versuche mit Automobil-Motoren. p_m konstant

Motorart	Nr.	Öl	Viskosität Frischöl 50 °C	Mittl. Druck kg/cm²	Kühl-wasser-temp.
1 Zyl. Diesel	I	D	4,2 $E°$	5,7	60
6 Zyl. Diesel	II	D	4,2 $E°$	6,4	60
4 Zyl. Benzin-Motor	III	E	9,3 $E°$	2,8	über 70

Der Einfluß der Umdrehungszahl ist abhängig von der Steigerung der an die Zylinderwand
angesprühten Ölmenge. Die angesprühte Ölmenge ist wieder abhängig vom:
  Ölpumpendruck
  Lagerspiel
  Ölviskosität
  Öltemperatur im Kurbelgehäuse.
Delf Laboratory of the Royal Dutch (Shell) by C. A. Boumann, 1937.

Ölmenge abhängig ist. Diese angesprühte Ölmenge ist ihrerseits wieder
abhängig

a) vom Ölpumpendruck, der mit der Tourenzahl steigt,

b) vom Lagerspiel der Kurbelwelle und Pleuel,

c) von der Ölviskosität, die mit der Öltemperatur bei erhöhter Umdrehungszahl sinkt.

Einfluß des mittleren Druckes auf den Ölverbrauch.

Der Einfluß des mittleren Druckes auf den Ölverbrauch ist nach Boumann gering, was auch verständlich ist, da der mittlere Druck die in Betracht kommenden Temperaturen (Bild 95) wenig beeinflußt.

Einfluß des Flammpunktes auf den Ölverbrauch.

Der Ölverbrauch ist nach den Versuchen von Boumann unabhängig von dem
Flammpunkt.
Boumann zieht daraus den Schluß, daß auch die Verdampfbarkeit des Öles für
den Ölverbrauch wenig Bedeutung hat, da er den Flammpunkt als ungefähres
Maß der Flüchtigkeit der Öle annimmt. Es ist aber bereits von Wawrziniok
(Mitteilungen des Institutes für Kraftfahrwesen, Univ. Dresden) nachgewiesen

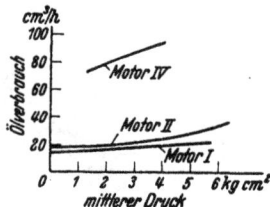

Bild 95. Einfluß des mittleren Druckes auf den Ölverbrauch.
Versuche mit Automobil-Motor

Motorart	Nr.	Öl	Viskosität Frischöl 50° C	Umdreh. /Min.	Kühl-wasser-temp.
1 Zyl. Diesel	I	F	6,7 $E°$	1200	60
1 Zyl. Diesel	II	F	6,7 $E°$	1200	60
4 Zyl. Benzin	IV	A	16,7 $E°$	1000	über 80

Einfluß des mittleren Druckes relativ gering.
Delf Laboratory of the Royal Dutch (Shell). C. A. Boumann, 1937.

worden, daß der Flammpunkt für die Verdunstungs- und Verdampfungseigenschaften der Öle kein Maßstab ist (siehe unter Flammpunkt).

Im Bild 96 unter a ist gezeigt, wie der Flammpunkt von 6 Ölen, die Boumann untersucht hat, im Verhältnis zur Viskosität bei 75° Temperatur liegt. Es geht daraus hervor, daß die Öle 3 und 6 stark differierende Flammpunkte haben bei gleicher Viskosität. Aus Bild b ergibt sich einwandfrei, daß der Ölverbrauch dieser beiden Sorten gleich groß ist und der Unterschied der Flammpunkte von 210° und 240° keine Rolle spielt. In Ansicht c ist die völlige Gleichheit des Ölverbrauches bei Kurbelgehäusetemperaturen von 10 bis 120° bei allen 6 Ölen dargestellt.

Ölpumpe und Schmierölmenge

Die Ölpumpe soll so groß sein, daß bei Vollastbetrieb mit geringen Drehzahlen und mäßiger Öltemperatur noch ausreichende Lagerschmierung gesichert ist.

Die bei neuzeitlichen Fahrzeugmotoren übliche Fördermenge von 0,1 l/min je PS Motorleistung hat sich als richtig erwiesen.

Die Ölmenge, die dem Lager in der Zeiteinheit zugeführt wird, wird durch den Öldruck zusammen mit der Ölzähigkeit in Abhängigkeit von der Temperatur bestimmt.

Lagerölmenge und Öldruck stehen in etwa umgekehrtem Verhältnis infolge des Zusammenhanges zwischen Öltemperatur und Zähigkeit.

Eine übermäßige Ölförderung führt zu erhöhtem Ölverbrauch, weil dann zu viel Schmieröl an die Innenfläche des Kolbens gespritzt wird und an der Innenfläche des

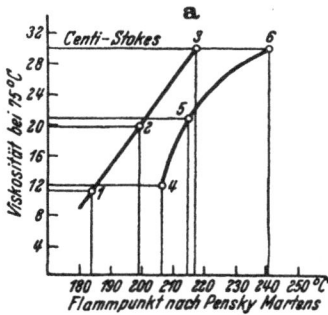

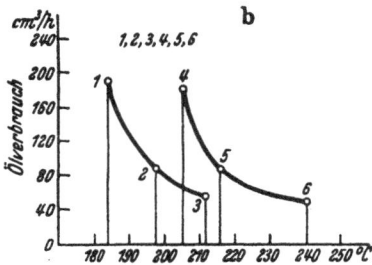

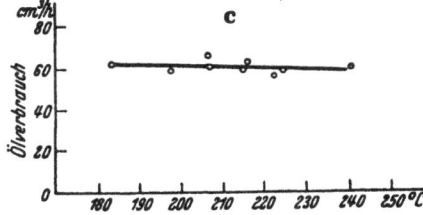

Bild 96. Einfluß des Flammpunktes auf den Ölverbrauch.
Ölverbrauch unabhängig vom Flammpunkt. Vergleiche Bild 96 c.
96 a. Verhältnis der Flammpunkte der verschiedenen Öle 1, 2, 3, 4, 5, 6 (dieselben Öle wie in Bild 92)
96 b. Ölverbrauch bei: $p_m = 2{,}75$ kg/cm², $n = 1500$ Umdr./Min.
Kühlwasser $t = 50°$ C, Kurbelkastentemperatur $= 75°$ C
96 c. Ölverbrauch bei: $p_m = 2{,}8$ kg/cm², $n = 2500$ Umdr./Min.
Kühlwasser $t = 75°$ C, Kurbelkastentemperatur $= 110—120°$ C
The Delft Laboratory of the Royal Dutch (Shell). C. A. Boumann, 1927.

Kolbenbodens infolge der dort herrschenden hohen Temperatur einer Zersetzung und Verdampfung unterliegt, was sich nicht mehr nur auf den Ölverbrauch schädlich auswirkt, sondern außerdem auch die Alterung des Öles beschleunigt.

Der Widerstand der Rohrleitungen darf als klein gegenüber den Widerständen von Lagerstellen und Überströmventile angesehen werden. Er ergibt sich mit etwa 0,2 kg pro cm² je Meter Rohrlänge bei 20° Öltemperatur und 4 mm Leitungsdurchmesser.

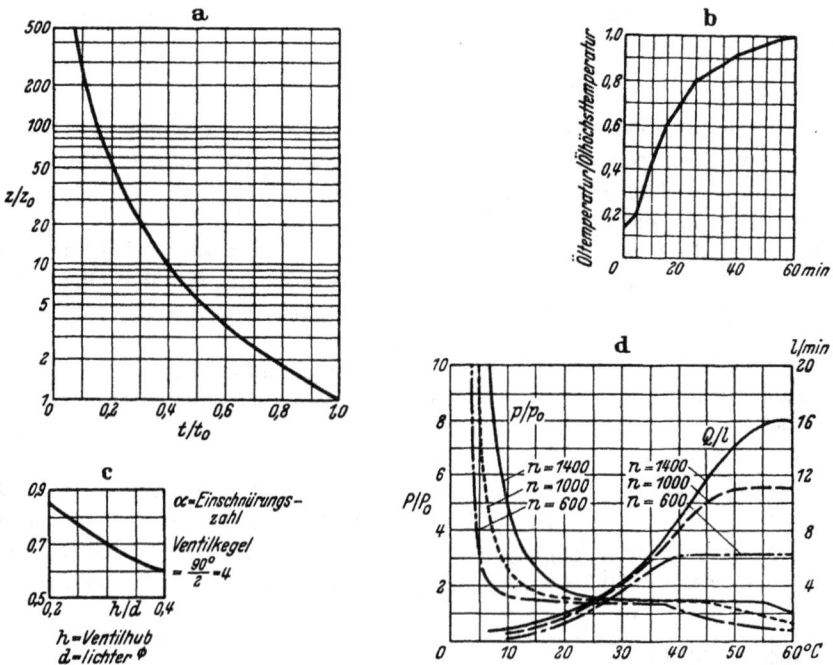

Bild 97. Einfluß von Überstromventilen in Schmierölleitungen auf Druck und Fördermenge.

97a. $z_0 =$ Ölzähigkeit $\Big\}$ bei der das Überströmventil gerade zu öffnen beginnt.
 $t_0 =$ Temperatur
 $p_0 =$ Einstelldruck, $p_1 =$ Druck zum vollständigen Öffnen,
 $Fr =$ Durchgangsquerschnitt $\alpha \cdot \pi \cdot (d + 0{,}5\,h) \cdot \cos \psi \ldots$

$$\frac{z}{z_0} = \left(\frac{t_0}{t}\right)^{2,6} = \frac{p}{p_0},$$

97b. Anwärmdauer für einen 6-Zylinder-Vergasermotor mit 1600 Umdrehungen/min.

97c. Sinken der Einschnürungszahl mit wachsenden h/d des Ventiles.

97d. Öldruck und Ölmenge in Abhängigkeit von der Öltemperatur
 bei einem Fahrzeug-Diesel $= p_0 = 3$ kg/cm²,
 Überstromventil: Ventilhub $= 3$ mm, radiale Sitzbreite $= 1$ mm,
 freier Durchmesser $= 10$ mm., Sitzwinkel 45°
 freier Ventilquerschnitt $f_0 = 0{,}538$ cm³

$$c = \frac{Q}{6 \cdot f\,r} \text{ (m/s)}.$$

ATZ H. 16. 1932. Dr.-Ing. K. Schlaefke.

Ein Druck von 1,5 bis 1 Atm., bei betriebswarmer Maschine gemessen, ist für die meisten Otto- und Dieselfahrzeuge ausreichend.

Für übliche Lagerbauarten ist der Druck des zugeleiteten Schmieröles nur von geringer unmittelbarer Bedeutung; von mittelbarer nur soweit, als durch ihn die Ölmenge beeinflußt wird. Auf Grund der Untersuchung von Dr.-Ing. Schaefke (Bild 97) ergibt sich der Vorteil weicher Ventilfedern für das Überströmventil.

Schwierigkeiten sind lediglich bei niedriger Öltemperatur zu erwarten. Die Lagerölmenge sinkt durch das Kleinerwerden des Lieferungsgrades der Ölpumpe sehr stark, und damit ist die ausreichende Schmierung in Frage gestellt. Durch eine Anlaufzeit von 10 bis 15 Minuten kann jede Gefahr mangelhafter Schmierung beseitigt werden.

Die Beschleunigung des Ölumlaufes (ATZ., Heft 17, 1939, Dr. Frey), sei es durch Vergrößerung der Ölpumpe, sei es durch größeres Anspannen des Ölüberdruckventiles, kann eine erhebliche Steigerung der Öltemperatur zur Folge haben.

Durch Herabsetzen des Öldruckes von 3,5 auf 1,5 Atm., was etwa eine Herabsetzung der Umlaufmenge im Verhältnis von 2 : 3 entsprach, konnte z. B. die Öltemperatur eines 50 PS Selve-Motors bei gleichen Betriebsbedingungen um 10° C gesenkt werden.

Einfluß der Ölabstreifringe

Ein gleichmäßiger Radialdruck der Ölabstreifringe ist noch wichtiger als bei den Dichtungsringen, da der Ölabstreifring nur mehr mit seiner eigenen Spannung an der Zylinderwand anliegt.

Man verlangt von einem Abstreifring ein einwandfreies Abstreifen des Öles von der Zylinderwand und zweitens die restlose Ableitung des abgestreiften Öles.

Es besteht eine Möglichkeit der Dosierung des abgestreiften Öles durch entsprechende Abschrägung der oberen Kante des Ölabstreifringes (Bild 98).

Was das Ableiten des abgestreiften Öles betrifft, so ist zu bedenken, daß infolge geringer Durchlässigkeit der Dichtungsringe das Öl noch etwas unter Gasdruck steht und gleichzeitig auf das Öl die Geschwindigkeit einwirkt, mit der der Kolben sich nach abwärts bewegt. Man muß trachten, den Druck, dem das Öl ausgesetzt ist, in Geschwindigkeit zu verwandeln, so daß das Öl durch die Durchflußlöcher schnell durchströmt und dadurch

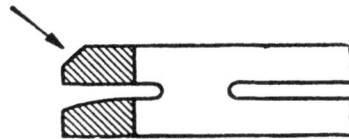

Bild 98. Ölabstreifring mit Kanten-Abschrägung.

Verkrustungen im Abstreifring möglichst vermieden werden. Die Durchflußöffnungen müssen dementsprechend bemessen werden. Werden sie zu groß gemacht, so kann kein Druck entstehen, der das Öl durchtreibt, und werden sie zu klein, so treten leicht Verstopfungen ein.

Der Ölabstreifring liegt allgemein unterhalb der Kolbendichtungsringe. Nur bei Sauggasmotoren müssen in vielen Fällen Ölabstreifringe auch am unteren Ende des Kolbenschaftes angebracht werden, da derartige Motore gegen ein viel höheres Vakuum arbeiten.

XIV. WECHSELWIRKUNG
ZWISCHEN SCHMIERÖL UND METALL

*Wechselwirkung im Grenzfilm zwischen Schmieröl und Metall. Die Definition der Reibungs-
arten. Physikalische Grundlagen der Grenzflächenaktivität. Temperaturabhängigkeit der
Haftfestigkeit. Nachteile der aktiven Gruppen. Feststellung der Dipolmomente im Schmieröl.
Die Benetzungsfähigkeit. Compoundierte Öle. Technische Ausdrücke der Schmiereigen-
schaften. Oberflächenspannung. Zusammenfassung der Schmieröluntersuchungen. Bestimmung der Benetzungsfähigkeit. Molekulargewichtsbestimmung. Erdenmethode nach Pöll zur
Bestimmung der Harze. Untersuchung der Klebfestigkeit der Harze.*

Bis jetzt wurden von den Eigenschaften, die für ein „gutes, brauchbares" Motorenöl der tatsächlichen Nachprüfung bedürfen, folgende besprochen:

> Zähigkeit,
>
> Verdampfbarkeit,
>
> Spezifisches Gewicht,
>
> Polhöhe und Index,
>
> Neutralisations- und Verseifungszahl.

Die noch fehlenden Eigenschaften finden ihre Würdigung im folgenden.
Bevor nun zur Besprechung derjenigen Öleigenschaften übergegangen wird,
deren Prüfung nur der Forschungsarbeit möglich ist oder die nicht von jedem
Handelschemiker vorgenommen werden kann, muß auf die Grenzschmierung
und auf die Wechselwirkung zwischen Metall und Schmieröl eingegangen werden, um die Grundlagen gegenwärtig zu haben, auf denen sich die Schmierung
im oberen Teil des Zylinders aufbaut.

Wechselwirkung im Grenzfilm zwischen Schmieröl und Metall

Dem Schmierfilm zwischen zwei metallischen Flächen liegen heute ganz bestimmte Vorstellungen zugrunde, die auch durch verschiedene amerikanische
Arbeiten experimentell nachgewiesen wurden.
Im Metall füllt das Öl in erster Linie alle mikroskopischen und submikrosko-
pischen Räume aus bzw. durchtränkt sie, soweit sie nicht bereits durch andere Fremdkörper (Staub, Metalloxyde, Ölschlamm) ausgefüllt sind.
Dieses Eindringen in die Metalloberfläche bewirkt ganz bestimmte Schmier-
wirkungen, die anders nicht zu erklären wären, zum Beispiel das leichte Ab-
rollen eines Spanes bei Dreharbeiten. Durch das Eindringen des Öles in die
feinen Risse des Spanes wird dieser in sich geschmiert und bröckelt daher nicht

ab, sondern löst sich vom Drehmeißel in einer Locke. Auch die Tatsache, daß man auf einen geschmierten konischen Zapfen ein Schwungrad weiter auftreiben kann als auf einen trockenen, gehört hierher. Das Schmiermittel dringt in das Material ein und begünstigt die Umlagerungen innerhalb des Metallgefüges.

Skizze a im Bild 99 zeigt schematisch die Metalloberfläche in entsprechender Vergrößerung. Es ist hier angenommen, daß die Rauhigkeitsspitzen blank aus dem die Rauhigkeitstäler erfüllenden Schmierölgemisch, bestehend aus Schmieröl, Metallabrieb und Staub extra, hervorragen, und an der Rauhigkeitsspitze der Grenzfilm das Metall direkt berührt.

Um die Wechselwirkung zwischen Metall und Öl erklären zu können, muß die einzelne Rauhigkeitsspitze (z. B.: A) nun als Oberfläche betrachtet werden, an der der Grenzfilm direkt haftet.

Wenn man von einer solchen Wechselwirkung sprechen will, so muß man die Anziehungskräfte in Betracht ziehen, die vom Metall auf das Öl und umgekehrt ausgeübt werden. Diese Kräfte sind wie alle Adhäsions- und Kohäsionskräfte rein molekularer Art.

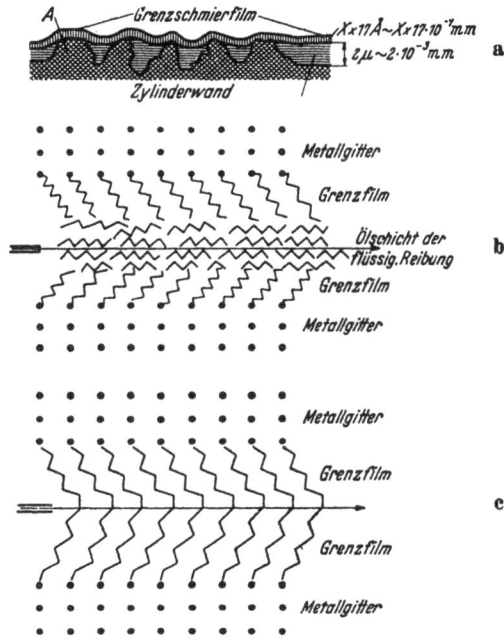

Bild 99. Schnitt durch eine Metalloberfläche.
99a. X deutet an, daß die Grenzschicht nicht monomolekular sein muß, sondern mehrere Molekülschichten stark sein kann.
Rauhigkeit ausgefüllt mit Gemisch von Schmieröl-, Metallstaub-, Verbrennungs- und Schmierölrückständen.
99b. Hydro-dynamische Schmierung
99c. Grenz-Schmierung

Die Definition der Reibungsarten

Die vorliegenden Ausführungen haben nur zwei Arten der Reibung zum Gegenstand: die flüssige Reibung, die halbtrockene Reibung.

Die Ausdrücke der entsprechenden Schmierung sind folgende:

Hydrodynamische Schmierung (auch flüssige Schmierung),
Grenzschmierung.

Erstere Reibungsart ist dadurch gekennzeichnet, daß sich zwischen den reibenden Flächen ein tragender Schmierfilm gebildet hat, der dadurch charakterisiert ist, daß die an den Oberflächen befindlichen Grenzschichten des Schmierfilms vom Reibungsvorgang unbeeinflußt bleiben und die Größe der Reibungskräfte lediglich der inneren Flüssigkeitsreibung des Schmieröles entspricht. Zwischen den Grenzschichten bewegt sich also eine Flüssigkeitsschicht, die eine Berührung der Grenzschichten vermeidet (siehe Bild 99b).

Die zweite Reibungsart

Bei der Grenzschmierung fällt die tragende Zwischenschicht fort und die Grenzschichten des Ölfilms berühren sich direkt, so daß auch die Möglichkeit besteht, daß sich Rauhigkeiten der metallischen Oberfläche direkt berühren, wenn die Grenzschichten des Schmierfilms durchbrochen werden (siehe Bild 99c).
In seinem Buch „Grundzüge der Schmiertechnik" gibt E. Falz noch folgende Reibungsbegriffe, deren Definition hier wiedergegeben werden soll, da sie noch öfter gebraucht werden.

1. **Trockene Reibung.**

   Die Schmierung fehlt, die Reibung folgt dem Coulombschen Gesetz. Anzutreffen bei Radbremsen, konischen Werkzeugschäften, Reibungsgetrieben.

2. **Halbtrockene Reibung.**

   Schmierung unvollkommen auch bei reichlicher Schmiermittelzufuhr. Die Reibung folgt dem Coulombschen Gesetz. Anzutreffen bei Kulissenstangen, Schneckengetrieben, Druckspindeln und Gelenken, bei allen Gleitflächen im Anfahrzustand, im oberen Teil der Zylinderlauffläche.

3. **Halbflüssige Reibung.**

   Schmierung unvollkommen. Reibung folgt dem Gesetz der Flüssigkeitsreibung (Newtonsches Gesetz), zum Teil dem Coulombschen Gesetz. Anzutreffen bei unrichtig und mangelhaft geschmierten Lagern und Tragschuhen, ferner bei schwingenden Zapfenlagern, Schneckengetrieben, Zahnrädern, Kolben usw. Verschleiß mäßig.

4. **Flüssige Reibung.**

   Schmierung vollkommen. Reibung folgt dem Gesetz der Flüssigkeitsreibung (Newtonsches Gesetz). Anzutreffen bei richtig gebauten und zweckmäßig geschmierten Traglagern, Spurlagern, Axialdrucklagern, Gradführungen usw. Verschleiß gleich Null.

Eine scharfe Abgrenzung zwischen halbtrockener und halbflüssiger Reibung ist nicht möglich.

Newtonsches Gesetz für die Flüssigkeitsreibung

(Aus praktischen Versuchen abgeleitet und umgeformt für praktische Berechnungen.)

$$\text{Reibungswiderstand } W = z . F . \frac{dV}{dH} \text{ kg}$$

$$z = \text{dynamische Zähigkeit der Flüssigkeit in kg/sec/m}^2 = \frac{\eta}{1000},$$

F = die Größe zweier Flüssigkeitsschichten, die voneinander durch den Abstand dH getrennt sind,

dH = Entfernung der Flüssigkeitsschichten in Meter,

dV = die Geschwindigkeit, in Meter/sec mit denen die Flüssigkeitsschichten bewegt werden.

Im Wesen der Flüssigkeitsreibung liegt es, daß sie vom Druck, unter dem die Flüssigkeit steht, unabhängig ist, da die Verschiebbarkeit der Flüssigkeit praktisch durch den Druck nicht beeinflußt wird.

Coulombsches Gesetz für die Grenzreibung
Reibungswiderstand $W = \mu \cdot P$.

μ = Reibungsziffer, innerhalb weiter Grenzen, vom Reibungsdruck und Geschwindigkeit unabhängig,

P = Reibungsdruck.

Wechselwirkung zwischen Schmieröl und Metall

Bei älteren Erörterungen der Wechselwirkung zwischen Schmieröl und Metall wurde der Fehler gemacht, daß wohl das Schmieröl in seinem molekularen Aufbau betrachtet wurde, die Metallfläche aber als kompakte Oberfläche in der Vorstellung bestehen blieb.

Diese Betrachtungsweise ist völlig ungenügend und berücksichtigt nicht, daß man sich mit der Betrachtung des molekularen Aufbaues der Schmieröle bereits in Dimensionen begeben hat, die zwischen

$$10^{-6} \text{ bis } 10^{-7} \text{ mm}$$

liegen. Diese Dimensionen werden vom Physiker in „Angström" gemessen ($= 10^{-7}$ mm).

Wenn man die Metallfläche in diesen Dimensionen betrachtet, so erscheint sie nicht mehr als eine zusammenhängende Fläche, sondern man sieht hier bereits den Gitteraufbau des Metalls.

Im Bild 100 ist das Metallgitter eines Eisenkristalls in seiner Würfelform dargestellt und zeigt schematisch, wie die einzelnen Ölmoleküle an den Molekülen des Eisenkristalles haften. Die Dimensionen sind zeichnerisch nicht richtig dargestellt, gehen aber aus den angeschriebenen Maßen hervor. Das Ölmolekül ist in dieser schematischen Skizze zur Vereinfachung lediglich kettenförmig gezeichnet, während es in Wirklichkeit aus Ketten und Ringen mit verschiedenen Verzweigungen besteht. Nächst dem Metall ist eine endständige Karboxylgruppe dargestellt, auf die weiter unten eingegangen wird.

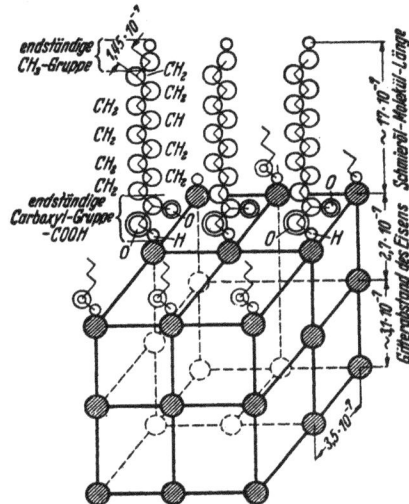

Bild 100. Anhaften der Schmierölmoleküle am Gitter eines Eisenkristalles

Die Skizze genügt der Wirklichkeit nicht vollkommen. Die einzelnen Ölmoleküle stehen nicht für sich allein, sondern sind miteinander ebenfalls verkettet und verfilzt.

Mit der Skizze soll nur das Wesentliche gezeigt werden, und das ist, daß sich die Ölmoleküle an der Metallfläche tatsächlich ausrichten und hier einen durch molekulare Kräfte festgehaltenen Grenzfilm bilden, der außerordentlich fest haftet und durch die Reibungsbewegung nicht abgelöst wird.

An dieser ersten Moleküllage schließen sich nun mehrere Moleküle an, die mit der ersten Moleküllage den Film bilden, der für die Grenzschmierung maßgebend ist.

Die Grenzschicht wird nicht nur um so fester sein, je fester sie am Metall haftet, sondern auch je inniger die einzelnen Ölmoleküle ineinander verfilzt sind und dadurch der Schubwirkung der Reibungsbewegung den größten Widerstand entgegensetzen.

Nach den Maßen der Skizze wäre ein sechsmolekülstarker Grenzfilm maximal $6 \cdot 17 \cdot 10^{-7}$ mm stark zu bewerten, ähnlich $10^2 \cdot 10^{-7} = 10^{-5}$ mm $= 1/100 \mu$ Nach Söhnke und Rayleigh beträgt der sparsamste Ölfilm, der noch möglich ist, $1,6 \mu\mu$, nach Röntgen $0,6 \mu\mu$. Man sieht daraus, welch außerordentlich dünne Ölschichten möglich sind.

Dieser Grenzfilm haftet so fest auf dem Material, daß es bei Versuchen nicht möglich war, ihn durch die Zentrifugalkraft an einem Zylinder von 2 m Durchmesser bei 8000 Umdrehungen abzuschleudern.

Die Ölmoleküle sind im Grenzgebiet durch die atomaren Kräfte des Metalls so fest gehalten, daß das Ölmolekül durch die mechanischen Kräfte der Reibung eher in sich zerrissen wird, als daß es von der Metalloberfläche abreißt. Die Kräfte zwischen Kohlenwasserstoff und Metall sind jeweils größer als die Kräfte zwischen Kohlenwasserstoff und Kohlenwasserstoff.

Trotz diesem starken Haften des Ölfilms am Metall wird ein Verschleiß möglich, da sich im Metallgitter sogenannte Störstellen befinden, in denen die atomaren Kräfte so schwach sind, daß es möglich ist, einzelne Moleküle aus der Oberfläche zu reißen. Der Verschleiß der Metallfläche ist also auch bei größter Filmfestigkeit möglich, da er metallurgisch bedingt ist. Das Öl kann bei der Grenzschmierung keinesfalls den Verschleiß verhindern, sondern nur wesentlich vermindern.

Prof. Woog konnte nachweisen, daß auch bei härtesten Materialien feinste Partikelchen vom Stahl abgetrennt werden.

Riefenbildung und Fressen

Wird der Grenzfilm durchbrochen, so treten die molekularen Kräfte der beiden Metalloberflächen in direkte Verbindung. Dann werden wesentlich größere Metallteilchen losgerissen, und es können ganze Körnchen durch die Reibbewegung mitgeschleppt werden, die den Grenzfilm weiter durchreißen und die Oberfläche unmittelbar angreifen: es bilden sich Riefen.

Treten durch die nun entstehende erhöhte Reibung örtlich starke Temperaturerhöhungen ein, so kann es zu einem Verschweißen der Metallteilchen kommen.

Die zwischen den Reibflächen befindlichen Körnchen werden immer größer, ebenso die Tiefenwirkung des Anrisses: wir haben es dann mit dem „Fressen" zu tun.

Die Grenzschmierung ist für den Motor im Vergleich zu der hydrodynamischen Schmierung von wesentlich größerer Bedeutung, da eine echte hydrodynamische Schmierung infolge der Bewegungs- und Druckänderungen als Dauerschmierung weder in den Lagern der Kurbelwelle und Pleuelstangen noch im Zylinder auftreten kann.

Für die hydrodynamische Schmierung ist die Zähigkeit des Öles der maßgebende Faktor (siehe unter Viskosität), und es erübrigt sich hier eine nähere Behandlung.

Bei echter hydrodynamischer Schmierung ist ein Verschleiß ausgeschlossen, da diese fließende Schicht nicht mehr von den molekularen Kräften des Metalles beeinflußt ist und daher auch nicht mehr Metallteilchen aus der Oberfläche gerissen werden können.

Physikalische Grundlagen der Grenzflächenaktivität

Bisher wurde davon gesprochen, daß sich der Grenzfilm dadurch ausbildet, daß die Ölmoleküle am Metall außerordentlich fest haften.

Es läßt sich jedoch keine Vorstellung darüber gewinnen, aus welchem Grunde die Haftfestigkeit verschiedener Öle größer oder kleiner sein kann, wenn man nicht die physikalischen Kräfte betrachtet, die das Haften des Ölmoleküls am Metall und das Haften der Ölmoleküle untereinander bewirken.

Alle molekularen Kräfte sind auf elektrische Kräfte zurückzuführen, die im Aufbau der Atome wirken. Jedes Atom besteht aus einem positiv geladenen Kern und aus einer negativen Elektronenhülle. Betrachtet man ein Atom für sich (Bild 101a), so ist der Kern des Atomes von der Elektronenhülle gleichmäßig umgeben. Sobald aber dieses Atom in die Nachbarschaft eines anderen Atomes tritt, tritt eine Wechselwirkung zwischen diesen beiden Atomen ein, und die Elektronenhülle jedes der Atome wird gegenüber ihren Kernen verschoben (Bild 101b). In dem einzelnen Atom entsteht nun eine Verschiebung der Ladungsverteilung insofern, als die positive Ladung, wie im Bild gezeigt, nun ein

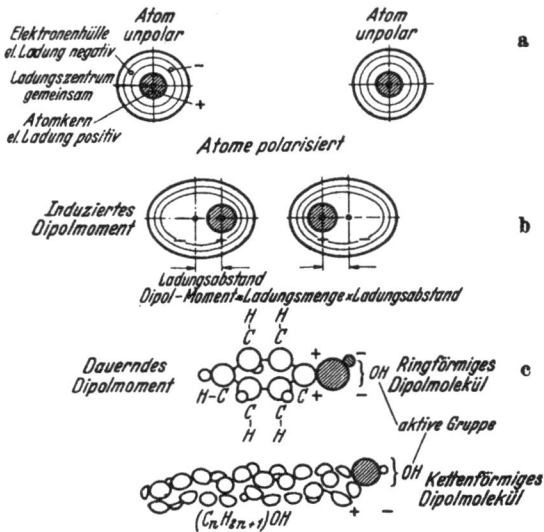

Bild 101a–c. Grenzflächenaktivität.

anderes Zentrum hat als die negative Ladung der Elektronenhülle. Durch die Beeinflussung des benachbarten Atoms entsteht also ein zweipoliges Atom, das man als Dipol bezeichnet.

In derselben Weise, wie die Atome durch ihre Nachbarschaft beeinflußt werden, werden auch die Moleküle bei Flüssigkeiten (wo sie im Verhältnis zu Gas eng aneinanderliegen) beeinflußt, und es entstehen Moleküle, die das Bestreben haben, sich entsprechend ihrer neuen Ladungsverteilung auszurichten. Man spricht von einem Dipolmoment.

Diese Dipolmomente sind es nun, die auch die Ausrichtung an der Metalloberfläche im Grenzfilm verursachen. Durch sie bildet sich auf der Metalloberfläche eine mehr oder weniger senkrecht stehende Molekülschicht, die mit jenen Atomen an der Metalloberfläche haften, bei denen die Ladungsverschiebung am stärksten zur Auswirkung kommt. Gleichzeitig bewirken diese Ladungsverschiebungen auch das seitliche Aneinanderhaften der Ölmoleküle.

Eine wesentliche Erhöhung der elektrischen Ladungsverschiebung in einem Molekül tritt dann ein, wenn das Molekül nicht ausschließlich aus gleichgearteten Kohlenwasserstoffen besteht, sondern einseitig an dieses Sauerstoffverbindungen angeschlossen sind, welche die elektrische Ladungsverteilung dauernd beeinflussen. Diese erhöhen das Dipolmoment bedeutend, und man spricht dann von Dipolsubstanzen (Bild 101 c), und, da diese besonders die Neigung haben, sich an andere Moleküle anzuschließen, von aktiven Gruppen am Molekül.

Zu diesen Molekülgruppen gehören folgende:

1. Die freie Karboxylgruppe der Fettsäuren

$$..—CO—OH,$$

2. Das Hydroxyl oder Alkoholradikal

$$..CH_2—OH,$$

3. Die Kombination von Karboxyl und Alkoholradikal in Glyzeriden (Fettölen)

$$..CO—O—CH_2.$$

Diese endständigen aktiven Gruppen des Schmieröles sind, wie bereits erwähnt, von starkem Einfluß auf den Richtungseffekt der Moleküle und damit auch auf die Haftfestigkeit des Schmierfilms am Metall. Eine Karboxylgruppe ist dabei wirksamer als eine Hydroxylgruppe. Je länger das Molekül ist, um so besser ist die Haftfestigkeit des primären Films.

Reine, gut ausraffinierte Schmieröle besitzen von diesen Gruppen fast nichts, sondern sie können nur mit ihren endständigen CH_3-Gruppen an dem Metall haften. Die CH_3-Gruppen haben aber eine verhältnismäßig sehr geringe freie Energie. Durch den Gebrauch der Öle tritt aber immer eine teilweise Oxydation derselben ein und damit die Bildung obiger aktiver Gruppen.

Aus dieser Tatsache ergibt sich, daß die Schmierung der Mineralöle nach einem gewissen Gebrauch im Motor steigt und damit wenig gebrauchtes Öl besser schmiert als Frischöl. Bei Ölen, die einen Richtungseffekt im Grenzfilm erst mit beginnender Oxydation aufweisen, verläuft die Orientierung der Moleküle an der Metallfläche stufenweise.

Wenn im weiteren Verlauf der Oxydation dann die Polymerisationsvorgänge einsetzen, geht die Haftfestigkeit und die Filmbildung wieder zurück.

Die Filmbildung und die innere Befestigung des Filmes stehen also im Zusammenhang mit dem Oxydationsvorgang der betreffenden Mineralöle.

In letzter Zeit ist es gelungen, die Bildung des Primärfilms, seine Befestigung an der Metalloberfläche und seine innere Verfestigung mit Hilfe der Elektronenbeugung zu untersuchen (A. Bühl und E. Rupp, Jahrb. der AEG., 2, 305, 1931). Es zeigte sich, daß Öle mit leicht flüchtigen Bestandteilen hinsichtlich der Filmbildung weniger geeignet sind.

Temperaturabhängigkeit der Haftfestigkeit

Es wurde vielfach festgestellt, daß die Reibungskräfte im Grenzfilm im weiten Bereich temperaturunabhängig sind. Dies steht im gewissen Sinne im Widerspruch zu der theoretischen Überlegung, daß die Haftfestigkeit dieses Ölfilms von der Auswirkung der Dipolmomente der Ölmoleküle abhängig sind. Geringere Haftfestigkeit muß notwendig leichter zu einem Durchreißen des Ölfilms führen und damit auch zu höherem Abrieb, der auch eine höhere Reibungsleistung zur Folge haben müßte. Es ist daher zu vermuten, daß die entsprechenden Versuche über die Reibungsleistung bei der Grenzschmierung zum mindesten nicht ganz den Verhältnissen entsprechen, die wir im Motorzylinder vorfinden.

Der Einfluß des Dipolmomentes und damit die Haftfestigkeit ist temperaturabhängig. Die Moleküle sind außer den oben geschilderten elektrischen Kräften noch den Wärmeschwingungen unterworfen (Brownsche Bewegung), die mit dem Dipolmoment in folgender Wechselwirkung stehen:

Bei sehr niedrigen Temperaturen und sehr großer Molekülstarrheit ist das Dipolmoment gehemmt, da die Moleküle in ihrer Bewegung behindert sind.

In einem höheren Temperaturbereich lockert die thermische Bewegung die Moleküle so weit auf, daß die elektrische Ausrichtung möglich ist und damit die Dipolmomente stark zur Wirkung kommen.

Bei noch höheren Temperaturen werden die thermischen Schwingungen so groß, daß dagegen das Dipolmoment wieder zurücktritt.

Im selben Sinne muß sich also auch die Haftfestigkeit des Grenzschmierfilms verändern, und es ist daher nicht verwunderlich, daß Öle mit leicht flüchtigen Bestandteilen, die starken thermischen Schwingungen ausgesetzt sind, zur Filmbildung weniger geeignet sind, wie bereits oben festgestellt wurde.

Nachteile der aktiven Gruppen

Diese aktiven Gruppen setzen sich aber natürlich nicht nur an der Zylinderwand fest, sondern sind auch sehr geneigt, chemische Verbindungen einzugehen, in der Hauptsache sich weiter mit Sauerstoff anzureichern. Diese che-

mischen Verbindungen führen dann zu festen Harzkörpern im Öl, die schließ-
lich in harten Asphalt übergehen und die Schmierwirkung des Öles stören.
Was also im Anfang der Benützung des Öles die Schmierwirkung erhöht hat,
zeigt dann bei weiterem Gebrauch die überwiegende Verschlechterung der
Schmierfähigkeit durch die Bildung der beschriebenen Asphaltkörper (siehe
Oxydationsprodukte).
Auch die Korrosion der Zylinderwände wird durch diese Gruppe mit beein-
flußt.

Feststellung der Dipolmomente im Schmieröl

Im Versuchslaboratorium der Bataafschen Petroleum Mij hat man festgestellt,
daß es möglich ist, die Anzahl der Dipolmomente, die sich in einem Öl befinden,
dadurch zu messen, daß man die Benetzungsfähigkeit feststellt, die dieses Öl
gegenüber Eisenpulver hat. Es wurde hierfür eine genaue Bestimmungsmethode
ausgearbeitet (siehe Seite 237).
Diese Benetzungsfähigkeit wird durch folgende Formel ausgedrückt:

$$z = \frac{(a - 20\,b) \cdot 100}{a \cdot m}.$$

Darin bedeutet a die bei Abwesenheit von Öl in 10proz. Schwefelsäure in Lösung gegangene Eisenmenge in Gramm, b die gelöste Eisenmenge in Anwesenheit von Öl und m die Anzahl der Gramme Öl, die untersucht wurden.
Die Verbesserung der Öleigenschaften durch die Raffination, welche im Rückgang des spezifischen Gewichtes, dem Ansteigen des Molekulargewichtes und
dem Sinken der Polhöhe zum Ausdruck kommt, zeigte sich in allen Fällen mit
einem starken Rückgang des Benetzungsfaktors verbunden. Es ist also damit
nachgewiesen, daß die wirksamsten Ölbestandteile für die Bildung des Schutz-
filmes, durch die Raffination, sei es mit Schwefelsäure oder mit selektiv wirkenden Lösungsmitteln, zumindest teilweise entfernt werden.
Durch die Zugabe polarer organischer Verbindungen konnte in den meisten
Fällen ein bedeutender Anstieg des Benetzungsfaktors beobachtet werden. Es
ergab sich weiter als zwecklos, die genannten Zusätze über $^1/_{10}$% hinaus zu erhöhen.
Bei den drei flüssigen Kohlenwasserstoffen:

Methylnaphthalin $Z = 7{,}85$,

Tetralin $Z = 6{,}85$,

Dekalin $Z = 4{,}0$,

wurden die beigeschriebenen Benetzungsfaktoren festgestellt. Es ergibt sich damit, daß bei annähernd gleichem Molekulargewicht der Benetzungsfaktor abnimmt, wenn sich die Anzahl der Doppelbindungen vermindert, daß er jedoch
bei vollständiger Absättigung noch einen positiven Wert aufweist.
Für Benzol ist der Benetzungsfaktor $Z = 0$. Der Wert $Z = 4{,}0$ für Dekalin läßt den
Einfluß erkennen, den kondensierte Ringsysteme, auch wenn sie vollständig
gesättigt sind, auf die Adsorptionsfähigkeit an Metalloberflächen ausüben.
Aus dem Versuch der Bataafschen Petroleum Mij ergibt sich, daß gesättigte
Öle, seien sie es von Natur aus (wie die pennsylvanischen), seien sie es infolge

der Raffination (wie Weißöle), einen sehr geringen Benetzungsfaktor für Eisen haben. Im Gegensatz von Ölen, die ungesättigte Verbindungen von polaren Charakter enthalten.

Im allgemeinen sinkt der Benetzungsfaktor für Eisen bei natürlichen, nicht compoundierten Ölen mit zunehmendem Sättigungsgrad und sinkender Polhöhe.

Öle von steiler Viskositätskurve besitzen ein großes Benetzungsvermögen für Metalloberflächen.

Abschließend kann man daher sagen, daß beste Grenzschmierung, soweit es die Ölqualität betrifft, in Widerspruch steht zu den Forderungen über das Temperaturverhalten, wie es für die hydrodynamische Schmierung ausschlaggebend ist.

Da für die Motorzylinderschmierung die Grenzschmierung die wesentlich vorherrschende Schmierungsart ist, so wird man die Ölauswahl mit Rücksicht auf den Verschleiß nach der Grenzschmierung zu orientieren haben und hier in der Temperaturempfindlichkeit der Viskosität — Polhöhe — so weit gehen können, als es die Anlaßverhältnisse des Motors bei gegebenen Außentemperaturen zulassen.

Compoundierte Öle

Da die CO—OH-Gruppe, die in allen fetten Ölen enthalten ist, die Grenzflächenaktivität der Schmieröle erhöht, so macht man davon bei den sogenannten compoundierten Ölen Gebrauch.

Diesen compoundierten Ölen, die auch gefettete Öle genannt werden, gibt man einen gewissen Prozentsatz Fettöle bei, um sie dadurch schmierfähiger zu machen. Als solche Fettzusätze kommen in Frage: Rizinusöl, Rüböl, Fischtran.

Aus den Ausführungen über die Grenzflächenaktivität geht ohne weiteres hervor, daß compoundierte Öle bei längerem Gebrauch im Motor oder bei zu hohen Beimischungen schneller altern als reine Mineralöle. Man verzichtet darum bei Dieselmotoren in der Hauptsache auf diese compoundierte Öle.

Außerdem emulgieren compoundierte Öle (siehe unter Emulsionsfähigkeit mit Wasser).

Eine andere Art der Compoundierung der Mineralöle ist das Zumischen von wenigen Prozent einer Fettsäure. Es hat sich z. B. gezeigt, daß 2 % Ölsäure sich in einem Motorschmieröl gut bewähren, während ein höherer Prozentsatz das Öl wieder verschlechtert.

Eine dritte Art ist die Beigabe verschiedener Zusatzmittel (siehe dort), die alle den Zweck verfolgen, dem Öl gegen die mechanische Beanspruchung größeren Widerstand zu geben. Es sind das die sogenannten Hochdruckschmiermittel. Bei den Motorenölen macht man davon unter anderen bei Einfahrölen Gebrauch (siehe Einfahröle).

Technische Ausdrücke der Schmiereigenschaften

In den vorstehenden Ausführungen wurde gezeigt, daß die Ausbildung des Grenzschmierfilmes sich mit den physikalischen Kräften erklären läßt, welche die Grundlage für alle physikalisch-chemischen Erscheinungen sind.

Im praktischen Gebrauch haben sich für die Eigenschaften der Schmieröle verschiedene technische Ausdrücke gebildet, welche die mehr oder weniger große Fähigkeit des Schmieröles, einen Grenzfilm zu bilden, umschreiben sollen.

Schmierfähigkeit

Unter Schmierfähigkeit eines Öles ist nicht nur der geringere innere Reibungswiderstand zu verstehen und damit auch ein geringerer Aufwand an Reibungsarbeit, sondern es gehört zur Schmierfähigkeit eines Öles auch die Fähigkeit, einen möglichst festen Grenzfilm zu bilden.

Der Begriff Schmierfähigkeit umfaßt also bereits den ganzen Komplex der Schmierung und kann darum nicht physikalisch festgelegt werden.

Den ganzen Komplex der Schmierfähigkeit sucht man daher auf Verschleißmaschinen zu erfassen, indem man auf ihnen die Reib- und Schmierverhältnisse der Praxis möglichst nachzuahmen versucht.

Hochdruckschmiereigenschaften

Dieser Ausdruck wird für Schmieröle verwendet, die durch besondere Zugaben eine erhöhte Menge aktive Gruppen enthalten, um den Grenzfilm zu verfestigen.

Der Ausdruck bedeutet daher nichts anderes, als daß das Öl auch unter hohen Druckbeanspruchungen standhält.

Filmfestigkeit (Filmstrenght)

Dieser Begriff soll andeuten, daß das Öl fähig ist, einen besonders festen Ölfilm zu bilden, also nicht nur fest am Material haftet, sondern daß auch die Grenzmoleküle des Öles mit starken seitlichen Kräften fest aneinander gebunden sind, so daß dieser Film weniger leicht durchbrochen wird. Erreichbar scheint ein derartiges Verhalten bei gleicher Zähigkeit in flüssiger Ölschicht nur dadurch, daß eine strukturelle Änderung der Ölmoleküle und stärkere seitliche Verzweigung derselben unter dem Einfluß der Molekularkräfte des Metalles entstehen. Dies ist nach Ansicht des Verfassers aber nur durch Neubildung von aktiven Gruppen möglich, und der Ausdruck Filmfestigkeit sagt darum gegenüber der Forderung nach aktiven Gruppen nichts Neues.

Oberflächenspannung

Die Oberflächenspannung einer Flüssigkeit ist ein physikalisch genau definierter Begriff und bedeutet die auf die Oberflächeneinheit bezogene Kraft, welche einer Vergrößerung der Oberfläche widerstrebt.

Die Oberflächenspannung verschiedener Stoffe ist gemessen worden.

Die Oberflächenspannung des
$\begin{cases} \text{Wassers ist} & 73,1 \text{ Dyn/cm}^2 \\ \text{Benzols ist} & 28,8 \text{ Dyn/cm}^2 \\ \text{Mineralöls ist} & 29,4 \text{ Dyn/cm}^2 \\ \text{Quecksilbers ist} & 436,0 \text{ Dyn/cm}^2 \end{cases}$

Die Oberflächenspannung eines Schmieröles auf der Metallfläche ist wiederum von den in ihm enthaltenen aktiven Gruppen abhängig. Befindet sich ein Tropfen auf einer Metalloberfläche, so wird er um so flacher sein, je mehr aktive Gruppen im Öl enthalten sind, da diese der Oberflächenspannung der Flüssigkeit entgegenwirken, während die molekularen Kräfte des Metalls die Oberflächenspannung unterstützen. Ein Maß dafür kann die Tangente sein, die man an die Oberfläche des Tropfens anlegt und die mit der Metalloberfläche einen Randwinkel bildet. Je kleiner dieser Randwinkel ist, desto geringer ist die Oberflächenspannung in bezug auf die vorliegende metallische Oberfläche.

Oberflächenspannung und Benetzungsfähigkeit stehen naturgemäß miteinander in Zusammenhang. Es wäre zum Beispiel nicht möglich, mit Quecksilber eine Fläche zu benetzen.

Aus dem bisher Gesagten über die Wechselwirkung zwischen Schmieröl und Metall geht hervor, daß für Haftfestigkeit, Benetzungsfähigkeit und Schmierfähigkeit besondere aktive Gruppen im Öl notwendig sind, wenn diese Eigenschaften ein gewisses Mindestmaß, das auch durch die CH_3-Gruppen im „reinen" Öl gegeben ist, überschreiten sollen. Diese besonderen Karboxyl- und Hydroxylgruppen haben auch chemische Aktivität, und es ist in erster Linie die Frage zu beantworten, ob dieselben motortechnisch überhaupt erwünscht sind. Aus vielen Gründen, besonders im Hinblick auf das Kolbenringkleben, muß die Frage mit Nein beantwortet werden. Die Diskussion darüber ist aber überflüssig, denn diese aktiven Gruppen sind gar nicht zu vermeiden, da das am Motorkolben und an der oberen Zylinderwand befindliche Öl von seiten der Verbrennungsgase in kürzester Zeit angesäuert wird, wodurch diese aktiven Gruppen doch entstehen. Die Frage kann nur so gestellt werden: „Kann die Bildung solcher aktiver Gruppen im Schmieröl gesteuert werden?" — Bei Einfahrölen hat sich gezeigt, daß die Vermehrung an aktiven Gruppen durch Fettöle sich teilweise vorzüglich bewährt haben. Bei Versuchen über Kolbenringkleben zeigte sich andererseits, daß es durch gewisse Öle gelang, das Kleben zu vermeiden oder durch besondere Zusätze wenigstens in Einzelfällen zu verhindern. Eine Steuerung der aktiven Gruppen scheint entsprechend dem gewünschten Zweck zum mindesten möglich. Bis jetzt muß die Frage, ob eine zweckmäßige Steuerung der aktiven Gruppen im Schmieröl im Motorbetrieb möglich ist, noch als ungeklärt betrachtet werden.

Nach Ansicht des Verfassers müssen zur Klärung dieser Frage Untersuchungsmethoden herangezogen werden, die bisher nicht angewendet wurden und die im letzten Kapitel als Vorschlag besprochen sind.

Zum näheren Verständnis dieser Probleme muß auf den chemischen Charakter der Schmieröle und die Art, wie die Oxydation vor sich geht, näher eingegangen werden (siehe Seite 178).

Vorerst sei noch einiges über die Untersuchungsmethoden gesagt, deren Anwendung zur Auswahl der Schmieröle beitragen kann.

Um eine übersichtliche Zusammenfassung zu geben, sind die bereits besprochenen Analysendaten nochmals kurz mit erwähnt.

Nach den deutschen Schmierölnormen (Beuth-Verlag GmbH., Berlin SW 19) sind folgende DIN-Gruppen von Schmierölen vorgesehen:

Die üblichen Analysendaten, wie sie in den Normen für Motorenöle angegeben
werden, kann man in zwei Gruppen einteilen:

Gruppe A in solche, die über die Art des Öles Aussagen machen sollen und
Gruppe B in Analysendaten, die ausschließlich die Reinheit des Öles bestätigen.

Zu Gruppe A gehören die Angaben über:

> Spezifisches Gewicht,
> Flammpunkt,
> Viskosität bei 50° C nach Engler,
> Stockpunkt.

Zu Gruppe B gehören die Angaben über:

> Aschegehalt nicht über 0,01%,
> Wassergehalt nicht über 0,1%,
> Hartasphalthegalt nicht über 0,01% bei Raffinaten,
> Neutralisationszahl nicht über 0,3% KoH.

Ergänzung Gruppe A:

> 1. Verdampfbarkeit,
> 2. Steilheit der Viskositätskurve — Polhöhe,
> 3. Verkokung nach Conradson,
> 4. Emulgierbarkeit.

Jedoch auch diese Ergänzung ist ungenügend, da spezifisches Gewicht, Flammpunkt, Viskosität nach Engler und Stockpunkt unter dem prinzipiellen Fehler
leiden, nicht diejenigen Eigenschaften des Öles zu treffen, auf die es tatsächlich
im Motor ankommt. Sie dienen mehr dem Ölhandel als dem Motorenbauer.

Das spezifische Gewicht ist für den Motorenbauer nur von indirekter Bedeutung und gibt nur einen Anhaltspunkt für den Ölspezialisten, um welches Öl
es sich handeln kann.

Der Flammpunkt trifft nicht die Verdunstungseigenschaften, auf die es im
Motor wesentlich ankommt.

Die Viskosität nach Engler ist sehr ungenau, gerade in dem Bereich, in
dem das Öl im Motor besonders beansprucht wird, und muß in absolutem Maß,
wie üblich in cSt, bei mindestens zwei Temperaturen angegeben werden oder
bei einer Temperatur mit der Polhöhe.

Der Stockpunkt ist kein Maß für die Verwendbarkeit des Öles bei kalten
Temperaturen und genügt nicht für die Feststellung der Anlaßwiderstände.

Der Conradsontest ist eine der am wenigsten umstritten Hilfen, um sich
über die Rückstandsbildung des Öles im Motor ein Bild machen zu können. Man
darf wenigstens ziemlich sicher annehmen, daß ein Öl mit höherem C.-Test
mehr Kohle absetzt.

Die Emulgierbarkeit ist negativ zu werten. Ein Motorenöl soll nicht emulgieren. Öle von guter Schmierfähigkeit zeigen aber immer eine begrenzte Emulsionsfähigkeit.

Im Nachstehenden sind nun die einzelnen Analysendaten des näheren erläutert
und Untersuchungsmethoden angegeben, die den Bedürfnissen des Motoren-
bauers näherkommen.

Die folgende Tabelle zeigt in einer Zusammenstellung, welche Eigenschaften des

Schmieröles speziell der Motorenbauer wissen muß (siehe auch Seite 272 unter Zusatzmittel) und welche konventionellen Maße dafür gegeben sind und welche Meßmethoden an deren Stelle zu treten hätten.

Die neuen Meßmethoden, die vielfach erst in jüngster Zeit entwickelt wurden, bedürfen allerdings noch eingehender Erfahrung und werden dann nur Früchte tragen, wenn sie zu ständiger Prüfung herangezogen werden.

Zusammenstellung der Untersuchungsmethoden für Schmieröle
(Frischöle)

Zu untersuchende Schmieröleigenschaft	Untersuchungs-methode nach DIN-Normen	Zu empfehlende Untersuchungsmethode
Druckfestigkeit des Schmierfilms. Dazu gehört: Zähigkeit (siehe S. 191)	Viskosität in Englergraden	Höppler-Viskosimeter und andere, die die Viskosität in absoluten Maßen = cSt angeben
Notlaufeigenschaften	keine	Untersuchung auf Benetzungsfähigkeit, außerdem Verschleißmaschinen verschiedenen Systems
Hitzebeständigkeit. Dazugehört: Temperaturempfindlichkeit (siehe S. 229)	keine	Viskositätsindex, Polhöhe nach Ubbelohde
Flüchtigkeit (siehe S. 207)	keine (Flammpunkt)	Noak-Verdampfungstest oder Verdunstungsprobe im Trockenofen
Rückstandsbildung	Conradsontest	Conradsontest
Reibungsverminderung. Dazu gehört: Schmierfähigkeit	keine	Verschleißmaschinen
Kälteverhalten	Stockpunkt	Kälteviskosimeter von O. Schwaiger
Geringer Verbrauch. Dazu gehört: Flüchtigkeit	keine	wie oben
Lange Benutzungsdauer. Dazu gehört: Löslichkeit für Fremdstoffe	keine	Kann laboratoriumsmäßig bestimmt werden
Oxydationsneigung Metallangriff (siehe S. 253)	keine	Indiana-Methode, Noak-Test, DVL-Schalentest und Erdenanalyse nach Pöll
Schlammbildung	keine	Zur Oxydationsprüfung noch Emulsionsprobe

Hierzu haben noch die Untersuchungen unter B zu treten.

In der Tabelle erscheint das spezifische Gewicht nicht, da es, wie schon gesagt,

von indirekter Bedeutung ist. Es ist aber unerläßlich für die Konstitutions-
forschung und für den Vergleich von frischem und gebrauchtem Öl (siehe
auch dort).

Weitere Prüfmethoden

Wassergehalt DIN-DVM 3656 (siehe auch unter Wasser im Öl Seite 111).
Neutralisationszahl DIN-DVM 3658 (siehe Seite 209).

Jodometrische Säurebestimmung	Holde, S. 755
Freie Mineralsäure	Holde, S. 109
Freies Alkali	Holde, S. 109
Freie organische Säuren	Holde, S. 111 und 755
Die Bestimmung des Gehaltes an ungesättigten Verbindungen	Holde, S. 333
Freier, im Öl gelöster Sauerstoff	Holde, S. 334
Angriffsvermögen auf Metalle	Holde, S. 334
Verseifungszahl	DIN-DVM 3659 (siehe S. 210)
Alkaliseifen	Holde, S. 336
Suspendierte Metallseifen, z. B. Eisenseifen	Holde, S. 342
Eisen und Kupfernapthenate	Holde, S. 342
Auflösung der Ölkohle	Holde, S. 359
Abscheiden der Asphaltogensäuren	Holde, S. 359
Alkaliunlösliches — Karbone und Karboide	Marcusson Brennstoffchemie 2,103 (1921)
Hartasphalt	DIN-DVM 3660 (siehe S. 148) und S. 118
Gehalt an Paraffin	Holde, S. 118
Gehalt an Paraflow	Holde, S. 312
Flammpunkt i. o. T.	DIN-DVM 3661 (siehe S. 213)
Flammpunkt nach Pensky-Martens	ASTM D 93—36
Stockpunkt	DIN-DVM 3662 (siehe S. 196)
Fließvermögen im U-Rohr	Holde, S. 51
Flüchtigkeit ASTM D 6—33	Holde, S. 327
Verdampfungstest von Noak (siehe S. 209)	
Zündpunkt	Holde, S. 67
Brechungsexponent, Refraktion	Holde, S. 87
Conradsontest ASTM D 189—36	
Ramsbottom-Methode IPT.-Standard-Meth.	Holde, S. 375

Die Erhitzung des Öles erfolgt bei dieser Methode auf einem Bleibad von
550° C und schaltet die mangelhafte Reproduzierbarkeit des Conradsontestes
aus, die plus minus 10% beträgt.

Emulgierbarkeit	Holde, S. 367
Grenzflächenspannung zwischen Öl und Wasser zur Emulsionsprüfung	Holde, S. 43
Analyse von Rückständen	Holde, S. 360
Pollsche Erdenanalyse (siehe S. 240)	

Schwefelsäure gefällt mit Bariumoxyd   Ascher, S. 118
auch s. S. 254.

Mineralsäure, allgemein mit Methylorange nachgewiesen

Phenol und Phenolkondensationsprodukte
nachgewiesen mit der Graefsche Diazoreaktion
mit Diazobenzolchlorid   Ascher, S. 133

außerdem werden nachgewiesen:

Aromaten, allgemein mit Dymethilsulfat   Ascher, S. 133

Kreosotgehalt mit Natronlauge und Benzol   Ascher, S. 134

Aldehyde und Ketone bei Fetten mittels salz-
sauren Metaphenyldiamins   Holde, S. 499

Superoxyde in ranzigen Fetten mit Jodkalium
und Stärkelösung   Holde, S. 500

Peroxyde mit Hämoglobin-Guajareaktion,
Hydroxylgehalt durch Azethylzahl   Holde, S. 569

Oxyfettsäuren oder Fettalkohole durch Hydroxylgehalt   Holde, S. 568

Schwefelkohlenstoff mit Phenylhydrazin   Holde, S. 468

Bestimmung der Benetzungsfähigkeit von Schmierölen

Laboratorium der Bataafschen Petroleum Mij

(Petroleum, Jahrgang 31, Nr, 49)

Die Bestimmungsmethode von Substanzen mit polarem Charakter, welche die Eigenschaft besitzen, an metallischen Oberflächen adsorbiert zu werden, wurde im Laboratorium der Bataafschen Petroleum Mij ausgearbeitet. Diese Bestimmung beruht auf dem Vermischen des zu untersuchenden Öles mit einer bekannten Menge Eisenpulver und Feststellung durch Auflösen jenes Teiles des Eisens, welcher nicht benetzt worden ist, in einer Säure. Die Menge des durch Bildung eines Ölfilms ungelöst gebliebenen Eisens dient als Maß der Adsorptionsfähigkeit oder des Benetzungsvermögens des Öles.

5 g Eisenpulver (Ferrum red. p. a. Kahlbaum) und 3 g Öl, auf 10 mg bzw. 1 mg genau abgewogen, wurden mit 2 cm³ Benzol in einem dünnwandigen Reagenzglas 3 Minuten lang mit einem Glasstabe durchgemischt.

Gleichzeitig wurden 200 cm³ genau eingestellter 10 proz. Schwefelsäure in ein auf einem Saugkolben befindliches Filter mit poröser Glasplatte eingefüllt und ein Strom Kohlensäure durch das Filter von unten geleitet, so daß die Schwefelsäure durch das Filter nicht fließen konnte und ständig gerührt war. Die Kohlensäure verhindert außerdem die Oxydation des beim Lösungsvorgang sich bildenden Ferrosulfates.

Nun wurde das Reagenzglas am Filter mit dem Glasstabe zertrümmert und nach genau abgemessenen 10 Minuten der Kohlensäurestrom eingestellt, ein Teil der Flüssigkeit in die Saugflasche abgesaugt und in 10 cm³ der Lösung mittels $^1/_{10}$ N-K Mn 04 jene Eisenmenge bestimmt, welche gelöst worden war.

Wird durch a die bei Abwesenheit von Öl in Lösung gegangene Eisenmenge in Gramm bezeichnet, durch b bei Abwesenheit von Öl in 10 cm³ Flüssigkeit befindliche und m die Anzahl Gramm Öl, so kann das Benetzungsvermögen des Öles ausgedrückt werden durch:

$$Z = \frac{(a - 20\,b) \cdot 100}{a \cdot m}.$$

Die erzielte Genauigkeit wird als hinreichend betrachtet, da die Differenz der einzelnen Messungen untereinander nur 0,5 betrug und nur in einem Fall 1 erreichte.

Bei Benetzungsversuchen verschiedener Eisensorten mittels Ölen wurden erhebliche Unterschiede festgestellt. Selbst bei verschiedenen Transporten des Ferrum reductum der Fa. Kahlbaum von gleichem Reinheitsgrad ließen sich Unterschiede in der Auflösungsgeschwindigkeit erkennen.

Molekulargewichtsbestimmung
Nach Erich Haus (Erd- Öl und Teer, 27. 4. 1938)

Die Molekurlargewichtsbestimmung von Ölen und Alterungsprodukten wird nach der Gefrierpunktserniedrigungsmethode mit Kahlbaumschem Benzol „für Molekulargewichtsbestimmungen" durchgeführt.

Sämtliche Bestimmungen sind mit weniger als 0,1 g Substanz durchzuführen, da es sich zeigte, daß 0,1 g Substanz auf 15 cm³ Benzol zu hohes Molekulargewicht infolge zu großer Streuung ergab.

Gerechnet wurde mit einer Erniedrigung für Benzol von 5,07. Der Gefrierpunkt des Benzols ist für jede Flasche neu zu ermitteln.

Die Öle werden in Mikroschälchen eingewogen und diese mit dem Öl zusammen in die vorher mit 15 cm³ Benzol gefüllte Apparatur geworfen. Die Homogenität wird durch Rühren erreicht.

Für die Ermittlung des Molekulargewichtes müssen die Asphalte sehr fein pulverisiert werden. Angewandt werden jeweils etwa 0,06 g.

Herwig Kadmer schreibt in Erdöl und Teer (1. 1. 1938) zur Molekulargewichtsbestimmung bei Schmierölen folgendes:

Gegen die Bestimmung des Molekulargewichtes bei Schmierölen ist vielfach Stellung genommen worden, weil es sich bei ihnen nicht um chemische Individuen handelt, sondern um verwickelt zusammengesetzte Kohlenwasserstoffe. Trotzdem ist der Ermittlung des „mittleren" Molekulargewichts ein gewisser Wert nicht abzusprechen. Da es uns bis heute nicht möglich ist, die KW-Gemische der Schmieröle in die sie zusammensetzenden KW ohne Molekülbeschädigung zu zerlegen, so ergeben alle physikalischen Messungen Mittelwerte; das gilt für die Dichtebestimmung so gut wie für die Messung der Zähigkeit oder der Refraktion. Mit der gleichen Berechtigung ist die Bestimmung eines mittleren Molekulargewichtes einer bestimmten Zähigkeitsstufe oder eines bestimmten Siedeausschnittes zulässig.

Ring-Analyse der Kohlenwasserstoffe
Nach Wattermann (vgl. E. Neyman-Pilat Petr., 33, Nr. 7, 1937; Herwig Kadmer, Erdöl und Teer, 8. 1. 1938)

Zur Errechnung der Zusammensetzung von Schmierölen muß man kennen:

die Dichte $(d/20)$,
den Brechungsindex (Refraktion) $(nD/20)$,
das mittlere Molekulargewicht (mMG),
den Anilinpunkt.

Beispiel:

$$d/20 = 0{,}896, \quad nD/20 = 1{,}4950, \quad mMG = 496, \quad AP = 102.$$

Aus d und nD berechnet man zunächst die spezifische Refraktion (rD).

$$rD/20 = \frac{n^2-1}{n^2+2} \cdot \frac{1}{d} \text{ also } \frac{1{,}4950^2-1}{1{,}4950^2+2} \cdot \frac{1}{0{,}896} = rD/20 = 0{,}3255.$$

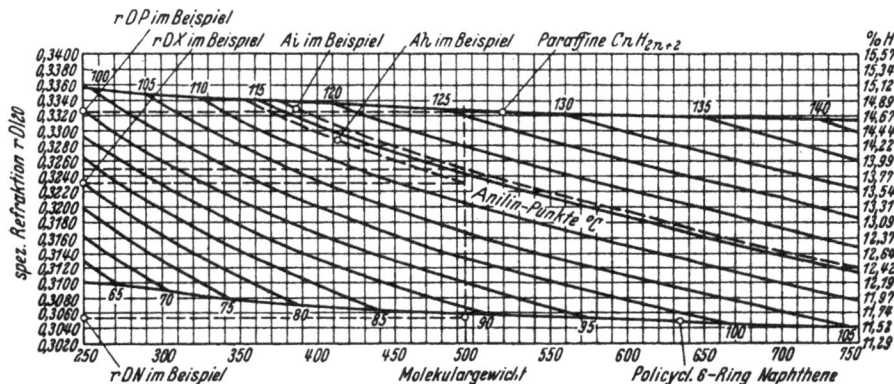

Bild 102. Tabelle zur Ringanalyse von Wattermann. Haus, Öl und Kohle. 22. 4. 1938

Dem Bild 102 entnimmt man nun für das durch gedachte Hydrierung völlig aromatenfrei gewordene Öl aus rD und mMG einen ideellen Anilinpunkt (Ai), im Beispiel 117,5° C. Die Differenz zwischen dem tatsächlich gefundenen Anilinpunkt (AP) und (Ai) ist durch den Faktor 0,8 zu berichtigen, im Beispiel also: $0,8 \cdot (Ai - AP) = 0,8 \cdot (117,5 - 102) = 12,4°$ C. Diese korrigierte Anilinpunktdifferenz ist zum ursprünglich gefundenen AP zu addieren, und man erhält den mutmaßlichen Anilinpunkt (Ah) des völlig hydrierten Öles.

Also

$$Ah = AP + (0,8 \cdot (Ai - AP)),$$

im Beispiel:

$$Ah = 102 + 12,4 = 114,4° \text{ C.}$$

Für Ah und mMG entnimmt man aber den Kurven eine $rDX = 0,3231$ und ferner für reine Paraffine bei gleichem Molgewicht:
(oberste Kurve $Cn H_{2n+2}$) $rDP = 0,3323$, für die polyzykl. Naphthene hingegen (unterste Kurve) $rDN = 0,3057$.

Nun ergeben sich die Prozent-Gesamtnaphthene im vollhydrierten Öl

$$\text{Prozent Gesamtnaphthene} = \frac{100 \cdot (rDP - rDX)}{rDP - rDN},$$

im Beispiel: $\text{Prozent Gesamtnaphthene} = \dfrac{100 \cdot (0,3323 - 0,3231)}{0,3323 - 0,3057} = 34,6.$

Dies wären nun die Gesamtnaphthene nach völlig durchgeführter Hydrierung, von denen die aufhydrierten Aromaten in Abzug zu bringen sind.
Die Anilinpunktdifferenz ist ein Maß für die Menge an Aromaten, d. h. wenn man 1° Anilinpunktdifferenz gleichsetzt 0,85 % an aromatischen Ringen, so gilt:
Prozent aromatische Ringe $= 0,85 \cdot 0,8 (Ai - AP)$, im Beispiel
$$= 0,85 \cdot 0,8 (117,5 - 102) = 10,5 \%.$$

Die Prozente der naphthenischen Ringe im vorliegenden Öl ergeben sich aus der Differenz der Naphthene im vollhydrierten Öl und der aromatischen Ringe,
im Beispiel: $\text{Prozente naphthenische Ringe} = 34,6 - 10,5 = 24,1,$

und der Prozentsatz an paraffinischen Seitenketten ergibt sich als Differenz auf 100 % zu:
$$100 - (24,1 + 10,5) = 65,4.$$

Nach Kadmer befriedigt bei der Ringanalyse in erster Linie das Verhältnis der Gesamtringe zu Gesamtseitenketten, während er das Verhältnis der Naphthenringe zu aromatischen Ringen in Zweifel setzt. Er begründet das damit, daß die Wattermansche Methode darauf aufgebaut ist, daß bei einer Hydrierung der Öle nur die Ringe hydriert werden, während nach Kadmer auch eine Hydrierung der Seitenketten an den Doppelbindungen möglich ist.

Erdenmethode nach Pöll zur Bestimmung der Harze

Von H. Suida und H. Pöll. (Aus dem Institut für chemische Technologie organischer Stoffe der Technischen Hochschule Wien.)

1. Vgl. H. Pöll: „Erdöl und Teer", VII, Seite 350 und 366 (1931); „Petroleum" Nr. VII/IX, Seite 2 bis 7 (1932); D. Holde: Kohlenwasserstofföle und Fette, VII, Seite 405 und 406, Berlin 1933.
2. H. Suida und H. Kamptner: „Asphalt und Teer", 31, Seite 668 (1931).
3. „Öl und Kohle", 13 (1937), Heft 9, vom 1. 3. 1937 und folgendes Heft.

5 g des zu untersuchenden Öles werden in 500 cm³ Petroläther (obere Siedegrenze des Petroläthers darf 50° C nicht überschreiten) gelöst. Falls petrolätherunlösliche Anteile ausflocken, werden sie abfiltriert, mit Petroläther erschöpfend gewaschen, in Chloroform gelöst und ihre Lösung einstweilen beiseite gestellt; die Petrolätherlösungen werden vereinigt.

Die vereinigten Petrolätherlösungen werden nun mit soviel Bleicherde versetzt, bis deren Farbe hellgelb erscheint. Ist man sich nicht klar darüber, ob die zugesetzte Bleicherdenmenge genügt, gieße man einen Teil der Petrolätherlösung ab und untersuche, ob nochmals zugesetzte Bleicherde die Farbe der Petrolätherlösung aufhellt oder ob die Farbe konstant bleibt; nötigenfalls setzt man zur wiedervereinigten Petrolätherlösung noch etwas Bleicherde zu. Die Petrolätherlösung wird hierauf filtriert, die Bleicherde mit Petroläther erschöpfend gewaschen und die Filtrate vereinigt. Die vereinigten Petrolätherlösungen werden durch Abdestillieren des Petroläthers konzentriert und das Konzentrat im Trockenschrank bis zur Gewichtskonstanz eingedampft (Erdölanteil).

Die mit den übrigen Anteilen beladene Bleicherde wird nun mit Chloroform, dem man die Chloroformlösung der abgeschiedenen petrolätherunlöslichen Anteile zugegeben hat, extrahiert (bei Zimmertemperatur geschüttelt und filtriert) und so oft mit frischem Chloroform behandelt, bis das Filtrat farblos abläuft. Die vereinigten Extrakte werden konzentriert, eingedampft und zur Entfernung der letzten Reste Chloroform in etwas Petroläther gelöst und nochmals bis zur Gewichtskonstanz eingedampft (Erdölharze).

Die Bleicherde wird nun mit Pyridin erschöpfend kalt extrahiert. Die vereinigten Extrakte werden im Vakuum eingedampft, und zwar so, daß man zur Vermeidung der Luftoxydation durch die Kapillare Stickstoff oder Kohlensäure leitet. Da die letzten Reste Pyridin nur schwer zu beseitigen sind, empfiehlt es sich, das Konzentrat in stark verdünnte, kalte Salzsäure zu gießen, wodurch sich die Asphalthrze rein abscheiden. Die Asphalthrze werden abfiltriert, mit destilliertem Wasser gewaschen, getrocknet, in heißem Benzol aufgenommen und im Trockenschrank bis zur Gewichtskonstanz vom Benzol befreit (Asphalthrze).

Der in der Bleicherde verbliebene Rest wird mit einer Mischung Pyridin-Schwefelkohlenstoff 1:1 kalt extrahiert und nach Abdestillieren des Schwefelkohlenstoffs wie bei den Asphalthrzen weiterbehandelt (Hartasphalt).

Sollten in stark gealterten Ölen Karbene und Karboide enthalten sein, welche mit der Erdenmethode nicht erfaßt werden, so bestimmt man diese in einer zweiten Analyse unabhängig von der Erdenmethode.

50 g des zu untersuchenden Öls werden mit 500 g Tetrachlorkohlenstoff bei Zimmertemperatur am Roller so lange behandelt, bis die Karbene plus Karboide sich rein abgeschieden haben. Die Lösung wird durch ein gewogenes Blaubandfilter filtriert und der Niederschlag

mit Tetrachlorkohlenstoff erschöpfend gewaschen. Das Filter wird nach dem Trocknen mit dem Niederschlag gewogen, und nach Abzug des Filtergewichtes erhält man Karbene plus Karboide.

Karbene plus Karboide werden hierauf im Filter mit Schwefelkohlenstoff erschöpfend gewaschen, wobei die Karboide im Filter verbleiben und durch Wägung mit dem Filter bestimmt werden.

In der Schwefelkohlenstofflösung befinden sich die Karbene, welche entweder aus der Differenz der zwei ersten Bestimmungen oder aus der Schwefelkohlenstofflösung in Substanz ermittelt werden.

Vereinfachte Methode nach Noak siehe „Schmierstoffe und Maschinenschmierung" von Kadmer, 1940, Seite 158.

Untersuchung der Klebfestigkeit der Harze
Nach Erich Haus, Berlin, „Öl und Kohle", 22. 4. 38

Die nach der Pöllschen Methode isolierten Harze werden in folgender Weise auf ihre Klebkraft untersucht:

Die beiden Zerreißkörper haben eine Fläche von 0,2 cm²; bei Anwendung größerer Flächen reichte der Meßbereich nicht aus. Als Zerreißmaschine wurde eine übliche Schopper'sche Zerreißmaschine gewählt.

Um ein gleichmäßiges Zerreißen der beiden Metallkörper zu sichern, wurde der Apparat nicht mit Handbetrieb, sondern durch Gewichtsbelastung in Gang gesetzt, wobei ein hochgezogener Metallstempel in einem Zylinder, mit Leder abgedichtet, durch ein Gewicht so nach unten gezogen wird, daß er je Minute 10 cm abwärts geht.

Die beiden Zerreißkörper wie auch das Harz wurden eine halbe Stunde bei 50°C im Heizschrank belassen, dann die leicht aufgerauhten Metallflächen mit dem zu untersuchenden Harz bestrichen, aufeinandergesetzt und in eine Vorrichtung eingespannt, so daß ein seitliches Verrutschen der Zerreißkörper ausgeschlossen war. Nach einer halben Stunde, als diese Metallkörper Zimmertemperatur angenommen hatten, wurden sie zunächst eine Viertelstunde mit 100 g und weiterhin 20 Stunden lang mit 1 kg belastet.

Das überschüssige Harz war während dieser Zeit bis auf einen ganz dünnen Harzfilm herausgetreten. Dieses wurde nicht beseitigt, weil es, wie nachgewiesen wurde, ohne Einfluß war, während bei der Beseitigung des übergequollenen Harzes durch ein Lösungsmittel dieses in die Zwischenräume der aufeinander geklebten Zerreißkörper eindringen könnte und dadurch die Klebkraft des Harzfilmes beeinträchtigt hätte.

Nach zwanzigstündigem Stehen mit 1 kg Belastung werden die Zerreißkörper in die Zerreißmaschine eingespannt und der Punkt festgelegt, bei dem eine Zerreißung der beiden Körper eintritt.

Bouman (Delft-Royal Dutch Petroleumtagung, 22. 6. 39, O. u. K.) empfiehlt folgende Methode:

0,4 g Öl im kleinen Aluminiumbecher (offen) etwa 40 Minuten lang auf 270 bis 290° C erhitzen, dann Verdampfungsverlust feststellen und N-Benzin-Unlösliches. Auf den Boden des Bechers werden dünne Stahlblättchen gelegt, deren Festsitzen ermittelt wird.

XV. KORROSIONSVERSCHLEISS
UND SEINE BEKÄMPFUNG

Korrosion. Verhalten der Metalle gegenüber Korrosion. Einfluß des Korrosionsmittels. Einfluß des Chlors in der Atmosphäre. Einfluß der Zylinderwandtemperatur. Angriffsvermögen von Schmierölen auf Metalle. Einfluß der Dieselkraftstoffe. Der Schwefel im Kraftstoff. Inhibitorwirkung allgemein. Inhibitoren. Die Verwendung von Graphit als Schutzmittel. Zusatzmittel zu Schmierölen. Detergierende und dispersierende Zusätze. Oxydation und Antioxydationsmittel. Einfluß der Temperatur auf die Oxydation im Sauerstoffstrom. Einfluß der Metalle auf die Oxydation der Schmieröle. Stockpunkterniedriger. Zusätze zur Verbesserung des Viskositätsindex. Die Entwicklung der Motorenöle. Hochleistungsöle. Prüfung der Hochleistungsöle. Versuche mit Motorschmierölen der PTT-Verwaltung in der Schweiz. Ein Vorschlag zur Untersuchung der chemischen Vorgänge im Motorzylinder.

Korrosion

Unter Korrosion versteht man die Neigung der Metalle, an ihren Oberflächen in den stabileren Zustand ihrer Oxyde oder Salze überzugehen.

Prinzipiell unterscheidet man zwei Arten von Korrosion:

die Korrosion in Nichtelektrolyten,

die Korrosion in Elektrolyten.

Die Korrosion in Nichtelektrolyten ist nur möglich in elektrisch nicht leitenden Gasen oder Flüssigkeiten, absolut trockener Luft, Öl, Benzin usw.

Sobald tropfbar flüssiges Wasser beteiligt ist, bei feuchter Luft z. B., hat man es immer mit Korrosion in Elektrolyten zu tun.

Soweit es den Motor betrifft, ist erstere Art im Zylinder nur während des Expansionshubes und des Auspuffhubes möglich, weil bei betriebswarmem Motor während dieser beiden Arbeitshübe rein chemische Reaktionen zwischen den heißen Gasen ohne Feuchtigkeitsgehalt anzunehmen sind.

Während des Ansaughubes sowohl wie während der Kompression haben wir es mit feuchter Luft zu tun, also mit Korrosion im Elektrolyten. Das gleiche gilt für den Anfahrzustand und alle anderen Betriebszustände, bei denen die Zylinderwandtemperatur unter die Sättigungstemperatur des durch die Verbrennung erzeugten Wasserdampfes sinkt (siehe auch Seite 252).

Es ist hier die Frage zu klären, inwieweit diese Gase unter beiden Umständen auf die Zylinderoberfläche einwirken.

Die Korrosion im Elektrolyten

Bei der Korrosion im Elektrolyten in Feuchtigkeit oder wäßriger Lösung findet

außer dem chemischen Vorgang an der betroffenen Stelle selbst ein elektro-
chemischer Vorgang durch Bildung von Lokalelementen statt.

Der Korrosion des Eisens liegt folgende Vorstellung zugrunde: Jede Eisen-
oberfläche besteht aus Stellen, die eine etwas verschiedene Beschaffenheit haben
und daher in wäßriger Lösung Potentialdifferenzen aufweisen. Diese Potentialdifferenzen müssen sich ausgleichen, und das ist bekanntlich nur durch die Bildung von Lokalströmen möglich.

Außer der Verschiedenheit der korrodierenden Metallfläche können auch Ver-
schiedenheiten der mit dem Metall in Berührung stehenden Lösungen korrodierend wirken.

Einfluß der Oberfläche

Für den Reaktionsverlauf an einer Oberfläche ist vor allem ihre Größe und
ihre Struktur von besonderer Bedeutung. Eine Oberfläche ist durchaus keine
Ebene (siehe auch Seite 225), sondern ein kompliziertes Gewirr ungleichmäßig
gebundener Atome. Das Bild des normalen Metallgitters gilt nur für einen im
Innern des Kristalls gelegenen Bereich und nicht einmal für diesen genau. An
der Oberfläche aber sind die Lagen der einzelnen Atome sicher nicht so, wie sie
in einem idealen Gitter gezeigt werden.

Die geometrisch gemessenen und die zum Beispiel durch Adsorptionsmessung
bestimmbaren Absolutwerte der Oberfläche entsprechen sich nie, die absoluten
Werte im chemischen Sinne sind immer ein Vielfaches größer.

Platin, poliert, hat eine 2- bis 3 mal so große absolute Oberfläche,
Silber, geätzt, hat eine 5 mal so große absolute Oberfläche,
Glas hat eine 10,50 mal so große absolute Oberfläche.

Nur diese einfache Tatsache der Nichtübereinstimmung von geometrischer und
absoluter Oberfläche kann schon zur Erklärung für die oft beachtete Erscheinung dienen, daß ein und derselbe Korrosionsvorgang an verschiedenen Proben
aus ein und demselben Material ganz verschieden verläuft, wenn beispielsweise
als Maß für den Angriff der Gewichtsverlust des Metalles bezogen auf die geometrische Oberfläche benutzt wird.

Einfluß der Kristallstruktur

Noch wesentlicher als die absolute Größe der Oberfläche ist naturgemäß für den
Reaktionsverlauf ihre Kristallstruktur. Es ist von vielen Forschern in den
letzten Jahren festgestellt worden, daß die aktivsten Stellen eines Metalles
nicht in der Mitte der Kristallfläche, sondern an den Ecken und Kanten der
einzelnen den Werkstoff bildender Kristallflächen auftreten. Die Reaktionsgeschwindigkeit an den aktiven Stellen kann das Hunderttausend- und Mil-
lionenfache der normalen betragen, auf jeden Fall bei Korrosionsvorgängen
von so überragender Geschwindigkeit sein, daß die übrige Oberfläche praktisch
für den Angriff nicht in Betracht kommt. Durch Lösungsversuche an reinem
Weicheisen mit verdünnter Schwefelsäure konnte die lineare Abhängigkeit der
gelösten Eisenmenge von der Korngrenzenstrecke je Quadratmillimeter Oberfläche streng nachgewiesen werden.

Ein interessantes Beispiel für den Einfluß der Kristallstruktur bildet Siliziumbaustahl. Bei rein betriebsmäßigen Beobachtungen konnte eine ausgesprochene
höhere Rostneigung dieses Stahles im Vergleich zu unlegierten Kohlenstoff-
stählen festgestellt werden. Eine unmittelbare Auswirkung des Siliziums nach
dieser Richtung war nicht anzunehmen. Siliziumbaustahl neigt aber beim Walzen sehr zur Rißbildung an der Oberfläche, die stärker von Rissen durchsetzte
Oberfläche wiederum stärker zur Rostbildung. Unter Umständen können die
Risse mikroskopisch klein sein.

Eine weitere Frage der Oberfläche betrifft die sogenannte Walzhaut. Hier wird
widersprechend von günstigen und ungünstigen Wirkungen berichtet. Beide
Ansichten können zu Recht bestehen. Die Lösung des Problems ist darin zu
suchen, daß die Walzhaut sehr verschieden ausgebildet sein kann und dadurch
auch sehr verschieden zur Wirkung kommt.

Die Oberfläche eines Metalls kann durch die Korrosion sehr bedeutund verändert werden, es können Schutzschichten entstehen von außerordentlicher
Dichte, die den weiteren Fortschritt der Korrosion hemmen (siehe weiter unten).

Korrosionsarten und ihre Auswirkung

Man unterscheidet je nach Art des Angriffs zwischen
allgemeiner Korrosion (Löslichkeit),
örtlicher Korrosion (Lokalkorrosion, Lochfraß) und
interkristalliner Korrosion (Korngrenzenkorrosion).

Allgemeine Korrosion, die auch als Löslichkeit bezeichnet werden kann,
ist gekennzeichnet durch einen über die ganze Metalloberfläche gleichmäßig
verteilten Angriff. Sie erfolgt nur dann, wenn das einwirkende Korrosionsmittel,
zum Beispiel bei Aluminiumoxydschicht, die Aluminiumoxydschicht aufzu-
lösen vermag oder durch sie eindringend sie abheben kann.

Die örtliche Korrosion setzt den Angriff unregelmäßig an nur vereinzelten
Punkten der Oberfläche an, dringt ins Metallinnere vor und führt unter Umständen zu raschen Zerstörungen.

Sie wird stets durch galvanische Ströme (Lokalströme) hervorgerufen, die von
sogenannten Lokalelementen gebildet werden.

Zur Lokalelementenbildung geben sowohl heterogene Legierungsbestandteile
als auch sonstige Verunreinigungen in der Metalloberfläche Anlaß. Aber auch
eine ungleichmäßige Belüftung der Oberfläche (verschiedene Sauerstoffvertei-
lung) kann zur Elementbildung führen, indem die stärker belüfteten Stellen
kathodisch und die schwächer belüfteten anodisch werden. Das Korrosionsmittel wirkt als Elektrolyt und muß kein Oxydationsvermögen besitzen. Wenn
die an der Anode entstehenden Korrosionsprodukte im Korrosionsmittel unlöslich sind, erschweren sie die Sauerstoffdiffusion zur Anode, die Angriffsstellen
bleiben weiter anodisch und damit der Korrosion durch Lokalströme unterworfen.

Interkristalline Korrosion. Durch diese wird der Werkstoff durch einen
entlang den Korngrenzen vordringenden Angriff aufgelockert, ohne daß dabei
vom Korrosionsmittel beachtliche Metallmenge aufgelöst werden. Wie die ört-

liche Korrosion wird auch die interkristalline durch galvanische Ströme hervorgerufen. Sie kann auftreten, wenn zwischen den Kristallkörnern und den Ausscheidungen in den Korngrenzen Potentialunterschiede entstehen. Je nachdem, ob die Ausscheidungen edler oder unedler als das Grundmetall sind, bewirken sie Auflösung des Grundmetalls entlang den Korngrenzen, oder sie werden selbst aufgelöst. In beiden Fällen geht der Zusammenhang zwischen den einzelnen Kristallkörnern verloren, wodurch der Werkstoff seine Festigkeit verliert. Der gefährliche, die Anfälligkeit zu interkristalliner Korrosion be· dingende Gefügezustand kann zum Beispiel bei Al—Cu—Mg auch bei Aluminiumlegierungen mit hohem Mg-Gehalt (mit 5% und mehr) durch falsche Wärmebehandlung hervorgerufen werden.

Verhalten der Metalle gegenüber Korrosion

Einfluß der chemischen Zusammensetzung der Stähle

Wenn man von den hochwertigen säure- und zunderfesten Stählen und des weiteren von der Schutzwirkung absieht, die bekanntlich ein geringer Kupfergehalt auf den Rostwiderstand ausübt, so ist festzustellen, daß die Korrosion unserer technischen Stähle durch die chemische Zusammensetzung praktisch so gut wie gar nicht beeinflußt wird, eine Tatsache, die deshalb hervorzuheben ist, weil immer noch sehr oft kleinere oder größere Unterschiede in der Zusammensetzung von Stählen für Unterschiede im Korrosionsverhalten verantwortlich gemacht werden.

Einfluß der Herstellungsart der Stähle

Es dürften noch keine einwandfreien Feststellungen vorliegen, daß die Herstellungsart der Stähle einen Einfluß auf die Korrosion durch Atmosphäre oder im Wasser hat. Der Säureangriff ist dagegen unter gewissen Verhältnissen bei Thomasstahl stärker als bei Siemens-Martin-Stahl. Ein Unterschied von Schweißeisen und Flußstahl in Beziehung zu Wasser und atmosphärischem Angriff ist auch noch nicht sicher nachgewiesen.

Das elektrochemische Potential und die Bildung von Deckschichten

Kupfer.

Das Normalpotential des Kupfers gegen die Wasserstoffelektrode ist

$$+0{,}34 \text{ Volt.}$$

Eine Folge dieses verhältnismäßig edlen Potentials ist, daß das Kupfer Wasserstoff aus den Säuren nicht zu entwickeln vermag. Es wird nur in Gegenwart von Sauerstoff oder anderen oxydierenden Mitteln angegriffen.

Es zeigt ferner eine ausgesprochene Unfähigkeit zur Bildung von gut kohärenten Oxydschichten. Eine Folge dieser schlechten Deckschichtenbildung ist, daß ihr Einfluß auf die Korrosion nur gering ist. Der Unterschied zwischen Kupfer in neutralen Lösungen, in denen sich solche Schichten bilden können, und Kupfer in Säuren, in denen sie sich nicht bilden können, ist deshalb gering.

Auch kann der Angriff des Kupfers im Elektrolyten und im Nichtelektrolyten erfolgen, im Gegensatz zu anderen Metallen, bei denen die Deckschichten einen rein chemischen Angriff alsbald unterbinden.

Aluminium.

Aluminium bildet einen markanten Gegensatz zu Kupfer.
Das Normalpotential des Aluminiums gegen die Wasserstoffelektrode ist

$$- 1,34 \text{ Volt}$$

und damit sehr unedel; es vermag deshalb dem chemischen Angriff nur Dank seiner ausgezeichneten Fähigkeit, zusammenhängende Deckschichten zu bilden, zu widerstehen. In Elektrolyten, in denen sich solche Deckschichten nicht bilden können, ist Aluminium darum nicht zu gebrauchen.

Eisen.

Das Normalpotential des Eisens gegen die Wasserstoffelektrode ist

$$- 0,44 \text{ Volt}$$

und damit ziemlich unedel. Eisen kann auch aus einer neutralen Lösung langsam Wasserstoff entwickeln. In der Praxis vollzieht sich seine Korrosion meist unter dem Einfluß von Sauerstoff. Die Rostbildung, die das darunterliegende Metall kaum zu schützen vermag, kommt dadurch zustande, daß das Eisen erst das verhältnismäßig leicht lösliche Eisen-Hydroxydul bildet, aus dem später an anderer Stelle das dreiwertige Eisen des Rostes entsteht. Der Rost erhält die bekannte lockere Beschaffenheit infolge des verhältnismäßig hohen Potentials, unter der die Weiteroxydation vor sich geht und durch die Art, wie der Sauerstoff in das Eisen diffundiert.
Auf Grund dieser Überlegung lassen sich sofort die drei bekannten Mittel zur Beseitigung der Rostbildung angeben.
Man braucht nur die Löslichkeit des Eisenhydroxyduls herabzusetzen, um die Weiteroxydation ganz oder teilweise zu verhindern, was in alkalischen Lösungen geschieht, oder die Sauerstoffzufuhr zum Eisen sehr stark zu erhöhen, zum Beispiel durch Zusatz stark oxydierender Stoffe (Chromsäure und ihre Salze; siehe auch Korrosion von gekühlten Kolbenstangen), die eine Passivierung des Eisens bewirken, oder man muß Eisen mit einem anderen Metall legieren, das eine bessere Fähigkeit zur Deckschichtenbildung hat, in erster Linie mit Chrom, wodurch die bekannten rostbeständigen Stähle entstehen.

Nickel.

Das Normalpotential des Nickels gegen die Wasserstoffelektrode ist

$$- 0,25 \text{ Volt.}$$

Nickel hat also ein edleres Potential als Eisen, ist aber noch bedeutend unedler als Kupfer. Eine Folge davon ist, daß es in sehr schwachen Säuren beständig sein kann, in stärkeren jedoch, im Gegensatz zu Kupfer, auch in Abwesenheit des Sauerstoffes nicht mehr.
Seine bedeutende Überlegenheit hinsichtlich der Korrosion in neutralen Medien

dem Eisen gegenüber muß auf einer besser ausgebildeten Deckschicht bestehen, deren Löslichkeit wesentlich geringer als die des Eisenhydroxyduls ist. Genaue Angaben hierüber findet man in der Literatur nicht.

Die wenigen Beispiele des Einflusses des elektrochemischen Potentials und der Fähigkeit, Deckschichten zu bilden, sollen darauf hinweisen, daß heute schon die Möglichkeit besteht, das Verhalten der Metalle auf Grund weniger Überlegungen zu verstehen

Solche Überlegungen ergeben eine allgemeine sichere Grundlage für die Beurteilung der in Wirklichkeit vorkommenden Korrosionsfälle.

Nach der Art, wie das elektrische Potential einwirkt und wie die Deckschichten gebildet werden, kann vorausgesagt werden, welche Vorgänge allgemein möglich sind und welche nicht. Scheinbare Widersprüche dagegen deuten dann auf komplizierende Umstände hin, deren Erkenntnis ohne die grundsätzliche Basis nicht möglich ist.

Schutz durch Deckschichten ist in folgenden weiteren Beispielen gegeben:

Blei wird von Schwefelsäure nicht angegriffen,
  dagegen von mineralischen Wassern;

Silber wird von Salzsäure nicht beeinflußt,
  dagegen von Salpetersäure;

Aluminium von Salpetersäure nur sehr wenig angegriffen,
  dagegen von Natriumhydroxyd und Natriumkarbonat sehr schnell;

Nichtrostende Cr-Ni-Stähle sind beständig in Salpetersäure,
  unbeständig in Salzsäure;

Eisen mit 17 % Si ist beständig in Salzsäure;

Cr-Ni-Stähle sind widerstandsfähig gegen den Einfluß heißer Gase;

Stahl ist widerstandsfähig gegen Industrieluft durch Zusatz von 0,3 % Cu.

Allgemeines Verhalten einiger Legierungen

Bronzen.

Kurz zusammengefaßt kann man sagen, daß die Bronzen auf jeden Fall immer dort verwendet werden können, wo Kupfer den chemischen Anforderungen genügt. Die beim Kupfer hervorgehobene Unempfindlichkeit gegen Korrosionsermüdung bleibt bestehen, zumindest für das Mischkristallgebiet und Nickelgehalte bis 25 %. Man kann gegenüber Kupfer folgende Vorteile erwarten:

1. Bessere Beständigkeit gegenüber Verzunderung,
2. gegenüber schwefelhaltigen Stoffen, also hauptsächlich organischen Flüssigkeiten,
3. in sauren Wassern und Lösungen,
4. bei hohen Strömungsgeschwindigkeiten und Luftblasenangriffen.

Vor Messing haben die Bronzen den Vorzug, daß die gefürchtete und schwer kontrollierbare Entzinkung ausbleibt.

Zinnbronzen, Rotgußlegierungen.

Im gewöhnlichen Wasser kein Vorzug der Walzbronzen gegenüber Kupfer.

In Dampf-Sauerstoffgemischen (Turbinenbau) gute Beständigkeit.

Vorzüge vor Kupfer in Mineralwässern oder in durch Säuren verunreinigten Abwässern.

In Salzlösungen kaum eine Überlegenheit der Walzbronzen vor Kupfer; Gußlegierungen höheren Gehalts sind dort beliebt, wo auch hohe mechanische Eigenschaften verlangt werden.

In Säuren, solange Oxydationsmöglichkeit, also Sauerstoffzutritt vorhanden, liegt Beständigkeit nicht vor.

Höhere zinnhaltige Gußlegierungen finden überall dort Verwendung, wo schwefelsäurehaltige Lösungen nicht durch Bleiarmaturen bedient werden können.

In Laugen beständig, abgesehen von Ammoniaklösungen.

An der Atmosphäre ist das Verhalten wie bei Kupfer und Messing.

Aluminiumbronzen.

Aluminium verbessert die Schutzhautbildung des Kupfers. Es scheint aber leider eine unangenehme Neigung zu örtlich beschränkter Korrosion an einigen Punkten vorzuliegen, wofür Fehler in der Schutzhautbildung verantwortlich sein dürften.

Von den ternären Zusätzen zu den Bronzen ist eine günstige Wirkung von Nickel zu erwarten, im übrigen ist die Höhe des Aluminiumzusatzes stets der maßgebende Faktor.

Gegen Wasser gutes Verhalten.

In kohlensaurem Wasser sind die Legierungen mit 8 % besser als Kupfer.

In Salzlösungen und Seewasser ist der Allgemeinangriff sehr gering.

Es herrscht darüber geteilte Ansicht, ob durch die entsprechenden punktförmigen Anfressungen dieser Vorteil gegenüber Zinnbronzen nicht aufgehoben wird.

Andere Stellen halten vorteilhafte Anwendung der Legierung mit 7 bis 10 % Al-Gehalt für alle Teile der Schiffsausrüstung für gegeben.

In stärkeren Chloridlösungen der Kaliindustrie verhält sich bereits AlBz 4 besser als Messing, Zinnbronze und Kupfer.

Gegenüber Säuren bringt Aluminiumbronze wohl von allen Bronzen die stärkste Abschwächung des Angriffes, von völliger Beständigkeit kann aber nicht die Rede sein.

In Alkalien bewirken die Zusätze von Aluminium keine Verschlechterung.

In Ammoniak ist der Angriff stark herabgesetzt, aber noch untragbar. Gegen Schwefel starke Erhöhung der Beständigkeit, daher vorteilhafte Verwendung in schwefelhaltigen organischen Lösungen (Erdölanlagen). Verhalten in der Atmosphäre und vor allem gegenüber Verzunderung durch Al-Zusatz stark verbessert.

Nickel-Kupferlegierungen.

Die gute Oberflächenbeständigkeit ist von den Ni-Cu-Münzen her bekannt. Sie ist auf die Bildung gut schützender, zum Teil optisch nicht sichtbarer Oberflächenschichten zurückzuführen. Ein Gehalt von 20 bis 30 % Nickel genügt im allgemeinen, weil höhere Prozentsätze nur geringe Verbesserung ergeben. Ähnlich verhalten sich die Neusilberlegierungen.

Gutes Verhalten gegen Wasser aller Art. Im Salz- und Seewasser ist die Allgemeinabtragung kaum geringer als bei Messing und anderen Kupferlegierungen, aber stets gleichmäßig.

Die relativ höchste Beständigkeit gegen Säuren ist den Ni-Cu-Legierungen mit 50% Nickel zuzuschreiben.

In organischen Angriffsmitteln gute Verwendungsfähigkeit.

In der Atmosphäre ist der Angriff gleichmäßig, leichte Wiederherstellung der Politur.

Bei Temperaturen von 400 bis 600° C ergibt Nickel starke Zunahme der Beständigkeit des Kupfers gegen heiße Gase, insbesondere gegen SO_2- und SO_3-haltige Ofengase.

Lagermetalle.

Von besonderem Interesse sind die Bleibronzen, die für die Lager von Dieselmotoren heute allgemein verwendet werden. Die Herstellung dieser Lager erfolgt in der Weise, daß die einzelnen Legierungskomponenten, hauptsächlich Kupfer und Blei, verspant, in die Lagerschalen eingepreßt, dann erhitzt und gleichzeitig geschleudert werden. Es entsteht so keine Legierung, sondern Blei und Kupfer bleiben sichtlich in einzelnen Kristallen nebeneinander bestehen. Beide Metalle wirken katalytisch auf die Schmieröloxydation. Während sich das Kupfer aber mit einer Harzschicht bedeckt, bildet sich beim Blei keine derartige Schutzschicht, das Blei bleibt vollkommen blank und gibt stark Metall ab.

Der Vorgang bei der Korrosion ist (nach C. F. Prutton) folgender:

Durch die Aufnahme des Luftsauerstoffes seitens des Öles bilden sich im Öl Peroxyde

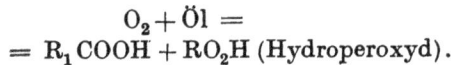

$$O_2 + \ddot{O}l =$$
$$= R_1 COOH + RO_2H \text{ (Hydroperoxyd)}.$$

Die Reaktion bei der Korrosion des Bleis ist dann

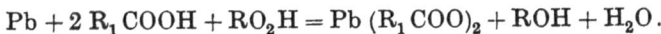

$$Pb + 2 R_1 COOH + RO_2H = Pb (R_1 COO)_2 + ROH + H_2O.$$

Es entsteht eine öllösliche Bleiseife, die vom Öl aufgenommen wird und eine reine Bleioberfläche in der Lagerschale zurückläßt, die nun weiter angegriffen wird.

In neuester Zeit hat man Inhibitoren als Zusatzmittel zum Öl gefunden, die diese Korrosion wirksam verhindern.

Einfluß des Korrosionsmittels

Es ist noch immer nicht Allgemeingut der Kreise der Technik, daß das Verhalten eines Metalles oder einer Legierung gegen die Einwirkung der Atmosphäre oder des Wassers keine Rückschlüsse auf das Verhalten gegen Säuren zuläßt, daß ferner Beständigkeit gegen Sauerstoff bzw. atmosphärische Luft bei hohen Temperaturen durchaus nicht parallel zu gehen braucht mit hohem Widerstand gegen Säuren usw.

Es gibt kein Metall und keine Legierung, die man schlechthin als korrosionsbeständig bezeichnen könnte. Ein Metall kann nur beständig sein gegen eine Anzahl von angreifenden Mitteln, wobei die Zahl sehr verschieden groß sein kann. Hinzuweisen ist darauf, daß Änderungen des angreifenden Mittels für die Korrosion sehr bedeutungsvoll sein können, was leicht übersehen wird. Unterschiede eines der Art nach gleichen Korrosionsmittels können sich erheblich auswirken.

Der Einfluß des Wassers

Chemisch reines Wasser, Kondensat und Destillat.

Maßgebend für die Auflösung von Eisen in chemisch reinem Wasser ist die Wasserstoffionenkonzentration des Wassers, ausgedrückt durch den p_H-Wert. Dieser liegt im sauren Gebiet unter 7, im alkalischen Gebiet über 7. Die Ionisierung des chemisch reinen Wassers steigt mit steigender Temperatur. Über 300° ist chemisch reines Wasser stets sauer. Solches Wasser wirkt daher bei hoher Temperatur viel stärker als bei niedriger.

Ganz allgemein hat jede wäßrige Lösung ein bestimmtes, vom p_H-Wert abhängiges Lösungsvermögen gegenüber Eisen. Es wird so lange Eisen aufgelöst, bis eine bestimmte, für jedes Wasser nach dem ursprünglichen p_H-Wert verschiedene Konzentration der Flüssigkeit an gelöstem Eisen auftritt.

Erst bei einem p_H-Wert von 9,6 bei Raumtemperatur hört die eisenlösende Tendenz des chemisch reinen und sauerstofffreien Wassers auf. Man verlangt daher bei Kesselwasser eine Mindestalkalität von 200 mg/l, bezogen auf Ätznatron.

Sauerstoffhaltiges Wasser.

Bei einem p_H-Wert von 6,6 ergab sich bereits bei 0,07 mg/l Sauerstoff starke Korrosion, insbesondere bei höherer Wassergeschwindigkeit von 0,57 m/s. Bei Erhöhung des p_H-Wertes sind die anodischen Stellen weniger zahlreich, bei p_H-Wert von 9,9 trat bei 0,5 mg/l keine Rostung mehr auf. Bei Kesseln mit Betriebsdruck oberhalb 30 atü muß der Sauerstoffgehalt unter 0,05 mg/l gehalten werden.

Einfluß der Beheizung.

Bei einem beheizten Rohr reicht ein p_H-Wert von 11,7 nicht aus, um gegen 0,75 mg/l O_2 zu schützen. Bei 1 mg/l O_2 war ein p_H-Wert von 12,4 nötig (entspr. 780 mg/l NaOH bei 25°).

Die Beheizung vermag anscheinend die Bildung einer Schutzschicht zu stören und begünstigt andererseits die Ausbildung von Lokalelementen.

Außer dem Sauerstoff kann auch die Kohlensäure als gelöstes Gas korrosionsfördernd wirken. Der Kohlensäuregehalt drückt den p_H-Wert herab und erhöht den Säuregrad des Wassers.

Einfluß des Wasserdampfes.

Bei direkter Einwirkung von Wasserdampf ist schon bei 400° C eine jährliche Abzehrung von 2 mm bei blanken Eisenflächen zu erwarten. Bei Temperaturen wenig über 400° wird bereits ein Vielfaches dieses Wertes erreicht. In neueren Kesselanlagen sind in zahlreichen Fällen schwere Korrosionsschäden in Überhitzerrohren (in denen kein Wasser anwesend war) bei 425° Dampftemperatur eingetreten.

Kaltes Wasser.

Im kalten Wasser ist für die Korrosion ausschlaggebend die Lösungsfähigkeit für korrodierende Gase, hauptsächlich Sauerstoff und Kohlensäure. Kaltes Wasser vermag bis zu 10 mg Sauerstoff und 100 mg Kohlensäure zu lösen.

Warmes Wasser.

Warmes Wasser löst geringere Mengen Gase, deren Aktivität aber durch die Erwärmung wesentlich höher ist.
Zusätzliche Erscheinungen treten auf durch Störung des Gleichgewichtes, was zur Abscheidung von Salzen führt (Kalziumkarbonat).

Chlormagnesium im Wasser

bewirkt bereits in starker Verdünnung eine außerordentlich starke Korrosion des Eisens.
Die verheerenden Folgen des Sauerstoffgehaltes des Wassers können nur durch eine restlose Entgasung verhindert werden.
Die Vorgänge bei der Sauerstoffkorrosion sind durch Evans geklärt worden. Da der anodische Angriff sich auf die Stellen konzentriert, an denen die durch den Sauerstoff verursachte Schutzschicht gestört ist, geht er nur an diesen örtlich begrenzten Punkten weiter, wodurch eine pockennarbige Anfressung entsteht. Die Erscheinung, daß in Kesseln tote Ecken, an denen die Wasserzirkulation nicht genügend ist, besonders zur Sauerstoffkorrosion neigen, ist darauf zurückzuführen, daß an diesen Stellen die Schutzschichtenbildung nicht schnell genug vor sich geht. Diese Stellen werden daher anodisch.
Die Wassergeschwindigkeit wirkt auf den Korrosionsschutz günstig ein.
Zur Bildung einer Schutzhaut wird das Korrosionsprodukt um so besser geeignet sein, je unlöslicher es in der betreffenden Lösung ist. Damit steht in Übereinstimmung, daß die zwei Metalle Blei und Eisen, die beträchtliche Hydroxyde bilden, von destilliertem Wasser stark angegriffen werden; es kommt keine Schutzschicht zustande, und die Korrosionsgeschwindigkeit hängt daher im wesentlichen vom Zutritt des Sauerstoffes an die Metallfläche ab.
Fügt man dem Wasser aber Stoffe bei, welche die Hydroxyde darin unlöslich machen oder in unlösliche Verbindungen überführen, so kann auch bei Blei und Eisen ein Schutzüberzug entstehen, der die weitere Korrosion hemmt. Blei wird in kohlensaurem Wasser nicht angegriffen, weil das entstehende (wahrscheinlich basische) Bleikarbonat in Wasser unlöslich ist; Eisen rostet nicht in alkalischen Lösungen von gewisser Konzentration an, denn Eisen-(II)-Hydroxyd ist in genügend Hydroxylionen enthaltenden Lösungen unlöslich. Wenn das Eisen-(II)-Hydroxyd sofort zu Eisen-(III)-Hydroxyd oxydiert wird, kann das Rosten stark gehemmt werden, denn Eisen-(III)-Hydroxyd ist in

Wasser unlöslich. So ist z. B. zu erklären, daß Eisen in rasch fließendem Wasser oder unter hohem Sauerstoffdruck weniger rostet als in ruhendem Wasser, wo so wenig Sauerstoff zugegen ist, daß das Eisen-(II)-Hydroxyd, bevor es weiter oxydiert wird, das Metall verlassen und in Lösung gehen kann.

Einfluß des Chlors in der Atmosphäre bzw. in Verbrennungsgasen

Bei der Überprüfung der Korrosion an kupfernen Lokomotivfeuerbüchsen und deren Stehbolzen wurde festgestellt, daß von außerordentlichem Einfluß auf die Oxydation kleine Mengen Chlor in jeder Form sind, ebenso Schwefeldioxyd und Schwefelwasserstoff.

Ein Gehalt der Atmosphäre von 0,002 Chlor bewirkt bereits eine starke Oxydationserscheinung. Die maximal erreichte Beschleunigung der Oxydation beträgt für Chlorgehalt das 60fache, für Schwefeldioxyd das 20fache der Oxydation in der Luft.

Da geringe Mengen von Chlor und Schwefeldioxyd in den Verbrennungsprodukten aller festen Brennstoffe vorkommen, ist der Einfluß dieser Beimengungen von erheblicher praktischer Bedeutung. Nebenbei sei bemerkt, daß bei den Untersuchungen an den Feuerbüchsen durch die British Non Ferrum Metals Research Ass. Corr. nur an den Stehbolzenköpfen und deren Umgebung solche Stellen auftraten, wo während des Betriebsstillstandes Feuchtigkeit durch Lecken entstand.

Einfluß der Zylinderwandtemperatur auf den Verschleiß

Es ist seit langem bekannt, daß niedere Wandtemperaturen die Korrosion außerordentlich begünstigen. Dies wird ohne weiteres verständlich, wenn man bedenkt, daß die Anwesenheit von Feuchtigkeit für die Korrosion ausschlaggebend ist. Allein die immer vorhandene Kohlensäure wirkt in Anwesenheit von Feuchtigkeit sehr korrodierend, so daß man nach besonderen verschleißfördernden Verbindungen bei Anwesenheit von Feuchtigkeit gar nicht zu suchen braucht.

Von wesentlichem Interesse ist aber der im Bild 103 gezeigte Versuch, aus dem hervorgeht, daß mit entsprechender Regulierung des Ölverbrauches, also der der Zylinderwand zugeführten Ölmenge, der Verschleiß bei niedrigen Temperaturen sehr beeinflußt werden kann. Das würde bedeuten, daß ein reichlicher Ölfilm verschleißverhindernd wirkt.

Auch Prof. Dr. Beck vermutet einen Einfluß des Schmieröles in obigem Sinne, da er bei Heißbetrieb eines Motors wieder eine Zunahme des Verschleißes feststellt (siehe weiter unten).

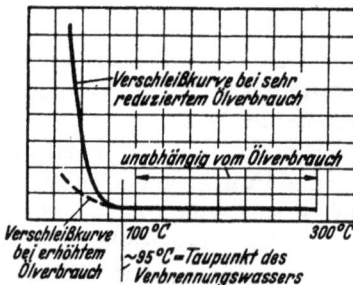

Bild 103. Einfluß der Zylinder-Temperatur auf den Verschleiß.
Automotive Industrie, 5. 8. 1933.
W. N. Duft S. 153.

Die Versuche von Prof. Beck (Kraftfahrforschung, 1939, Heft 24) ergaben folgendes:

Nach der Einlaufzeit mit notwendig erhöhtem Verschleiß lief der Versuchsmotor zunächst 3500 km Kolbenweg mit normaler Kühlmittelaustrittstemperatur von 80° C. Der Verschleiß nimmt hier fast linear mit dem Kolbenweg zu. Bei einer Kühlwassertemperatur von 12° C und stündlichem Start steigt der Verschleiß außerordentlich an. Er sinkt aber merklich ab, wenn bei gleicher Temperatur der wiederholte Kaltstart vermieden wird und die Maschine durchläuft. Bei Übertemperatur des Kühlmittels von 140° C ergibt sich der Verschleißwert wesentlich geringer als bei Kaltbetrieb, aber wesentlich über den Werten bei Normalbetrieb mit 80° C. ,,Offenbar macht sich bei diesem Heißbetrieb (die Wandtemperatur dürfte dabei 165° C betragen haben) der thermische Angriff auf den Schmierfilm bereits bemerkbar.''

Als Folgerung müßte man aus diesen Arbeiten schließen, daß die Verschleißzunahme durch Kaltbetrieb mittels stärkerer Ölzufuhr, beziehungsweise möglichst dickem Öl (soweit es die Startbedingungen zulassen) eingeschränkt werden kann.

Angriffsvermögen von Schmierölen auf Metalle und ihre Untersuchung nach Holde (Seite 334)

Ein chemischer Angriff des Schmieröles auf Metalle ist in der Regel auf Gehalt des Öles an anorganischen oder organischen Säuren oder an Schwefelverbindungen zurückzuführen. Letztere werden nach ihren korrodierenden Eigenschaften folgendermaßen eingeteilt:

Merkaptane wirken am stärksten unter Bildung von Merkaptiden. Schwefelwasserstoff greift weniger an. Äthylsulfat wirkt bei Abwesenheit von Wasser wenig ein, auch Sulfosäuren, Alkylsulfat und Disulfide sowie Sulfoxyde wirken nur schwach korrodierend. Durch Gegenwart von Wasser und durch erhöhte Temperatur wird die Korrosion beschleunigt.

Maschinen und Wagenöle: Das Angriffsvermögen der Öle auf Lagermetalle wird in besonderen Fällen, z. B. bei säurehaltigen Ölen, in folgender Weise geprüft:

Blank geschmirgelte, gewogene Platten der Metalle (30 × 30 × 3 mm) werden einige Wochen mit Ölproben bedeckt, in Glas oder Porzellanschalen vor Staub geschützt, bei Zimmertemperatur belassen oder im Luftbad auf 50° erhitzt. Von Zeit zu Zeit, z. B. nach 1 bis 4 Wochen, werden äußere und Gewichtsveränderungen der Platten nach Reinigung mit Fließpapier und Äther ermittelt.

Nach 10 wöchiger Lagerung in ruhender Naphthensäure (SZ 162) bei Zimmertemperatur ergaben: Aluminium 0%, Eisen 0,008%, Zinn 0,012%, Kupfer 0,030%, Zink 0,408%, Blei 0,580% Verlust. Zink und Blei werden also am stärksten von Naphthensäuren angegriffen.

Je weitgehender ein Öl ausraffiniert ist, um so stärker sind die Angriffe, während bei unraffinierten rohen Ölen nicht so leicht Metallkorrosion eintritt.

Dampfzylinderöle.

Auch bei gespanntem Dampf werden die Zylindermetalle durch Mineralöle, selbst bei Anwesenheit fetter Öle, kaum merklich angegriffen, obwohl die Fette in reinem Zustand durch gespannten Dampf weitgehend in freie Fettsäuren und Glyzerin gespalten werden.

Zur Prüfung werden 25 bis 30 g Öl mit einer blank geschmirgelten gewogenen Gußeisenplatte von $30 \times 30 \times 3$ mm nun in einer Porzellan- oder Glasschale in einem zur Hälfte mit Wasser gefüllten Autoklaven mehrere Stunden auf die gewünschte Temperatur (z. B. $180° = 9,9$ atü) erhitzt. Die nach Abkühlung der Gefäße ermittelte Gewichtsänderung der mit Äther und Fließpapier gereinigten Platte ergibt das Angriffsvermögen des Öles. In dem zurückgebliebenen Öl kann die Erhöhung des Aschegehaltes und des Säuregehaltes bestimmt werden. Die Versuche werden unter 4- bis 6- oder, wenn bis dahin noch kein Angriff stattfindet, unter 10stündiger Erhitzung ausgeführt.

DOC. Test nach Young, Journ. 1PT. 13, 760 (1927),
Oil Gas Journ. 26, Nr. 27, 146 (1927).

Geringe Schwefelsäuremengen sowie auch Alkali- und Salzwassermengen, die analytisch kaum nachweisbar sind, können zu Korrosionen der Lager- und Zylindermetalle Anlaß geben.

Young hat deshalb einen DOC. (Direkt Oil corrosion test) ausgearbeitet, der gute Übereinstimmung mit den Erfahrungen der Praxis zeigte.

250 cm³ Öl fließen aus einer hochstehenden Flasche in 5 Stunden durch ein U-Rohr, das in einem Wasserbad auf 90° erwärmt wird, und dann in dünnem Strahl, der durch einen Quetschhahn reguliert wird, aus einer Glasspitze auf eine polierte mit Schmirgel 0 behandelte Metallplatte $(50 \times 50 \times 6$ mm), die mit Hilfe eines dreieckigen Trägers, der an dem Wassergefäß angebracht ist und dadurch die Platte ebenfalls auf 90° erwärmt. Das von der Platte abtropfende Öl wird dann in einem Becherglas aufgefangen und wieder dem ersten Gefäß zugeführt.

Die korrodierende Wirkung auf der Platte wird durch Augenschein und bei 50facher Vergrößerung beobachtet. Bei genügender Zeitdauer, z. B. 47 bis 111 Stunden, machen sich auch geringe Verunreinigungen bemerkbar.

Sulfatzahl.

Zur Bestimmung korrodierender Schwefelverbindungen, die beim Erhitzen mit Lauge unter Luftdurchleiten in Sulfate übergeführt werden können, hat Young folgendes Verfahren (Sulfatzahlbestimmung) vorgeschlagen, dessen Ergebnisse ebenfalls mit den praktischen Erfahrungen gut übereinstimmen sollen:

100 cm³ Öl werden im Becherglas mit 20 cm³ starker Kalilauge (210 g KOH) in 300 cm³ H_2O unter Durchleiten von Luft 3 Stunden auf 90° erhitzt. Dann werden 90 cm³ heißes Wasser hinzugegeben und im Scheidetrichter Öl und Wasser getrennt. In 70 cm³ der wäßrigen Lösung bestimmt man nach Ansäuern mit Salzsäure in üblicher Weise die Schwefelsäure durch Fällung mit Bariumchlorid. Die Prozente SO_4 werden als Sulfatzahl angegeben. Öle mit einer Sulfatzahl über 0,05% gelten nach Young als schädlich.

Der Einfluß der Dieselkraftstoffe auf den Verschleiß

Die drei Brennstoffsorten, die für Dieselmotoren in Frage kommen, sind unter dem Namen

> Gasöl,
> Dieseltreibstoff und
> Treiböl

bekannt.

Gasöl ist ein 100proz. Destillat mit geringen Flüchtigkeitsanforderungen gegenüber dem Benzin und Petroleum.

Dieseltreibstoff kann ein Destillat von geringerer Flüchtigkeit als Gasöl sein. Er ist das Ergebnis gewisser Raffinationsprozesse, oder wird aus besonderen Rohölen hergestellt. Öle dieser Art stehen nur in verhältnismäßig geringen Mengen zur Verfügung, während die Hauptmenge an Dieseltreibstoff aus einer abgestimmten Mischung von Gasöl und Treiböl hergestellt wird.

Treiböl ist Rückstandsöl nach Abtreibung aller Destillate.

Für Fahrzeugmotore gelten für Gasöl folgende Analysendaten:

spezifisches Gewicht nicht unter 0,83	
Siedebeginn etwa	200° C
Siedeende etwa	350° C
Cetanzahl	48—58
Schwefel	maximal 1,5%

Dieseltreibstoff wird für Motore mittlerer Geschwindigkeit bei stetiger Last, wie Motore für elektrische Generatoren oder Küstenschiffe, verwendet.

Für die dritte Gruppe der langsamlaufenden Motoren, die mit Treiböl betrieben werden, ist die Natur des Brennstoffes sehr wichtig, das heißt, ob es sich um paraffinische oder asphaltische Kraftstoffe handelt. Der Destillationsbereich gibt hier nur wenig Anhaltspunkte, denn es ist wichtig, was nach dem oberen Siedepunkt zurückbleibt, also der Prozentanteil und die Eigenschaften des Rückstandes. Es wechselt dies mit verschiedenen Rohölen, und das Problem liegt darin, eine völlige Verbrennung dieses Rückstandes zu erzielen.

Die wirkliche Schwierigkeit bei der Verbrennung von Rückstandskraftstoff ist die Aufzehrung des harten Asphaltes, der eine bituminöse Substanz von wahrscheinlich hohem C—H-Verhältnis darstellt und der im Kraftstoff in kolloidaler Lösung vorkommt. Es ist nicht möglich, diesen Bestandteil durch Filtrierung oder Zentrifugierung zu beseitigen. Die Verbrennung des Hartasphaltes hängt davon ab, daß man den Kraftstoff so fein wie möglich aufspaltet und daß man möglichst viel Hitze anwendet, d. h. hohe Kompression und kompakte Verbrennungskammer.

Bei langsam laufenden Motoren ist die Cetanzahl nach Ansicht von P. N. Everett (Anglo Iranian Oil Co.) nicht so wichtig, doch kann sie, wenn sie zu niedrig liegt oder wenn die Motorenkompression niedrig sein sollte, Startschwierigkeiten verursachen und zu schwerem Klopfen führen, was bekanntlich sehr zu beanstanden ist. Sollte weiterhin irgendeine Zerstäuberdüse eine Ausspritzung des Kraftstoffes im vollen Strahl ergeben, dann besteht bei niedriger Cetanzahl die Möglichkeit, daß der Kraftstoffstrahl den Kolbenboden oder die Zylinderwand erreicht, bevor die Verbrennung beendet ist und sich starke Rückstände ansammeln, die den Verschleiß fördern. Everett meint bezüglich der Verbrennung von Rückstandskraftstoffen, daß das beste Mittel, um die Tröpfchenbildung zu vermeiden, das mechanisch gesteuerte Brennstoffventil ist, wie es der Doxfordmotor verwendet.

H. Bergheim vom Broström Shipping Concern, Schweden, hat über den Einfluß des Kraftstoffes auf den Verschleiß bei Schiffsmotoren, hauptsächlich Zweitakthauptmaschinen der Motorschifflotte dieses Konzerns sehr eingehend berichtet (The Motorship, Vol. XXX, Dez. 1949).

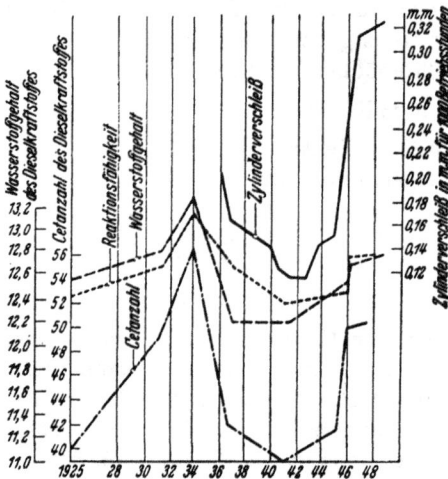

Die Zunahme des Zylinderverschleißes in den letzten Jahren war so auffallend, daß dieser Erscheinung ernstlich nachgegangen werden mußte. Bergheim fand eine Beziehung zwischen den verwendeten Kraftstoffen und gibt eine Gegenüberstellung in Bild 104, das eine überraschende Übereinstimmung zwischen der Höhe von Cetanzahl, Wasserstoffgehalt des Kraftstoffes und dem Reaktionsvermögen des Kraftstoffes mit dem Zylinderverschleiß zeigt.

Man könnte im Zusammenhang mit weiteren Ausführungen Bergheims zu der Ansicht kommen, daß mit der Erhöhung dieser Kraftstoffeigenschaften in Gegenwart von Oxydationsprodukten, Aldehyden, Superoxyden usw. heftigere Detonationen in Wandnähe des Zylinders eintreten, die in verstärktem Maße ultraviolettes Licht erzeugen, wodurch eine elektrische Aufladung

Bild 104. Gegenüberstellung des Zylinderverschleißes mit den Eigenschaften des Kraftstoffes in den Betriebsjahren 1925–1949 bei Schiffsmotoren – hauptsächlich Zweitakt-Hauptmaschinen des Broström-Shipping Concern, Schweden.
(The Motor Ship Vol. XXX Dec. 1949)
von H. Bergheim.

erfolgt, die ihrerseits wieder elektrogalvanische Ströme erzeugt, durch die Metallionen zur Abwanderung von der Metalloberfläche gebracht werden.

Derartige elektrolytische Vorgänge sind bei allen feuchten Korrosionserscheinungen vorhanden, und es ist nicht von der Hand zu weisen, daß diese Auslegung richtig sein kann. Bergheim teilt mit, daß in einer Azetylenflamme Spannungen von 100 bis 400 Millivolt erzeugt werden können.

Unzweifelhaft wirkt größere Reaktionsfähigkeit des Kraftstoffes und größerer Wasserstoffgehalt im Sinne heftigerer lokaler Detonationen.

Die besondere Steigerung des Verschleißes in den letzten Jahren (rechter Ast

der Kurve) mag dann nach Ansicht von Bergheim seine Ursache in dem erhöhten Schwefelgehalt der Kraftstoffe haben.

Außer den Einflüssen des Brennstoffes hat Bergheim feststellen können, daß
auf Schiffen mit Isolationsschäden der elektrischen Kabel der Zylinderverschleiß wesentlich höher war als auf Schiffen mit guter Isolierung. Er vermutet darum mit Recht, daß vagabundierende Ströme im Eisen der Schiffs-
maschine die elektrolytische Korrosion an der Zylinderwand wesentlich erhöhen, da dort durch das Reiben der Kolbenringe immer wieder blanke Stellen
sich bilden und keine Ionenabsättigung eintreten kann. Bei einer gut eingelau-
fenen Maschine dürfte das allerdings nicht der Fall sein; es ist aber auch nicht
notwendig, wenn man bedenkt, daß die elektrolytischen Reaktionen auch zwischen dem Metall und dem Schmieröl möglich sind, da der Zylinderwand immer
neuer Strom zugeführt wird.

Der Schwefel im Kraftstoff

In der Erdölindustrie außerhalb der Vereinigten Staaten wird die nahe Zukunft in hohem Maße durch die beabsichtigte Ausbeutung der gewaltigen Öl-
reserven in Mittelost bestimmt. Das Hereinkommen von ungeheuren Mengen
an neuem Rohöl wird jedoch an die Erdöltechnologie hohe Anforderungen
stellen, da ja jedes neue Vorkommen an Rohmaterial besondere Probleme für
die Herstellung marktfähiger Qualitäten stellt.

Die Rohöle aus vielen dieser neuen Ölfelder sind gekennzeichnet durch verhältnismäßig hohen Schwefelgehalt, und zwar höher als der älterer Felder.

Bei den allgemein in großen Dieselmotoren verwendeten Dieselölen ist man der Ansicht, daß der Schwefelgehalt des Kraftstoffes 2 % nicht überschreiten soll. Bei den
Destillatkraftstoffen für kleinere Motore soll er keinesfalls über 1,5 % liegen.

Technisch hat man das Problem der Schwefelentfernung aus dem Kraftstoff gelöst. Es ist aber schwierig, da verhältnismäßig kleine Prozentsätze Schwefel
chemisch mit großen Mengen an Kohlenwasserstoffen in Form komplexer Moleküle gebunden sind. Die Entfernung des Schwefels erfordert deshalb die Entfernung ganzer Moleküle, an die der Schwefel gebunden ist. Infolgedessen treten
sehr nennenswerte Verluste bei der Behandlung auf, und es fallen große Mengen
hochschwefelhaltiger Extrakte an, für die keine Verwendung da ist. Die Ent-
schwefelung ist daher ein kostspieliger Prozeß, besonders in bestehenden Anlagen, da dort ein Hydrierverfahren, das den Schwefel vom Kohlenstoffmolekül
trennt, nicht durchgeführt werden kann. Man wird sich daher noch auf lange
Zeit mit höherem Schwefelgehalt im Kraftstoff abfinden müssen.

Es ist Tatsache, daß beim Verbrennungsvorgang SO_3 gebildet wird. An der Zylinderwand kann auch das harmlosere SO_2 durch die katalytische Wirkung des
Eisens in SO_3 verwandelt werden, was quantitativ schwer zu kontrollieren ist.

Die Bildung von SO_3 im Verbrennungsraum hat eine tiefgehende Wirkung auf
die Kondensation innerhalb des Zylinders. Sehr kleine Mengen SO_3 führen zu
einer beträchtlichen Erhöhung des Taupunktes, ein Umstand, der die Korrosion im Zylinder sehr fördern kann.

Betrachtet man einen gasgefüllten Zylinder mit einem Gasdruck von 35 atü und 360° C Temperatur und leitet nun in diesen Zylinder Wasserdampf, so entsteht erst eine Kondensation dieses Dampfes, wenn sein Teildruck 6 at erreicht, das ist sein Sättigungsdruck bei dieser Wandtemperatur. Hat der Dampfdruck nur $1/_4$ at, so wäre er also von seinem Kondensationspunkt weit entfernt. Wenn jedoch eine winzige Menge reiner Schwefelsäure eingeführt wird, so kann die Kondensation einer 80proz. Schwefelsäure eintreten. Kondensationen von Schwefeldämpfen sind also nicht nur bei kalten Zylinderwänden möglich. Je kleiner das Gasvolumen ist, um so höher sind auch die Partialdrücke, so daß die obere Zylinderwand in der Nähe des oberen Totpunktes am meisten gefährdet ist. Beobachtungen bestätigten dies, da man winzige Schwefelsäurekügelchen an ausgebauten Kolben gefunden hat.

Es treten aber auch andere Reaktionen ein, die einen beträchtlichen Einfluß auch unter hohen Temperaturen ausüben. Das Vorhandensein von Schwefeloxyden im Verbrennungsraum löst Polymerisationsreaktionen teilweise oxydierter Kohlenwasserstoffe aus, die zur Bildung von lackartigen Bestandteilen und schließlich von Kohleteilchen führen. Die Natur der Rückstandskohle und des Rußes wird in Richtung größerer Dichte und Härte durch Schwefel verändert. Außerdem scheint eine Zwischenreaktion zwischen Schwefel und Schmieröl wahrscheinlich zu sein.

Versuche mit verschiedenem Schwefelgehalt in Kraftstoffen haben ergeben, daß bei durchschnittlichen Zylindertemperaturen bei Kraftstoff mit höherem Schwefelgehalt der Zylinderverschleiß sich etwa verdoppelt, der Kolbenringverschleiß sich verdreifacht, und daß sich die Verhältnisse außerordentlich erhöhen, wenn die Zylindertemperatur herabgesetzt wird.

Das Ausmaß der Verschmutzung im Motor in allen Formen wird durch den Schwefelgehalt erhöht. Die Ablagerungen im Zylinder sind so hart, daß ihnen schleifende Wirkung zugeschrieben werden muß. Die Reaktionen zwischen Schmieröl und schwefelhaltigem Kraftstoff sind keinesfalls erstaunlich, wenn man bedenkt, daß sowohl SO_2 wie auch H_2SO_4 zur Raffination von Schmierölen benützt wird. Es tritt eine Kombination von ungesättigten und oxydierenden Verbindungen auf, und es wird ein Säureschlamm gebildet. Überdies besteht eine stark koagulierende Wirkung auf die dispergierten Stoffe, was zu Ablagerungen am Kolben und zu Schlamm im Kurbelgehäuse führt.

Die Mittel zur Verhinderung des Verschleißes bei Verwendung schwefelhaltiger Kraftstoffe sind folgende:

Erstens den Motor nicht zu kalt und nicht zu heiß fahren. Möglichst das Kühlwasser dort, wo es zulässig ist, anwärmen, bevor gestartet wird. Zylindertemperaturen über 150° C erhöhen den Verschleiß, weil die Reaktionsgeschwindigkeit der chemischen Vorgänge dann sehr bedeutend erhöht wird.

Verchromen der Zylinderlaufflächen ist sehr gut, soweit es anwendbar ist.

Eine Neutralisation der entstehenden Säuren kann dadurch erreicht werden, daß man geeignete Zusatzmittel entweder dem Kraftstoff oder dem Schmieröl beigibt. Die Beigabe zum Kraftstoff scheidet praktisch aus, weil dazu viel zu große Mengen benötigt würden, ein großer Teil des Zusatzes nutzlos verloren

ging und die Zusätze zu kostspielig sind, um sie in so großen Mengen beizu-
mischen.

Die Zusätze dem Schmieröl beizugeben ist deshalb schon wirtschaftlicher und
zweckmäßiger, weil sie durch das Schmieröl an diejenigen Stellen befördert
werden, wo sie in erster Linie notwendig sind.

Inhibitorwirkung im allgemeinen

Aus Dr. Karl Weber, „Inhibitorwirkungen". Ferdinand Enke Verlag, Stuttgart 1938

Theoretische Betrachtung.

Man kann wohl drei hauptsächliche Theorien unterscheiden:
1. Die erste, die eine primäre Bildung von Peroxyden annimmt und die Wirkung
   des Inhibitors in der Zersetzung dieser Peroxyde sieht (Mouren und Dufraisse);
2. die zweite erklärt die Inhibitorwirkung mit einem Abbruch der Kettenreak-
   tion durch chemische Wirkung des Inhibitors mit dem Kettenträger;
3. die dritte sieht die Hemmung in einer Desaktivierung der aktivierten Träger
   der Autooxydationsreaktionen.

Keine der Theorien hat allgemeine Gültigkeit, und eine oder die andere Annahme
hat je nach der Art der betrachteten Autooxydation mehr oder weniger Erfolge.

Die Hemmung der thermischen Reaktionen.

Viele einfache Umsetzungen werden durch den Fremdzusatz nicht gehemmt,
und die meisten kompliziert verlaufenden Reaktionen sind durch Inhibitoren
beeinflußbar. Wahrscheinlich kann bei komplizierten Reaktionen leichter durch
den Fremdzusatz eine Teilreaktion in andere Bahn gelenkt werden als bei einfachen Reaktionen.

Die thermischen Polymerisationen verschiedener organischer Verbindungen erfolgen etwa nach dem gleichen Reaktionsmechanismus wie die Photo-
polymerisationen derselben Substanzen. Die Polymerisationen sind Inhibitorwirkungen in hohem Maße zugänglich, quantitativ sind diese Wirkungen jedoch noch wenig erforscht.

Die verschiedensten Öle werden um so leichter autoxydiert, je mehr ungesättigte Verbindungen sie enthalten, je höher also die Jodzahl ist. Die Inhibitorwirkung von Fremdstoffen ist verschieden, indem sie vielfach auf Öle
mit hoher Jodzahl prooxygen wirken, auf Öle mit geringer Jodzahl stabilisierend. Zum Beispiel wirkt p-Nitroanilin auf Öle mit Jodzahl über 120 stark prooxygen, auf Öle unter 120 gut stabilisierend.

Schwermetallsalze, besonders Salze des Fe, Cu und Co, sind als sehr positive Katalysatoren bekannt. — Die einfachen Eisensalze wirken meist prooxygen, das FeJ_2 aber antioxygen, was wahrscheinlich auf die Wirkung des
Jodions zurückzuführen ist. FeO wirkt antioxygen gegenüber Furfurol und
$Fe(OH)_3$ gegenüber Na_2SO_3 in schwach alkalischer Lösung.

Die Wirkung der Phenole.

Ein- und mehrwertige Phenole sowie Substanzen, die sich phenolartig verhalten, wie Salizylaldehyd und Vanillin, hemmen in hohem Maße alle Autooxyda-

tionen. Das wirksamste Autooxygen ist das Hydrochinon; etwa in gleichem Maße wirken Brenzkatichin und das Pyrogallol, etwas schwächer Guajakol und die Naphthole.

Die Wirksamkeit der gewöhnlichen einwertigen Phenole ist verhältnismäßig gering.

Durch einen geringen Zusatz von Phenolen werden auch Reaktionen verhindert oder stark gehemmt, die mit den Autooxydationen in irgendeiner Weise zusammenhängen; zum Beispiel die Schwarzfärbung von Furfurol, die Trübung des Akroleins, Verharzung des Styrols, Erhärtung des Leinöls und Ranzigwerden der Fette.

Die Wirkung der Halogenverbindungen.

Halogenverbindungen hemmen gewöhnlich die Autooxydationen. Dies trifft besonders zu, wenn es sich um Verbindungen handelt, die in Lösungen Halogenionen ergeben.

So wirken besonders die Jodide stark antioxygen, die Bromide etwas schwächer, und diese Wirkung nimmt noch über die Chloride zu den Fluoriden weiter ab.

Von den Jodiden sind nur die Jodwasserstoffsäuren und das AgJ und HgJ_2 unwirksam. Auch die Jodate des K, Na, Ca, Ba und Ag beeinflussen die Autooxydationen nicht.

Viele organische Jodverbindungen wirken antioxygen, besonders ausgeprägt das CH_3, NH_2, HJ und das CHJ_3. Der Größenordnung nach erreicht die antioxygene Wirkung dieser Verbindungen etwa die der Phenole. Unwirksam sind: Allyljodid und Jodbenzol. Beim Akrolein wurde nach anfänglicher antioxygener Wirkung der Jodverbindungen gewöhnlich nach längerer Reaktionszeit eine starke Zunahme der Geschwindigkeit der Autooxydation beobachtet. Auch bei Disarcylbildung zeigte sich dieselbe Erscheinung.

Auf die Autooxydation und Polymerisation des Styrols wirken alle Jodverbindungen beschleunigend, ohne eine vorherige Periode antioxygener Wirkung.

Elementares Jod ist ein guter Inhibitor. Jodphenol, Di- und Trijodphenole haben ungefähr die gleiche Wirkung wie die nicht jodierten Verbindungen. In den Kern eingeführtes Jod verändert die Hemmungsfähigkeit nicht.

Hydrochinondimethyläther, der eine verdeckte OH'-Gruppe besitzt, und seine Monojodverbindung ergaben zuerst eine schwache antioxygene Wirkung, die dann bald in eine prooxygene umschlug.

Die Wirkung des Schwefels und seiner Verbindungen.

Elementarer Schwefel hemmt die Autooxydation des Benzaldehyds etwa in gleichem Maße wie Hydrochinon; er ist also ein sehr gutes Antioxygen. Gleichfalls stark wirken die Sulfide des As, Sb, Bi, Sn, Ag, Zn, Cd, Fe, Ni, Pb, Cu, Hg, dann viele organische Schwefelverbindungen, wie Methyl, Äthylxanthogenanilid, Diphenyldisulfid, Diphenylthioharnstoff, Methyl und äthylxanthogensaures Natrium usw.

Eine schwächere antioxygene Wirkung haben (bei einem Konzentrationsverhältnis von 1 : 100) Thioharnstoff, Thiosinamin, Thiomilch, Hydrazylsäure,

Senföle, KCNS und noch viele andere anorganische und organische Schwefel-verbindungen.

Ausgesprochen prooxygen wirken:

$$MnS, COS, CS_2, NaS \text{ usw.}$$

Der Schwefel in der Verbindung soll nur dann antioxygen sein, wenn er in seiner Oxydierbarkeit nicht abgesättigt ist.

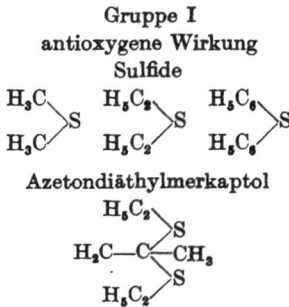

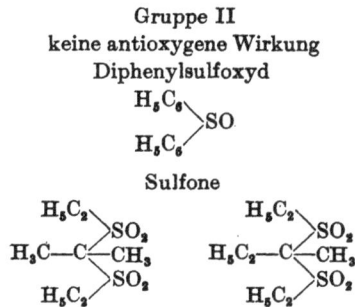

<table>
<tr><td align="center">Gruppe I
antioxygene Wirkung
Sulfide</td><td align="center">Gruppe II
keine antioxygene Wirkung
Diphenylsulfoxyd</td></tr>
</table>

$$H_3C{\diagdown \atop H_3C{\diagup}}S \qquad H_5C_2{\diagdown \atop H_5C_2{\diagup}}S \qquad H_5C_6{\diagdown \atop H_5C_6{\diagup}}S \qquad\qquad H_5C_6{\diagdown \atop H_5C_6{\diagup}}SO$$

<table>
<tr><td align="center">Azetondiäthylmerkaptol</td><td align="center">Sulfone</td></tr>
</table>

$$H_5C_2{\diagdown \atop }S \atop H_3C-C \atop H_5C_2{\diagup }S CH_3$$

$$H_5C_2{\diagdown \atop }SO_2 \atop H_3C-C CH_3 \atop H_5C_2{\diagup }SO_2 \qquad H_5C_2{\diagdown \atop }SO_2 \atop H_5C_2-C CH_3 \atop H_5C_2{\diagup }SO_2$$

Die Wirkung verschiedener Stickstoffverbindungen.

Die Zahl der anorganischen Stickstoffverbindungen, die bei Autooxydationen als Inhibitoren wirksam sind, ist sehr groß.

Amidartig gebundener Stickstoff, z. B.: $NH(C_2H_5)_2$, $N(C_2H_5)_3$ gegenüber Benz-aldehyd, Styrol, Furfurol und Na_2SO_3.

Sekundäre Amide hemmen besser als primäre und tertiäre.

Aromatische Amide sind wirksamer als aliphatische.

Anilin ist ein sehr gutes Antioxydationsmittel.

Zyklische Stickstoffbasen wirken weniger.

Indol, Pyrrol, Piridin und Chinolin hemmen nur schwach bei Benzaldehyd, stärker bei Furfurol.

Sehr gutes Antioxygen ist p-Phenylendiamin.

Phenole mit Aminogruppen sind sehr wirksam. Es scheint sich bei diesen Gruppen die Wirksamkeit der OH- und NH_2-Gruppe zu summieren. Unwirk-sam sind folgende, aliphatische NH_2-Gruppen enthaltenden Verbindungen: Analin, Glykoll, Asparaginsäure, Tyrosin, Kreatin, Taurin. Säureamine wir-ken gewöhnlich antioxygen, aber nie prooxygen.

Cyanwasserstoffsäure und die Cyanide sind im allgemeinen gut. HCN verhin-dert nicht nur die durch Schwermetalle katalysierten Autooxydationen, son-dern auch die der völlig reinen, katalysatorfreien Substanzen.

CuCN und die komplexen Cyanide des Eisens wirken auch vielfach antioxygen. Organische Cyanide und Nitrite sind schwach antioxygen oder wirkungslos.

Stark antioxygen wirkt gegenüber allen Substanzen p-Nitrosomethylanilin. Aliphatische Nitroverbindungen sind sehr schwach oder unwirksam. Aroma-tische besser.

Manche organische Stickstoffverbindungen wirken prooxygen. Viele stickstoffhaltige Farbstoffe hemmen in hohem Maße, so: Auramin, Malachitgrün, Leukobase, Rosanilin, Fuchsin, Indigo, Akridinorange.

Bestimmte Regeln sind bei Stickstoffverbindungen nicht aufzustellen.

Inhibitoren

Feuererstickend wirken:

Tetrachlorkohlenstoff	Sulforychlorid
Chloroform	Phosphortrichlorid
Äthylenchlorid	Phosphortribromid
Dichloräthylen	Chloride des AS, Si, Ti, Sn, B,
Trichloräthylen	Diäthylamin
Äthylbromid	SO_2
Äthylchloroformiat	
Schwefelchlorid	Besonders ausgeprägt ist die
Thyonchlorid	Wirkung des $POCl_3$

Den Zerfall des Wasserstoffsuperoxydes H_2O_2 hemmen

Organische Säuren: Chininsulfat

Harnsäure Barbitursäure wird benützt zur tech-
Benzamid nischen Stabilisierung hochprozen-
Azetanilid tiger Lösungen

Klopffeinde:

Organische Verbindungen:	Zyklohexan
Anilin	Äther
Diphenylharnstoff	Äthylalkohol
Benzol	Benzylalkohol
Hexan	Bleitetraäthyl
Azeton	

Hemmung der Autooxydation der Paraffinreihe bei erhöhter Temperatur 160° C.

Di-α- und Di-β-Naphthylamin	Weniger wirksam:
Methylanilin	p-Phenylen-diamin
Malachitgrün	p-Nitrosodimethylanilin
Weniger wirksam:	Leukomalachitgrün
β-Naphthol	J^2, NAJ, AsJ_3, S, $Pb(C_2H_5)$ 4,
Hydrochinon	$Pb(C_3H_7)_4$, $Sn(CH_3)$ 4
Brenzkatechin	Die Wirkung der Klopffeinde dürfte
Resorzin	in der flüssigen Phase und nicht in
Pyrogallol	der gasförmigen stattfinden. Denn
Phenyldisulfid	wenig flüchtige Fremdstoffe sind
Gallussäure	gute Antioxygene und gute Klopf-
Anilin	feinde.

Inhibitoren

Für Ölsäure und Ölsäureäthylester.

hervorragend Hydrochinon

β-Naphthol wirkt nur auf die Ester

Kupferazetat wirkt nur auf die Ester

Eisen-(III)-Chlorid beschleunigt die Autooxydation beider Substanzen bedeutend.

Für Olivenöl, Rizinusöl.

Asymmetrisches Diphenylhydrazin stark hemmend, außerdem weniger Naphthylamin. Phenole wirken nicht auf Olivenöl, wohl aber Salizylsäure, Benzolsäure, Glykolsäure und besonders Essigsäure.

Die Seifen der ungesättigten Fettsäuren. Am wirksamsten Thymol; außerdem viele andere.

Für Leinöl

stark gehemmt durch Hydrochinon usw.

Komplexe Cyanide beschleunigen die Autooxydation des Eisens und Molibdäns.

Für gereinigte Transformatorenöle.

Zusatz von 1% β-Naphthylamin oder β-Naphthol.

Versuche von Prof. Dr. Kadmer (Ölorgan, 15. 5. 1938)

Da man in der Praxis mit Schmierölzusätzen möglichst eine geringere Rückstandsbildung der Öle im Motor erreichen will, hat Kadmer die Rückstandsbildung eines Schmieröles mit verschiedenen Zusätzen in einem Einzylindermotor bei hohen Temperaturen und hoher Belastung untersucht und ist zu folgenden Ergebnissen gekommen. (Die Rückstandsbildung des reinen Öles wurde dabei mit 100% angenommen.)

Schmieröl rein Abscheidung	100%
0,1% Zinn-Oleat	90%
0,1% Zinn-Naphthenat	90%
0,2% Zinn-Oleat	92%
0,2% Chrom-Oleat	78
0,8% Chrom-Oleat	72
0,025 Zinn-Oleat	91
1,0 Chrom-Oleat	91
0,1 Zinn-Oleat 0,4 Chrom-Oleat	62
0,1% Zinn-Oleat 0,8% Chrom-Oleat	58
0,1 Tetraäthyl-Blei	81
0,1% Zinn-Oleat 0,1% Tetraäthyl-Blei	91
0,5% Zinn-Oleat 0,5% Tetraäthyl-Blei	60

Die Verwendung von Graphit als Schutzmittel

Graphit ist reiner Kohlenstoff. Dieser kommt in der Natur in dreierlei Gestalt vor: erstens als amorpher Kohlenstoff, zweitens in der Form des Diamant und drittens in Form von Graphit.

Der Graphit ist eine Kristallform, bei der die einzelnen Atome in verkoppelten Sechserringen angeordnet sind, die verschiedene Schichten bilden. Der Abstand der Atome innerhalb der Schichten ist sehr klein, von Schicht zu Schicht aber groß. Die atomaren Kräfte verhalten sich umgekehrt, so daß die einzelnen Schichten leicht aneinander gleiten können. Man spricht von schuppenförmiger Gestalt der Graphitkristalle. Dieses Gleitvermögen der einzelnen Schichten gibt die Schmierwirkung des Graphits. Überall, wo ein ähnlicher Feinbau der Struktur vorliegt, wie bei Fetten, Seifen usw., findet man denselben fettigen Charakter vor.

Reibt man eine trockene Metallfläche mit Graphit ein, so sinkt der Reibungswiderstand gegenüber der reinen Metallfläche auf ein Viertel.

Außer seiner Schmierwirkung hat der Graphit für seine Verwendung als Zusatzmittel zum Schmieröl noch die bemerkenswerte Eigenschaft, daß sich auf einer graphitierten Fläche das Öl viel besser aufzubereiten vermag als auf der reinen Metallfläche. Die Benetzungsfähigkeit der graphitierten Fläche ist also größer als jene reiner Metallflächen.

Gerade im Bereich dünnster Schmierschichten, mit denen bei hohen Temperaturen oder hohen Drücken gerechnet werden muß, ist die Schmierwirkung von dieser Benetzungsfähigkeit des Schmiermittels abhängig, da nur dann richtige Schmierung gesichert ist, wenn sich das Schmieröl in einem zusammenhängenden Film über die Rauhigkeiten hinweg gleichmäßig ausbreitet.

Der Graphit schmiert also nicht nur selbst, sondern erhöht auch die Schmierfähigkeit des Schmieröles, indem er dessen Ausbreitung unterstützt.

Der Unterschied von verschiedenen Schmierölen in ihrer Benetzungsfähigkeit zum Metall wird durch den Graphitfilm ziemlich ausgeglichen, so daß bei Verwendung eines Graphitzusatzes Differenzen in der Ölsorte eine geringere Rolle spielen. Auch die Verdünnung durch den Kraftstoff, die die Schmierfähigkeit des Öles herabsetzt, wirkt sich durch den Graphitschutz weniger auf die Schmierung der Reibflächen aus

Das Schmieröl erfährt im Motorenbetrieb auch eine Ansäuerung durch die Verbrennungsprodukte, welche die Metallflächen anfressen (Korrosion). Graphit, als ein neutraler Körper, ist ein gutes Schutzmittel gegen diese Anfressungen. Er wird darum schon immer in sogenannten Sprühölen als Rostschutzmittel verwendet.

Zusammengefaßt ergibt sich nun folgendes:

Geringere Reibung und infolgedessen geringerer Kraftstoffverbrauch.

Bessere Benetzungsfähigkeit, dadurch verbesserte Notlaufeigenschaften und verringerte Neigung zum Fressen.

Unterdrückung der Zerstörung der Metalloberfläche durch chemische Einflüsse, verminderter Verschleiß.

Der Graphitfilm läßt sich durch eine dunkle Färbung der Metalloberfläche erkennen, die starken Glanz zeigt. Es braucht natürlich eine gewisse Zeit, bis sich
dieser Graphitfilm vollkommen ausgebildet hat. Die Wirkung der Graphit-
beimengung tritt aber schon früher ein, weil sich der Graphit bei der Annäherung der beiden Metallflächen in erster Linie an den Rauhigkeitsspitzen absetzt, wie F. L. Koethen, Ind. und Eng. Chem., 1926, nachweisen konnte.
Knapp bevor sich die Rauhigkeitsspitzen unmittelbar berühren, werden zwischen ihnen kolloide Graphitteilchen eingeklemmt und auf den Erhöhungen
fixiert. So wird die Wirkung der Graphitschmierung zunächst gerade auf die
gefährdeten Punkte der Reibflächen konzentriert, bevor noch der Graphit Zeit
gefunden hat, alle Unebenheiten auszufüllen und einen lückenlosen Graphitfilm
zu bilden.
Dieser eben beschriebene Vorgang macht die Auswirkung des kolloidalen Graphites überhaupt erst verständlich. Das Zusammenwirken der reibenden Flächen ist notwendig, um den kolloidal gelösten Graphit zur Ausscheidung zu
bringen. Würden die Graphitteilchen lediglich durch das Vorbeifließen des
Schmieröles an Metallflächen ausgeschieden werden, so bliebe der Graphit auch
in allen Rohrleitungen, an der Kurbelgehäusewand usw. hängen und würde
wahrscheinlich gar nicht an die zu schmierenden Flächen gelangen. Eine Ausscheidung ohne den besonderen Einfluß der reibenden Flächen widerspräche
dem kolloidalen Charakter des Graphites und machte die Beigabe des Graphits
zum Schmieröl zwecklos.
Um den Graphit an die Reibflächen zu bringen, ist es selbstverständlich, daß
die einzelnen Graphitteilchen von so geringer Größenordnung sein müssen, daß
sie von jedem Ölfilter mit dem Öl durchgelassen werden. Die Größe der Graphitteilchen muß bis zu 95% wesentlich unter $1/1000$ mm sein, sonst ist der Graphit
nicht mehr als kolloidal anzusprechen.
Über die Filterdurchlässigkeit kolloidalen Graphits wurden auf der Hochschule
in Karlsruhe Versuche angestellt, bei denen graphitiertes Motorenöl 70 bis
100 Stunden lang durch verschiedene Ölfilter gepumpt wurde. Diese Untersuchung ergab, daß bei Stoff-Ölfiltern nur 5% des Graphitgehaltes zurückgehalten wurde, bei Metallfiltern kein meßbarer Anteil.
Trotz ihrer ungeheuren Feinheit bleiben die Graphitteilchen nicht unbegrenzte
Zeit im Öl schweben, sondern es erfolgt eine langsame Ausflockung, und aus
diesem Grunde kann man Schmieröle nicht vorgraphitieren, sondern muß den
Graphitzusatz direkt in die Schmiervorrichtung einfüllen. Bei einem guten
Präparat genügt die ständige Erschütterung, die das Öl in der Schmiervorrichtung erleidet, um eine Bodensatzbildung zu verhindern.
Aus all dem bis jetzt Gesagten geht hervor, daß es bei einem Graphitpräparat
ausschließlich auf die Feinheit und Reinheit des Graphites ankommt, und Untersuchungen verschiedener Handelsprodukte haben gezeigt, daß durchaus
nicht alle diesen Forderungen genügen. Bei einzelnen Präparaten bildet sich
ein fester Bodensatz, der sich nicht mehr aufrütteln läßt und infolgedessen auch
im Motor zu Verstopfungen führen kann.
Bei einem guten Graphitpräparat kann aus den oben geschilderten Gründen

auch eine Verstopfung der feinen Kanäle der Zylinderschmierapparate nicht
eintreten.

Abschließend kann gesagt werden, daß bis jetzt gegen die zusätzliche Graphitschmierung noch von keiner Seite Widerspruch erhoben wurde. Unzweifelhaft
ist aber der Erfolg ausschließlich von der Güte des Präparates abhängig.

Zusatzmittel zu Motorschmierölen

Man verwendet Zusatzmittel, auch Wirkstoffe genannt, in Motorölen:

a) um sonst notwendige verteuernde Raffinationsmethoden zu umgehen; zum
   Beispiel machen Stockpunkterniedrigungen eine weitgehende Entwachsung
   (Entparaffinierung) erforderlich, um Schmieröl zum Betrieb bei niedriger
   Außentemperatur herzustellen;

b) um gewisse erwünschte Eigenschaften des Öles in einer Weise oder einer
   Größenordnung zu verbessern, die man durch verbesserte Raffinationsverfahren nicht erzielen kann.

Detergierende Zusätze — auf gut deutsch heißt dies nichts anderes als:
reinigende Zusätze (detergent heißt wörtlich reinigend) — können in der Hauptsache angewandt werden, um Rückstandsbildung auf Kolben und Ringen zu
vermindern.

Oxydationsverhüter verlangsamen die Alterung des Öles infolge Oxydation.

Korrosionsverhüter verzögern die Korrosion von Lagermetallen und Metallen anderer Art.

Dazu kommen Zusätze zur

Erhöhung der Filmstärke des Öles und damit zur Verbesserung der Notlaufeigenschaften des Öles;

zur Erhöhung der Schmierfähigkeit und damit Verringerung der Reibung;

zur Verbesserung des Viskositäts-Indexes und damit Verbesserung der
Temperaturempfindlichkeit der Zähigkeit des Öles;

schließlich Erniedrigung des Stockpunktes, um die Anlaßschwierigkeiten bei Kaltstart zu verbessern.

Ein besonderes Kapitel bilden die Dispersionsmittel, die bewirken, daß sich
vom Öl aufgenommene Fremdstoffe mit Ölkörpern nicht zu größeren Komplexen polymerisieren können, wodurch die Rückstandsbildung herabgesetzt
wird.

Vielfach werden im Zusammenhang mit den neuen amerikanischen Hochleistungsölen Heavy Duty Oils (HD-Öle) die Begriffe „detergency" und „dispersion" nicht scharf getrennt, was zu Schwierigkeiten in der Erkenntnis der einzelnen Wirkungsbereiche führen kann. Man kann sich gut vorstellen, daß ein
Zusatz zum Schmieröl auf die geschmierten Flächen reinigend wirken kann,
daß also Rückstände aus der Verbrennung vom Öl aufgenommen werden. Es

ist damit aber noch nicht gesagt, daß diese Rückstände, die nun in das Schmieröl gelangt sind, nun auch in diesem „zerstreut" bleiben und nicht mit den Alterungsprodukten des Öles größere Molekülkomplexe bilden, die sich dann als Schlamm ausscheiden oder zur Krustenbildung Anlaß geben.

Diese Dispersion, die neuerdings besonders bei Dieselmotorenschmierölen angestrebt und als wirksames Mittel betrachtet wird, um schwefelhaltige Kraftstoffe verwenden zu können, steht in einem gewissen Gegensatz zu der früher sehr erwünschten Selbstreinigung des Öles, die besonders reine pennsylvanische Öle zeigen, die aber nur möglich ist, wenn das Öl die aufgenommenen Fremdstoffe als Schlamm absetzt.

Die Selbstreinigung mag zur Erhaltung der ursprünglichen Ölqualität beitragen, anscheinend ist es aber im Dieselmotor wesentlich wichtiger, das Absetzen von Rückständen in den Kolbenringen und auf den Kolbenbahnen zu vermeiden, und damit ist die Dispersion und das Inschwebehalten kleinster Verunreinigungen im Öl das maßgebende Mittel, um ein Optimum an gutem Betriebszustand zu erreichen. Die natürliche Folge des Inschwebehaltens der Rückstandsprodukte ist ein schnelles Schwarzwerden der Heavy Duty-Öle.

Detergierende und dispersierende Zusätze

Die meisten der heute in ihrer Zusammensetzung bekannten detergierend und dispergierend wirkenden Zusätze sind im Öl lösliche organische metallhaltige Verbindungen.

Das Metall ist gewöhnlich eine der alkalischen Erden, kann aber auch ein anderes Metall sein, wie Aluminium, Zink, Blei, Nickel oder Kobalt. Die Verbindung ist gewöhnlich abgeleitet von einem Phenol oder einer Sulfo- oder Phosphorsäure. Man hat seit Jahren Versuche mit detergierenden Mitteln gemacht, die keine Asche hinterlassen, und unter Laboratoriumsversuchen scheinen sie auch vielversprechend zu sein, sie sind aber bis heute noch zu keiner praktischen Anwendung gekommen.

Es wird allgemein angenommen, daß die Rückstände an Kolben und Ringen durch die Kondensation von Oxysäuren, die durch unvollständige Verbrennung der Kohlenwasserstoffe und des Schmieröles entstehen, aufgebaut werden. Solche kondensierten Oxysäuren sind harzhaltig und zeigen sich als Hauptbestandteile in den lackartigen Rückständen auf den Kolben und als Bindemittel der Rückstände an den Kolbenringen.

Diese Wirkstoffe können so wirken, daß sich Metallsalze der Oxysäuren bilden, ehe diese kondensieren oder zu Lackhautbildung polymerisieren können, und zwar wie folgt:

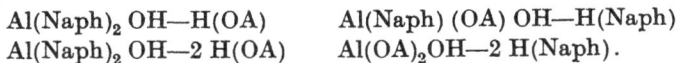

$$Al(Naph)_2\ OH-H(OA) \qquad Al(Naph)\ (OA)\ OH-H(Naph)$$
$$Al(Naph)_2\ OH-2\ H(OA) \qquad Al(OA)_2 OH-2\ H(Naph).$$

Hierbei bedeutet: $H(OA) = $ Oxysäuren

Naph $=$ Naphthensäureradikal.

Dies ist die wahrscheinlichste Art des chemischen Vorganges, an dem die Metallseifen und -phenate teilhaben. Die Hauptwirkungsweise ist ein physikalischer Vorgang. Ein typisches Beispiel ist folgendes: Die Wirkung von Kalziumsulfonat ist die Folge seiner starken Absorbtion kleinster Bestandteile, welche die Rückstände an Kolben und Ringen hervorrufen. Durch diese Absorbtion des detergierenden Mittels der feinsten Teile der Oxysäuren bzw. kondensierten Oxysäuren, Asphaltenen, Kohlenstoff und dergleichen wird das Zusammenwachsen der Teilchen zu größeren Massen verhindert und der Aufbau einer Lackschicht am Kolben oder von Rückständen an den Ringen erheblich vermindert. Auch die Wirkstoffe auf der Grundlage des Aluminiumnaphthenats besitzen ein großes Absorptionsvermögen.

Zu den während des Betriebes in einem Schmieröl vorhandenen Oxydbildnern gehören gelöster Sauerstoff aus der Luft und organische Peroxyde, die sich bei der Teiloxydation des Schmieröles oder Kraftstoffes bilden. Früher hat man auch über die Bildung von Stickoxyden bei der Verbrennung und die nachfolgende Entstehung organischer Stickstoffverbindungen durch Reaktion dieser Stickoxyde mit dem Schmieröl diskutiert, aber experimentell liegen keine schlüssigen Beweise vor. Es ist allerdings wohlbekannt, daß organische Nitroverbindungen, wie Nitrowasserstoffe, stark oxydierend wirken und in Gegenwart organischer Säuren, im Öl gelöst, das Blei der Bleibronzelagerschalen schnell auflösen würden.

Zum weitgehenden Korrosionsschutz könnten folgende Möglichkeiten ins Auge gefaßt werden:

1. Schaffung eines undurchdringlichen, der Korrosion widerstehenden Films auf der Oberfläche, wodurch der Kontakt zwischen Oxydaten plus Säure und Metall verhindert wäre.

2. Verhütung der Oxydation des Schmieröls an sich, wodurch die Bildung von Säuren oder Peroxyden verhindert wäre.

3. Könnte man das Öl dauernd alkalisch halten, wäre ein Anwachsen des Säuregehaltes ausgeschlossen und damit die Korrosion aufgehalten.

4. Durch Verwendung eines Reduktionsmittels, das schnell Peroxyde und im Öl gelösten Sauerstoff zerstört, könnte die Korrosion wirksam verlangsamt werden.

Oxydation von Schmierölen

Das Studium der Sauerstoffabsorption und der Natur der Produkte, die unter bestimmten Bedingungen bei der Oxydation des Schmieröles erhalten wurden, erlaubte die Auswertung einer Anzahl von Faktoren der Schmierölalterung. Die Untersuchung von ausgewählten Fraktionen eines destillierten Öles ergab beträchtliche Unterschiede der Fraktionen in der Sauerstoffempfindlichkeit.

Die Gegenwart oder Abwesenheit von Wasserdampf in der Oxydationsatmosphäre hat eine nur kleine Wirkung auf die Oxydation eines Öles.

Durch Zusatz von natürlichen oder synthetischen Inhibitoren kann die Oxydation bestimmter Öle weitgehend zurückgedrängt werden.

Bleicherdebehandlung kann die Stabilität eines Öles je nach seiner Natur entweder vergrößern oder verringern. Eisen, Kupfer und Blei sind starke Katalysatoren für Oxydation, gleichgültig ob sie als Metall oder in Form ihrer Salze vorliegen.

Bestimmte Ölsorten haben die natürliche Fähigkeit, der katalytischen Wirksamkeit gelöster Eisenteile zu widerstehen. Die Anwendung von Phosphitzusätzen kontrolliert oder verhindert die Katalyse durch gewisse Eisen-, Kupfer- und Bleisalze. Diese Zusätze sind jedoch häufig von weiteren Veränderungen des Öles begleitet, so daß der Gesamteffekt stärker komplex ist, als es einer einfachen Reduktion des Oxydationsgrades entspricht.

Zusätze können beträchliche Veränderungen des Oxydationsgrades im Öl verursachen. Sie können ebenfalls die Richtung und den Charakter von Begleitreaktionen, z.B. Polymerisationen, Kondensationen, Decarboxylierung, Dehydrierung usw., beeinflussen, so daß viele der Oxydationsprodukte unabhängig von dem allgemeinen Oxydationsgrad beeinflußt werden.

Antioxydationsmittel

Die meisten dafür verwendeten Stoffe gehören zu folgenden Klassen:

1. Hydroxylverbindungen (z. B. Phenolderivate, Naphthole),
2. Stickstoffverbindungen (einschl. Naphthylamine, Anilinderivate),
3. Schwefelverbindungen (z. B. Disulfide, Thioäther),
4. Metallorganische Verbindungen,
5. Halogenverbindungen,
6. Verbindungen der höheren Glieder der Sauerstoff- und Schwefelgruppen des periodischen Systems (Phosphor, Arsen, Antimon, Selen, Telur).

Der Einfluß dieser im Handel befindlichen Zusatzstoffe besteht in der Verringerung der Sauerstoffabsorption. Sie wirken sehr ähnlich wie die Stoffe, die aus den Ölen selbst extrahiert werden können und die einen Selbstschutz des Öles gegen Sauerstoffabsorption bedeuten.

Einfluß der Temperatur auf die Oxydation
im Sauerstoffstrom 50 Std. (etwa 15 l/Std.) durch 250 g Öl geleitet.

Für viele verschiedene Öle verdoppelt sich die Oxydationsgeschwindigkeit bei einer Temperatursteigerung von 10° im Temperaturgebiet von 140 bis 180°. Die Beziehung zwischen der Menge des absorbierten Sauerstoffes und der Zeit ist in keinem Fall eine lineare, wenn es auch bei flüchtigem Hinsehen so erscheinen mag. Der erste Teil der Kurve ist entweder nach oben oder unten gekrümmt oder S-förmig gebogen. Kurven für verschiedene Temperaturen können nur an Punkten gleicher Absorption auf die Oxydationsgeschwindigkeit geprüft werden.

Es wird durch erhöhte Temperatur jedoch nicht nur die Oxydationsgeschwindigkeit erhöht, sondern es wird auch die Geschwindigkeit der Bildung von Harz und Niederschlägen in ähnlicher Weise beeinflußt.

Untersuchung des Temperatureinflusses auf die Oxydation eines Öles

Oxydationstemperatur	150	160	170	180
Mittlerer Sauerstoffpartialdruck	700	698	685	698
Millimole absorb. O_2/250 g Öl	34	68	160	364

Verteilung des absorb. O_2 %

auf H_2O	66,5	69,5	53,2	48,5
CO_2	3,8	5,7	5,6	9,1
CO	0,6	2,8	2,2	2,8
flüchtige Säuren	1,0	3,3	3,5	3,9
nicht flüchtige Säuren	2,1	2,2	2,0	2,1
Isopentan-Unlösliches	3,1	6,7	5,8	7,1
Neutralisationszahl des oxydierten Öles mg KOH/g Öl	0,2	0,5	0,7	2,6
Milliäquivalente flüchtiger Säuren/250 g Öl	0,3	2,2	3,2	16,3

Fällbare Oxydationsprodukte:

a) Gesamtes Isopentan/unlösliches Gewicht %	0,09	0,38	0,76	2,22
b) Öllösliches, Isopentan unlöslich, Gewicht %	0,09	0,26	0,21	0,68
c) Ölunlösliches (a bis b), Gewicht %	0,00	0,12	0,53	1,54
d) mg Harz auf einer $7,5 \times 2,5$ cm Platte	0,9	1,5	3,2	9,4
Viskositätssteigerung bei $37,8°$ %, geklärtes Öl	3,3	7,0	12,8	32,5
Isopentanbehandeltes Öl	3,3	6,4	11,9	21,2

Einfluß der Metalle auf die Oxydation der Schmieröle

Bei der Schmierölalterung im Motor spielt offenbar die Anwesenheit der vielen verschiedenen Metalle eine bedeutende Rolle. Diese Metalle sind für die Bildung feiner Partikelchen, die eine große Oberfläche bieten, und für die Korrosion durch Oxydations- und Verbrennungsprodukte verantwortlich.

Eisen ist in größter Menge vorhanden, aber auch Kupfer, Blei, Zinn, Aluminium, Kadmium, Nickel, Chrom sind entweder allein oder als Legierungsbestandteile anwesend. Außerdem kann bei Ottomotoren der Kraftstoff Bleitetraäthyl oder Bleisalze enthalten.

Bei einer Untersuchung von Eisen, Kupfer und Blei als Katalysatoren wurde gefunden, daß die Wirkung des Metalls als Salz eine andere ist als die des massiven Metalls.

Von den gelösten Salzen ist das Kupfersalz am stärksten, das Bleisalz am wenigsten wirksam.

Die Metalle selbst sind gute Katalysatoren. Bei Kupfer und Eisen nimmt die katalytische Wirkung ab, da sich bald eine Schutzschicht bildet. Bei Blei tritt dies nicht ein, sondern die katalytische Wirkung tritt erst ein, wenn sich korrodierende Säuren gebildet haben, die dann zu einer großen Geschwindigkeit der Sauerstoffabsorption des Öles führen Während sich Kupfer und Eisen mit einer Harzschicht bedecken, bleibt Blei vollkommen blank und gibt stark Metall ab (siehe auch Seite 249).

Stockpunkterniedriger

Stockpunkterniedriger werden im allgemeinen Ölen zugeführt, die teilweise entwachst sind. Hierdurch nimmt die Wirkungsfähigkeit des Wirkstoffes beträchtlich zu und stellt seinen sehr wirtschaftlichen Gebrauch sicher. Ist beispielsweise ein Öl auf einen Stockpunkt von —6° C entwachst worden, so wird dieser durch einen zugesetzten Wirkstoff auf — 32° C erniedrigt. Im allgemeinen sind die Wirkstoffe besonders wirksam in Ölen aus stark eingeengten Rückständen, die einen großen Prozentsatz leicht kristallisierbaren Wachses enthalten. Durch einen geringen Zusatz solcher Wirkstoffe kann der Stockpunkt dieser Öle um mehr als 25 bis 30° herabgesetzt werden.

Die Wirkung der Stockpunkterniedriger läßt sich durch die Verhinderung des übermäßigen Anwachsens der Wachskristalle erklären. Bis jetzt ist jedoch der Mechanismus ihrer Tätigkeit nicht restlos geklärt. Es ist darum auch noch nicht zu sagen, warum die Zugabe einer geringen Menge Wachs zum Wirkstoff in manchen Fällen den Stockpunkt in höherem Maße reduziert.

Verschiedene Öle, die Stockpunkterniedriger enthalten, zeigen bei Lagerung im Winter eine Erhöhung ihrer Stockpunktlage. Die größte Erhöhung tritt dann auf, wenn die Außentemperatur um die Lage des Stockpunktes schwankt. Man vermutet ein Ablösen des Wirkstoffes im Öl.

Um diesen Erscheinungen zu begegnen, wurden neue Stockpunkterniedriger entwickelt, z. B. Santobour B oder Paraflow 46.

Die Wirkstoffe sind sehr zähflüssige Substanzen (Viskosität bei 98,9° C, Santobour B 75, Paraflow 46 bis 110), die für den Handel verdünnt werden, um die Mischung mit den Grundölen zu erleichtern. Sie werden in kleinen Mengen von 0,5% und mehr zugesetzt.

Zusätze zur Verbesserung des Viskositätsindexes

Bei diesen Mitteln handelt es sich um Substanzen mit hohem Molekulargewicht. Evans und Young nehmen an, daß der Wirkstoff in zwei verschiedenen Phasen im Öl auftritt. Die eine Phase ist molekularisch im Öl verteilt, die andere Phase dagegen ein im Wirkstoff mechanisch verteiltes Öl. Die beste Wirkung wird erzielt, wenn das Öl ein gutes Lösungsmittel für den Wirkstoff ist. Besonders muß diese gute Löslichkeit bei hohen Temperaturen vorliegen.

Die bekanntesten Mittel sind Santodex, Paratrone und Acryloid, für hydraulische Öle und Getriebeöle Paratrone CX 2 und Acriloid HF. Die Menge, die einem Öl zugesetzt werden muß, wird Kurven entnommen, die von den Lieferfirmen ausgearbeitet wurden; sie bewegen sich zwischen 1 bis 2,5%.

Die Viskositätsindexverbesserer und Stockpunkterniedriger sind beides hochmolekulare Komponenten, zwischen denen nicht immer ein scharfer Trennungsstrich zu ziehen ist, so daß ein und dasselbe Mittel in beiden Fällen wirken kann; das ist aber durchaus nicht immer der Fall.

Die Entwicklung der Motorenöle seit 1920 in den Vereinigten Staaten
nach C. F. Brutton (SAE-Journal 1949)

Jahr	Grund für die Entwicklung	Verbesserung der Raffinationsmethoden	Art der Zusätze
1920	Verminderung der Grenzreibung, Forderung größerer Kältebeständigkeit	Weitgehende Entwachsung mit Lösungsmitteln	Olein
1930	Öle mit niedrigem Stockpunkt, Öle mit geringerer Neigung zur Schlammbildung und höherem Viskositätsindex	Verbesserte Vakuumdestillation. Lösungsmittelextraktion, Hydrierung	Stockpunkterniedriger
	Verbesserungen des Viskositätsindex	. . . .	Viskositätsindexverbesserer
	Einführung von neuen Lagerlegierungen	. . . .	Korrosionsverhüter
	Verminderung der Rückstandsbildung in Dieselmotoren erwünscht	Desasphaltierung mittels Propan, Entwachsung mittels Propan	detergierende (oberflächenreinigende) Zusätze
	Caterpillar-Traktor führen Bleibronzelager ein	. . . .	Öle für hohe Dauerbelastung mit Wirkstoffen, um zugleich detergierende und korrosionsschützende Wirkung zu erreichen
1940	US.-Heereswaffenamt beschließt Einführung von Ölen für hohe Dauerbelastung (heavy duty) für Fahrzeuge	. . . .	. . . .
1947	. . . .	. . . .	Oxydations- u. Korrosionsverhüter in dadurch verteuerten Ölen für PKW.
1948	Dieselkraftstoffe mit hohem Schwefelgehalt	. . . .	Dieselschmieröle (Caterpillar-Bez. Serie 2) für hochschwefelhaltige Kraftstoffe, gekennzeichnet durch hohen Wirkstoffgehalt, der stark detergierend und korrosionsschützend wirkt

1945 wurden von der Society of Automotive Engineers-SAE in die SAE-Standards folgende Motoröltypen aufgenommen:

1. Regular-Type.

Allgemein benutzbar für Explosionsmotore, die unter normalen Bedingungen laufen, z. B. Personenkraftwagen im normalen Verkehr.

2. Premium-Type.

Diese Type bezeichnet Motoröle, die oxydationsbeständig gemacht sind und besondere Vorbeugungsmittel gegen Korrosion in sich schließen.

Sie sollen bei Motoren verwendet werden, die unter schwereren Bedingungen laufen: Fahrzeugmotore, die vorzüglich im Gebirge benützt werden, Schiffs- und Industriemotore, die ständig unter Vollast laufen, oder Motore unter Korrosionsbedingungen, d. h. die ihre normale Betriebstemperatur nicht erreichen.

3. Heavy-Duty-Type.

Diese besitzt außer Oxydationsfestigkeit und Korrosionsvorbeugung noch reinigende (detergent) und zerstreuende (dispersant) Eigenschaften, um sie für hochtourige Dieselmotore und Vergasermotore brauchbar zu machen, die unter „heavy duty"-Bedingungen laufen. Diese Öle entsprechen den Anforderungen der USA Army Spec. 2—204 B und den Anforderungen der USA Navy Spec. 14—0—13 A, allgemein bekannt als 9000 series.

Hochleistungsöle

Es ist eine erwiesene Tatsache, daß Hochleistungsöle das Ringstecken und die Schlammbildung vermindern. Die nachstehend kurz geschilderte Versuchs-fahrt in der Schweiz, die mit großer Sorgfalt durchgeführt wurde, bestätigt dies auch von europäischer Seite. Man kann aber nicht umhin, sofort bei der Be-sprechung der Hochleistungsöle eine Warnung einzuschalten: Das Zusatz-mittel zum Hochleistungsöl muß dem Basisschmieröl angepaßt werden. Die Herstellung des Hochleistungsöles mag schwierig sein, wesentlich schwieriger und sehr kostspielig ist aber die „Entdeckung" des jeweils geeigneten Zu-satzes. In Amerika fand die Entwicklung moderner Hochleistungsöle unter sehr günstigen Bedingungen statt, da sich das Heer der USA. dafür einsetzte, sehr strenge Bedingungen vorschrieb, aber auch die Mittel vorhanden waren, um diese in langer mühevoller Versuchsarbeit zu erfüllen. Wenn man allein die in USA. vorgeschriebenen motortechnischen Überprüfungsmethoden betrach-tet, die nachstehend wiedergegeben sind, ist man im Bilde, welcher Aufwand notwendig ist, um die laufende Fabrikation ständig unter Kontrolle zu halten. Man sieht, daß nur die ganz großen Gesellschaften imstande sein können, für neue oder anders geartete Grundöle, wie wir sie zum Beispiel in Deutschland haben, gute Hochleistungsöle zu entwickeln. In Deutschland sind die Hoch-leistungsöle erst im Kommen, und es liegen noch zu wenig Erfahrungen darü-ber vor, ob sie mit gleichem Erfolg auf Basis der deutschen Grundöle hergestellt werden können. Die Gefahr, daß Schmierölzusätze das Öl nicht verbessern oder sich nur sehr vorübergehend in dem Öl erhalten, ist sehr groß, die Nach-kontrolle schwierig und seitens des Verbrauchers kaum möglich, es sei denn, daß er zuverlässig Vergleiche anstellen kann, wie es bei der Überprüfung in der Schweiz geschah, so daß man sich nicht enthalten kann zu sagen, lieber ein sehr gutes ungemischtes Öl zu fahren, als ein Hochleistungsöl zweifelhafter Sorte. Eine zwingende Notwendigkeit, Hochleistungsöle zu fahren, scheint nur dort zu bestehen, wo Kraftstoffe mit hohem Schwefelgehalt gefahren werden müssen, aber wohl auch nur dann, wenn sich wirklich zeigt, daß das normale Schmieröl nicht mehr ausreicht.

Es ist sehr notwendig zu bedenken, daß bei Verwendung von Hochleistungs-ölen eine wesentlich größere Sorgfalt geübt werden muß, wie bei der Verwendung von normalen Ölen. Vor allem muß man beim Einlaufen eines neuen Motors sehr vorsichtig sein. Bei den Hochleistungsölen entwickeln die Metall-oberflächen nicht so schnell schützende Oxydschichten, da die Reinigungswir-kung des Hochleistungsöles dies verhindert. Es ist daher am besten, den Motor mit einem der bekannten Einfahröle einfahren zu lassen, bevor man zu Hoch-leistungsöl übergeht.

Der Übergang zum Hochleistungsöl findet dann am besten in folgender Weise statt:

Man läßt das alte Öl heiß ab, um mit ihm möglichst viel Schlamm zu ent-fernen.

Dann spült man mit einem Spezialspülöl, das besonders rückstandslösend ist, und läßt damit den Motor langsam etwa eine Viertelstunde laufen, läßt wieder ab und wiederholt den Vorgang.

Unter Umständen nimmt man noch eine dritte Reinigung vor.

Erst nach dieser gründlichen Reinigung füllt man Hochleistungsöl auf. Alte Ölreste können das Hochleistungsöl vollkommen verderben und durch Auf-saugen des Zusatzes völlig wertlos machen.

Sehr wesentlich bei Hochleistungsölen sind auch die Ölfilter, die sich am Motor befinden. Die meisten chemischen Absorptions- und keramischen Filter sind nicht zu gebrauchen, da sie die Zusatzstoffe aus dem Öl entfernen würden. Die üblichen Metallfilter an Fahrzeugmaschinen sind zu gebrauchen, müssen aber gründlich gereinigt werden.

Das Mischen verschiedener Hochleistungsöle ist mindestens nicht ratsam, da sich die Zusatzmittel in ihrer Wirkung oft aufheben. Es kann sogar schädlich sein. Im großen und ganzen muß eben noch abgewartet werden, wie sich die Verwendung von Hochleistungsölen in Deutschland und Europa einspielt; sicher ist, daß sie unter den günstigen Verhältnissen in USA. den Markt er-obert haben.

Öle für hohen Schwefelgehalt in Amerika.

Texas Company unter dem Namen Texaco Ursa Oil, Super Duty;

Shell Oil Company unter dem Namen Shell Rimula;

Kalifornische Standard Oil Comp. RPM. DEI. Supercharged Lubricating Oil.

In Deutschland.

Veedol HD 902 (Normal und Winteröl),

Veedol HD 903 (Übergangsöl),

Veedol HD 904 (Sommeröl).

Esso HD 20/62.

Auch die deutsche Shell und Vakuum haben bereits entsprechende Öle.

Ursa-Öl Super Duty 30

Typische Analyse für Hochleistungsöle

Schwere, °API	23,2
Flammpunkt, COC ° Fahrenheit	415
Brennpunkt, ° Fahrenheit	450
Viskosität, SUS bei 100° Fahrenheit	526.
130° Fahrenheit	230
210° Fahrenheit	63,5
Viskositätsindex	91
Farbe nach Tag-Robinson	$1-^1/_4$
Fließpunkt, Fahrenheit	—5
Korrosion CU-Streifen, 212° Fahrenheit	negativ
Neutralisations-Nr.	3,2 alkalisch
Asche, %	2,5
Kohlenstoffrückstand	Der hohe Aschewert ist zusätzlich zum wirklichen Kohlenstoffrückstand und die Gesamtmenge ist nicht bedeutend
Almen-Wert. Lbs.	30
CRC Schaumversuch	
ml. Schaum, Folge I	0
Folge II	0
Folge III	0
ASTM Rostversuch (destilliertes Wasser)	keine Rostbildung

Prüfung der Hochleistungsöle

Normale Laboratoriumsversuche zur Auswahl der Schmieröle sind nicht ausschlaggebend für die Betriebsleistung in hochbeanspruchten Motoren. Es ist sogar fraglich, ob sie die für jeden Motor geltenden Bedingungen hervorrufen können. — Bis jetzt hat man noch keinen Laboratoriumsversuch entwickeln können, der die Nachteile und Vorteile eines jeden Zusatzes beim Betrieb von Verbrennungsmotoren nachweisen könnte.

Man hat es für notwendig gefunden, Probeläufe mit Motoren vorzunehmen. In Amerika und England bedient man sich folgender Methoden:

Für die meisten Probeläufe benützt man einen Caterpillar-Dieselmotor, weil die Caterpillar-Tractor-Co. im Jahre 1937 erst dann ihre Zustimmung zu diesen Markenölen gegeben hat, wenn sie einen Probelauf an ihren Motoren bestanden hatten. — Ähnlich macht es heute der vereinigte Forschungsausschuß in New York. Dieser Ausschuß wird von der Vereinigung der Automobilingenieure und dem amerikanischen Rohölinstitut gefördert.

1. Der Caterpillar 1 A- oder L-1-Probelauf dient dazu, die Eigenschaften des Schmieröles bezüglich des Klebens der Ringe, Verschleiß der Lager, gummiartiger Kolbenniederschlägen sowie Lack und Glasur auf Zylinder und Kolben festzustellen.

   Der Motor hat einen Zylinder mit einem ölgekühlten Kolben bei geregelter Öltemperatur. Die Zylinderlaufbüchse ist aus Gußeisen und der Kolben aus Aluminium. Wenn sich der Motor unter gewissen Bedingungen eingelaufen hat, folgt ein Dauerversuch von 480 Stunden bei einer Motordrehzahl von 1000 U/min. Das Öl wird alle 120 Stunden gewechselt.

   Der Probelauf kann auch für besonders hohe Beanspruchungen mit normaler Leistung 250 Stunden laufen, ohne daß Öl im Kurbelgehäuse gewechselt wird.

2. Bei dem Caterpillar 2 A- oder L-2-Probelauf läuft sich der Motor schnell unter hoher Beanspruchung 3 Stunden bei veränderlicher Drehzahl ein.

   Man nimmt den gleichen Motor wie unter 1., nur mit einem Spezialzylinderkopf und anderen Kolben.

   Durch diese Änderung gestaltet sich die Schmierung schwieriger. Man verfährt dabei so, daß man den Motor ohne Belastung 10 Minuten lang und dann bei hoher Belastung 3 Stunden lang laufen läßt.

   Durch diese besondere Änderung wird die Fähigkeit des Öles, unter Betriebsbedingungen dem Anfressen zu widerstehen, geprüft.

   Dieser Test soll die Schmierfähigkeit des Öles prüfen. Er ist auch unter dem Namen Scatch-Test bekannt. Die Leerlaufzeiten ähneln etwa den tatsächlichen Betriebsbedingungen.

3. Bei dem Caterpillar-Test 3 A oder L 3 wird die Eignung des Schmieröles für Korrosionsbeständigkeit der Lager geprüft.

   Man nimmt zu diesem Zweck einen Vierzylinder-Dieselmotor ohne Ölkühler. Darum heißt dieser Test auch manchmal „Heißölversuch". Vor dem Versuch werden die Lager gewogen und nach dem Versuch der Gewichtsverlust festgestellt.

   Zwei untere Pleuellager sind aus Bleibronze.

   Nach dem Einlaufen unter vorgeschriebenen Bedingungen läuft der Motor 120 Stunden mit 1400 U/min unter geregelten Luft- und Wassertemperaturen.

   Die Fähigkeit des Öles, der Bildung von Korrosionsprodukten entgegenzuarbeiten, wird durch Wiegen des Gewichtsverlustes bestimmt.

4. Der 36-Stunden-L-4-Beschleunigungsversuch mit dem üblichen Chevrolet-Sechszylinder-Vergasermotor wird vorgenommen, um die Oxy-

dationsbeständigkeit, Lagerkorrosion und Kolbenglasur bei einem Vergasermotor zu bestimmen. Die Motordrehzahl ist 3150 U/min.

Auch dieser Versuch geht auf die Motorenfirma zurück. Die Ölgesellschaften haben sich bereit erklärt, ihn zur Prüfung von Hochleistungsölen als zuverlässiges Mittel anzuerkennen.

Wegen der kurzen Dauer wird dieser Versuch viel mehr angewandt als die anderen Versuche.

5. Bei dem General Motors L-5-Probelauf will man die Reinigungskraft und Oxydationsbeständigkeit eines Hochleistungsöles in Zweitakt-Dieselmotoren untersuchen. Dazu kann man Drei-, Vier- oder Sechszylindermotore nehmen.

Die Lager werden wieder vor und nach der Prüfung gewogen (Bleibronzelager für Pleuel und Kurbelwelle). Nach 21 stündigem Einlaufen unter bestimmten Bedingungen dauert der Probelauf 500 Stunden bei 200 U/min bei geregelten Luft-, Wasser- und Öltemperaturen.

Wenn das Öl bestehen soll, dürfen bei dieser anspruchsvollen Prüfung weder Lagerkorrosion noch Ringstecken noch übernormale Niederschläge auftreten.

Die Fähigkeit des Öles, lösbare Oxydationsprodukte in Auflösung zu halten, wird durch Mischen von 1 Teil gebrauchtem Öl mit 4 Teilen frischem Öl geprüft. Dieses Gemisch muß 120 Stunden lang auf 300° F (150° C) gehalten werden. Wenn ein Öl bestehen soll, darf kein nennenswerter Niederschlag auftreten. Diejenigen Öle, die diesen Test bestehen, müssen von hervorragender Qualität sein.

Versuche mit Motorschmierölen im Automobilbetrieb der PTT-Verwaltung in der Schweiz

Es wurde verwendet und erprobt

1. ein gemischt basisches Schmieröl,

2. ein elektrisch veredeltes Öl,

3. ein Hochleistungsschmieröl mit HD-Zusatz.

Das HD-Öl enthält organische und metallorganische Zusätze, die dem Öl eine erhöhte Lösungsfähigkeit und Dispergierungsfähigkeit für seine Alterungsprodukte (Lacke, Schlamm und sehr hohe Oxydationsprodukte) geben, außerdem eine größere Filmfestigkeit und Benetzungsfähigkeit.

Mit den Motorenölen wurden auf der Strecke Neßlau—Buchs und unter gleichen Bedingungen Schmierversuche durchgeführt. Als Fahrzeuge wurden drei Postkurswagen mit Achtzylinder-Dieselmotoren Saurer CH 1 D benützt. Die Versuche wurden im Februar 1947 begonnen.

Die üblichen Kenndaten der Versuchsöle waren weitgehend ähnlich. Es wurden von jedem Versuchsfahrzeug 50000 km gefahren.

Die Fahrer wurden gewechselt, so daß jeder Fahrer ungefähr auf jedem Wagen gleiche Zeit fuhr. Der Treibstoffverbrauch war bei den Fahrzeugen praktisch der gleiche.

Der Verbrauch an Öl 1. betrug 271 Liter, an Öl 2. 219 Liter, an HD-Öl 104 Liter.

Der Zustand der Motore nach der Fahrt wurde wie folgt klassifiziert:

Motor mit Öl 1 erhält die Note 3,4,

Motor mit Öl 2 erhielt die Note 7,5,

Motor mit Öl 3 erhielt die Note 9,5,

die beste Note war 10.

Ein ähnliches Bild gab die Untersuchung der Oberflächengüte der Kolbenringe und Zylinderbüchsen.

Von dem bei jedem Ölwechsel abgelassenen Altöl wurden Dichte, Viskosität, Flammpunkt und teilweise auch Neutralisationszahl bestimmt. Es zeigte sich auch hier, daß das HD-Öl im Betrieb am wenigsten verändert wurde. An Hand der Abnahme der Viskosität und der Senkung des Flammpunktes konnte festgestellt werden, daß die Schmieröle nach 3000 km Fahrt nur etwa 2 bis 3 % mit Treibstoff verdünnt waren, was einwandfreie Schmierung nicht gefährdet.

Die Lösungsmittelanalyse der Rückstände, welche verschiedenen Stellen des Motors entnommen wurden, waren praktisch alle von nämlicher Zusammensetzung.

Versuche, die unter den gleichen Bedingungen mit einem Schmieröl durchgeführt wurden, das dem Basisöl des HD-Schmieröls entsprach, das aber keine HD-Zusätze hatte, ergaben, daß die Kolben in bedeutend schlechterem Zustand waren als mit dem Zusatz.

Es sei noch angeführt, daß die Versuchsfahrt das ganze Jahr hindurch mit bestem Erfolg Winteröl (46—51 sSt bei 50° C SAE 20°) benützte.

XVI. EIN VORSCHLAG ZUR UNTERSUCHUNG DER CHEMISCHEN VORGÄNGE IM MOTORZYLINDER

Die chemischen Vorgänge im Motorzylinder wurden bis jetzt von der Forschung nur insofern näher untersucht, als sie den eigentlichen Verbrennungsprozeß betreffen. Maßgebend für die Zielsetzung war die Leistungserhöhung, so daß bei Ottomotoren die Untersuchung der klopffreien Verbrennung in den Vordergrund trat, bei Dieselmotoren die Zündwilligkeit und Schnelligkeit des Ablaufes der Verbrennung.

Die damit zusammenhängenden chemischen Untersuchungen schlossen mit dem Reaktionsverlauf während der Verbrennung ab, ohne sich darum zu kümmern, wie die auftretenden Verbrennungsprodukte weiter im Motorzylinder reagieren.

Vom Standpunkt des Verschleißes erhebt sich die Frage, wie die in den Motor eingebrachten und dort verbrannten Stoffe auf die Zylinderwand einwirken. Wir haben den Motor als ein chemisches Reaktionsgefäß aufzufassen und die Einwirkung der Stoffe auf dessen Wände zu untersuchen. Die Eigentümlichkeit und Schwierigkeit dieser Aufgabe liegt darin, daß der chemische Vorgang im Motor von einer großen Zahl reagierender Stoffe und ständiger Temperatur- und Druckänderung beeinflußt ist. Der Motor ist daher an sich das denkbar ungeeignetste Objekt, um über die Art der Reaktion eine Aussage machen zu können, und der Chemiker steht hier genau so wie der Ingenieur vor einem völlig unerforschten Gebiet.

In erster Linie ist darum die Frage zu beantworten, ob überhaupt eine Arbeitsmethode gefunden werden kann, die uns der Lösung der Probleme näherbringt. Es ist klar, daß die Aufgabe nur dann gelöst werden kann, wenn die Vielzahl der Reaktionsbedingungen, die der Motor zwischen Ansaughub und Auspuffhub bietet, unterteilt und erst einmal die Reaktion der beteiligten Stoffe bei bestimmten Druck- und Temperaturverhältnissen untersucht wird. Auch die bekanntesten Reaktionen sind vom Chemiker noch nicht bei den im Motor vorkommenden verschiedenen Drücken und Temperaturen untersucht worden, so daß schon hier der Anfang gemacht werden muß.

Was die verschiedenen Temperaturen anbelangt, so kommt uns die Überlegung entgegen, daß uns nicht die Reaktionen im Motorinnern interessieren, sondern die Reaktionen an der Zylinderwand. Wie bereits Seite 96 ausgeführt, sind die Temperaturschwankungen an der Zylinderwand während des Arbeitsprozesses im Motor sehr gering und können für die einzelne Wandstelle als konstant angenommen werden, solange derselbe Betriebszustand des Motors besteht.

Man kann also den Reaktionsverlauf bei einer fest eingestellten Wandtemperatur und unter bestimmtem Druck verfolgen, wenn man ihn für einen Punkt des Kreisprozesses bei bestimmter Kurbelstellung an der Zylinderwand untersuchen will.

Die Zylinderwand selbst hat ihren eigenen Charakter; sie ist nicht eine reine Metallfläche, sondern ist mit Schmieröl bespült und mehr oder weniger mit Oxyden bedeckt; zudem steht sie unter dem vorbeistreifenden Druck der Kolbenringe.

Was nun die Art der angreifenden Gase anbelangt, so interessieren vor allem für die Verschleißfrage die Verbrennungsprodukte CO, CO_2, H_2O, NO, NO_2, O_2, Auspuffgase und feuchte Luft, denn man hat zu berücksichtigen, daß die Zylinderwand in der Hauptsache erst frei gegeben wird, wenn der Verbrennungsprozeß schon wesentlich vorgeschritten ist. Gewisse Zwischenprodukte der Verbrennung, wie Aldehyde, Peroxyde, Wasserstoffsuperoxyd usw., wären gleichfalls zu beachten.

Von besonderer Bedeutung sind auch, besonders bei Generatorgasen, die Reaktionen des Schwefels. Dieser kommt in allen Kraftstoffen vor und seine Auswirkung zeigt sich in erhöhtem Verschleiß und öfters in der Zerstörung des Schmieröles.

Überlegt man alle eben kurz angedeuteten Umstände, so erscheint es nicht ausgeschlossen, die vorkommenden Reaktionen im Motorzylinder durch eine systematische Serienuntersuchung im nachstehend beschriebenen Apparat (Bild 105 und 106) Punkt für Punkt des Kreisprozesses zu verfolgen.

Wurde mit dem Apparat erst einmal längere Zeit gearbeitet, so wird die Erfahrung bald lehren, wie die Arbeit mit ihm vereinfacht werden kann, um einzelne interessierende Fälle mit Treffsicherheit zu untersuchen.

Das Wesentlichste ist aber nun die zweite Frage: Wohin kann die Erkenntnis der tatsächlichen chemischen Vorgänge im Motorzylinder führen?

Betrachtet man den Stand der heutigen Motorforschung, so kommt man unbedingt zu der Ansicht, daß die chemische Seite immer mehr in den Vordergrund tritt. Es wird nach dem verschleißfestesten Zylindermaterial gesucht, man sucht nach dem besten Schmieröl und will das Naturprodukt durch Zusatzmittel verbessern, man experimentiert mit neuen Brennstoffen und neuen Lagermaterialien und neuer Oberflächengestaltung.

Bei all diesen Bestrebungen sind die mechanischen Beanspruchungen und die konstruktive Gestaltung geklärt, beziehungsweise als gegeben zu betrachten, offen sind nur die Materialfragen (einschließlich Brennstoffen und Schmierölen), und diese hängen nun einmal von den chemischen Beanspruchungen wesentlich ab. Die Probleme der Korrosion, der Reiboxydation, auch die katalytische Wirkung der Zylinderwand auf die Verbrennung selbst müssen offen bleiben, solange nicht die gegenseitige Wechselwirkung der Medien unter den tatsächlichen Motorbedingungen erkannt ist.

Denkt man an die verschiedenen Beimengungen im Kraftstoff: Merkaptane, Thiophene, Kreosot, Phenole usw., an den verschiedenen Raffinationsgrad der Schmieröle, an die Bedeutung der Oberflächengestaltung der Zylinderbüchsen und an alle Materialfragen für Zylinder und Läger, besonders auch an die Frage des Kolbenringverklebens, der Zusatzmittel zu Schmieröl und Kraftstoffen, die alle empirisch geklärt werden müssen, so drängt sich von selbst die Überzeugung auf, daß hierzu ein Apparat geschaffen werden muß, der es ermöglicht, unter Motorbedingungen, aber außerhalb des Motors diese Fragen zu lösen.

Weil die bisher gewonnenen Erkenntnisse auf diesen Gebieten empirisch mit Versuchsanlagen gewonnen wurden, die nicht die entfernteste Ähnlichkeit mit den tatsächlichen Motorbedingungen haben, ist der Motorenbauer immer wieder auf langwierige, sehr kostspielige und leider auch sehr unzuverlässige Motorversuche angewiesen, um die Brauchbarkeit dieser oder jener Annahme zu überprüfen.

Die völlige Ungeeignetheit des Motors als chemische Apparatur liegt so auf der Hand, daß das ganze ins Auge gefaßte Gebiet ungeklärt bleiben wird, solange man auf dieses Instrument angewiesen ist. Es muß ein Apparat geschaffen werden, der eine systematische Untersuchung ermöglicht. Da der Apparat in seiner Konstruktion weitgehend variiert und sehr anpassungsfähig gestaltet werden kann, so können tatsächlich alle motortechnischen Verhältnisse berücksichtigt werden.

Zusammenfassend kann also die Frage nach dem Zweck der Apparatur und der darin möglichen Untersuchungen dahin beantwortet werden, daß die Verbesserung der Kraftstoffe, der Verbrennung im Motor, der Schmierung, der Oberflächengestaltung und der Werkstoffauswahl von viel sichereren Grundlagen aus erfolgen kann, als dies heute möglich ist, und daß damit die wichtigsten Tagesfragen des Motorenbaues gefördert werden. Eine wesentliche Bedeutung dürfte der Apparat auch bei der Reklamationserledigung finden. Beim Bau des Apparates ging man von der Tatsache aus, daß die chemischen Reaktionen an der Zylinderwand nur in einer außerordentlich dünnen Schicht von dem Zustand der Zylinderwand beeinflußt werden und nur in dieser dünnen Schicht eine Wechselwirkung zwischen dem angreifenden Medium und der Zylinderwand besteht; in dieser Schicht kann die Gastemperatur der Zylinderwandtemperatur gleichgesetzt werden. Diese Annahme wird von der Überlegung gestützt, daß die Zylinderoberfläche in bezug auf die chemischen Reaktionen, die sich in molekularen Räumen abspielen, nicht als Wand im technischen Sinne aufzufassen ist, sondern als ein in ,,Gitterstruktur'' aufgelöstes Gebilde, die chemischen Reaktionen also nicht an der Wand, sondern in der Wand stattfinden. Eine Nachkontrolle dieser Annahme ist durch den Apparat C möglich.

Der Apparat A ist gedacht für die Nachprüfung der Verhältnisse außerhalb der eigentlichen Verbrennungszone, also etwa für eine Kurbelwinkelstellung von 15 bis 25° nach o. T. bei Vergasermotoren, bei Diesel etwa bei 50 bis 90° nach o. T.

In diesem Bereich haben sich bereits die Verbrennungsprodukte gebildet. Jedes dieser Gase wird mit Zylinderwandtemperatur aus Hochdruckspeicherflaschen in dem gewünschten Mengenverhältnis durch regulierbare Düse eingeblasen. (Über Speicherflaschen und Vorwärmung siehe weiter unten.) Der Raum e ist durch seinen Heizmantel auf dieselbe Temperatur eingestellt. Die Gase treten mit jenem Druck in Raum e ein, der dem Druck im Motor bei dem

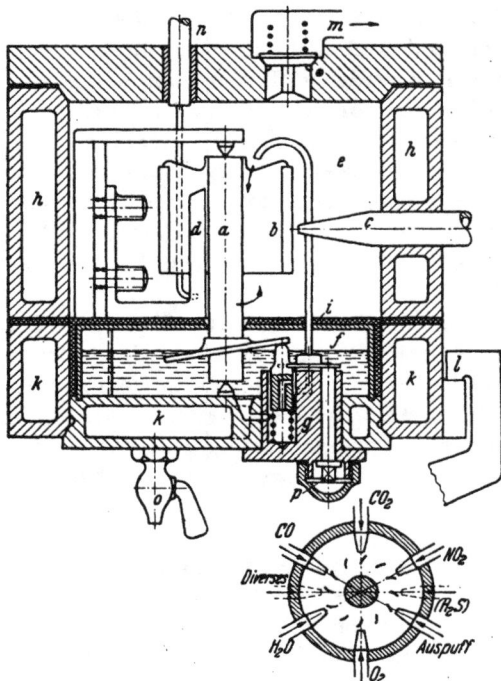

Bild 105. Apparat zur Untersuchung der Wandreaktionen im Motor-Zylinder.
Schematische Skizze.

a – Prüfzylinder aus Zylinderwand-Material
b – Turbine zum Antrieb des Prüfzylinders, der Öl-
     pumpe und zum Mischen der Gase
c – Einblasdüsen der einzelnen Verbrennungspro-
     dukte
d – Schmierölabstreifer
e – Gasraum
f – Schmieröl-Sumpf
g – Ölpumpe
h – Heizmantel für Gasraum
i – Isolierung zwischen Gasraum und Ölsumpf
k – Heizmantel bzw. Kühlmantel für Ölsumpf
l – Verschlußbügel
m – Überdruckventil für Abgase
n – Pyrometer
o – Ölablaß
p – Abstellvorrichtung für Ölpumpe

entsprechenden Kurbelwinkel entspricht. Das Überdruckventil ist auf diesen Druck eingestellt, so daß die Gase kontinuierlich durch dieses abblasen, im Raum e aber der entsprechende Motordruck herrscht. Um eine Mischung und Wirbelung der Gase im Raum e zu erzielen, wird durch die Strömung der Gase ein Turbinenrad getrieben, das infolge der Beaufschlagung in Drehung versetzt wird. Die Zylinderwand vertritt im Raum e ein sich drehender Zylinder, der aus einer Schmieröldüse gleichmäßig bespült wird. Um der Ölschicht die richtige Stärke zu geben, streift der Drehzylinder an einem Abstreifer vorbei, der mit Federdruck angepreßt wird. Das überschüssige Öl sickert in Raum f, der als Ölbad ausgebildet ist und auch die durch die Zylinderrotation angetriebene Ölpumpe enthält. Raum f ist von Raum e wärmeisoliert, damit für den Schmieröleinfluß dieselben Verhältnisse herrschen wie im Motor. Raum f kann auf die gewünschte Öltemperatur eingestellt werden. Wie man sieht, ist der Raum e, trotz der in ihm befindlichen bewegten Teile, vollkommen von außen abgeschlossen und kann sehr schnell durch Lösen

des Bügels l geöffnet werden, womit der zu beobachtende Zylinder ohne Berührung freigegeben ist.

Die Einwirkung der Gase auf den Drehzylinder kann beliebig lang fortgesetzt werden, ohne daß eine unwillkürliche Änderung der Verhältnisse zu fürchten ist, solange Einblasedruck und Temperatur der einströmenden Gase konstant gehalten wird.

Die sich bei bestimmter Temperatur und Druck ergebenden Verbindungen der einströmenden Gase können auf zwei Arten festgestellt werden: erstens durch Analyse der Abgase und zweitens durch chemische Indikatoren, die im Raum *e*, an dem Drehkörper oder auch an den Wänden angebracht werden. (Durch die letztere Methode ist es auch möglich, Zwischenprodukte, die wieder schnell verschwinden, zu erkennen.)

Der katalytische Einfluß der Wände kann dadurch festgestellt werden, daß einmal der Versuch mit freien Wänden, das andere Mal mit abgeschirmten Wänden gefahren wird. In gleicher Weise kann der Einfluß der schmierölbenetzten Wand im Vergleich zur trockenen oder feuchten Wand festgestellt werden.

Der Ablauf der chemischen Reaktionen im Verlauf des Kreisprozesses ist nun in der Weise zu erforschen, daß die bei einer bestimmten Kurbelstellung sich ergebenden neuen Produkte für den nächsten Versuch bei größerem Kurbelwinkel eingeblasen werden und so fortschreitend der ganze Kreisprozeß chemisch erforscht wird.

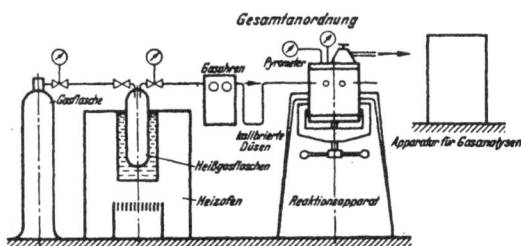

Bild 106. Reaktions-Apparat.
Schematische Skizze der Gesamtanordnung

Die einzelnen zur Verwendung kommenden Gase werden in normalen Stahlflaschen, die mit Reduzierventil und Manometer versehen sind, gelagert. Aus diesen Flaschen wird das Gas bei niederem Druck in besondere Vorwärmflaschen abgefüllt, die sich in einem Heizbad befinden und das Gas auf die gewünschte Zylinderwandtemperatur erwärmen. Die Füllung der Vorwärmflaschen wird so geregelt, daß durch die Erwärmung auf die gewünschte Temperatur auch der benötigte Druck entsteht, der dem zu untersuchenden Kurbelgradwinkel entspricht. Dementsprechend sind diese Flaschen mit Thermometer und Manometer versehen. Der Inhalt der Vorwärmflaschen muß der beabsichtigten Versuchsdauer angepaßt sein. Die Erwärmung der Flaschen erfolgt in einem Ofen, der eine entsprechende Heizflüssigkeit (Metallbad usw. je nach Versuchstemperatur) auf genauer Temperatur hält.

Um auch mit immer gleichem Druck arbeiten zu können, wird in den Vorwärmflaschen ein höherer Druck eingestellt und der Gasdruck der Zuleitung zu Raum *e* reduziert. Die Dosierung der Gase erfolgt in bekannter Weise durch Gasuhr und kalibriertem Düsenrohr.

Da im Motorzylinder immer mit Auspuffgasresten zu rechnen ist, müssen diese auch bei allen chemischen Vorgängen berücksichtigt werden. Auspuffgase lassen sich nicht konservieren, denn sie verändern sich bei ihrer Lagerung weiter und würden über ihren Reaktionseinfluß, aus der Flasche bezogen, ein falsches Bild geben. Diese Auspuffgasreste werden daher durch einen besonderen Motor, der sich auf die einzelnen Arbeitsverfahren leicht umstellen läßt, frisch erzeugt, entsprechend komprimiert und eingeblasen.

Die chemischen Reaktionen an einer festen Oberfläche (topochemische Vorgänge) sind unabhängig von dem Mengenverhältnis der einzelnen Stoffe im eingeschlossenen Raum, da an der Wand nur diejenigen Moleküle zur Reaktion kommen, die an die Wand stoßen.

Wenn ich also die gegenseitige Wechselwirkung der Hauptverbrennungsprodukte bei gegebener Temperatur und gegebenem Druck im Raum kennen würde, wäre eine bestimmte Dosierung im Apparat nicht notwendig. Tatsächlich kenne ich aber diese Wechselwirkung unter Motorbedingungen in Wandnähe nicht, und ich müßte daher, um die Reagenzien zu erzeugen, die für die Wandreaktion maßgebend sind, die Verbrennungsprodukte genau in dem Verhältnis einblasen, wie sie sich bei der Motorverbrennung ergeben. Das würde aber nur zu einem rein theoretisch interessanten Versuch führen, da in der Praxis die Verbrennungsprodukte immer stark differieren.

Will ich daher mit dem Apparat praktisch verwertbare Erkenntnisse gewinnen, so muß ich den umgekehrten Weg gehen und immer unter den Bedingungen eines bestimmten Punktes des Kreisprozesses jene Reagenzien zu erzeugen suchen, die für mich besonders interessant sind, beziehungsweise feststellen, welche Produkte sich bei einer bestimmten Dosierung ergeben. Für diesen Zweck kommt es also nicht darauf an, ein bestimmtes Verhältnis der Verbrennungsgase einzuhalten, das sich bei irgendeiner Motorverbrennung ergibt, sondern es kommt darauf an, unter welchem Mengenverhältnis, Druck und Temperatur sich besonders aktive Reagenzien ergeben, welche die Zylinderwand oder Lager zerstören.

Habe ich ein derartiges Verhältnis gefunden, so wird es dann eine zweite Aufgabe sein, den Motorprozeß so zu steuern, daß diese Verhältnisse nicht auftreten. Lassen sie sich nicht vermeiden, so müßte ich zu anderer Materialauswahl oder geeignetem Oberflächenschutz usw. greifen. Welche dieser Mittel dann zum Erfolg führen, das könnte wieder in dem Apparat erprobt werden.

Die chemischen Reaktionen unter Motorbedingungen sind so wenig erforscht, daß sich kaum ein stichhaltiges Beispiel aufführen läßt. Es sei aber darauf hingewiesen, daß sich aus dem Stickoxyd manchmal Salpetersäure bildet, die im Altöl nachgewiesen werden kann. Da dies aber nur in vereinzelten Fällen vorkommt, müßte die Frage geklärt werden, unter welchen Reaktionsbedingungen im Motor dies auftritt. Ähnlich verhält es sich mit der Schwefelsäure, die aus H_2S bzw. SO_2 entsteht. In Verbindung mit Fettsäuren aus dem Schmieröl kann diese in Sulfate übergehen, andernfalls als Schwefelsäure verbleiben und wesentlich stärker korrosiv wirken.

Die einfachere Ausführung des Apparates A dürfte vollauf genügen, um die grundlegende Erforschung der chemischen Reaktionen durchzuführen. Für den tatsächlichen Verschleiß, der sich im Zylinder ergibt, genügt er aber auch in chemischer Beziehung noch nicht vollkommen, da die Wandreaktion auch vom Abrieb abhängig ist. Durch den Abrieb entstehen immer von neuem blanke Stellen an der Wand, bei denen die gebildete Schutzschicht abgetragen ist. Diese Stellen reagieren infolgedessen anders, bzw. empfindlicher und unterscheiden sich auch in der katalytischen Wirkung. Aus

diesem Grunde wurde noch Ausführung B entwickelt, die auch die Kolbenringreibung berücksichtigt.

Der Apparat B unterscheidet sich von Apparat A nur dadurch, daß bei diesem der Ölabstreifer etwas anders ausgebildet ist und mit Kolbenringreibkraft
an den Drehzylinder angepreßt wird. Der Reibdruck auf dem Drehzylinder
macht es dann notwendig, für eine motorische Antriebskraft zu sorgen, die
durch einen Elektromotor unterhalb des Raumes 2 erfolgt.

Um den Apparat nicht auf der eventuell falschen Voraussetzung aufzubauen,
daß für die Wandreaktionen nur die Zylinderwandtemperatur auch bezüglich
der einströmenden Gase in Frage kommt, wurde noch die weitere Ausführung
des Apparates C entwickelt, die die Einwirkung heißerer Gase auf eine ge-
kühlte Zylinderwand vorsieht.

Apparat C ist daher mit gekühlten Drehzylindern versehen.

XVII. AUTORENVERZEICHNIS

XVIII. SACHREGISTER

www.ingramcontent.com/pod-product-compliance
Lightning Source LLC
Chambersburg PA
CBHW081531190326
41458CB00015B/5519